作者序

　　大雲端時代來臨，你跟上了嗎？從傳統主機、虛擬機、雲端，軟體業不斷地演進，如今大部分的部署環境都已經上雲，為了保持軟體人的技術競爭力，跟著我透過本書一起進入雲端世界吧！

　　感謝讀者熱烈支持，恭賀本書全面再版！此次完整更新了 AWS 五大服務的內容，讓讀者們可以學到最新最實用的雲端技術。在市面上的雲端商之中，AWS 於市占率輾壓他牌雲端平台，也是最受企業歡迎的徵才條件之一，可謂入門雲端第一選擇。這本書，我將發揮「圖解教學」的特長，透過清晰好懂的圖片，幫你 / 妳一次搞懂 AWS 雲端技術，總計「5 大雲端主題」服務，橫跨網路、運算、檔案、資料庫、權限等各大領域，擁有入門雲端技術的最完整的必學內容包。

用圖片高效學程式 創辦人 Sam Tsai

目錄

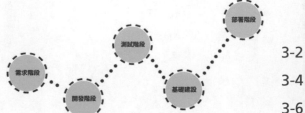

5 AWS EC2 運算資源

目錄

7 AWS RDS 資料庫

8 AWS IAM 權限管理

9 老師的話 & What's Next?

1

為什麼這麼多職缺要求 AWS 技能？

AWS 是什麼？

AWS 是一個雲端服務提供商，提供開發者快速擁有雲端主機、資料庫、檔案儲存空間等計算機資源。相較之下，傳統公司則需自行維護機房、自行購置硬體設備、雇用一群 IT 人員，且難以根據需求彈性增減設備，這樣的難處也讓 AWS 這樣的雲端供應商興起，成為現行企業部署軟體的第一選擇。

雲端技術的崛起

根據知名市調公司統計，光 2022 Q4 這一季，全球雲端技術產業上漲了 23 %，達到 65,800,000,000 美元，其中 AWS 更是佔據了整個雲端產業市值的三分之一左右 (32 %)，如下圖。可以說學習 AWS 就是掌握雲端技術的最好途徑。許多公司陸續汰換自己架設的老舊機房，將服務都放到雲端上面，也讓雲端人才產生空前的供不應求。

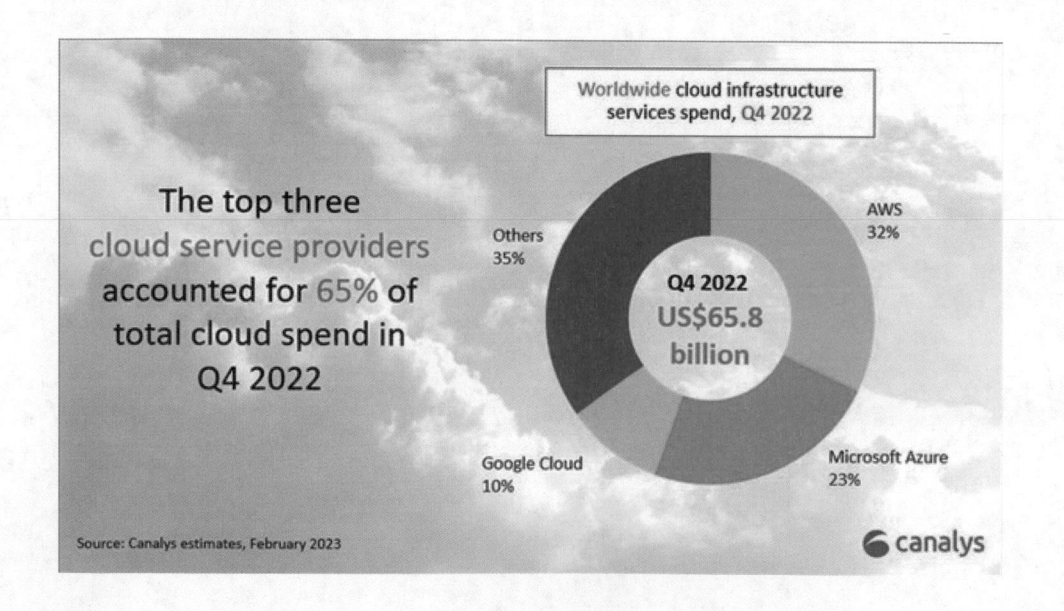

雲端技術帶來的薪資成長

面對如此高速成長的雲端產業,連帶也讓擁有雲端技術的人才拿到相對更高的薪資。根據 Forbes 統計,在各類技術證照中,AWS 兩項證照名列第二與第四名,可以說擁有著極高的 CP 值。若說時間有限要先學什麼,絕對是先學 AWS 技術來為自己提升能力、並為長期職涯加薪。

Most Valuable IT Certifications, 2018 (Source: Global Knowledge Study, 15 Top-Paying Certifications for 2018)	
Certification	**Annual Salary**
Certified in the Governance of Enterprise IT (CGEIT)	$ 121,363
AWS Certified Solutions Architect – Associate	$ 121,292
Project Management Professional (PMP®)	$ 114,473
AWS Certified Developer – Associate	$ 114,148
Certified Information Systems Security Professional (CISSP)	$ 111,475
Certified in Risk and Information Systems Control (CRISC)	$ 111,049
Certified Information Security Manager (CISM)	$ 108,043
Certified ScrumMaster	$ 106,938
Certified Ethical Hacker (CEH)	$ 106,375
Six Sigma Green Belt	$ 104,099
Citrix Certified Professional – Virtualization (CCP-V)	$ 103,424
Microsoft Certified Solutions Expert (MCSE) – Server Infrastructure	$ 100,656
Certified Information Systems Auditor (CISA)	$ 99,684
Cisco Certified Networking Professional (CCNP) Routing and Switching	$ 99,402
Citrix Certified Associate – Networking (CCA-N)	$ 99,217

AWS

作者

基礎

VPC
網路

EC2
運算

S3
檔案

RDS
資料庫

IAM
權限

結語

三大雲端平台：AWS vs GCP vs Azure

面對市場上的三大雲端平台，各自有各自的優勢。AWS 有著最大的市佔率與最完整的服務種類、GCP 則在容器方面更為精通、Azure 與 .NET 體系緊密結合，下方為深入影片講解 QR Code：

2
作者資歷介紹
&圖解教學特色

作者介紹

各位讀者好，我是 Sam T.，「用圖片高效學程式」創辦人，擅長將複雜的概念，轉換為簡單易懂的圖解動畫。 專注於演算法、後端以及雲端三大領域，擁有多年實務與教學經驗。 我堅信，好的教學是能用一張「圖片」取代千百文字，能讓學員們一目了然專業上的艱深觀念。

我已在各大知名教學平台開設多堂線上課程，獲得無數學員高分評價。並以通過 AWS 最高階 Professional 證照認證，與多年雲端部署經驗。這次我將 AWS 領域的精華教學內容，濃縮在此本書上，讓習慣使用書籍學習的人能快速上手。

圖解教學，簡易好懂

AWS

作者

基礎

VPC
網路

EC2
運算

S3
檔案

RDS
資料庫

IAM
權限

結語

在任何知識領域，「圖片式學習」的效率總是比純文字高上數倍。

因此本教學品牌專注於用「圖像式記憶」（如下圖），讓讀者們快速掌握複雜難吸收的官方文件，既能在短時間內學到最多的知識，更能創造出學習上的成就感。

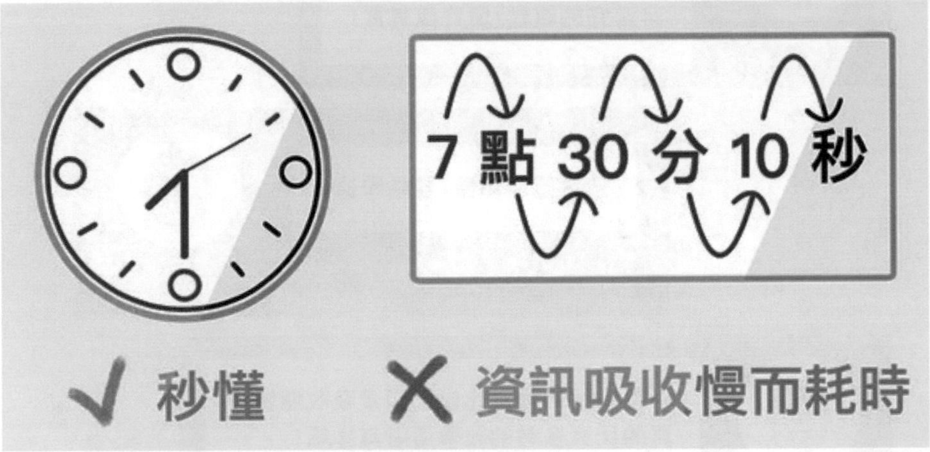

其實，學習成就感才是維持長期軟體職涯的關鍵。軟體生涯要學的東西永無止境，如何保持最初的學習動力，是一件比學了多少還更加重要的一件事。試想看看，你是否曾經用了好幾個小時，卻還是學不懂一個技術概念，開始感到沮喪洩氣；或是工作上被要求快速上手一個新技術，但苦於沒有好的教學資源，自學中又不斷失敗，漸漸地讓你失去當初學習軟體的動力？

因此，「用圖片高效學程式」志在於提供讀者們可以「在最短時間，學到最多知識」，這樣的學習成就，將能讓你一本書接著一本書學下去，透過高效地學習程式獲得成就感，持續維持著學習動力，保障長期軟體職涯能即時跟上技術潮流。

3

軟體基礎知識銜接

本章節用於幫助尚未有工作經驗的讀者們，快速了解整體軟體業界狀況，藉此銜接上本課程的主內容教學。對於已有工作經驗的讀者們，可快速瀏覽過去即可。

軟體產業的職位分工

對於剛剛進入軟體領域的人，都曾經做過判斷，決定自己未來的職涯要往哪個方向走，這邊筆者幫大家快速帶出軟體界是如何劃分各職位角色與責任，並藉此對軟體開發有個全面的概念。

☁ 前端工程師

負責網頁 UI 介面撰寫，常用語言為 HTML, CSS, Javascript，並搭配各種現今流行的前端框架，比如 React 等。基本如建立購物網站首頁、再到接收使用者動作觸發網頁變化，如當使用者點擊「付款」按鈕，相對應的程式碼就會幫助使用者跳轉到付款頁面、最後則是整理好使用者的信用卡資訊等，送出網路請求到後端伺服器。

☁ 後端工程師

撰寫後端伺服器邏輯，處理來自網頁前端送來的網路請求，常見語言有 Java、C#、Golang、Python 等，並搭配各語言流行的後端框架，比如 Java 的 Spring、Python 的 Django 等。

而當後端程式處理好網路請求後，通常需將資料存在一個地方，稱之為 Persisten Storage，在選擇上就有多種儲存方案可以挑選，比如檔案伺服器、緩存 (Cache)、資料庫等。而在傳統公司中，資料庫管理相對複雜，所以有時也會看到專職的職位，稱為 DBA (Database Adminstrator)。

☁ IT 工程師

在傳統公司中，IT 工程師負責將軟體基礎建設建立起來，比如説硬體設備的購買與建制、使用者權限管理、甚至是網路管理等。而由於網路管理相對複雜，所以也有專精於網路這塊的網管工程師。

☁ 測試工程師 (QA = Quality Assurance)

負責保障軟體開發品質，通常與前後端工程師合作，找出功能錯誤處並回報。更進階的測試工程師，則會建立起自動化測試，不僅節省人力也能更大規模的進行軟體全面驗證。

以上職位為軟體開發重點角色，然而並非全部。許多新舊角色都會隨著時代需要而出現消失，比如説 DBA 的減少、SRE (Site Reliability Engineering) 新職位的出現。而本單元目的是讓尚未有軟體經驗的讀者們，快速了解業界概況，也能藉此更容易上手此書後續內容！

AWS

作者

基礎

VPC
網路

EC2
運算

S3
檔案

RDS
資料庫

IAM
權限

結語

軟體架構的總概覽圖

接下來，我們來看軟體總體架構下，會有哪些重要的部位。大家會看到整個軟體架構與我們先前討論的各職位角色非常貼切，這也是為什麼我們先從職位下手，再擴展到軟體架構，那我們開始吧。

首先，我們會有個使用者，進入到一個網址頁面 (Home Page)。此首頁頁面是從前端專案 (Frontend Application) 拿到，而此前端專案是建立在一台硬體主機上 (Host)。如下圖：

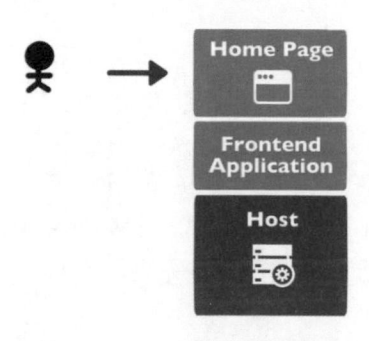

接著，使用者會在網站上走動，並送出網路請求，通常透過 HTTP 協定來送出到後端專案 (Backend Application) 上。而此後端專案也是建立在某一台硬體主機上 (Host)。如下圖：

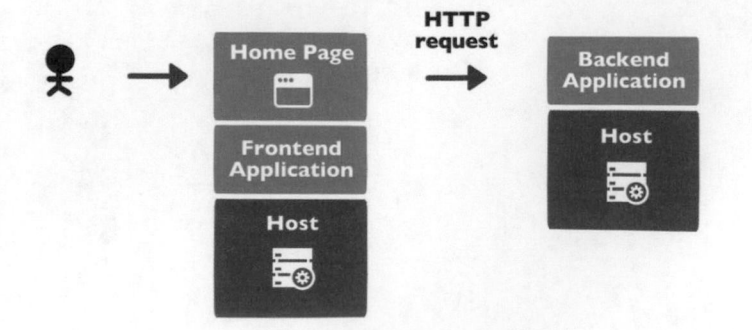

當後端專案處理好網路請求後，首先會將資料儲存到某個地方，最常見的即為資料庫 (Database)，而資料庫有著各種軟體種類，比如 MySQL、Oracle 等，同樣會建置在某一台主機 (Host) 上。如下圖：

AWS

作者

基礎

VPC
網路

EC2
運算

S3
檔案

RDS
資料庫

IAM
權限

結語

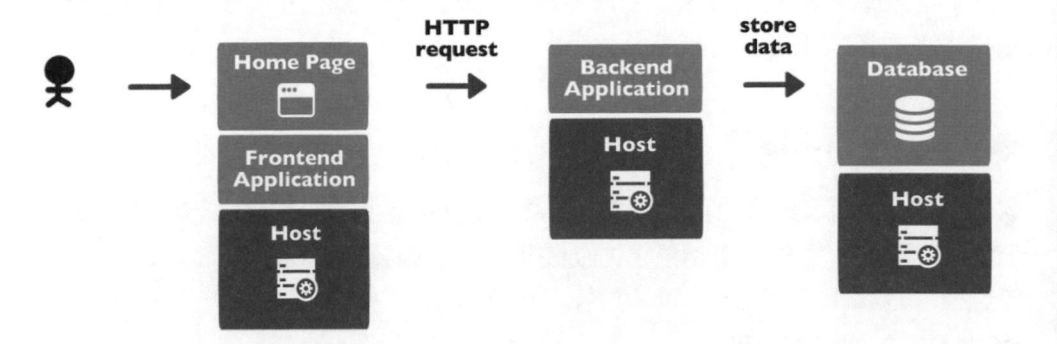

完成資料儲存，後端專案會送回一份 HTTP Response 回去給前端頁面，讓使用者知道這次請求已經處理完畢。如下圖：

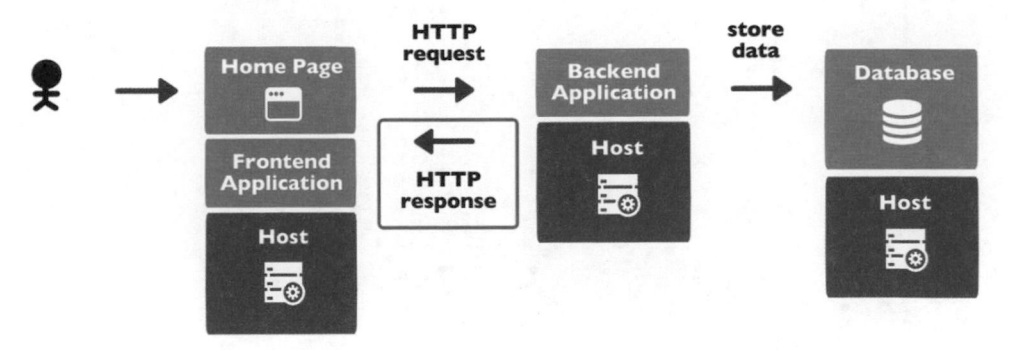

小結

　　透過以上精美簡易的圖解，我們就能快速知道所謂「軟體開發」是在湊出哪幾個重要部位。在本書中，我們使用 AWS 進行軟體開發時，你將會看到許多「主機 (Host) 的建置」AWS 將幫我們非常方便地處理掉，甚至是「資料庫軟體建置」AWS 也將提供許多一步到位的功能，大幅度加速我們的軟體開發，非常好用，也讓 AWS 這項技術成為近年來履歷上必備的技能之一。

軟體開發與部署流程

在我們了解軟體的產業分工並對應到軟體的架構後，我們接著了解這個軟體架構是透過怎樣的流程，而建置出來的。

☁ Step1: 需求階段

軟體開發始於賺錢，為了賺錢我們將拿到公司商業上的功能需求，比如說現在老闆想要開發一個購物車功能，方便使用者一次購買大量物品。如下圖。

☁ Step2: 開發階段

有了明確需求後，工程師們將開始各項開發。首先，前後端工程師將開始了解需求，並轉換成程式碼。如下圖。

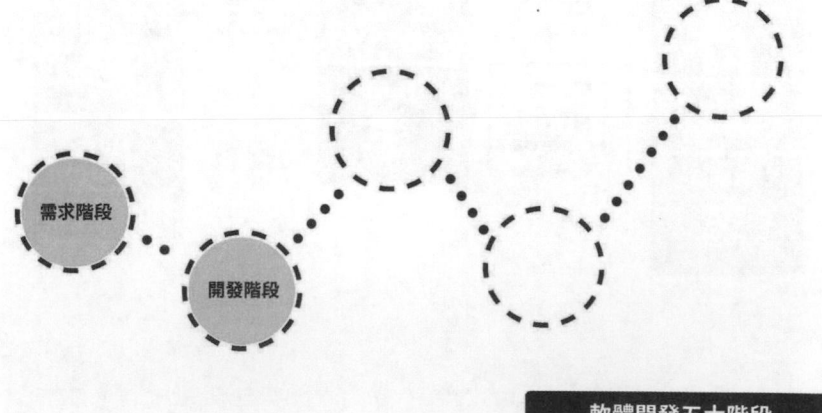

軟體開發五大階段

AWS

作者

基礎

VPC
網路

EC2
運算

S3
檔案

RDS
資料庫

IAM
權限

結語

☁ Step3: 測試階段

功能開發完成後，進入到測試驗證階段，先在測試環境執行，而所謂的測試環境，讀者這邊泛稱所有非公司客戶能接觸到的環境。取決於公司大小與配置，有可能是交由測試工程師 (QA) 來完成，或是由前後端工程師獨自驗證。如下圖。

☁ Step4: 基礎設施階段

若為全新專案，很有可能公司連基礎設施都還沒有，而所謂的基礎設施，包含硬體主機、檔案儲存空間、網路設置等。若還沒有，IT 人員需要先第一步購置硬體主機，或是購置雲端虛擬主機，並將網路與安全的設定建置起來，此步驟通常只需在一開始建置一次即可，後續僅為維護與調整。如下圖。

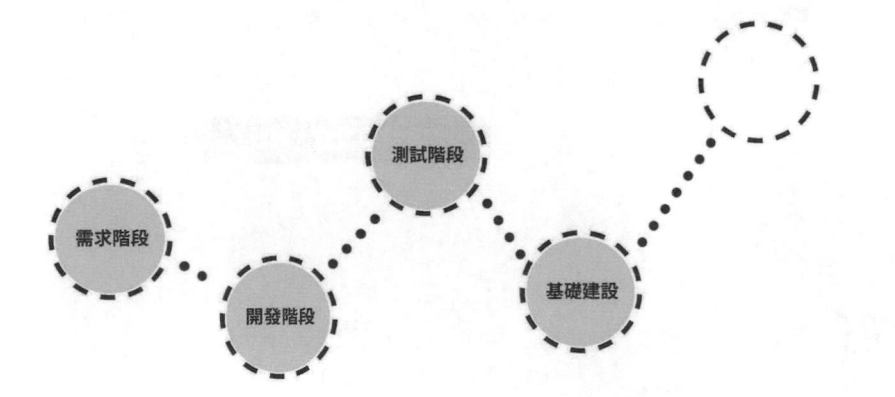

軟體開發五大階段

☁ Step5: 部署階段

到此步驟，我們已經同時擁有「基礎設施」以及「開發好的前後端專案」，我們再來要將前後端專案放上正式環境的主機上，這樣才能讓公司網頁使用者可以透過網頁使用到此購物車新功能，而這整個過程有個軟體術語叫做「部署 (Deploy)」。如下圖。

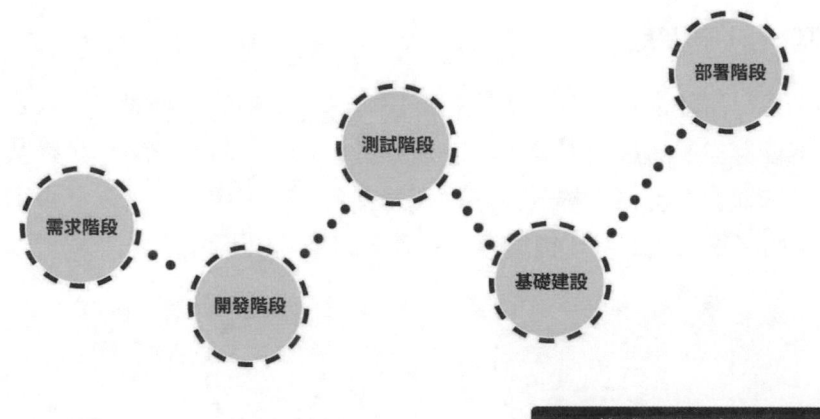

軟體開發五大階段

小結

　　以上為軟體開發主要流程，事實上還有著許多其他步驟，比如部署後的監控、測試時的單元測試撰寫、整合測試等，但對於本單元目的，以能讓大家快速掌握整體軟體開發流程，留下明確的概念。而在後續章節中，我們也將看到 AWS 是如何協助我們在此五大步驟中，高度加速軟體開發部署流程，學習完後你會發現 AWS 是多麼強大的一個存在，一個必學的技術。

4

AWS VPC 網路架構

【觀念講解】

VPC 基礎設施 Region/AZ vs VPC/Subnet 關係介紹

今天我們來介紹 AWS Region 與 AWS VPC 之間的關係，那我們開始吧！

AWS Region 介紹

AWS 作為雲端商，會在世界各大地區建立基礎設施，比如說東京 (Tokyo) 就是其中之一。而一個實體地區的概念對到 AWS 的架構中，就是 Region，如下圖。

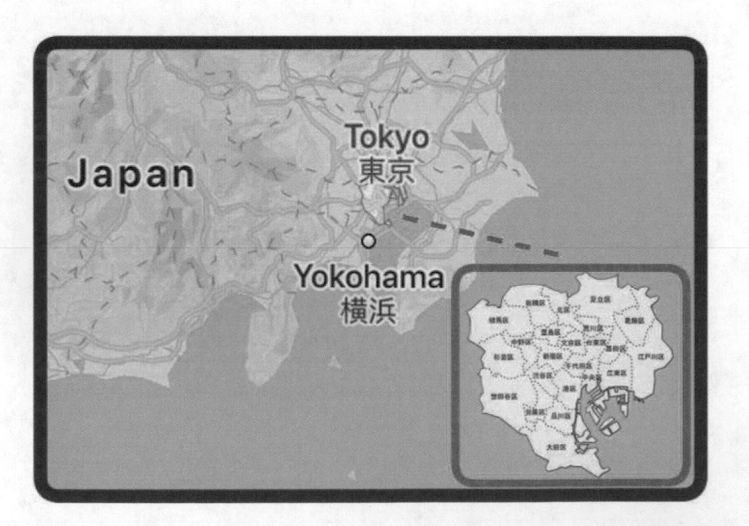

而在每個 Region 內，會建立多個 Availability Zone ，簡稱 AZ。比如說，在一個 Region 上面我們可以有三個 Availability Zone，如下圖。

AWS

作者

基礎

VPC
網路

EC2
運算

S3
檔案

RDS
資料庫

IAM
權限

結語

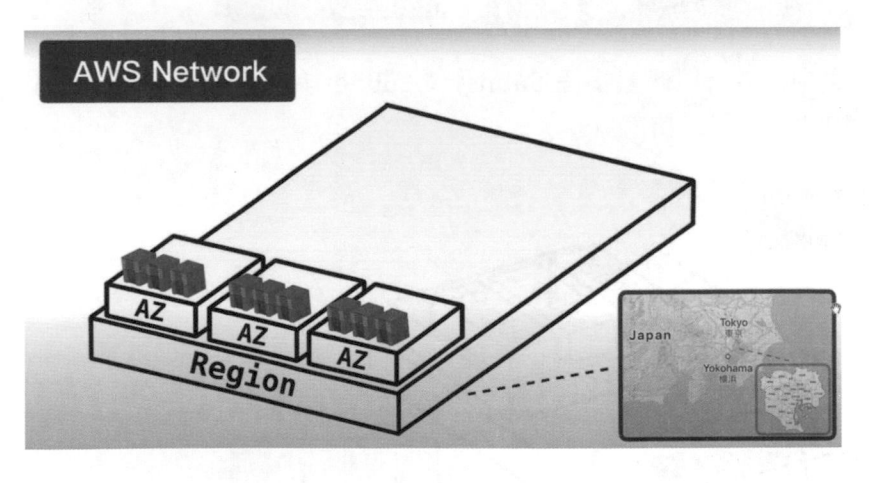

Availability Zone 代表著「邏輯資料中心」，因此還不是一種實體的對應，更精確來說，一個 Availability Zone 中，會有著多個「實體資料中心」，也就是實際放上主機與硬體設備等的地方。

如下圖所示，東京地區對應到一個 AWS Region 概念。每個 region 上有著多個 Availability Zone，每個 Availability Zone 裡頭又有著多個實體資料中心，藍色長方體大樓圖像即代表著，在 AZ 中的多個實體資料中心。

AWS Region 與 VPC 關係介紹

那在我們對 Region、Availability Zone、實體資料中心有所概念之後，我們來看到 AWS VPC 這個概念。

VPC 為一種「虛擬的網路區域」，我們會將虛擬資源放入這個網路區域進行管理，比如說 EC2，他會幫我們管理其中的網路流通，如下圖。

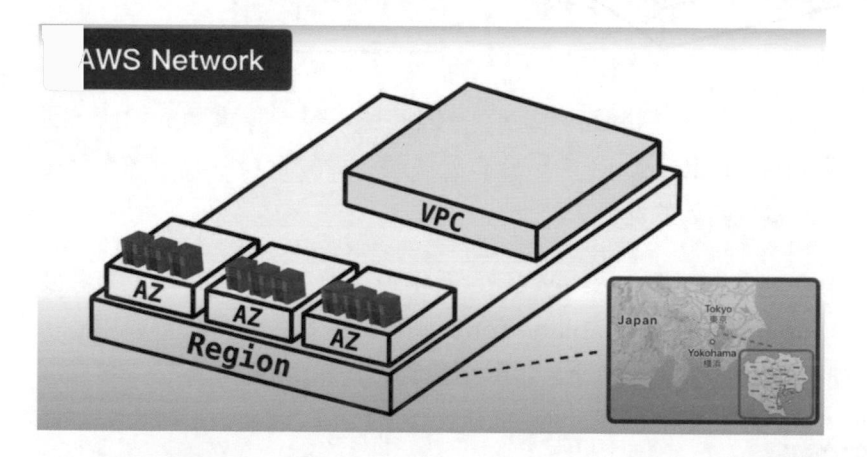

在每個 VPC 之中，將可以涵蓋多個 Subnets，Subnet 其實也就是一種「更小單位的虛擬網路區域」，如下圖。

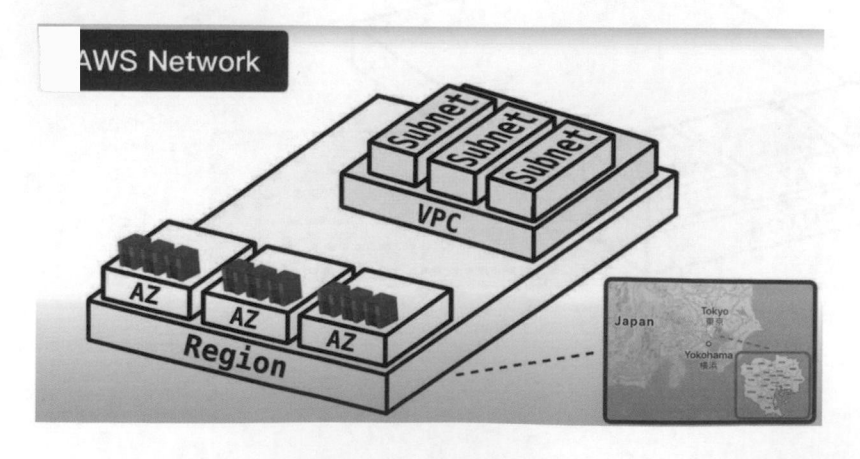

而 Subnet 與 AZ 的關係為何？每個 Subnet 都會對應到一個 Availability Zone，而在 AWS 建議的架構中有所謂 High Availability (HA) 的概念，換句話說，也就是要我們把程式部署到不同的 Availability Zone 中。

所以當我們把程式放到 Subnets 之中，我們要確保這些 Subnets 是否對應到不同的 Availability Zone 中，如果是的話，我們就能達到 High Availability (HA)，如下圖：紅線部份代表 Subnet 與 Availability Zone 之間的對應，可以看到此處的 VPC 透過不同 Subnet 對應到多個 AZ，達到了 High Availability (HA)。

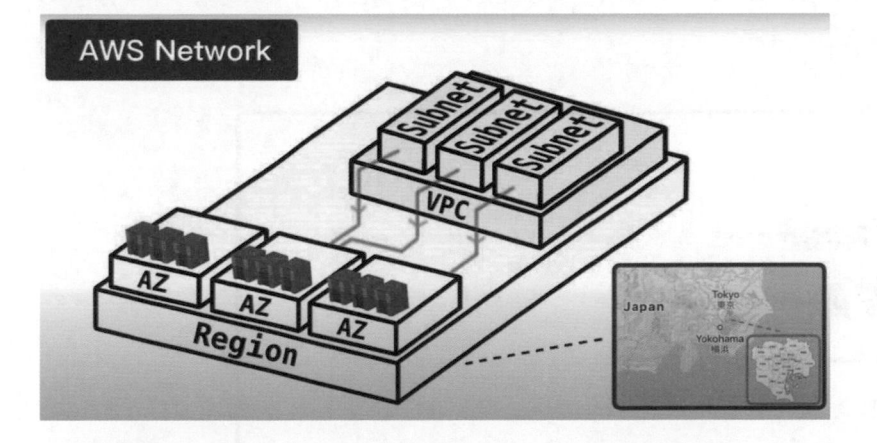

AWS

作者

基礎

VPC
網路

EC2
運算

S3
檔案

RDS
資料庫

IAM
權限

結語

小結　　本單元我們學會了 AWS 如何在世界各地設置資料中心，並瞭解其中 Region 與 Availability Zone (AZ) 的關係。從此，我們又了解了 AWS 管理網路的服務 VPC，以及其與 Subnet 之間的階層關係，兩者皆用來管理與網路相關的資源與設定。

【觀念講解】

VPC 架構 Routes & Security

兩個 Private Subnet 的溝通方式

Private Subnet（下圖 #1）是一封閉的網路，也就是它並沒有對外。今天若在 Private Subnet 內放置兩台 EC2（下圖 #2），因為這兩台 EC2 在同一個網路空間，故能彼此進行溝通。

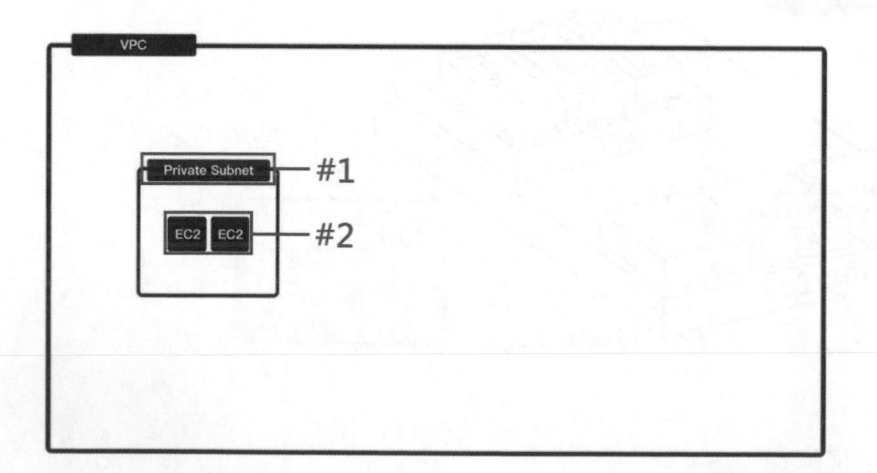

而如果想讓兩個不同的 Private Subnet 內的 EC2 進行溝通時，必須使用到 Route Table（下圖 #1）。每一個 Subnet 都會配到一個 Route Table，用於指引網路流量應該怎麼走及要去哪裡。Route Table 上面有兩個重要的設定，一個是目的地 IP（下圖 #2），另一個則是下一站（下圖 #3）是要先去哪裡。

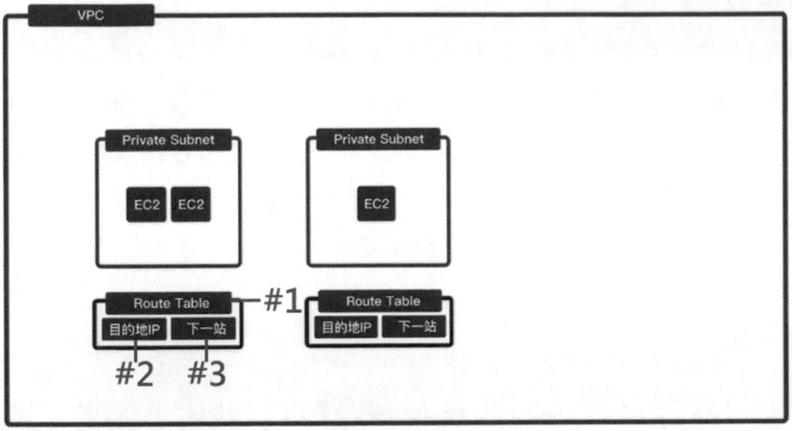

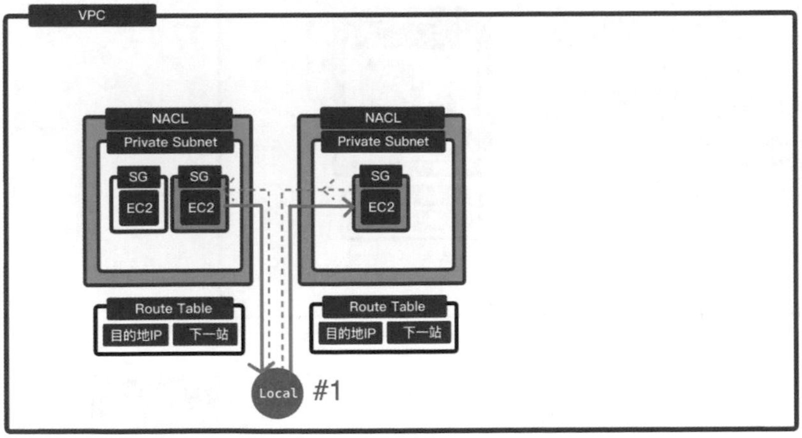

AWS

作者

基礎

VPC
網路

EC2
運算

S3
檔案

RDS
資料庫

IAM
權限

結語

VPC

Private Subnet

EC2　EC2

Private Subnet

EC2

Route Table ─ #1

目的地IP　下一站

Route Table

目的地IP　下一站

#2　#3

如果想要從左邊 Subnet 的 EC2 連到右邊 Subnet 的 EC2，概念上可以直接連過去，但實際上必須先經過一個 Local（下圖 #1）的中繼站，再往右邊 Subnet 的 EC2 導過去（如下圖橘色實線所示），到達目的地後，會再返回原出發點（如下圖橘色虛線所示）。

VPC

NACL

Private Subnet

SG　SG

EC2　EC2

NACL

Private Subnet

SG

EC2

Route Table

目的地IP　下一站

Route Table

目的地IP　下一站

Local　#1

Public Subnet 與 Internet 的溝通方式

Public Subnet 的目的為讓內部的網路可以與外界 Internet 溝通。要讓 Public Subnet 中的 EC2 可以連到 Internet，同樣必須用到 Route Table 來指引路線。此時 Route Table 中的「目的地 IP（下圖 #1）」即為 Internet，「下一站（下圖 #2）」則是一個放置於 VPC 上的特殊中繼站 IGW（Internet Gateway）（下圖 #3）。

若是要從 Public Subnet 中的 EC2 連線到 Internet，必須先經過 IGW，透過 IGW 將網路請求導流到 Internet（如下圖橘色實線所示），到達目的地後，再原路返回（如下圖橘色虛線所示）。

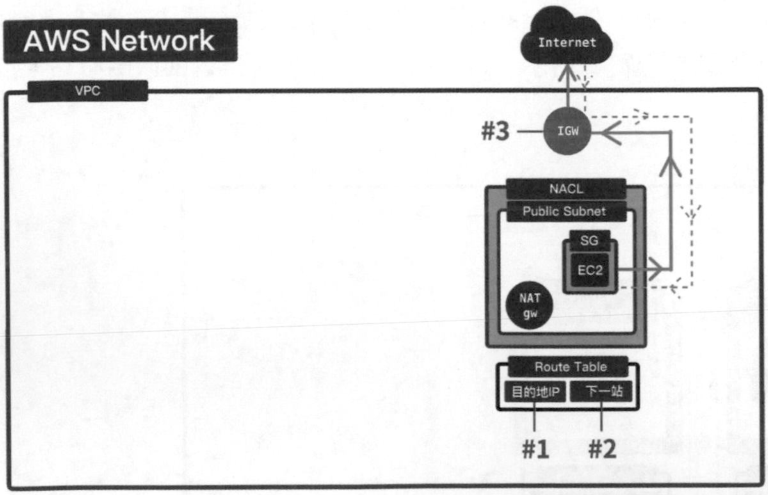

Private Subnet 與 Internet 的溝通方式

若要讓 Private Subnet 中的 EC2 可以連到 Internet，必須將其 Route Table 中的「下一站（下圖 #1）」改為放置於 Public Subnet 上的虛擬主機 NAT Gateway，簡稱為 NAT gw（下圖 #2）。

而當在 Private Subnet 中的 EC2 送出網路請求去 Internet，必須先經過 NAT gw（下圖 #2），再由 NAT gw 走與 Public Subnet 一樣的路徑（也就是經由

IGW（下圖 #3）再到 Internet，如下圖橘色實線所示），到達目的地後，再原路返回（如下圖橘色虛線所示）。

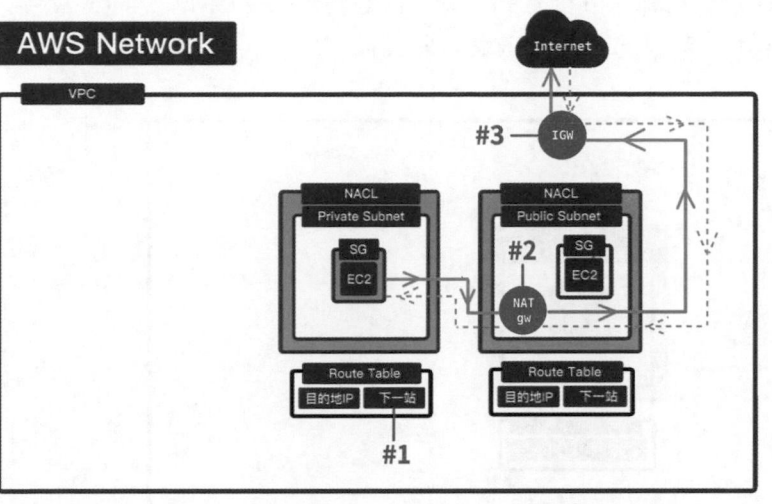

AWS

作者

基礎

VPC
網路

EC2
運算

S3
檔案

RDS
資料庫

IAM
權限

結語

NACL vs SG 的安全設定介紹

當請求想進出在 Private Subnet 內的 EC2 時，會遇到 Subnet 階層的保護工具 NACL (Network Access Control List)，它用於規範何種請求可以進出此 Subnet，如下圖。

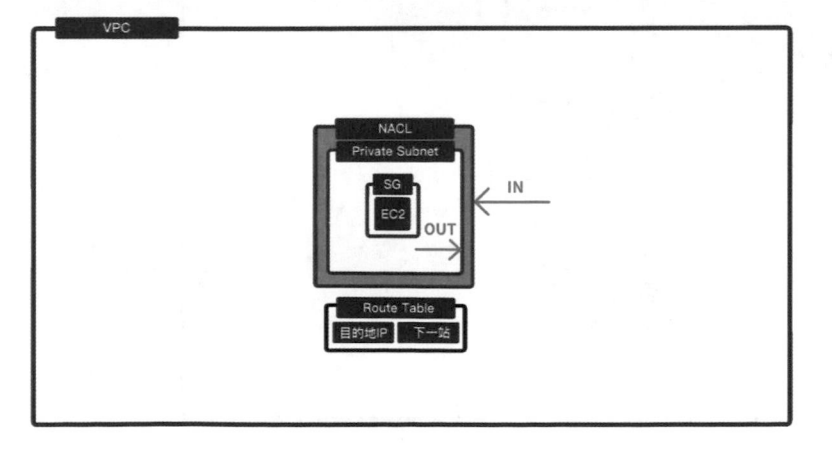

當成功通過 NACL 的規範之後，請求可以繼續往裡面走，但在碰到 EC2 前，還會遇到 EC2 Instance 階層的保護 SG (Security Group)，是一類似防火牆規範的工具，請求必須通過此規範，才能進到 EC2。而當請求要離開 EC2 時，會再次受到 SG 的驗證，再原路返回送出此請求的來源。

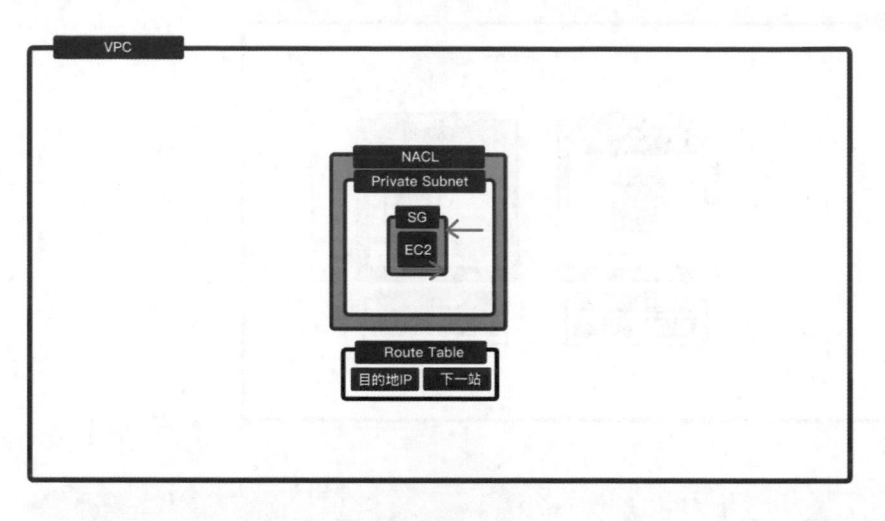

然而實際上，請求離開 SG 時不需再驗證一次。因為 SG 是一個 stateful 的工具，所以它記得該請求從哪來且自己允許過該請求進來，離開時便不會再驗證一次，是一個重要的特性，須謹記。

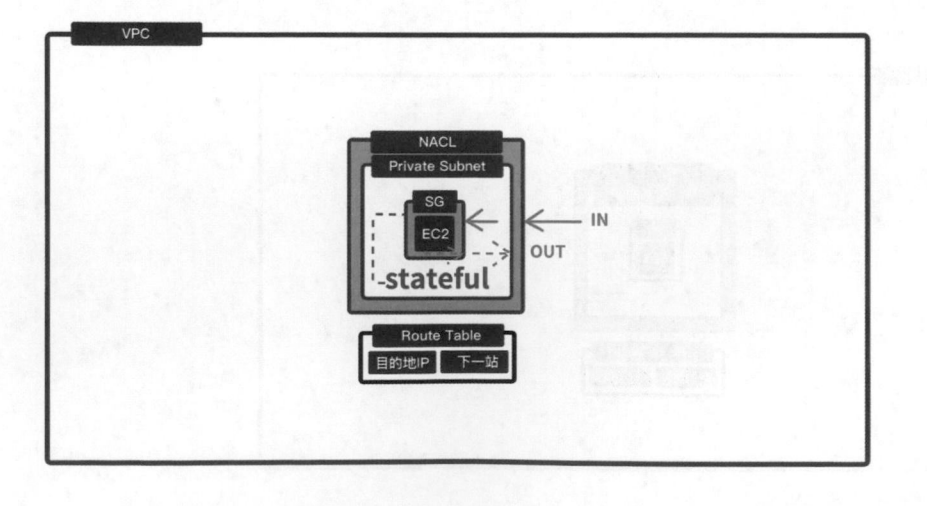

相反地，若從「EC2 發出請求」的角度來看，當網路請求要從 EC2 出去時，第一層會遇到 SG，只有獲得 SG 允許，請求才能順利通過，再來第二層會遇到 NACL，一樣必須獲得 NACL 允許，才能真的出去，最後到達目的地 IP（如下圖橘色實線所示）。

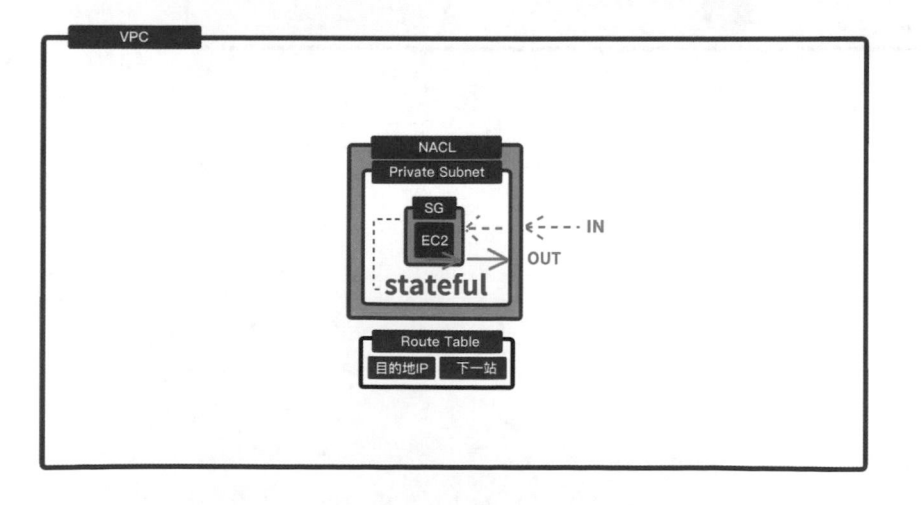

之後原路返回時，先遇到 NACL，還是需要通過驗證才能進入，但當再碰到 SG，就不必再進行驗證（如下圖橘色虛線所示）。因為 SG 為 stateful，記得此請求曾經在自己允許下出去過，回來時就可以直接進到 EC2。

AWS
作者
基礎
VPC
網路
EC2
運算
S3
檔案
RDS
資料庫
IAM
權限
結語

那這次，我們了解了 AWS VPC 的網路流通方式，透過 Route Table 的設定並搭配 NAT 與 IGW 來連通內外網。此外，我們也學會了其安全設定的各種階層，含有 NACL 以及 Security Group，讓我們能有效的管理網路安全。

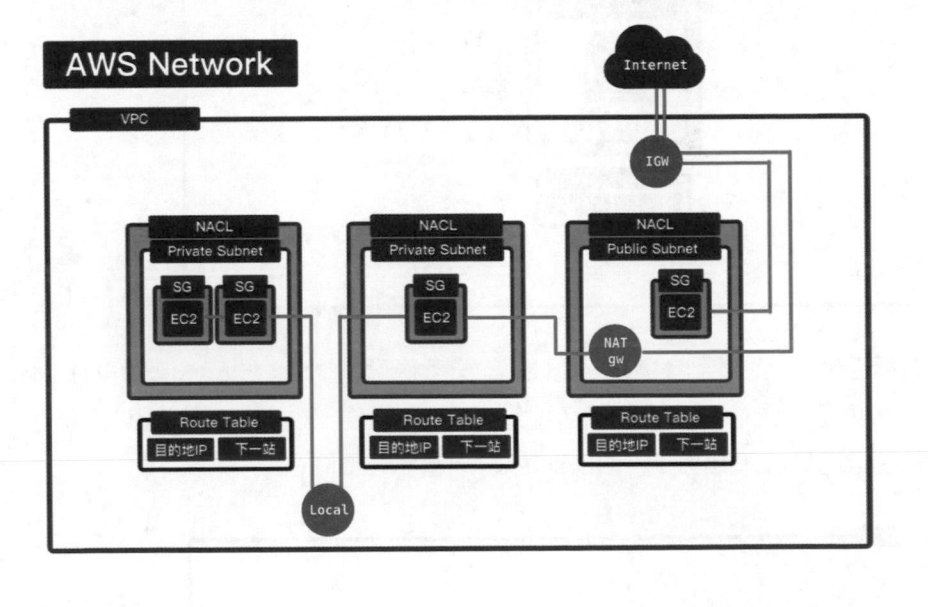

AWS

作者

基礎

VPC
網路

EC2
運算

S3
檔案

RDS
資料庫

IAM
權限

結語

【觀念講解】

VPC 架構 SG vs ENI vs EC2 關係介紹

SG 與 EC2 的真實關係

之前提過我們把 SG (Security Group) (下圖 #1) 當作一個包在 EC2 (下圖 #2) 外層的保護膜。在概念上這樣想雖然是沒錯的，但實際上，從底層來看，真正在 SG 內部的應該是 ENI (Elastic Network Interface) (下圖 #3)，也就是一個類似虛擬網卡的概念。當我們使用 SG 的時候，其實也是跟著 ENI 走的，下面我們就來探討 ENI 與 EC2 彼此的關係。

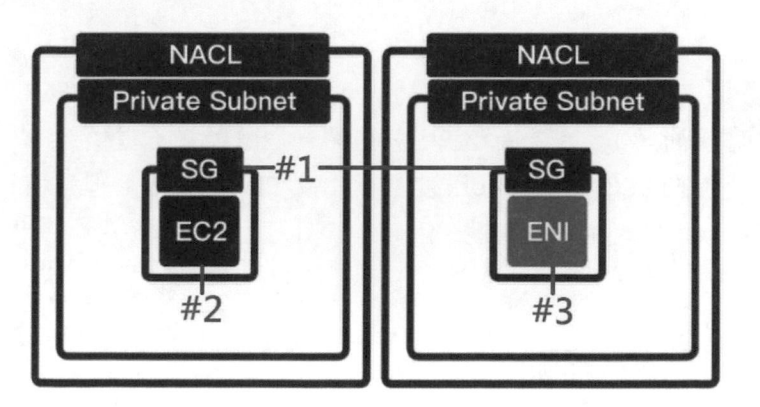

ENI 與 EC2 的關係

那我們又該如何理解 ENI 與 EC2 的關係呢？為此，我們先劃分出 Network 跟 Compute 兩個世界。ENI 為網路世界裡面的元素，而 EC2 則為計算資源世界裡的資源單位。如下圖所示。

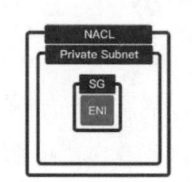

而 ENI 與 EC2 的關係建立於 attach 上，也就是將一個 ENI attach 到一台 EC2 上使用（如下圖藍色虛線所示），更直接地說，就是將一個虛擬網卡提供給一台虛擬主機使用，而此時的 EC2 在 Network 世界就由此 ENI 來代表。但這種 attach 是臨時性的，所以可能產生以下情況。

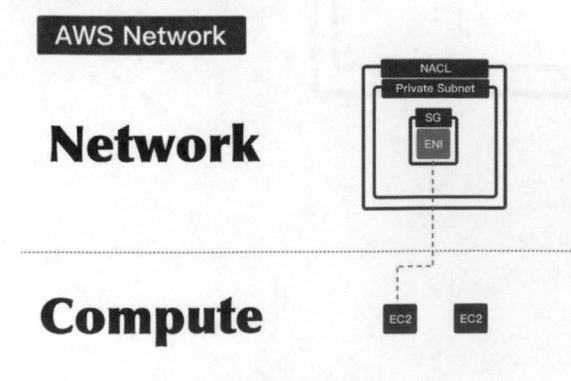

假如有一天 ENI attach 的 EC2 故障，我們可以將此 EC2 移除 (如下圖紅色 X 所示)，換上另一台 EC2 來使用原本的 ENI (如下圖藍色虛線所示)。此一操作對於 Network 世界並沒有任何變動，我們實際上變動的只有在 Compute 世界的運算元素，改成另外一個 EC2 運算資源單位而已。

AWS

作者

基礎

VPC
網路

EC2
運算

S3
檔案

RDS
資料庫

IAM
權限

結語

小結

　　所以本單元的重點就是，SG 其實並不是直接給 EC2 使用的，而是屬於 ENI 的一部份，而 ENI 又將被 attach 到某一台 EC2 上使用，用來進行網路相關的設定。

實作示範

VPC 外網 Public Subnet to the Internet (IGW)

我們這次要示範如何讓一個在 Public Subnet 裡面的 EC2 Instance 可以與 Internet 溝通（如下圖橘線所示），那我們現在開始吧。

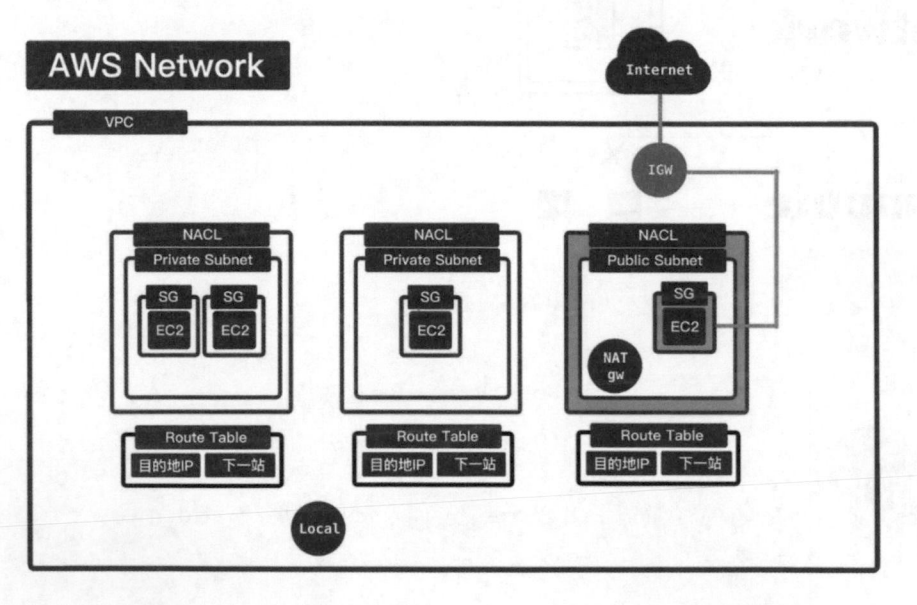

建立 VPC

首先，進到 AWS Console 頁面，在上方搜尋列輸入 VPC（下圖 #1），會出現一個面板以顯示相應的搜尋結果，再點擊目標 VPC（下圖 #2）。

進到 VPC 頁面，點擊 Create VPC 按鈕以建造 VPC，如下圖紅框處。

在創建 VPC 設定頁面，點選 VPC only（下圖 #1），自訂名稱為 vpc-001（下圖 #2），給予一個位址為 10.1.0.0/16 的網路空間（下圖 #3），16 代表切在第二個位置（下圖 #4）。最後按下頁面底部的 Create VPC 按紐（下圖 #5）。

AWS

作者

基礎

VPC
網路

EC2
運算

S3
檔案

RDS
資料庫

IAM
權限

結語

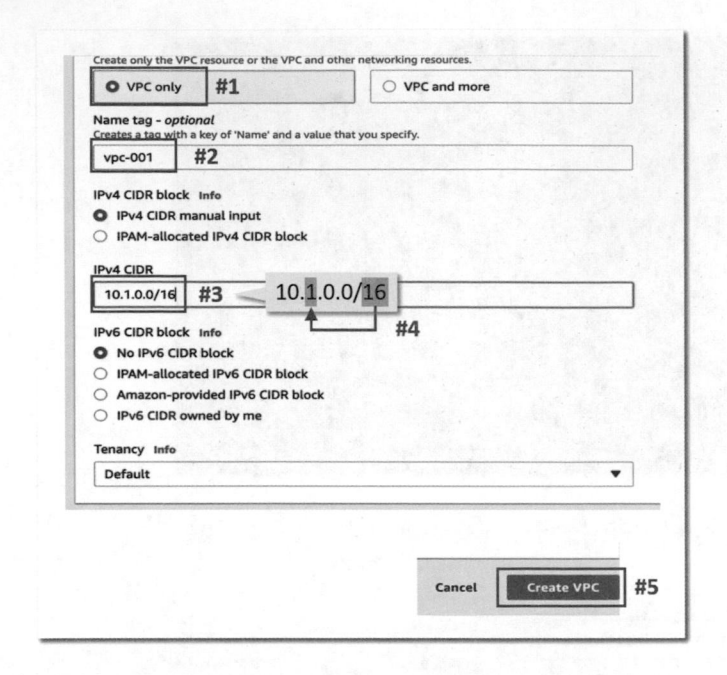

看到建立完成後的成功頁面後重新整理，如下圖。

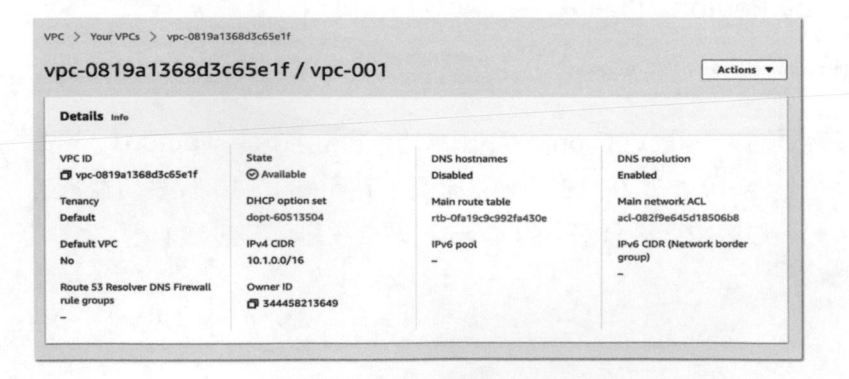

建立 Subnet

再來利用左側欄的 Field by VPC，選擇我們剛剛所建立的 vpc001 VPC（下圖 #1）。

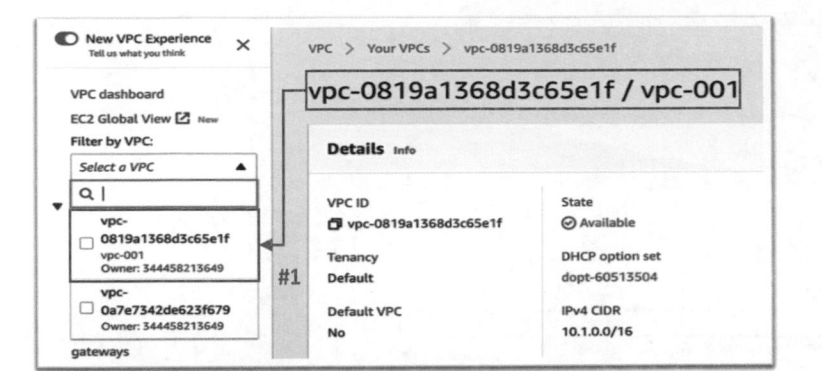

用完 VPC 篩選器後 (下圖 #1)，點擊下方的 Subnets (下圖 #2)。

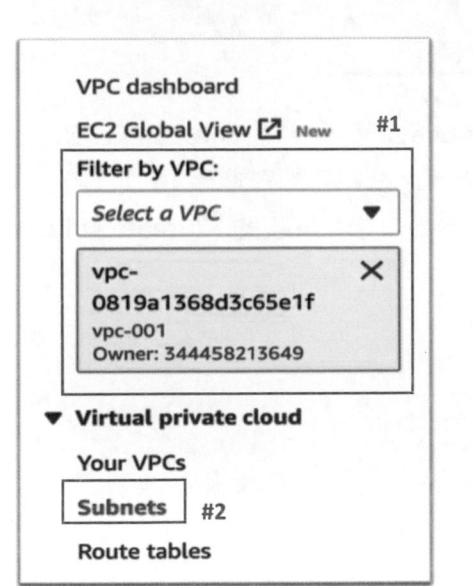

切換到 Subnets 頁面後，點擊 Create Subnet (下圖 #1) 來創建一個新的
Subnet。

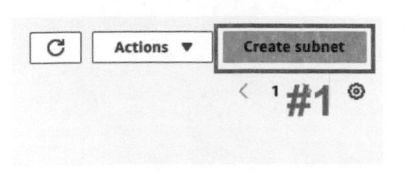

AWS

作者

基礎

VPC
網路

EC2
運算

S3
檔案

RDS
資料庫

IAM
權限

結語

在 VPC ID 項目選擇先前建立的 VPC（下圖 #1）。

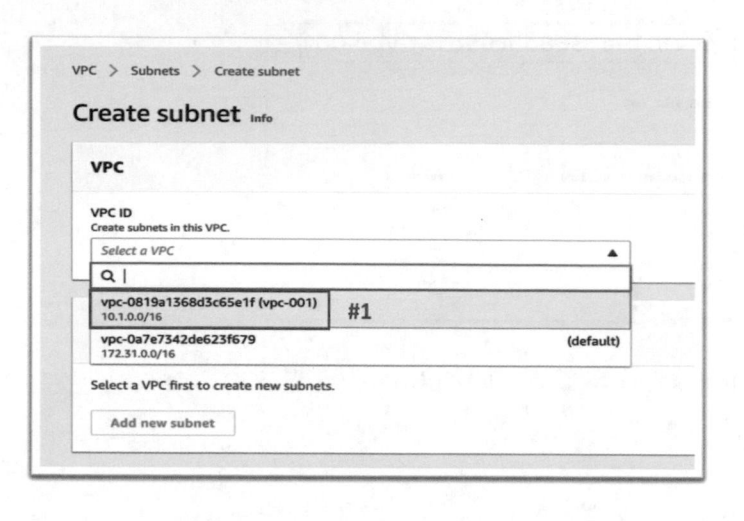

再來自訂 Subnet name 命名為 public-subnet（下圖 #1），Availability Zone (AZ) 任選一個即可（下圖 #2），IPv4 CIDR block 網路空間則設為 10 .1 .1 .0 /24（下圖 #3），24 代表的是切在第三個位置，全部設置完成後按下 Create subnet 開始建立 Subnet（下圖 #4）。

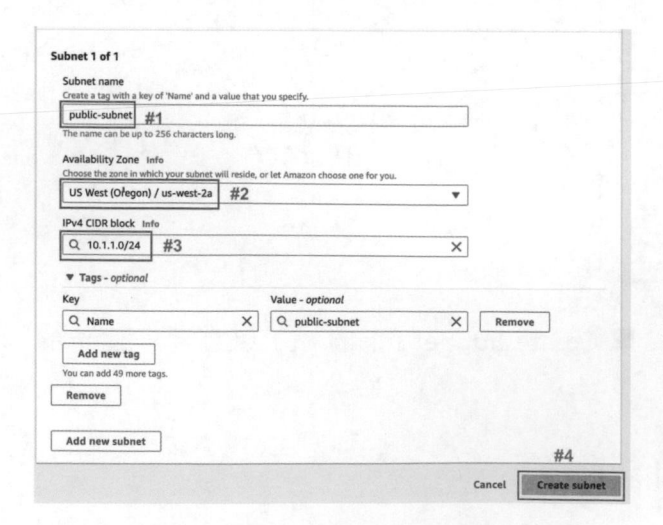

等待新的 Subnet 建置，如下圖。

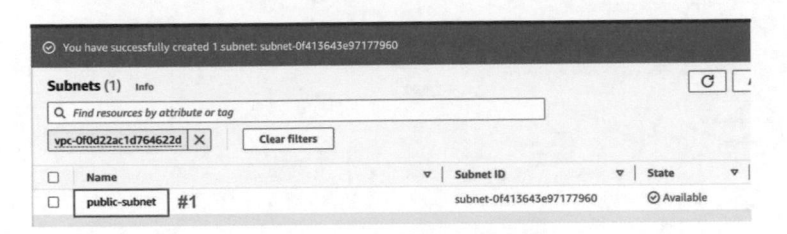

等待建造完成，就會看到有一個新的 Subnet 出現 (下圖 #1)，但是現在這個
Subnet 還不是一個 Public Subnet，所以要進行下一步的設定。

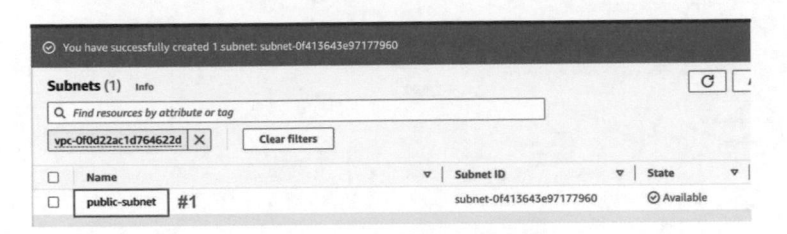

建立 Internet Gateway

透過左方 Internet gateways 連結切換到 Internet gateways 設定頁面 (下圖
#1)。

▼ **Virtual private cloud**

Your VPCs New

Subnets

Route tables

Internet gateways #1

**Egress-only internet
gateways**

到 Internet gateways 頁面後，點擊 Create internet gateway 進入建立頁面 (
下圖 #1)。

AWS

作者

基礎

VPC
網路

EC2
運算

S3
檔案

RDS
資料庫

IAM
權限

結語

跳轉至 Create internet gateway 頁面後，在 Internet gateway settings 區域
的 Name tag 欄位中，輸入自訂名稱（下圖 #1），即可點擊底部右方的 Create
internet gatway 建立（下圖 #2）。

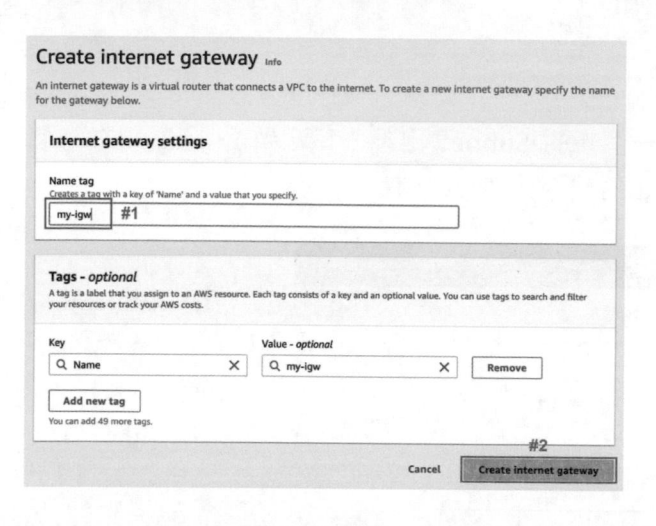

Internet Gatway 建立完成後，會看到目前的狀態是 Detached（下圖 #1），為
了改變此狀態，要點開右上方 Actions（下圖 #2），選擇 Attach to VPC（下圖
#3），準備把剛才建立的 Internet Gatway 設置到剛才建立的 VPC。

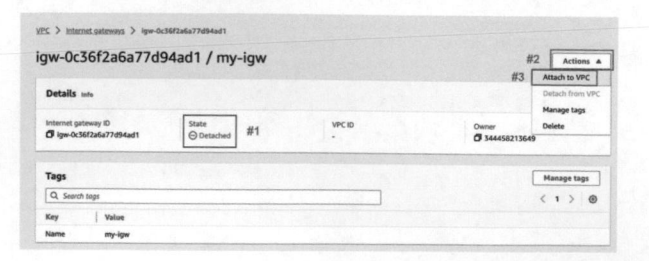

進到 Attach to VPC 頁面，Available VPCs 欄位選擇先前建立的 VPC（下圖
#1），點擊 Attach internet gateway 進行對目標 VPC 設置 Internet Gateway（
下圖 #2）。

AWS

作者

基礎

VPC
網路

EC2
運算

S3
檔案

RDS
資料庫

IAM
權限

結語

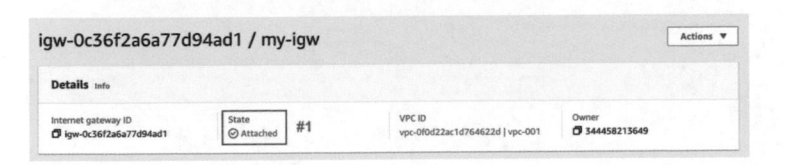

Attach to VPC 完成之後，就可以看到狀態變成 Attached 了（下圖 #1），代表
VPC 就有這個 Internet Gateway 可以使用。

建立 Route

再來透過左邊欄的 Subnets 連結回到 Subnets 頁面（下圖 #1），勾選 public-
subnet（下圖 #2），切換下方資訊至 Route table（下圖 #3），點擊目前所使用
的 Route table（下圖 #4）。

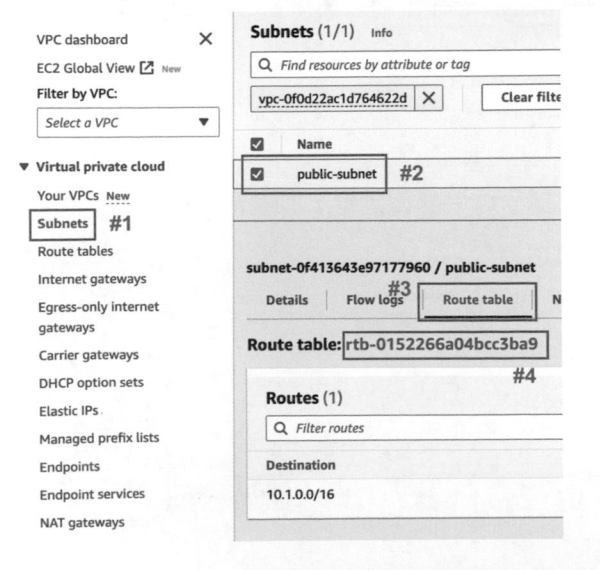

進到 Route tables 頁面後，點擊此 Route Table（下圖 #0），並切換下方資訊到 Routes（下圖 #1），就會看到目前只有一個 Route（下圖 #2），如果我們的連線是要到 VPC 裡面的話，就可以馬上互通，那我們這邊點擊 Edit routes（下圖 #3），再來增加另外一條 Route。

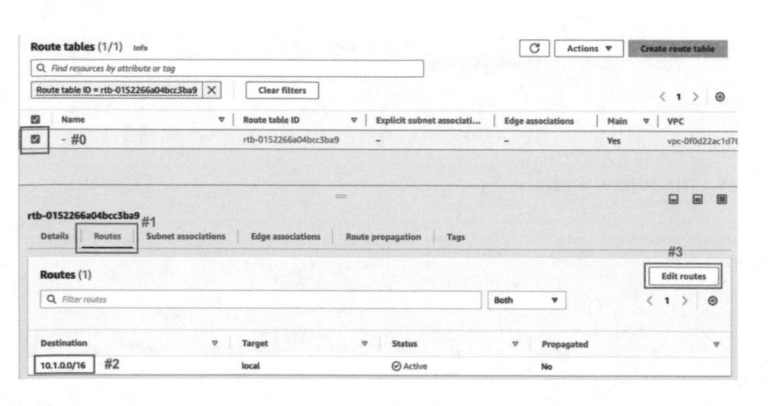

進到 Edit routes 頁面後，點擊 Add route 新增另外一條 Route（下圖 #1），Destination 輸入 0.0.0.0/0（下圖 #2），Target 部分選擇 Internet Gateway（下圖 #3）。

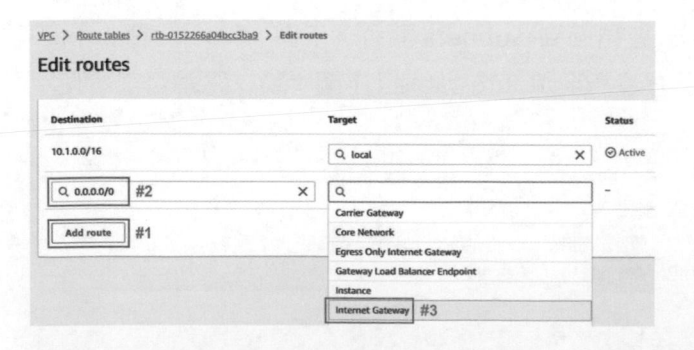

接著，就能選擇剛剛建立的 igw（下圖 #1），最後點擊（下圖 #2）。

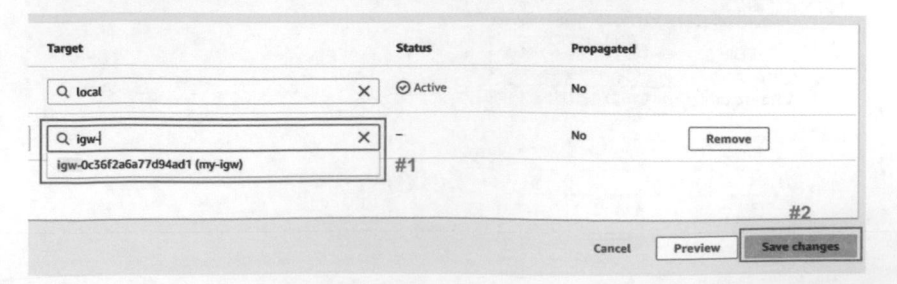

建立另外一條 Route 完後，如此便完成網路部分的設定，如下圖。

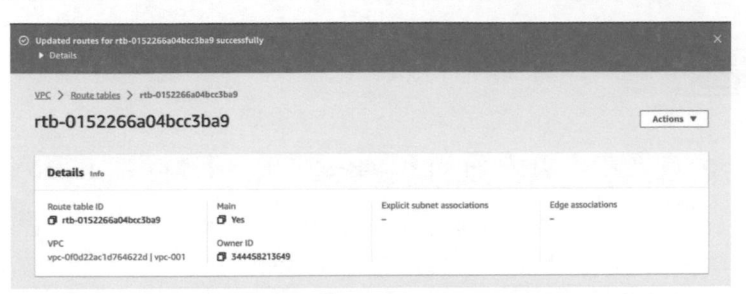

AWS

作者

基礎

VPC
網路

EC2
運算

S3
檔案

RDS
資料庫

IAM
權限

結語

建立 ICMP Security Group

再來於上方搜尋列輸入 ec2（下圖 #1），對下方面板 EC2 連結（下圖 #2）右鍵開啟新分頁（下圖 #3）。

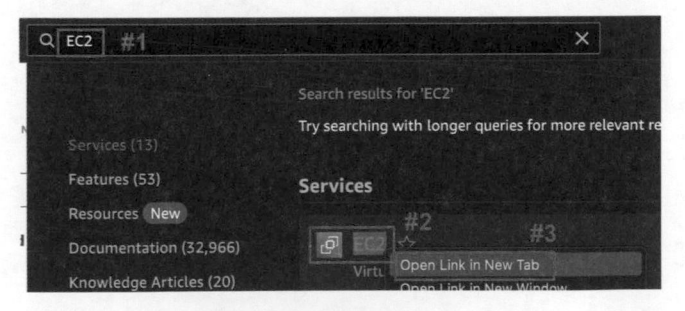

切換分頁進到 EC2 介面（下圖 #1）。

左列表往下拉，搜尋 Security Group 點擊下去（下圖 #1）。

▼ **Network & Security**

　Security Groups #1

　Elastic IPs

　Placement Groups

　Key Pairs

　Network Interfaces

進到頁面後，點擊 Create Security Group（下圖 #1）。

在創建 security group 頁面中，填入名稱 ICMP-sg-001（下圖 #1），填入 Description ICMP-sg-001（下圖 #2），選擇我們之前所創建的 vpc-001（下圖 #3）。

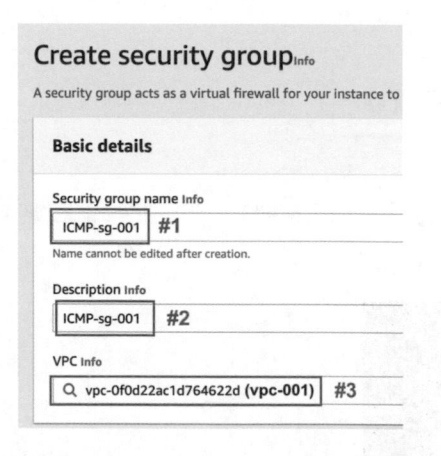

好了之後下拉，看到 Inbound rules。點擊 Add rule（下圖 #1），Type 選擇 All ICMP - IPv4（下圖 #2），Source 則選擇 Anywhere - IPv4（下圖 #3），來允許所有來源。

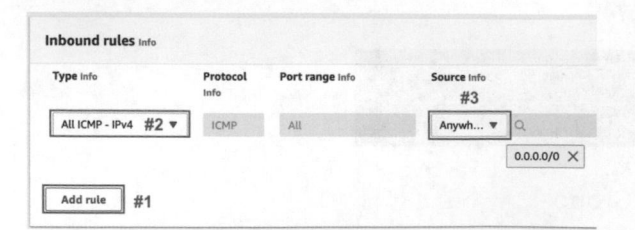

都好了之後，就可以點擊 Create security group（下圖 #1）。

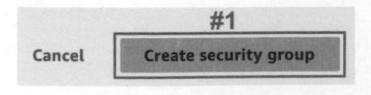

建立 Public EC2 Instance

完成之後，點擊左列表 Instances 切換至 Instances 頁面 (下圖 #1)。

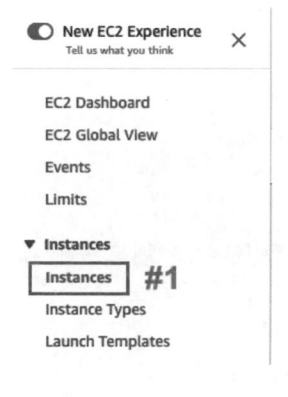

再點擊 Launch instances 來建立 (下圖 #1)。

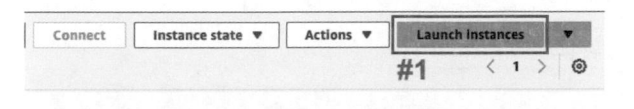

進到 Launch an instance 頁面後，在 Name and tags 區塊的 Name 欄位輸入自訂名稱，這邊叫做 public-ec2 (下圖 #1)。

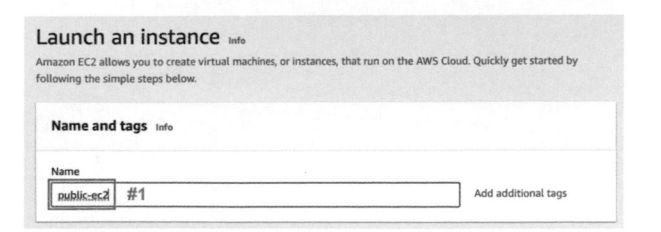

往下看到 Application and OS Images (Amazon Machine Image) 區，作業系統選擇使用 Amazon 提供的 Linux 即可 (下圖 #1)。

AWS

作者

基礎

VPC
網路

EC2
運算

S3
檔案

RDS
資料庫

IAM
權限

結語

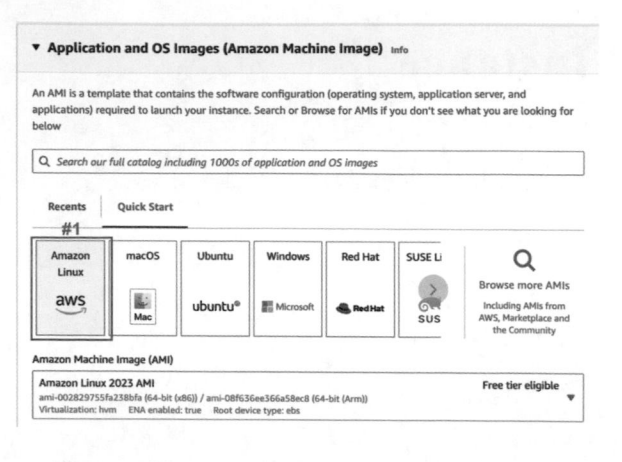

再往下看到 Key pair (login)，利用 Create new key pair（下圖 #1）創造一個新的 Key Pair。

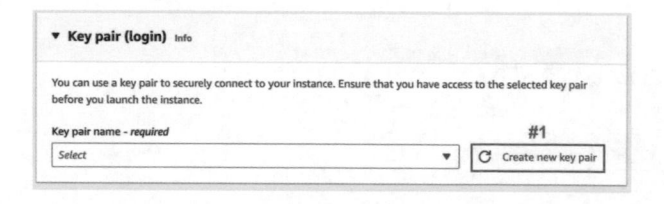

在 Create key pair 面板的 Key pair name 欄位輸入新的 EC2 Key Pair 名稱，這邊叫做 ec2 -keypair-001（下圖 #1），便可點擊右下的 Create key pair 建立我們新的 key pair（下圖 #2）。

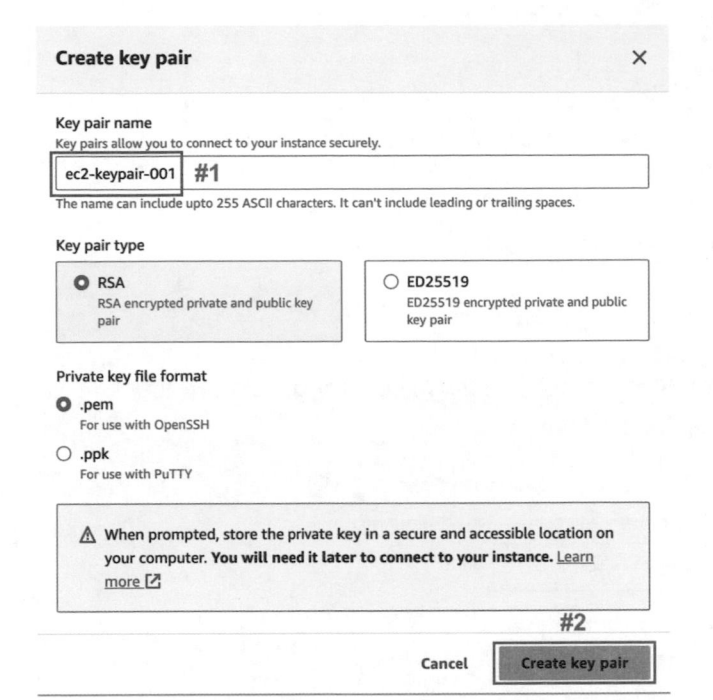

AWS

作者

基礎

VPC
網路

EC2
運算

S3
檔案

RDS
資料庫

IAM
權限

結語

完成新的 Key Pair 建立就會自動存到一個本地目錄之中,如下圖。

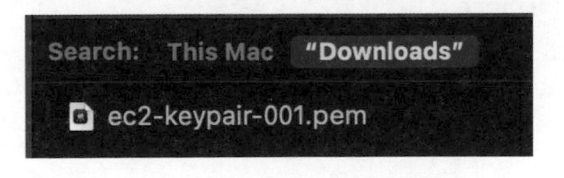

新的 Key Pair 完成後看到 Network settings 網路部分,按下 Edit 讓此區域變成編輯模式 (下圖 #1)。VPC 欄位選擇先前所建立的 VPC (下圖 #2),並且 Subnet 選擇我們的 Public Subnet (下圖 #3)。

由於我們要與 Internet 溝通,所以它本身也需要一個 Public IP,將此處 Auto-assign public IP 設定標為 Enable (下圖 #4)。

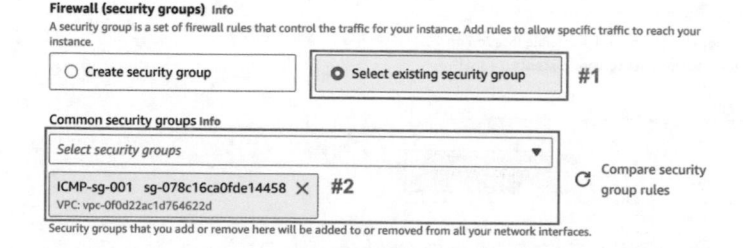

下拉看到 Security Group，選擇 Select existing security group（下圖 #1），並且選取剛剛創建的 ICMP-sg-001（下圖 #2）。

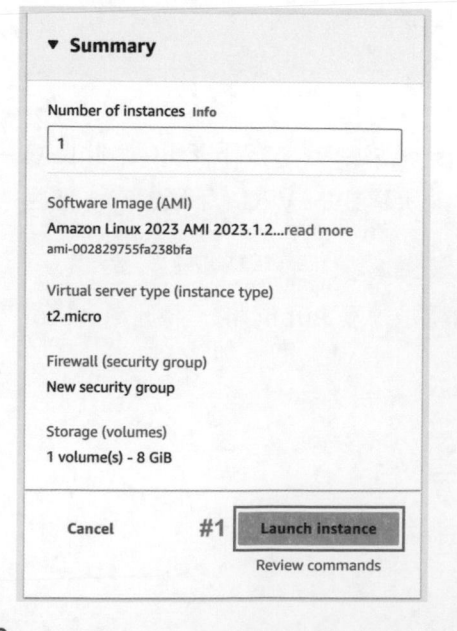

完成網路設定後，點擊右方 Launch instance（下圖 #1）進行建立。

等待 Launch instance 建立後，可以看到成功訊息 (下圖 #1)。點擊括號中的連結快速進入到 EC2 中 (下圖 #2)。

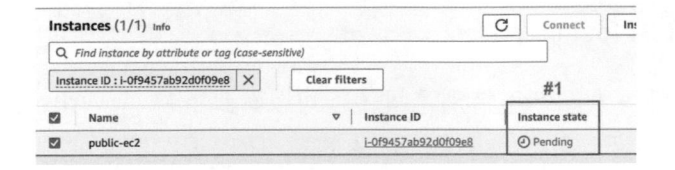

AWS

作者

基礎

VPC
網路

EC2
運算

S3
檔案

RDS
資料庫

IAM
權限

結語

連結 EC2 Instance

在 EC2 頁面中會看到目前的狀態是 Pending，如下圖。

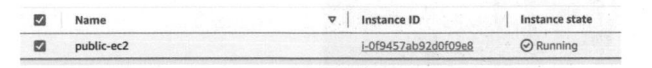

稍等一下後就可以看到狀態轉變為 Running，如下圖。

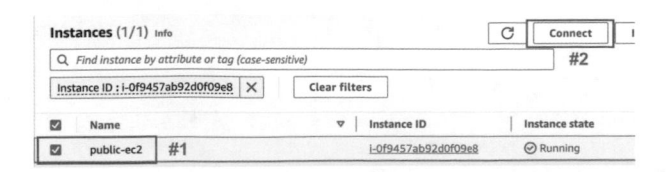

EC2 狀態轉變為 Running 後，把 Public EC2 Instance 勾選起來 (下圖 #1)，點擊上方 Connect 進入連結設定頁面 (下圖 #2)。

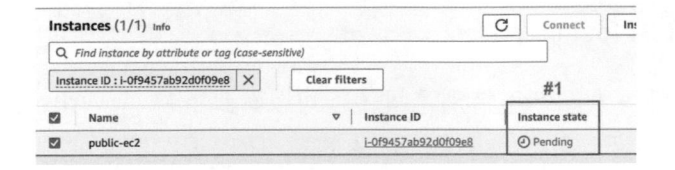

進到 Connect to instance 頁面，切換到 SSH Client 連線 (下圖 #1)，可以看到下方列出各種方便的指令以幫助使用者直接連進去 (下圖 #2)。

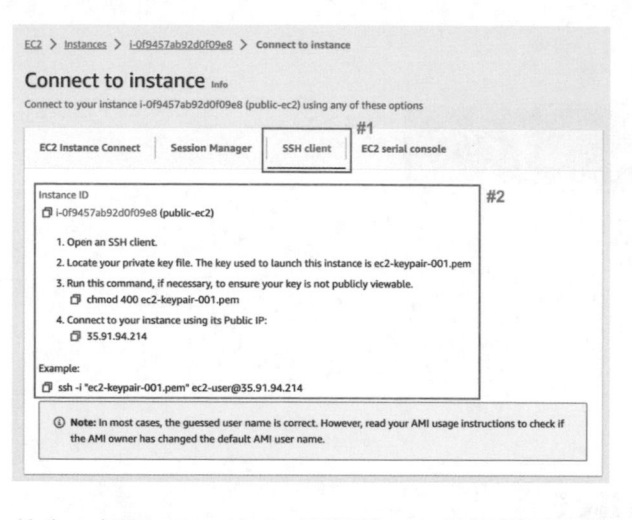

首先，打開 Terminal，預期是 cd 進到剛剛存放下載 Key Pair 的目錄，而筆者是 Downloads，所以此處示範輸入「cd ~/Downloads」(下圖 #1)。

進到存有 Key Pair 的目錄後，可以輸入「ls -l ec2 -keypair-001 .pem」來看一下方才所載的 ec2 -keypair-001 .pem (下圖 #2)。

現在可以看到開頭有一些權限，大家不用特別了解，但可以看到此處有 Write 的權限 (下圖 #3)，而對 AWS 設定來說，這樣的權限太高，所以現在要來把它降低。

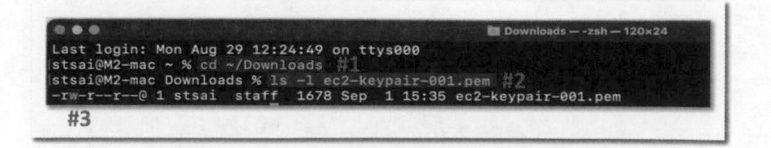

為了把權限降低，回到 EC2 連結設定頁面，複製這個 Change Mode 的指令「chmod 400 ec2 -keypair-001 .pem」(下圖 #1)。

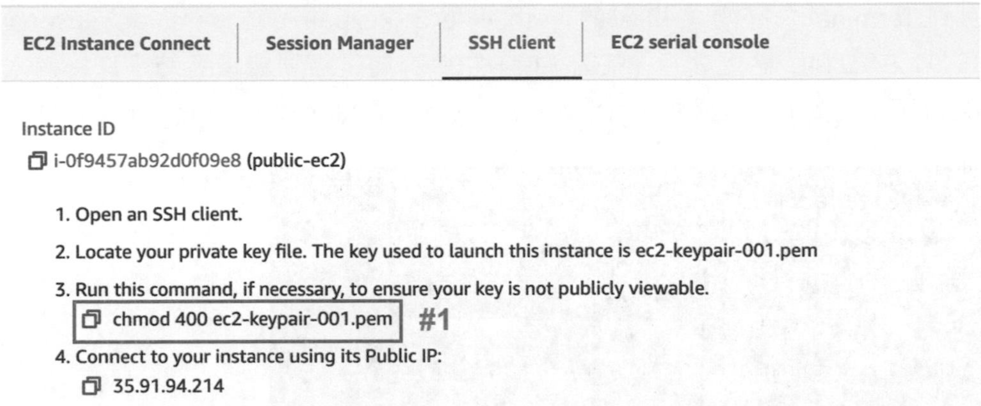

AWS

作者

基礎

VPC
網路

EC2
運算

S3
檔案

RDS
資料庫

IAM
權限

結語

EC2 Instance Connect	Session Manager	SSH client	EC2 serial console

Instance ID

📋 i-0f9457ab92d0f09e8 **(public-ec2)**

1. Open an SSH client.

2. Locate your private key file. The key used to launch this instance is ec2-keypair-001.pem

3. Run this command, if necessary, to ensure your key is not publicly viewable.

📋 chmod 400 ec2-keypair-001.pem **#1**

4. Connect to your instance using its Public IP:

📋 35.91.94.214

將 Change Mode 的指令「chmod 400 ec2 -keypair-001 .pem」貼上 Terminal
(下圖 #1)，再按方向鍵上，找到剛剛的指令「ls -l ec2 -keypair-001 .pem」執
行 (下圖 #2)，就會看到這邊的權限全部被清空 (下圖 #3)，只剩下一個 Read
的權限，如此，就可以來使用這個 ec2 -keypair-001 .pem 的檔案。

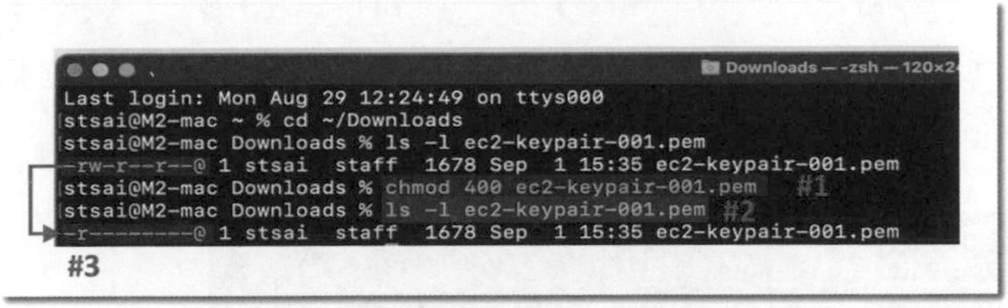

為 了 可 以 使 用 ec2 -keypair-001 .pem 這 個 檔 案，要 先 回 到 連 結 EC2 設
定 頁 面，複 製 下 方 的 Example 「 ssh -i "ec2 -keypair-001 .pem" ec2 -
user@35 .91 .94 .214」 (下圖 #1)。

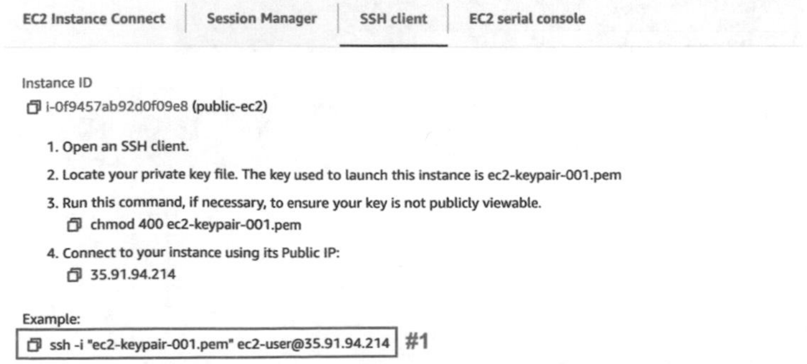

EC2 Instance Connect	Session Manager	SSH client	EC2 serial console

Instance ID

📋 i-0f9457ab92d0f09e8 **(public-ec2)**

1. Open an SSH client.

2. Locate your private key file. The key used to launch this instance is ec2-keypair-001.pem

3. Run this command, if necessary, to ensure your key is not publicly viewable.

📋 chmod 400 ec2-keypair-001.pem

4. Connect to your instance using its Public IP:

📋 35.91.94.214

Example:

📋 ssh -i "ec2-keypair-001.pem" ec2-user@35.91.94.214 **#1**

回到 Terminal，把剛才複製的「ssh -i "ec2-keypair-001.pem" ec2-user@ 35.91.94.214」貼上執行 (下圖 #1)，它會詢問是否要繼續連結，直接輸入 yes 即可 (下圖 #2)，這樣就可以順利的進入到 EC2 Instance 裡面 (下圖 #3)。

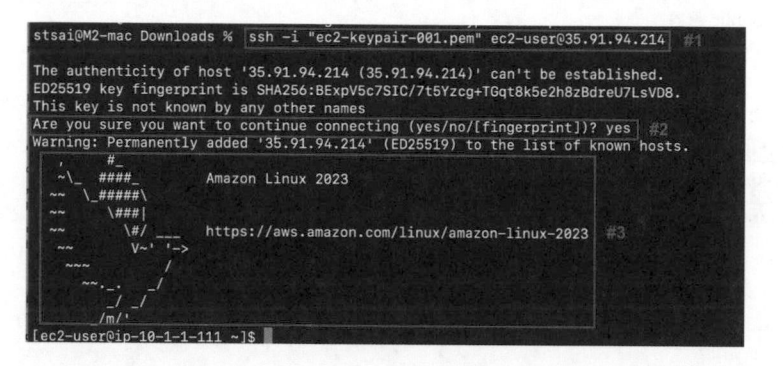

確定進到 EC2 後，我們就可以來測試在這台 EC2 裡面的時候，可不可以 Ping 到外面的世界，輸入「ping 8.8.8.8」(8.8.8.8 是 Google 的 DNS Server) 按下 Enter 執行 (下圖 #1)，就會看到下方有回應 (下圖 #2)，代表這個連線是可以從 EC2 裡面走到 Internet 再走回去的，測試完之後可以用 Ctrl + C 來結束 Ping 的動作，看到 Ping 的動作結束之後 (下圖 #3)，再來使用 exit 指令離開 EC2 (下圖 #4)，即可看到與 EC2 連結關閉的訊息。

```
[ec2-user@ip-10-1-1-111 ~]$ ping 8.8.8.8  #1
PING 8.8.8.8 (8.8.8.8) 56(84) bytes of data.
64 bytes from 8.8.8.8: icmp_seq=1 ttl=31 time=8.01 ms
64 bytes from 8.8.8.8: icmp_seq=2 ttl=31 time=7.93 ms  #2
64 bytes from 8.8.8.8: icmp_seq=3 ttl=31 time=7.87 ms
^C
--- 8.8.8.8 ping statistics ---
3 packets transmitted, 3 received, 0% packet loss, time 2002ms  #3
rtt min/avg/max/mdev = 7.866/7.934/8.011/0.059 ms
[ec2-user@ip-10-1-1-111 ~]$ exit  #4
logout
Connection to 35.91.94.214 closed.
stsai@M2-mac Downloads %
```

關於 EC2 Instance

假設我們本身在 Internet 之中，也就是這台 Mac 主機之中，去 Ping 我們的 EC2 Instance 的 Public IP 是否可以流通呢？

我們可以來測試看看，回到我們的 EC2 連結設定介面，再按底部右下角的
Cancel (下圖 #1) 來回到我們的 EC2 Instance 介面。

AWS

作者

基礎

VPC
網路

EC2
運算

S3
檔案

RDS
資料庫

IAM
權限

結語

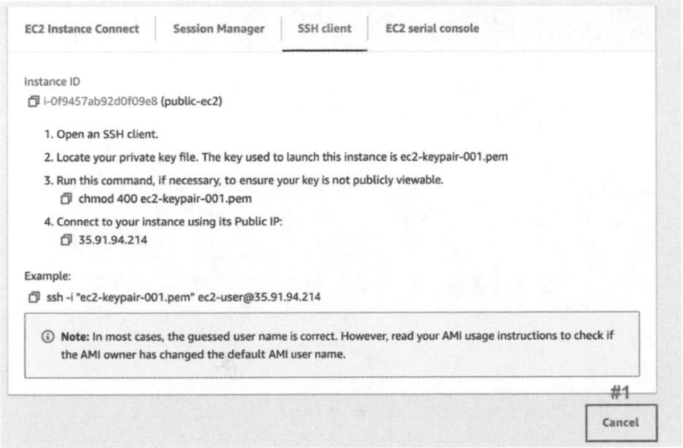

回到 EC2 Instance 介面後，勾選 public-ec2 (下圖 #1)，複製這台 EC2 的
Public IP (下圖 #2)。

複製 EC2 的 Public IP 後，回到 Terminal 貼上執行 (下圖 #1)，就會看到我們
在 Internet 的時候，也是可以透過 Internet 進入到我們 EC2 裡面，並且得到
EC2 Instance 的回應 (下圖 #2)。透過測試，我們就成功的驗證，我們這台在
Public IP 底下的 EC2 是可以與 Internet 溝通的。

　　以上就是透過 VPC、Subnet、IGW、Route、EC2 Instance 一步一步的建立,瞭解各自的關係,針對 VPC 外網 Public Subnet to the Internet (IGW) 的實作示範。

AWS

作者

基礎

VPC
網路

EC2
運算

S3
檔案

RDS
資料庫

IAM
權限

結語

實作示範

VPC 內網 Private Subnet to Private Subnet

我們這次要示範在同一個 VPC 底下，不同 Subnet 之間的溝通方式。（如下圖橘線所示）

而在這次的示範之中，我們會利用一個 Public Subnet 幫助我們先連進去 VPC 的環境，那我們現在開始吧。

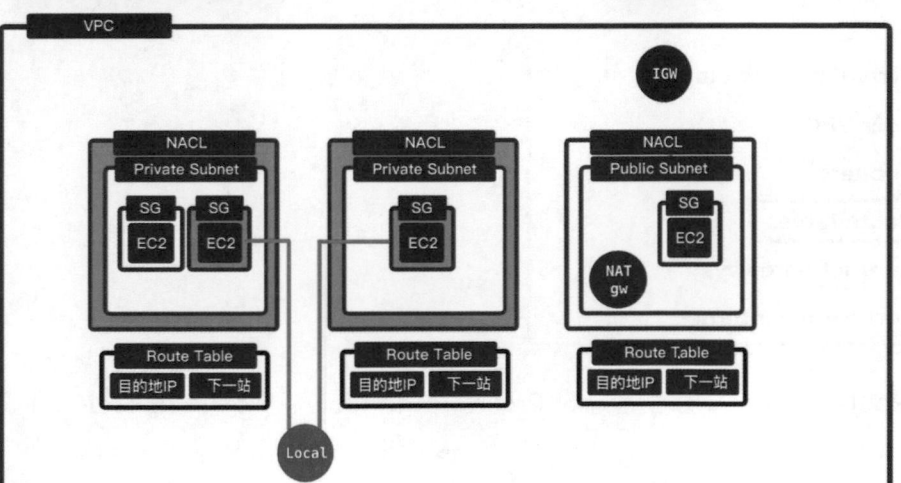

建立 Route Table

首先，進到 AWS Management Console，在上方搜尋列輸入 vpc（下圖 #1），點擊 VPC（下圖 #2）以進入 VPC 頁面。

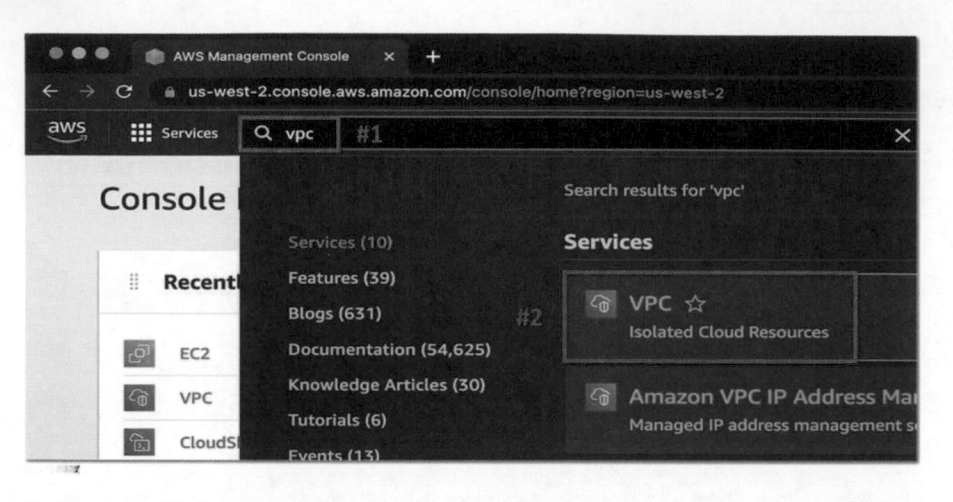

進到 VPC 儀表板，點擊左方 Route tables 連結到 Route tables 頁面 (下圖 #1)。

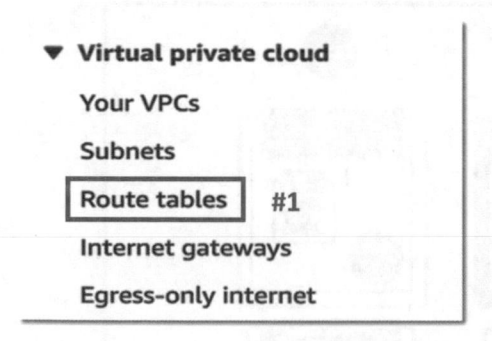

點擊 Route tables 頁面右上方的 Create route table 建立 Route Table (下圖 #1)。

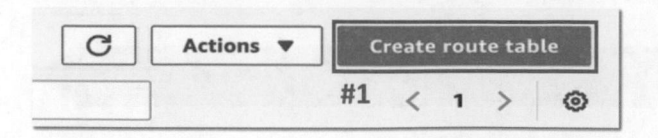

到 Create route table 頁面後，在 Route table settings 的 Name 欄位自訂名稱為 private-subnet-route-table (下圖 #1)，VPC 則選擇先前所建的 vpc-001 (下圖 #2)。

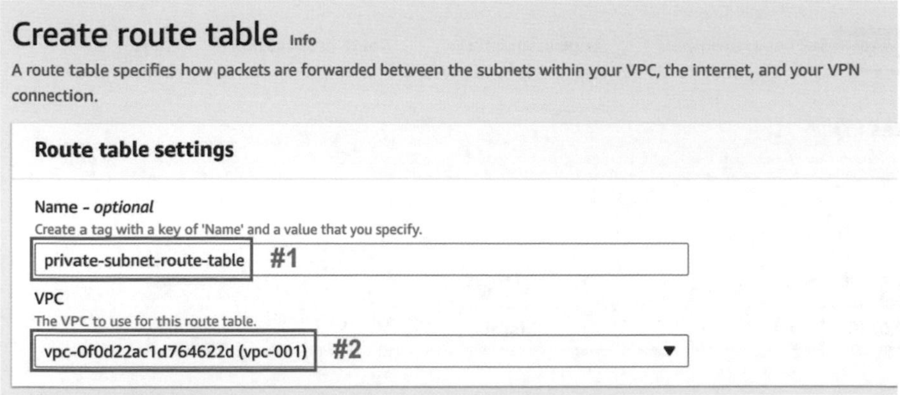

AWS

作者

基礎

VPC
網路

EC2
運算

S3
檔案

RDS
資料庫

IAM
權限

結語

Create route table Info

A route table specifies how packets are forwarded between the subnets within your VPC, the internet, and your VPN connection.

Route table settings

Name - optional
Create a tag with a key of 'Name' and a value that you specify.

| private-subnet-route-table | **#1** |

VPC
The VPC to use for this route table.

| vpc-0f0d22ac1d764622d (vpc-001) | **#2** | ▼ |

Tags 區域維持預設，以上設定完就可以點擊頁面底部的 Create route table 來建立 Route Table (下圖 #1)。

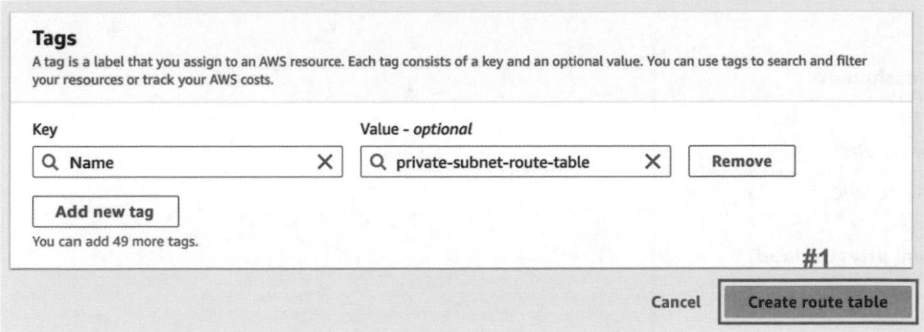

Tags

A tag is a label that you assign to an AWS resource. Each tag consists of a key and an optional value. You can use tags to search and filter your resources or track your AWS costs.

Key	Value - optional	
🔍 Name ✕	🔍 private-subnet-route-table ✕	Remove

Add new tag

You can add 49 more tags.

#1

Cancel | **Create route table**

即可看到 Route Table 創建成功的訊息 (下圖 #1)。

⊘ Route table rtb-0fed9e96d81932ddb | private-subnet-route-table was created successfully.

#1

VPC > Route tables > rtb-0fed9e96d81932ddb

rtb-0fed9e96d81932ddb / private-subnet-route-table

Route Table 創建成功後，往下看到 Routes 的相關資訊，可以看到在 VPC 裡面的 Route 都會有 10.1.0.0/16 這條路線 (下圖 #1)，只要目的地是在 VPC 10.1.0.0/16 網域裡面，你都能透過一個叫做 local 的中繼站 (下圖 #2)，去連結同一 VPC 底下的所有 Subnet。

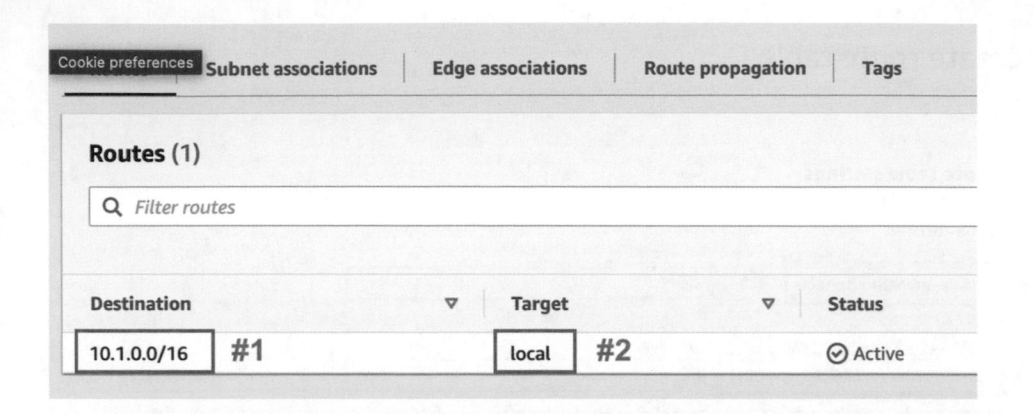

建立 Subnet

接下來,點擊左列 Subnets 進到 Subnets 頁面 (下圖 #1)。

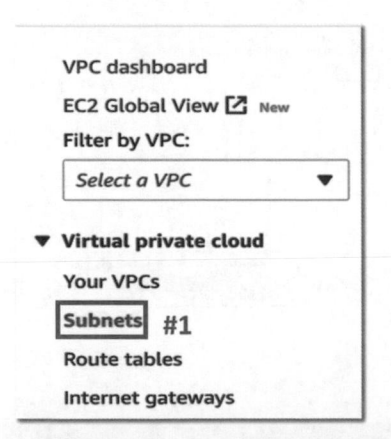

切換到 Subnets 頁面後,再來點擊右上的 Create subnet 建立新的 Subnet (下圖 #1)。

到 Create subnet 頁面後,設定 VPC 區域的 VPC ID 為 vpc-001 (下圖 #1)。

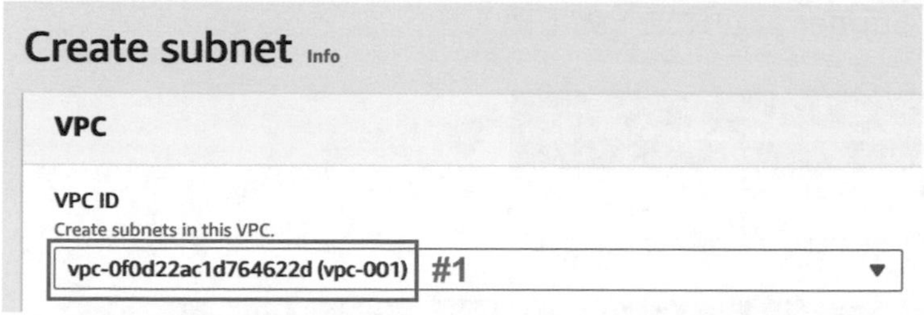

AWS
作者
基礎
VPC
網路
EC2
運算
S3
檔案
RDS
資料庫
IAM
權限
結語

Create subnet Info

VPC

VPC ID
Create subnets in this VPC.

| vpc-0f0d22ac1d764622d (vpc-001) | #1 ▼ |

往下拉到 Subnet，Subnet name 輸入自訂名稱 private-subnet-001（下圖 #1），Availability Zone（AZ）選擇其中一個即可，這次範例選擇 US West (Oregon) / us-west-2 b（下圖 #2），IPv4 CIDR block 網路空間鍵入 10 .1 .2 .0 /24（下圖 #3），24 代表切在第三個位置（下圖 #4）。

Subnet 1 of 1

Subnet name
Create a tag with a key of 'Name' and a value that you specify.

| private-subnet-001 | #1 |

The name can be up to 256 characters long.

Availability Zone Info
Choose the zone in which your subnet will reside, or let Amazon choose one for you.

| US West (Oregon) / us-west-2b | #2 |

IPv4 CIDR block Info

| Q 10.1.2.0/24 | #3 ◄ 10.1.2.0/24 |

#4

▼ **Tags** – *optional*

| **Key** | **Value** – *optional* |
| Q Name   ✕ | Q private-subnet-001 |

Add new tag

You can add 49 more tags.

完成 Subnet 設定後，點擊頁面底部的 Create subnet 確定建立 Subnet（下圖 #1）。

#1

Cancel **Create subnet**

等待一下，就能看到 Subnet 成功建立，如下圖。

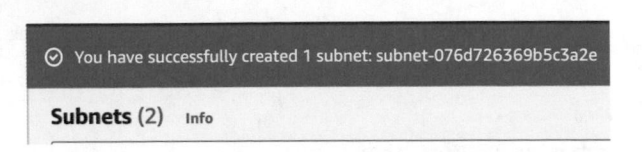

設定網路

Subnet 建立完成後，勾選剛創建成功的 private-subnet-001（下圖 #1），將下方資訊列切換到 Route table（下圖 #2），點擊右方的 Edit route table association 來進行改變 Route Table 的動作（下圖 #3）。

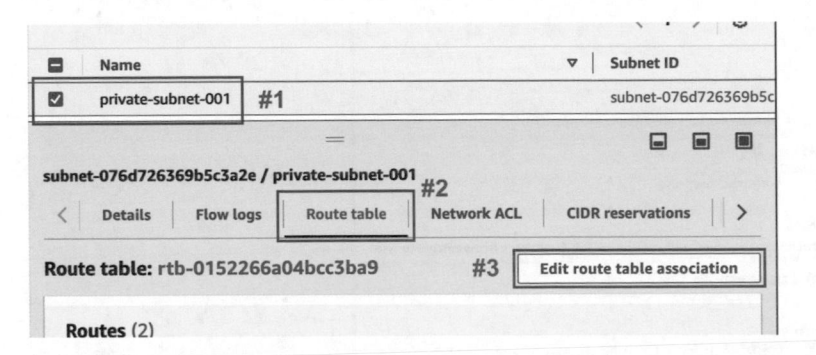

進到 Edit route table association 設定頁面，把 Subnet route table settings 的 Route table ID 置換成剛才建立的 private-subnet-route-table（下圖 #1），再點擊 Save 即可（下圖 #2）。

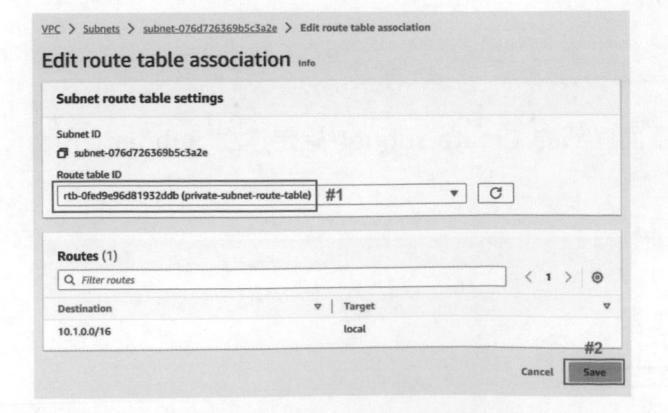

建立 Private EC2 Instance

AWS

作者

基礎

VPC
網路

EC2
運算

S3
檔案

RDS
資料庫

IAM
權限

結語

完成相關網路設定後，再到上方搜尋列查詢 ec2（下圖 #1），對搜尋到的 EC2
右鍵開啟新分頁（下圖 #2）。

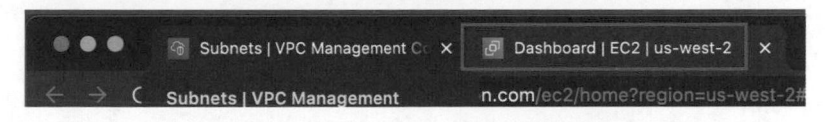

藉由上方分頁切換到 EC2 管理介面（下圖 #1）。

再點擊左列 Instances 來進到 Instances 頁面（下圖 #1），來 Launch 新的
Instances。

到 Instances 頁面後，點擊右上角的 Launch instances 建立新的 Instance（下
圖 #1）。

進入 Launch an instance 設定頁，在 Name and tags 區 Name 欄位輸入自訂
名稱 private-ec2（下圖 #1）。

Name and tags Info

Name

| private-ec2 | #1 |

下方 Application and OS Images (Amazon Machine Image) 維持預設的 Amazon Linux，如下圖。

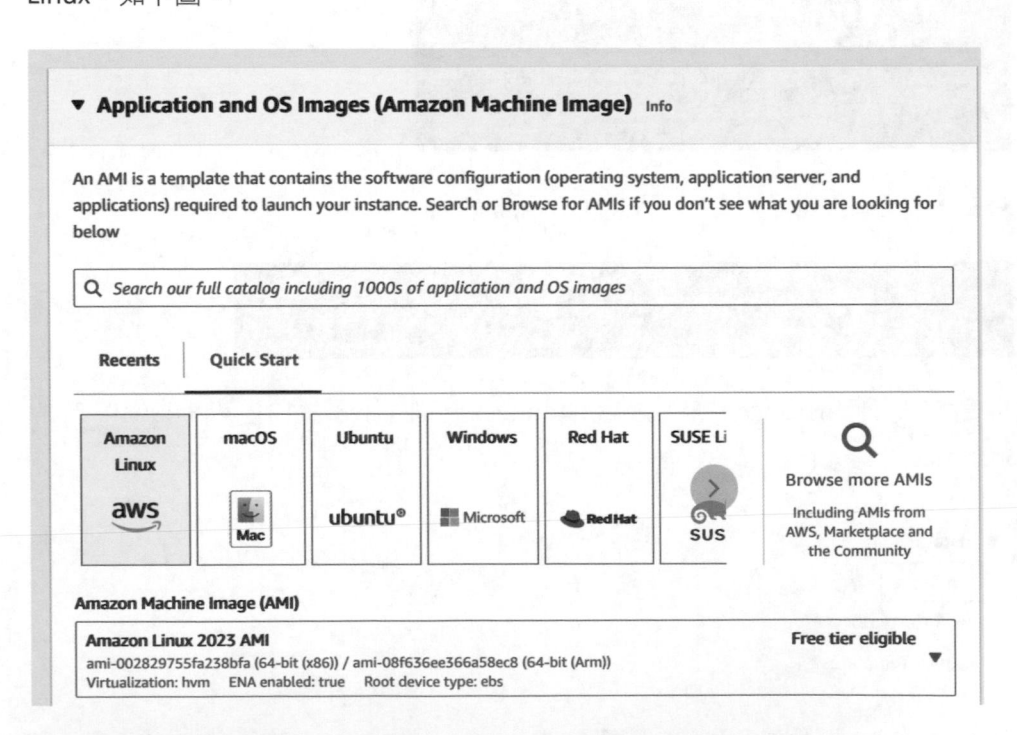

往下拉到 Key pair (login)，將 Key pair name 引用為先前建立的 ec2 -keypair-001 (下圖 #1)。

接下來 Network settings 透過 Edit 切換成編輯模式，如下圖紅框處。

AWS

作者

基礎

VPC
網路

EC2
運算

S3
檔案

RDS
資料庫

IAM
權限

結語

▼ Network settings Info   Edit

Network settings 變成編輯模式後，VPC 選擇我們建立的 vpc-001 (下圖 #1)，
Subnet 則設為剛才建立的 private-subnet-001 (下圖 #2)，由於我們要放在一
個 Private Subnet 之中，所以不需要 Public IP，Auto-assign public IP 選擇
Disable (下圖 #3)。

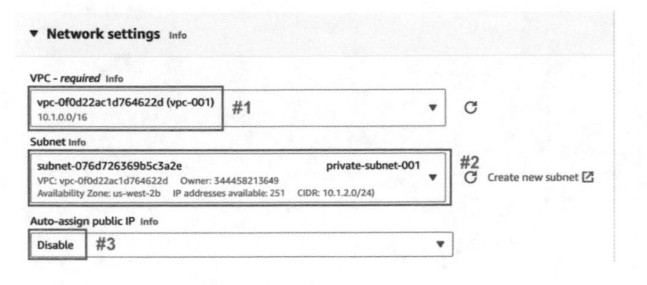

下拉看到 Security Group，選擇 Select existing security group (下圖 #1)，並
且選取剛剛創建的 ICMP-sg-001 (下圖 #2)。

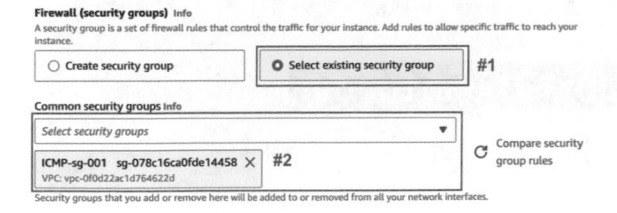

以上設定完成後，點擊右方 Launch instance 來確定建立 Instance (下圖 #1)。

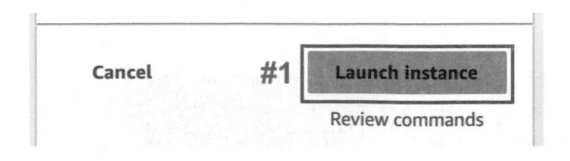

稍等一下，就會看到成功訊息，就可以點擊 Instance 進到 EC2 頁面 (下圖
#1)。

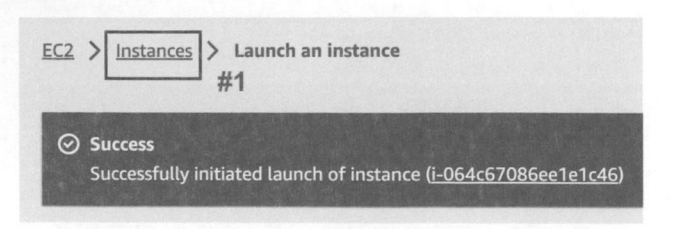

到達 EC2 Instance 頁面，會看到剛才建立的 private-ec2 仍然在 Pending 狀態（下圖 #1），等待大概一分鐘後（下圖 #2），它就會變成 Running 的狀態（下圖 #3）。

連接作為跳板的 Public EC2 Instance

首先，打開本地 Terminal，利用 cd 指令到 Key Pair 存放的地方，如下圖。

```
[stsai@M2-mac ~ % cd ~/Downloads
```

接下來，這邊有一個主要路線，要把先前建造的 Public EC2 當作跳板來連線到我們的 Private EC2，所以現在我們要先把 SSH 相關的東西給設定完成。

輸入 ssh-add -k ec2 -keypair-001 .pem 執行（下圖 #1），會得到加入成功的回應（下圖 #2）。

```
[stsai@M2-mac Downloads % ssh-add -k ec2-keypair-001.pem   #1
Identity added: ec2-keypair-001.pem (ec2-keypair-001.pem)   #2
```

打上 ssh-add -L 檢查（下圖 #1），如果有看到相同名字的 Pem File 在尾端（下圖 #2），代表已經成功把 Key Pair 的 Pem File 放到你本地的 SSH 記錄檔案之中了。

```
[stsai@M2-mac Downloads % ssh-add -L  #1
ssh-rsa AAAAB3NzaC1yc2EAAAADAQABAAAABAQDSNp7PQReNmKPtjoGz4
uqPpawi0q0P5ZvWvW97il6p1VcnujivhbisbpटueटU485ADzBKiPIqZ4y
+0x0A49nmx36THdLhRN/nwGORBC4oubsa1Nggj02RuhIBQh70CLSB0is
OvHX09Q4byZLgKxLYY5R ec2-keypair-001.pem  #2
```

接下來，為了和 EC2 連結需要 IP 位址，所以點擊左列 Instances 到 Instances 介面 (下圖 #1)。

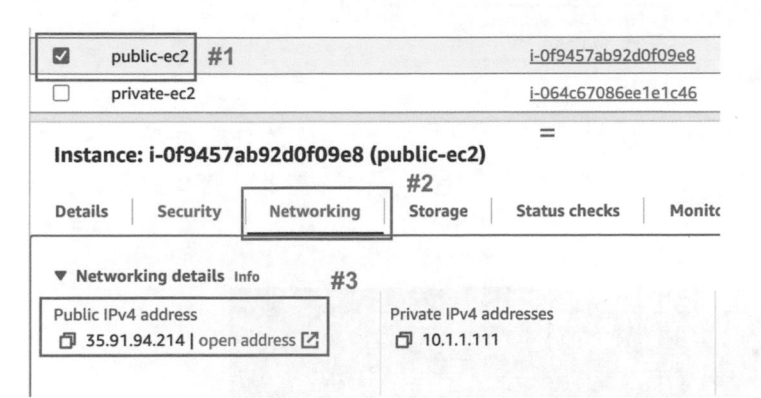

進到 Instances 頁面後，把要當成跳板的 public-ec2 勾選起來 (下圖 #1)，點選 Networking (下圖 #2)，再複製下方的 Public IPv4 address (下圖 #3)。

回到 Terminal 輸入 ssh -A ec2 -user@35 .91 .94 .214 執行 (下圖 #1)，ec2 -user 為使用者名稱，35 .91 .94 .214 則是剛才複製的 EC2 Public IP，下方則是連結成功的訊息 (下圖 #2)，順利進到 Public EC2 後，就代表我們接下來可以透過它當作跳板了。

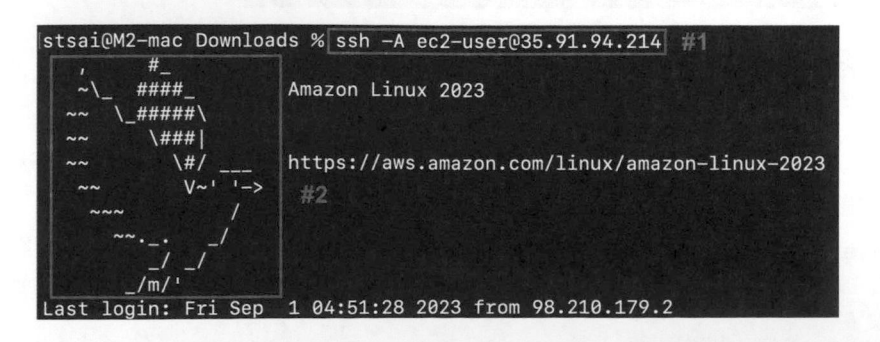

AWS
作者
基礎
VPC
網路
EC2
運算
S3
檔案
RDS
資料庫
IAM
權限
結語

連接目標 Private EC2 Instance

回到 Instances 頁面，換成勾選 private-ec2 (下圖 #1)，點選 Networking (下圖 #2)，複製右下方 Private IPv4 addresses 以取得 Private IP 來進行連結 (下圖 #3)。

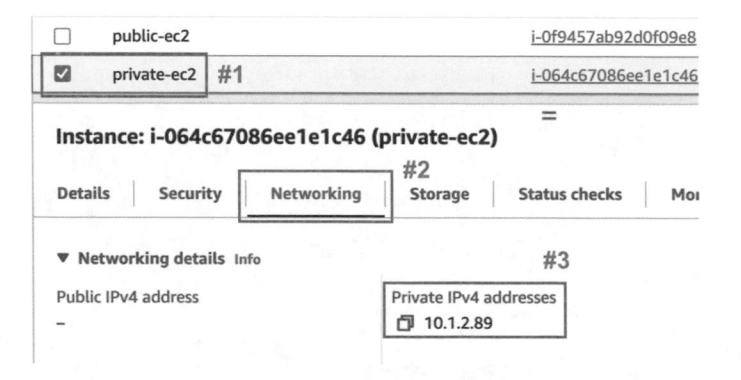

切換到 Terminal，輸入 ssh 10.1.2.89，10.1.2.89 是剛才取得的 Private IP (下圖 #1)，它會向你確認是否要繼續連接，輸入 yes (下圖 #2) 即可順利進入我們的 Private EC2 (下圖 #3)。

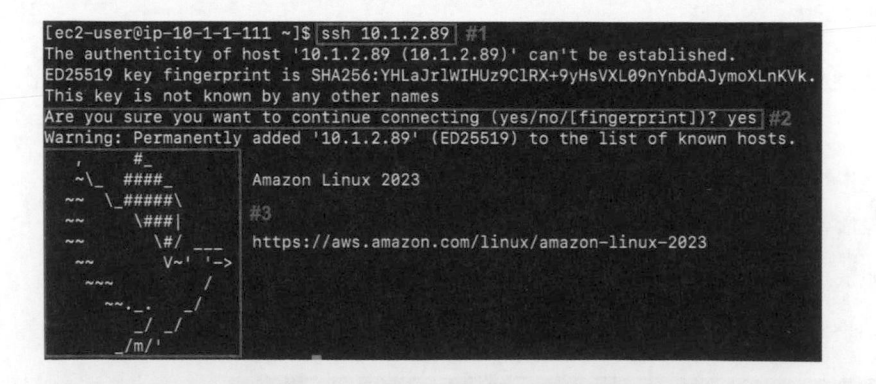

關於 Private EC2 Instance 內部的測試

到了這邊，我們就來測試一下，這個 Private EC2 是不是可以 Ping 到在同一個 VPC 底下的其他 Subnet 們。到 Instances 介面，換勾選 public-ec2 (下圖 #1)，點選 Networking (下圖 #2)，再複製右下方的 Private IPv4 addresses (

下圖 #3）。

AWS

作者

基礎

VPC
網路

EC2
運算

S3
檔案

RDS
資料庫

IAM
權限

結語

| ☑ | public-ec2 | #1 | | i-0f9457ab92d0f09 |
| ☐ | private-ec2 ✎ | | | i-064c67086ee1e1c |

=

Instance: i-0f9457ab92d0f09e8 (public-ec2)

#2

Details | Security | Networking | Storage | Status checks | N

▼ **Networking details** Info

#3

Public IPv4 address

📋 **35.91.94.214** | open address ⧉

Private IPv4 addresses

📋 **10.1.1.111**

回 到 Terminal ，輸 入 指 令 ping 10.1.1.111，10.1.1.111 是 剛 才 取 得 的
Public EC2 的 Private IP（下圖 #1），可以看到下方有得到回應（下圖 #2），要
停止的話同時按 Ctrl + C 即可。

```
[ec2-user@ip-10-1-2-89 ~]$ ping 10.1.1.111  #1
PING 10.1.1.111 (10.1.1.111) 56(84) bytes of data.
64 bytes from 10.1.1.111: icmp_seq=1 ttl=127 time=0.842 ms
64 bytes from 10.1.1.111: icmp_seq=2 ttl=127 time=0.907 ms  #2
64 bytes from 10.1.1.111: icmp_seq=3 ttl=127 time=0.916 ms
^C
```

但如果我們去執行 ping 8.8.8.8，去詢問網際網路上面的 Google DNS Server
（下圖 #1），就會發現拿不到任何回應（下圖 #2），代表我們的 Private Subnet
是沒有辦法與 Internet 溝通的。之後按下 Ctrl + C 離開。

```
[ec2-user@ip-10-1-2-89 ~]$ ping 8.8.8.8  #1
PING 8.8.8.8 (8.8.8.8) 56(84) bytes of data.  #2

^C
```

最後打上 exit 離開 private-ec2 instance（下圖 #1），回到 public-ec2 instance。

```
[ec2-user@ip-10-1-2-89 ~]$ exit  #1
logout
Connection to 10.1.2.89 closed.
[ec2-user@ip-10-1-1-111 ~]$
```

接著，再次打上 exit 離開 public-ec2 -instance（下圖 #1），回到本地位置。

```
[ec2-user@ip-10-1-1-111 ~]$ exit #1
logout
Connection to 35.91.94.214 closed.
stsai@M2-mac Downloads %
```

透過 Route Table 建立、Subnet 建立、網路設定、Private EC2 Instance 的建立、Public EC2 跳板連線 Private EC2 Instance 及內部測試，我們就成功示範了，對於一個在 Private Subnet 的 EC2，只能夠與在同一個 VPC 底下的 Private Subnet 們進行溝通。

AWS

作者

基礎

VPC
網路

EC2
運算

S3
檔案

RDS
資料庫

IAM
權限

結語

實作示範

VPC 內部外網 Private Subnet to the Internet (NAT)

我們這次要示範如何實作 NAT gateway。

我們將利用 NAT gateway，讓我們在 Private Subnet 裡的 EC2 instance 可以與 Internet 溝通 (如下圖橘線所示)。

那我們現在開始吧。

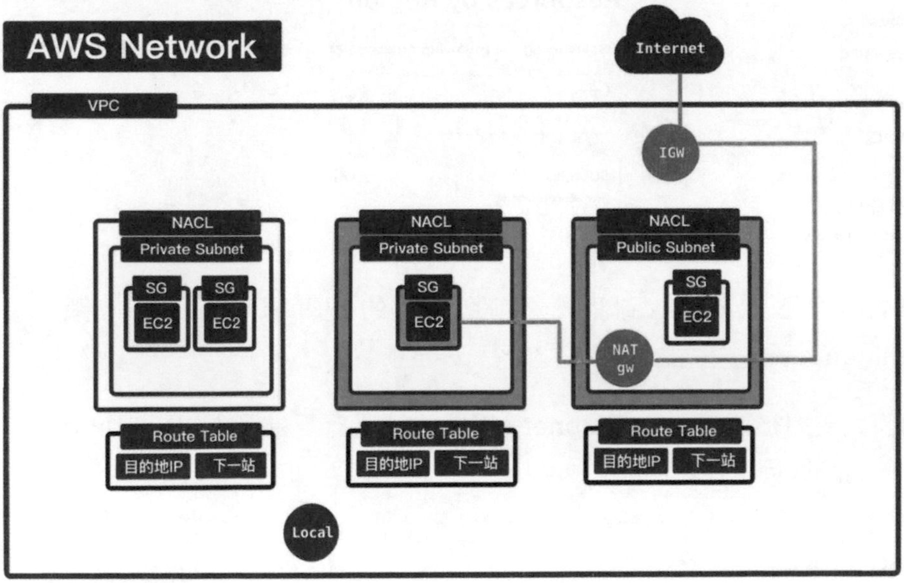

建立 NAT Gateway

首先，進到 AWS Console，上方搜尋列輸入 vpc (下圖 #1)，點開面板的 VPC 頁面 (下圖 #2)。

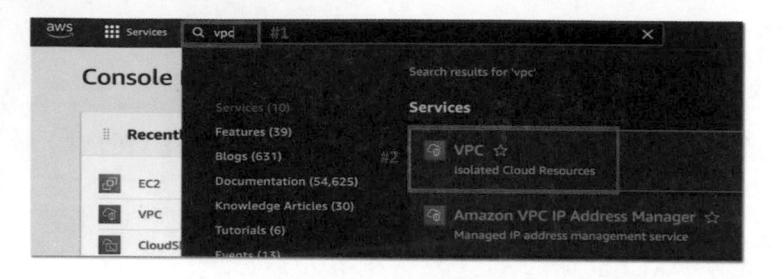

VPC 頁面展開後，點擊左列 Subnets 進到 Subnets 管理頁面 (下圖 #1)。

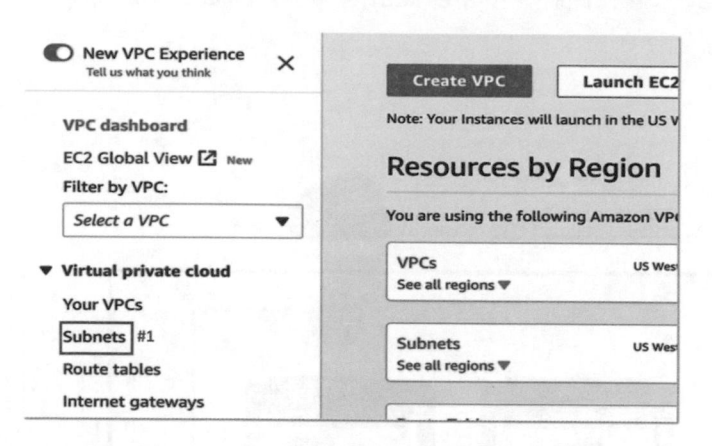

在 Subnets 列表上，會看到我們之前所建立的一個 Public Subnet 跟一個 Private Subnet。

這次我們就要對這個 Private Subnet (下圖 #1) 進行更進一步的設定，讓它可以與網際網路進行溝通。

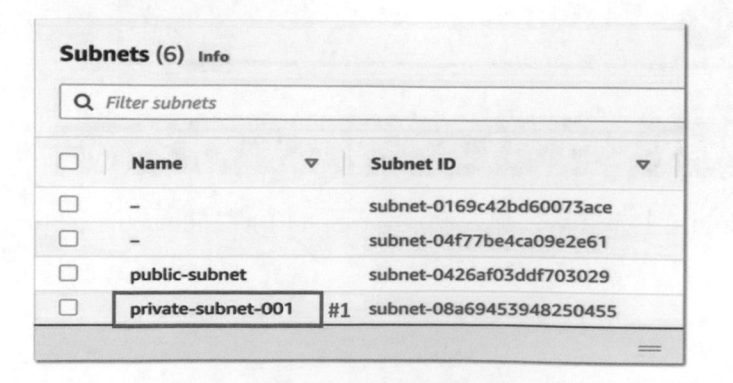

我們先從左方列表點開 NAT gateways 管理頁面（下圖 #1），準備建立新的
NAT Gateway。

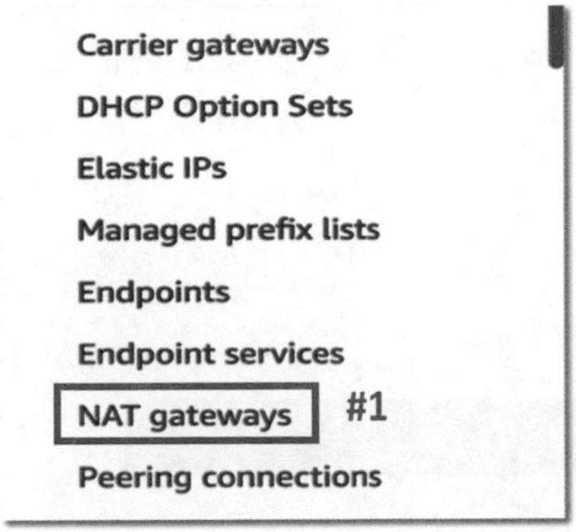

Carrier gateways
DHCP Option Sets
Elastic IPs
Managed prefix lists
Endpoints
Endpoint services
NAT gateways   #1
Peering connections

點擊 NAT gateways 頁面右上角的 Create NAT gateway 來建立新的 NAT
Gateway（下圖 #1）。

Actions ▼   Create NAT gateway
#1   < 1 >   ⚙

到 Create NAT gateway 設定頁面後，在 NAT gateway settings 的 Name 欄位
輸入自訂名稱 my-nat-gw（下圖 #1），Subnet 選擇你的 Public Subnet（下圖
#2）。我們將透過這個在 Public Subnet 裡面的 NAT Gateway 來幫助我們把請
求送到 Internet。

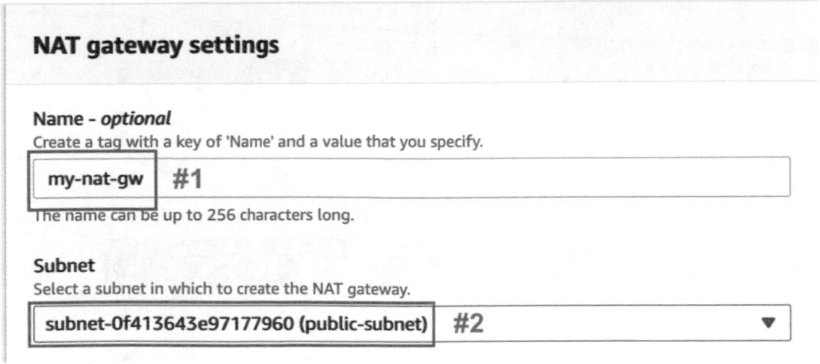

NAT gateway settings

Name - *optional*
Create a tag with a key of 'Name' and a value that you specify.

my-nat-gw   #1

The name can be up to 256 characters long.

Subnet
Select a subnet in which to create the NAT gateway.

subnet-0f413643e97177960 (public-subnet)   #2   ▼

AWS
作者
基礎
VPC
網路
EC2
運算
S3
檔案
RDS
資料庫
IAM
權限
結語

對於所有要與 Internet 溝通的 Instance，比如說此處的 NAT Gateway 都需要有一個 Public IP，我們這邊則會使用 AWS 所提供的 Elastic IP 來當作我們的 Public IP，而所謂的 Elastic IP 是一個永久存在的 Public IP。我們可以藉由按鈕 Allocate Elastic IP（下圖 #1）Allocate 一個新的，它會在視窗最上方跳出成功訊息（下圖 #2），並且能夠看到新的 Elastic IP（下圖 #3）自動填入了 Elastic IP allocation ID，代表我們的 NAT Gateway 也就有了一個 Public IP，全部都設定完成後，透過底部右方的 Create NAT gateway（下圖 #4）實行 NAT gateway 建立的動作。

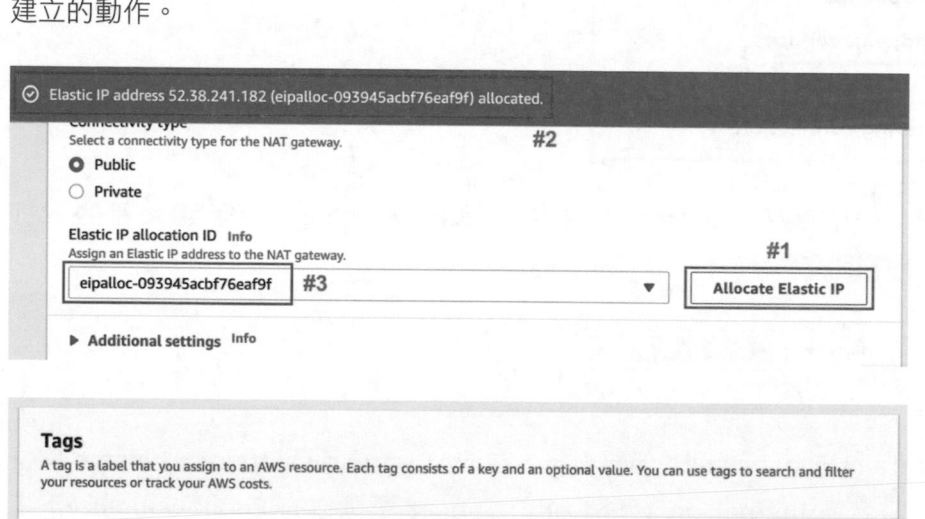

通過以上設定，新的 NAT gateway 就被成功建立了，如下圖。

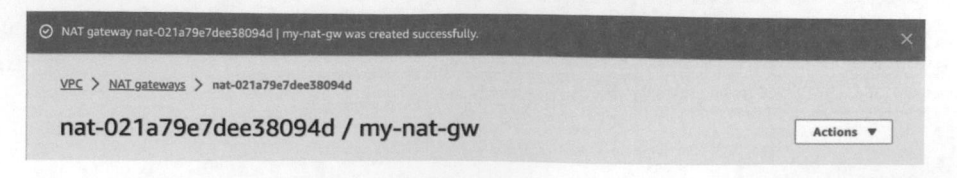

修改 Route

NAT gateway 建立完畢後，再次透過左列連結 Subnets（下圖 #1）進到 Subnets 管理頁面。

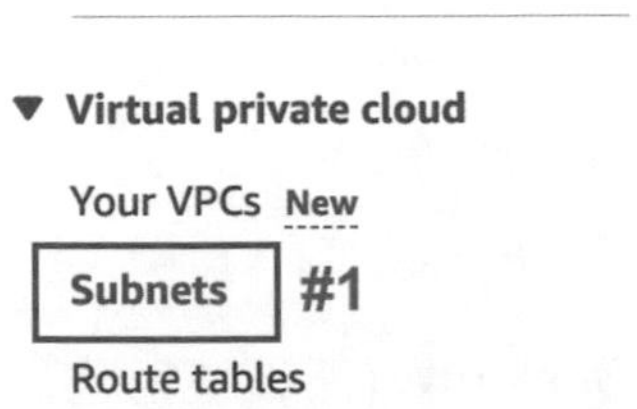

▼ **Virtual private cloud**

Your VPCs **New**

Subnets   #1

Route tables

現在 Public IP 裡面有一個 NAT Gateway 給我們使用，所以先勾選 Private Subnet（下圖 #1），把下面資訊切換到 Route table（下圖 #2），再點擊下方的 Route Table 連結（下圖 #3）過去。

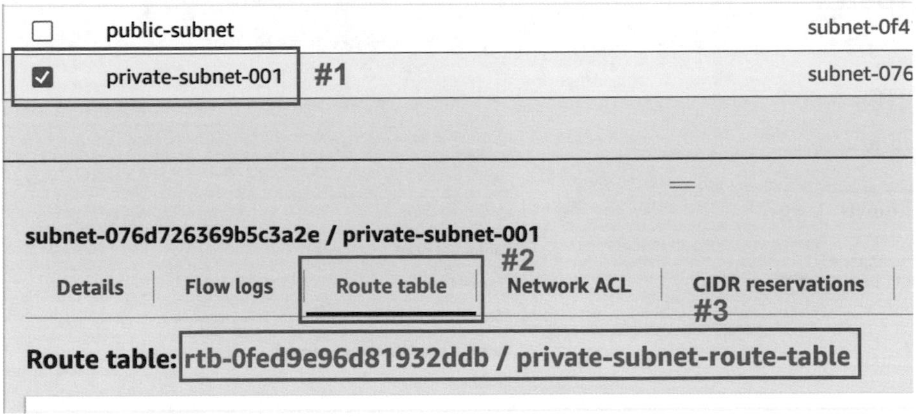

☐	public-subnet	subnet-0f4
☑	private-subnet-001 #1	subnet-076

subnet-076d726369b5c3a2e / private-subnet-001

　　　　　　　　　　　　　　　　　#2
Details　　Flow logs　　**Route table**　　Network ACL　　CIDR reservations
　　　　　　　　　　　　　　　　　　　　　　　#3

Route table: rtb-0fed9e96d81932ddb / private-subnet-route-table

進到 Private EC2 的 Route Tables 管理頁後，點擊此 Route Talbe（下圖 #1），切換下方資訊到 Routes（下圖 #2），再按下按鈕 Edit routes（下圖 #3）進到 Routes 的編輯頁面。

AWS

作者

基礎

VPC
網路

EC2
運算

S3
檔案

RDS
資料庫

IAM
權限

結語

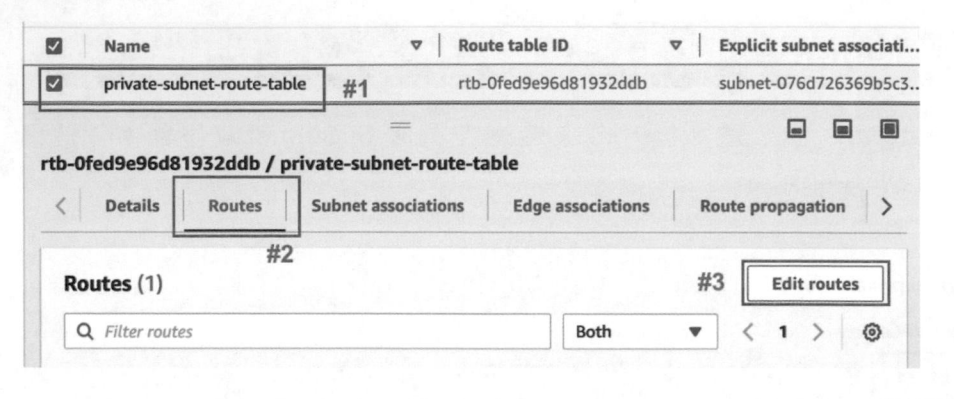

在 Edit routes 頁面當中，按下 Add route 以新增一個 Route（下圖 #1）。在 Destination 輸入 0.0.0.0 /0（下圖 #2），讓所有在這個 Private Subnet EC2 Instance 的請求都會依照此設定行動，所以只要在 Target 選擇 NAT Gateway（下圖 #3）。

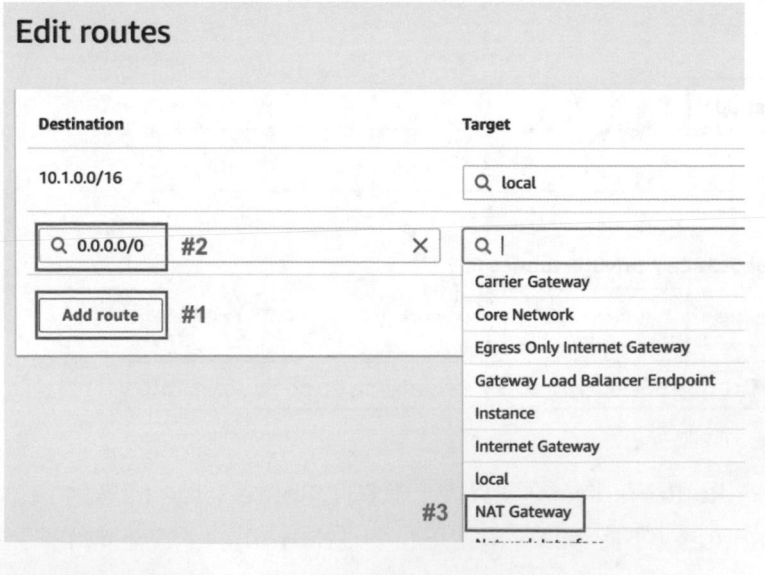

就能夠選到剛剛所創建的 NAT gw（下圖 #1）。

AWS

作者

基礎

VPC
網路

EC2
運算

S3
檔案

RDS
資料庫

IAM
權限

結語

設定好之後點擊右下的 Save changes（下圖 #1）來儲存 Routes 的變更。

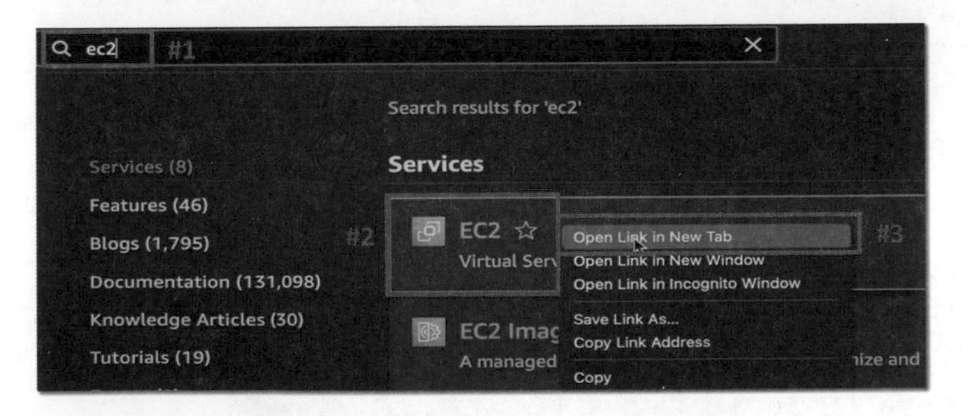

Routes 變更成功後，如下圖。我們就完成了從 VPC 內部連結外網的前置設定，接下來可以進行連結動作了！

連結 Public EC2 Instance

透過上方搜尋列輸入 ec2（下圖 #1），右鍵點擊搜尋結果的 EC2（下圖 #2），以新分頁開啟（下圖 #3）。

切換分頁到 EC2 管理頁面（下圖 #1）。

點擊左列連結 Instances 進去 (下圖 #2)。

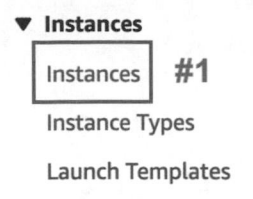

勾選 Public EC2 Instance (下圖 #1)，切換到 Networking 頁籤 (下圖 #2)，再複製下方的 Public IPv4 address (下圖 #3)。

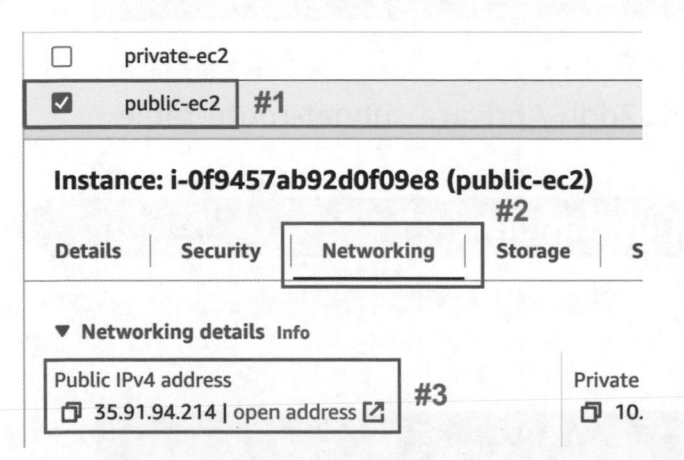

開啟 Terminal 並輸入指令執行「ssh -A ec2 -user@35 .91 .94 .214」(下圖 #1)，35 .91 .94 .214 為剛剛複製的 public ip，就可以成功與 Public EC2 Instance 達成連結 (下圖 #2)。

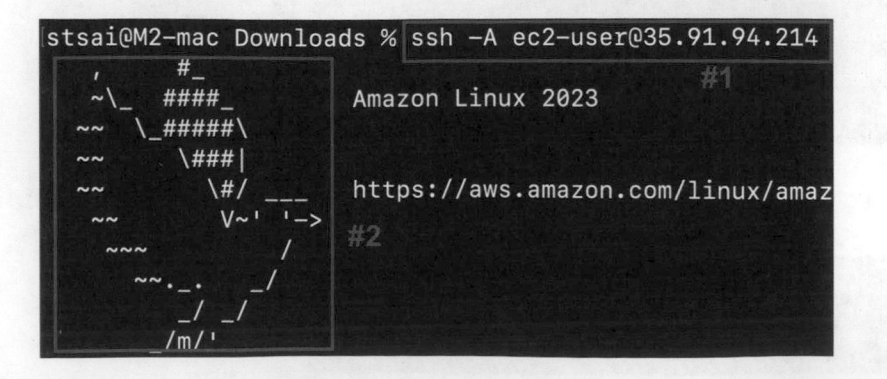

AWS

作者

基礎

VPC
網路

EC2
運算

S3
檔案

RDS
資料庫

IAM
權限

結語

連結 Private EC2 Instance

成功連結 Public EC2 Instance 後，回到介面換成勾選 Private EC2 Instance（下圖 #1），切換到 Networking 頁籤（下圖 #2），再複製右下方的 Private IPv4 addresses（下圖 #3），拿來連結 Private EC2 Instance。

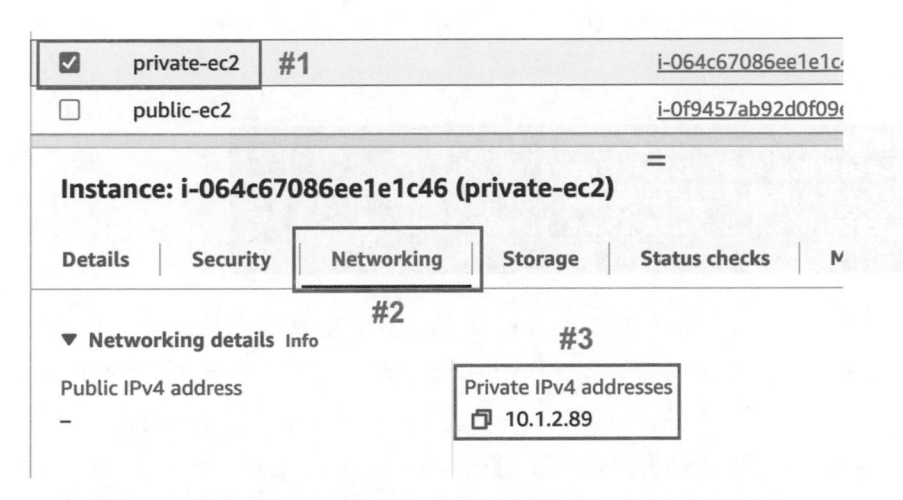

在跟 Public EC2 Instance 連結的情況下，輸入指令執行「ssh 10 .1 .2 .89」（下圖 #1），10 .1 .2 .89 為剛剛複製的 private ip，就可以成功與 Private EC2 Instance 達成連結（下圖 #2）。

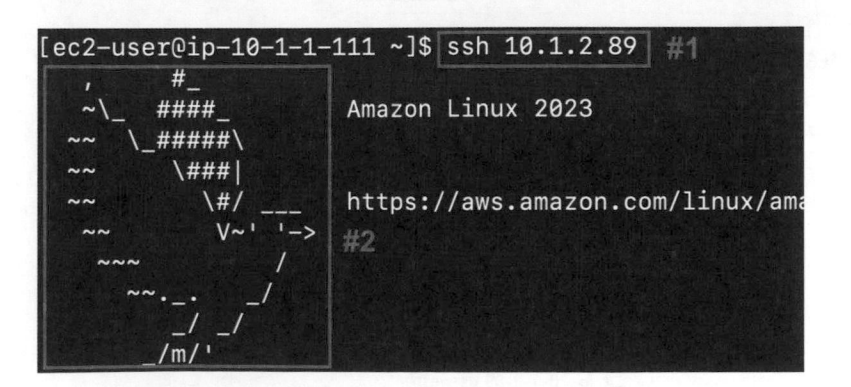

在 Private EC2 Instance 內部與 Internet 溝通

連結到 Private EC2 Instance 後，來做一個最重要的測試：Ping 在網際網路上面的 Google DNS Server，看看能不能成功得到回應。輸入「ping 8 .8 .8 .8」執行（下圖 #1），會看到這次成功得到回應了（下圖 #2），就代表我們這台在 Private Subnet 裡面的 EC2 Instance，已經可以透過 NAT Gateway 去 Internet 進行溝通。

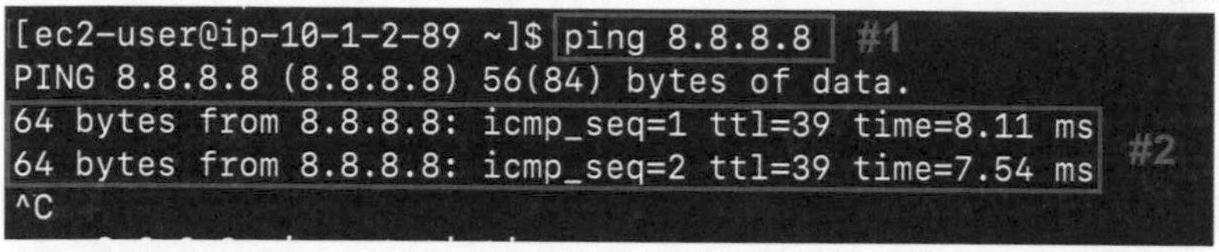

```
[ec2-user@ip-10-1-2-89 ~]$ ping 8.8.8.8    #1
PING 8.8.8.8 (8.8.8.8) 56(84) bytes of data.
64 bytes from 8.8.8.8: icmp_seq=1 ttl=39 time=8.11 ms
64 bytes from 8.8.8.8: icmp_seq=2 ttl=39 time=7.54 ms    #2
^C
```

那要特別注意的是，這個 NAT Gateway 的情境只有從裡面到外面的方向通，而從外面到裡面，也就是説從外界的 Internet 是無法直接與這台 EC2 Instance 進行溝通的。一個很直觀的方式去理解就是這台 Private EC2 Instance（下圖 #1）是沒有 Public IPv4 Address 的（下圖 #2），所以沒有任何方法可以直接從 Internet 向它進行連線。

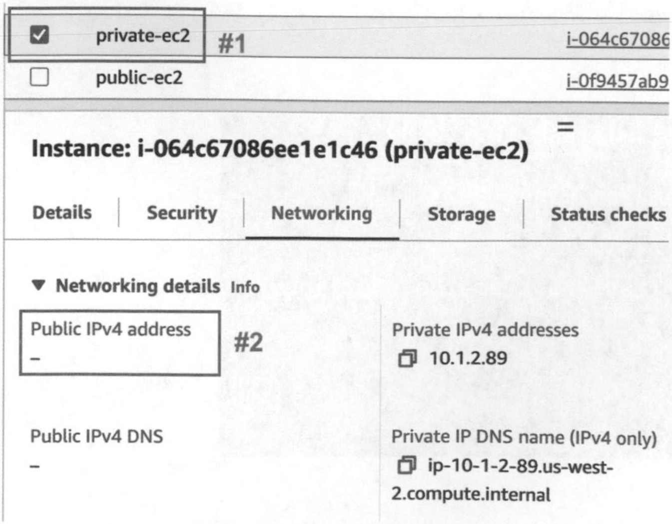

☑	private-ec2	#1	i-064c67086
☐	public-ec2		i-0f9457ab9

=

Instance: i-064c67086ee1e1c46 (private-ec2)

Details	Security	Networking	Storage	Status checks

▼ **Networking details** Info

Public IPv4 address –	#2	Private IPv4 addresses ⧉ 10.1.2.89
Public IPv4 DNS –		Private IP DNS name (IPv4 only) ⧉ ip-10-1-2-89.us-west-2.compute.internal

最後打上 exit 離開 private-ec2 instance（下圖 #1），回到 public-ec2 instance。

```
[ec2-user@ip-10-1-2-89 ~]$ exit   #1
logout
Connection to 10.1.2.89 closed.
[ec2-user@ip-10-1-1-111 ~]$
```

接著，再次打上 exit 離開 public-ec2 -instance（下圖 #1），回到本地位置。

```
[ec2-user@ip-10-1-1-111 ~]$ exit  #1
logout
Connection to 35.91.94.214 closed.
stsai@M2-mac Downloads %
```

小結　　　透過建立 NAT Gateway，修改 Route 讓想去 Internet 的請求透過 NAT Gateway，藉由 Public EC2 Instance 跳板連結 Private EC2 Instance，在 Private EC2 Instance 內部向 Internet 進行溝通，理解到了 NAT Gateway 的使用方法，那以上就是針對 NAT Gateway 的使用示範。

AWS

作者

基礎

VPC
網路

EC2
運算

S3
檔案

RDS
資料庫

IAM
權限

結語

實作示範

VPC 安全 SG & NACL 網路安全配置

我們這次要示範如何設定 NACL 以及 Security Group，這次將刻意的新增、刪除特定設定，來觀察其如何影響網路請求的流向，那我們現在開始吧。

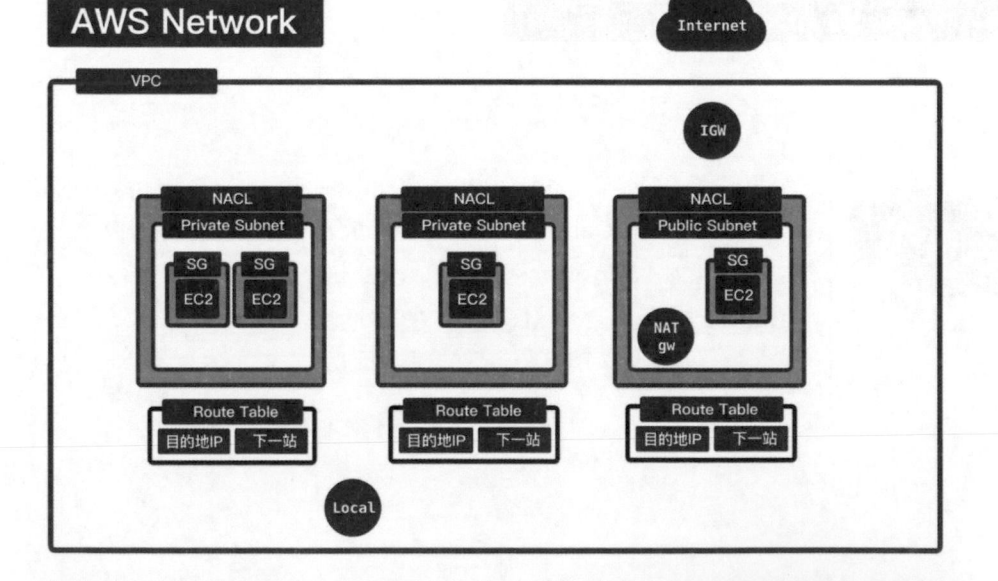

允許進入的 Public EC2 Instance

首先，上方搜尋 EC2（下圖 #1），透過搜尋結果連結 EC2（下圖 #2）點進去 EC2 介面。

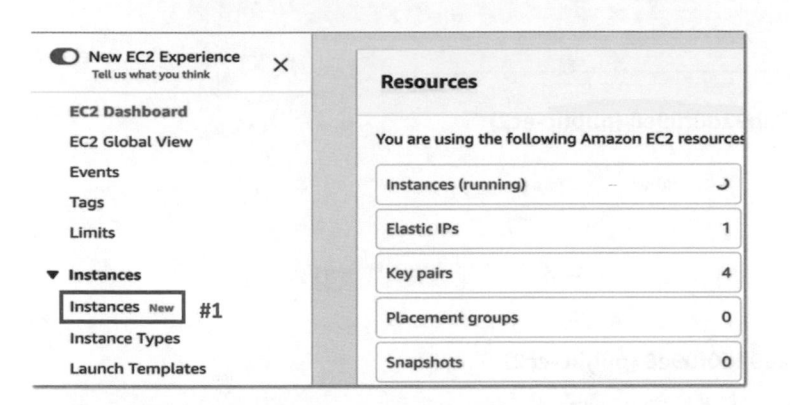

AWS

作者

基礎

VPC
網路

EC2
運算

S3
檔案

RDS
資料庫

IAM
權限

結語

進到 EC2 介面之後,點左列 Instances (下圖 #1) 進入 Instances 管理頁面。

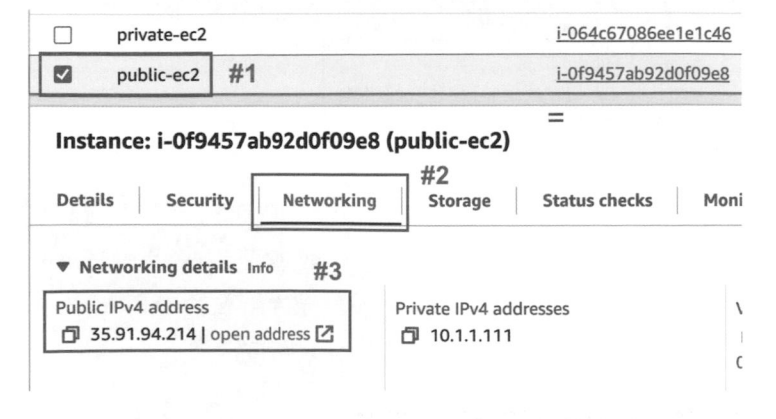

勾選 Public EC2 (下圖 #1),切換至 Networking 頁籤 (下圖 #2),再複製下方 Public IPv4 address IP (下圖 #3)。

開 啟 本 地 Terminal, 輸 入 指 令 「ping 35 .91 .94 .214」(下 圖 #1), 35 .91 .94 .214 為剛剛拿到的 public ip,得到回應 (下圖 #2) 代表能夠順利通 過,即可 Ctrl+C 停掉,回到 EC2 介面。

```
[ec2-user@ip-10-1-2-89 ~]$ ping 35.91.94.214    #1
PING 35.91.94.214 (35.91.94.214) 56(84) bytes of data.
64 bytes from 35.91.94.214: icmp_seq=1 ttl=125 time=1.44 ms
64 bytes from 35.91.94.214: icmp_seq=2 ttl=125 time=1.10 ms    #2
64 bytes from 35.91.94.214: icmp_seq=3 ttl=125 time=1.12 ms
^C
```

設定 Network ACL：不允許進入

接著，在 public-ec2 中，切換到 Details 頁籤（下圖 #1）。

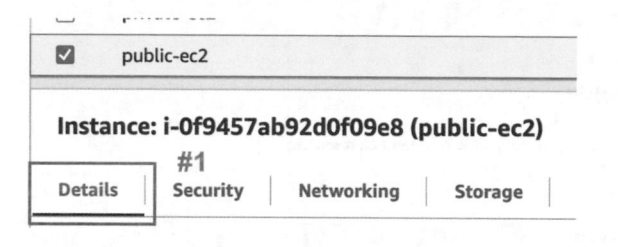

往下拉一點，看到 Subnet ID，點擊下去，開啟新視窗（下圖 #1）。

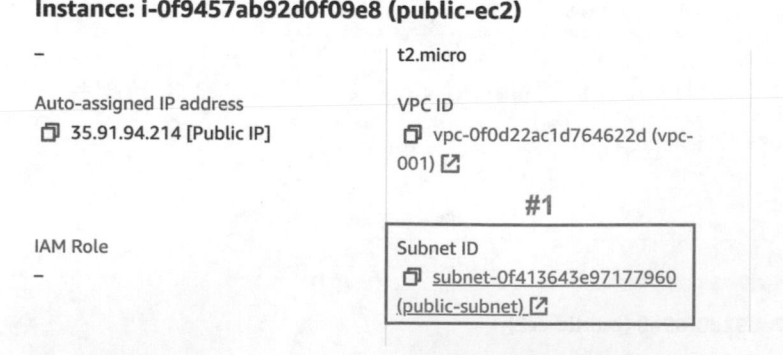

切換到 Subnets 分頁（下圖 #1），勾選 Public Subnet（下圖 #2），下方資訊切換到 Network ACL（下圖 #3），可以看到 Public Subnet 被配到一個 Network ACL (NACL)（下圖 #4），而目前的 Inbound Rule 則是允許所有的 All Traffic（下圖 #5）進來的，接下來就透過連結（下圖 #4）進入 NACL 設定。

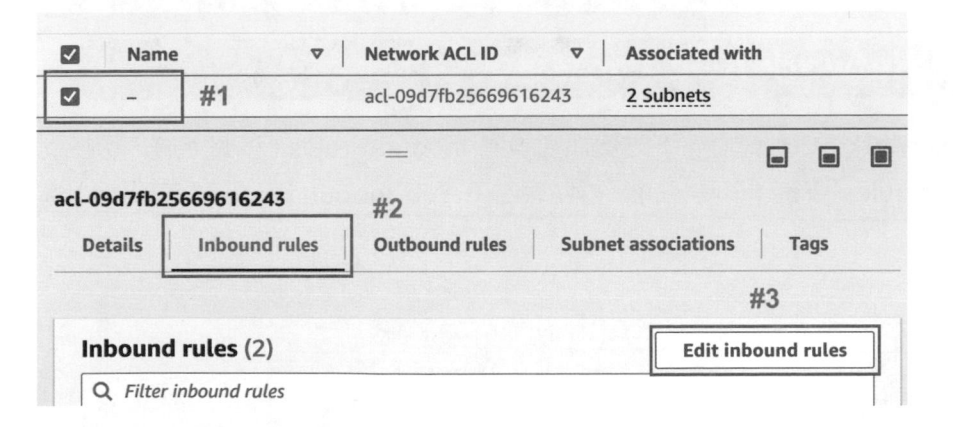

AWS

作者

基礎

VPC
網路

EC2
運算

S3
檔案

RDS
資料庫

IAM
權限

結語

進到 Network ACLs 介面後，勾選 Network ACL（下圖 #1），下方資訊切換到 Inbound rules（下圖 #2），點擊 Edit Inbound rules（下圖 #3）進入 Inbound rules 編輯頁面。

暫時點擊 Remove（下圖 #1）把這個允許 All traffic 的設定拿掉，按下 Save Changes 儲存（下圖 #2）。

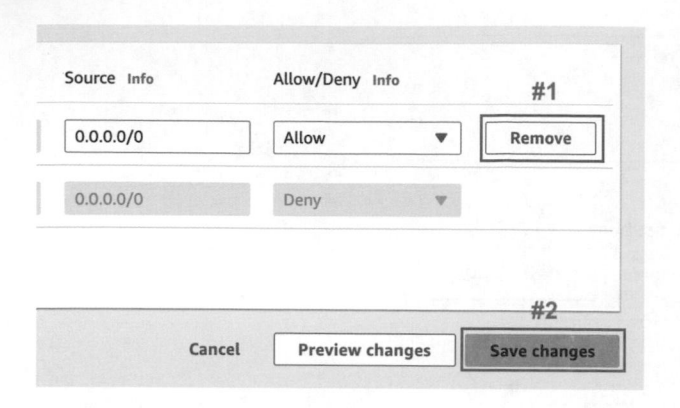

回 到 Terminal， 再 輸 入 指 令 執 行「ping 35.91.94.214」（下 圖 #1），
35.91.94.214 為我們 public-ec2 的 public ip，會看到這次就收不到任何回應（
下圖 #2），再來 Ctrl+C 停掉。這是因為現在 Network ACL 的 Inbound Rule 並
不允許進去，接下來就快速把剛才刪除的 Inbound Rule 加回來。

```
stsai@M2-mac Downloads % ping 35.91.94.214 #1
PING 35.91.94.214 (35.91.94.214): 56 data bytes
Request timeout for icmp_seq 0
Request timeout for icmp_seq 1  #2
Request timeout for icmp_seq 2
^C
```

恢復 Network ACL：允許進入

回到 Network ACLs 介面，下方資訊切換到 Inbound rules（下圖 #1），切換到
Inbound rules 頁籤（下圖 #2），再點擊右下 Edit Inbound rules（下圖 #3）進
入編輯。

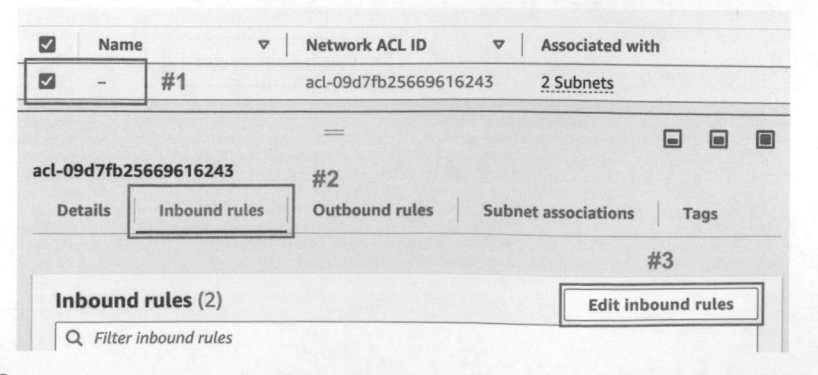

進到 Edit inbound rules 頁面，點擊 Add new rule（下圖 #1）新增一個 Rule，
Rule number 輸入 100（下圖 #2），Type 選擇 All Traffic（下圖 #3）。

接著，看到右方，首先確認 Source 是允許所有來源 0 .0 .0 .0 /0（下圖 #1），選
擇 Allow（下圖 #2）。都好了之後，就可以點擊 Save Changes（下圖 #3）。

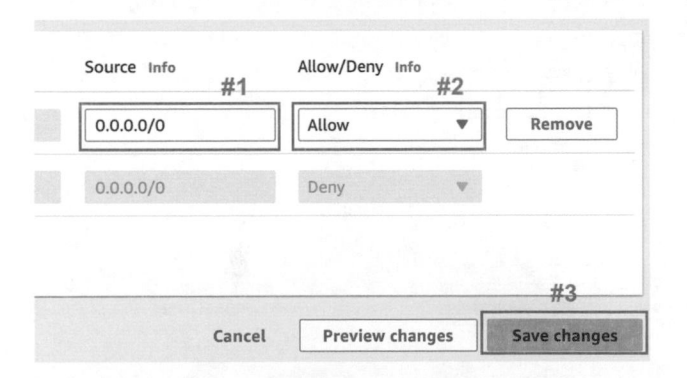

再回到 Terminal，輸入指令 Ping Public IP（下圖 #1）執行，可以看到這次成功
收到回應（下圖 #2），最後 Ctrl + C 可以停掉動作。

```
stsai@M2-mac Downloads % ping 35.91.94.214  #1
PING 35.91.94.214 (35.91.94.214): 56 data bytes            #2
64 bytes from 35.91.94.214: icmp_seq=0 ttl=107 time=37.080 ms
64 bytes from 35.91.94.214: icmp_seq=1 ttl=107 time=35.940 ms
64 bytes from 35.91.94.214: icmp_seq=2 ttl=107 time=167.475 ms
^C
```

設定 Network ACL：不允許出去

回到 Network ACLs 頁面，點擊 Network ACL（下圖 #1），下方資訊切換到
Outbound rules（下圖 #2），點擊右方 Edit outbound rules（下圖 #3）進行編
輯。

AWS

作者

基礎

VPC
網路

EC2
運算

S3
檔案

RDS
資料庫

IAM
權限

結語

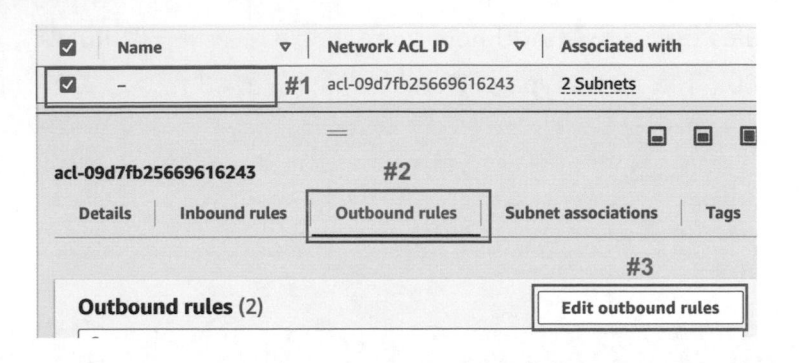

暫時把目前 Outbound Rule 允許 All traffic 的規則也透過 Remove（下圖 #1）
拿掉，按下 Save changes（下圖 #2）儲存 Outbound Rule 設定。

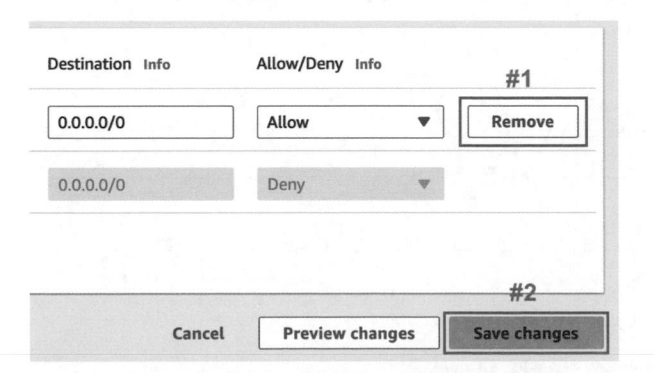

回到 Terminal，輸入指令 「ping 35.91.94.214」（下圖 #1），35.91.94.214
為 public-ec2 public ip，會看到現在因為被擋住而無法收到回應了（下圖
#2），最後 Ctrl+C 停止。這代表就算 Network ACLs (NACL) 允許進去，若不允
許出來的話，也是無法收到回應的。

```
stsai@M2-mac Downloads % ping 35.91.94.214   #1
PING 35.91.94.214 (35.91.94.214): 56 data bytes
Request timeout for icmp_seq 0
Request timeout for icmp_seq 1   #2
Request timeout for icmp_seq 2
^C
```

AWS
作者
基礎
VPC
網路
EC2
運算
S3
檔案
RDS
資料庫
IAM
權限
結語

恢復 Network ACL：允許出去

回到 Network ACLs 頁面，點擊 Network ACL（下圖 #1），下方資訊切換到 Outbound rules（下圖 #2），點擊右方 Edit outbound rules（下圖 #3）進行編輯。我們要去把剛才刪除掉的 Outbound Rule 加回來。

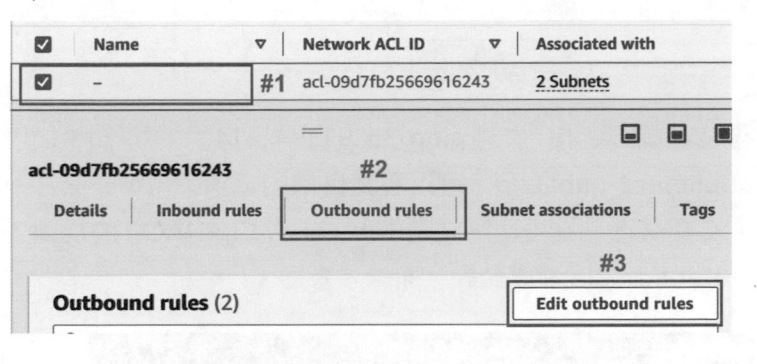

按下 Add new rule（下圖 #1）新增 Outbound Rule，Rule number 填入 100（下圖 #2），Type 選擇允許 All Traffic（下圖 #3）。

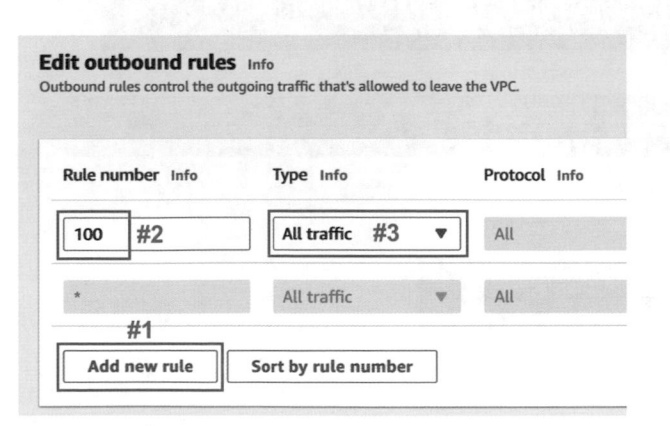

接著，看到右方，首先確認 Destination 是允許所有目的地 0.0.0.0/0（下圖 #1），選擇 Allow（下圖 #2）。都好了之後，就可以點擊 Save Changes（下圖 #3）。

回 到 Terminal， 再 次 輸 入 指 令「ping 35 .91 .94 .214」(下 圖 #1)，35 .91 .94 .214 為 public-ec2 public ip，可以看到目前的請求又恢復正常 (下圖 #2)，最後 Ctrl + C 停掉。到這邊便測試完 Network ACL (NACL) 的規則，Inbound Rule 跟 Outbound Rule 都要允許，連線才會通。

```
stsai@M2-mac Downloads % ping 35.91.94.214  #1
PING 35.91.94.214 (35.91.94.214): 56 data bytes
64 bytes from 35.91.94.214: icmp_seq=0 ttl=107 time=37.904 ms
64 bytes from 35.91.94.214: icmp_seq=1 ttl=107 time=38.864 ms  #2
64 bytes from 35.91.94.214: icmp_seq=2 ttl=107 time=113.284 ms
^C
```

設定 Security Group：不允許進入

切換分頁到 EC2 Instances 介面 (下圖 #1)。

勾選 Public EC2 (下圖 #2)，切換下方資訊到 Security (下圖 #3)，看到下方的 Security groups (下圖 #4)，右鍵開啟新分頁 (下圖 #5)。

AWS

作者

基礎

VPC
網路

EC2
運算

S3
檔案

RDS
資料庫

IAM
權限

結語

#2 ☑ public-ec2

☐ private-ec2

#5
Open Link in New Tab
Open Link in New Window
Open Link in Incognito Window

Save Link As...
Copy Link Address

Instance: i-004b402ae907e58be (publi
#3
Details | Security | Networking | S

Copy
Copy Link to Highlight
Search Google for "sg-0687fad58
Print...

▼ Security details

IAM Role
–

Inspect

Speech
Services

Security groups
#4 🗗 sg-0687fad5814b4de33 (launch-wizard-1)

進到 Security Group 頁面之後，看到下方 Inbound rules（下圖 #1）資訊，點擊右方的 Edit inbound rules（下圖 #2）來進行編輯。

Inbound rules | Outbound rules | Tags

#1
ⓘ You can now check network connectivity with Reachability Analyzer   **Run Reachability Analyzer** ✕

#2
Inbound rules (2)   ↻   Manage tags   **Edit inbound rules**

🔍 Filter security group rules   ‹ 1 › ⚙

進到 Edit inbound rules 設定頁面後，可以看到目前是允許使用 Ping 指令的（下圖 #1），現在先暫時把允許使用的規則 Delete 掉（下圖 #2），按下 Save rules（下圖 #3）儲存設定。

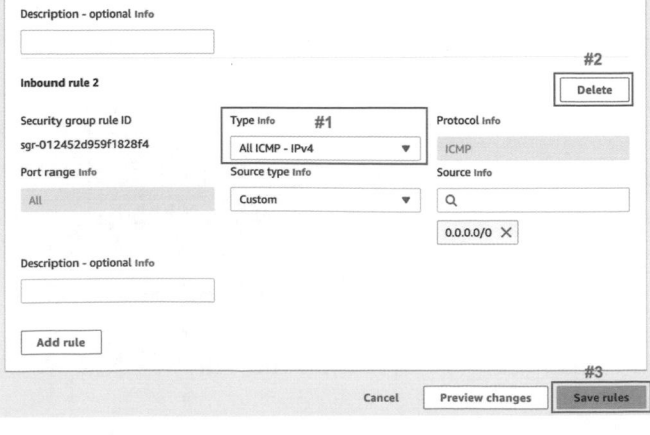

回到 Terminal，再次執行「ping 35.91.94.214」(下圖 #1)，35.91.94.214 為 public ec2 public ip，可以看到現在被擋住了 (下圖 #2)，是因為目前使用的 Public EC2 Instance 的 Security Group 不允許進入，最後 Ctrl+C 停止執行。

```
stsai@M2-mac Downloads % ping 35.91.94.214 #1
PING 35.91.94.214 (35.91.94.214): 56 data bytes
Request timeout for icmp_seq 0
Request timeout for icmp_seq 1 #2
Request timeout for icmp_seq 2
^C
```

恢復 Security Group：允許進入

進到 Security Group 頁面之後，看到下方 Inbound rules (下圖 #1) 資訊，點擊右方的 Edit inbound rules (下圖 #2) 進到編輯頁面。

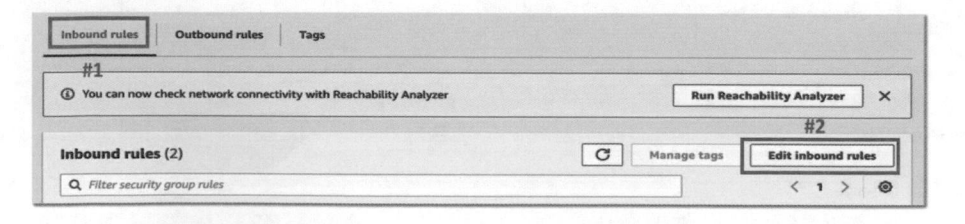

在 Edit inbound rules 頁面，點擊 Add rule (下圖 #1) 增加一條規則，Type 選擇 All ICMP – IPv4 (下圖 #2)，Source 則選擇 Anywhere IPv4 (下圖 #3)。

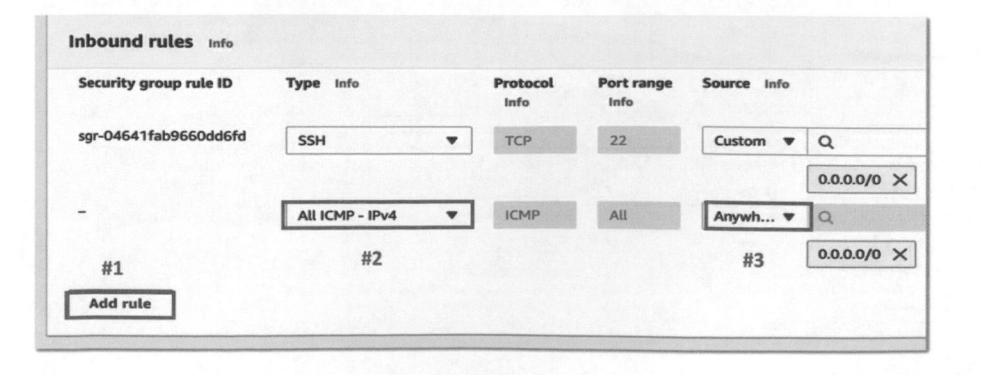

都加回去之後，再按下 Save rules (下圖 #1) 儲存 Inbound Rules 的改變。

AWS

作者

基礎

VPC
網路

EC2
運算

S3
檔案

RDS
資料庫

IAM
權限

結語

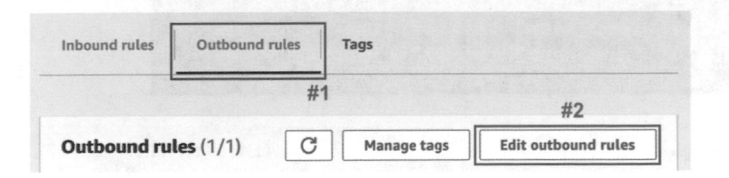

再回到 Terminal 快速測試一下，在把 Security Group 允許進入的 Inbound Rule 加回去後，是否能成功請求。執行「ping 35 .91 .94 .214」（下圖 #1），35 .91 .94 .214 為 public ec2 public ip，就會看到請求又可以順利的拿到回應了（下圖 #2），最後 Ctrl+C 停掉 Ping。

```
stsai@M2-mac Downloads % ping 35.91.94.214   #1
PING 35.91.94.214 (35.91.94.214): 56 data bytes
64 bytes from 35.91.94.214: icmp_seq=0 ttl=107 time=40.679 ms
64 bytes from 35.91.94.214: icmp_seq=1 ttl=107 time=36.896 ms   #2
64 bytes from 35.91.94.214: icmp_seq=2 ttl=107 time=47.060 ms
^C
```

設定 Security Group：不允許出去

回到 Security Group 頁，下方資訊切換到 Outbound rules（下圖 #1），點擊右方的 Edit outbound rules（下圖 #2）對 Outbound Rules 進行編輯。

在 Edit outbound rules 設定介面中，會看到目前是允許所有的請求出去的（下圖 #1），如果把這個給 Delete 掉（下圖 #2），最後按下 Save rules 儲存變更（下圖 #3），代表現在這個 Security Group (SG) 不允許任何請求出去。

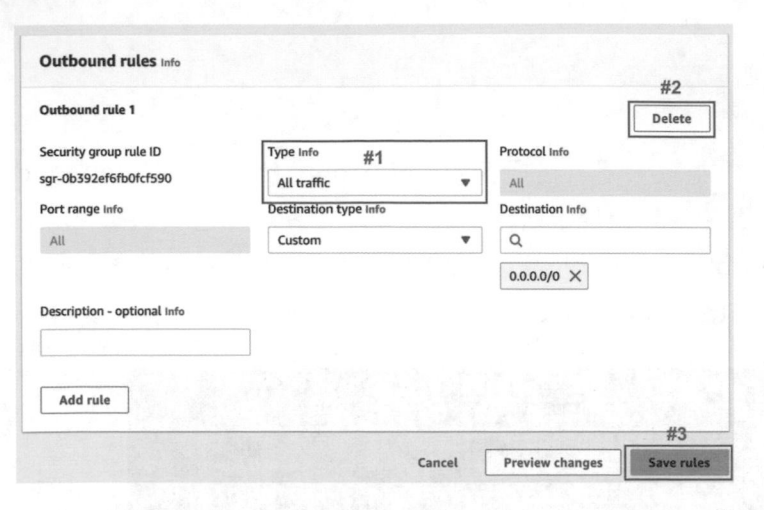

大家可以想想看這次的 Ping 會通嗎？

執行「ping 35 .91 .94 .214」(下圖 #1)，35 .91 .94 .214 為 public ec2 public ip，就會看到目前是可以成功收到回應的 (下圖 #2)。

```
stsai@M2-mac Downloads % ping 35.91.94.214   #1
PING 35.91.94.214 (35.91.94.214): 56 data bytes
64 bytes from 35.91.94.214: icmp_seq=0 ttl=107 time=39.596 ms
64 bytes from 35.91.94.214: icmp_seq=1 ttl=107 time=34.419 ms  #2
64 bytes from 35.91.94.214: icmp_seq=2 ttl=107 time=34.051 ms
^C
```

看來儘管 Security Group (SG) 不允許請求出去，或者說 Outbound Rules 不允許請求出去，我們還是可以成功收到回應。

這是因為 Security Group (SG) 是一個 Stateful 的特性，只要 Security Group 曾經記得你進去了，不管 Outbound Rules 是怎麼樣，Security Group 都會允許你出去，反之亦然。

恢復 Security Group 設定

最後再回到 Security Group 頁面來恢復 Outbound Rules，下方資訊切換到 Outbound rules (下圖 #1)，點擊右方的 Edit outbound rules (下圖 #2) 來進

行恢復的動作。

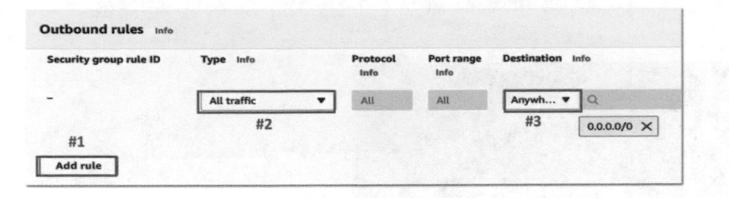

回到 Edit outbound rules 頁面來快速把規則復原，點擊 Add rule（下圖 #1）增加規則，Type 選擇允許 All traffic（下圖 #2），Destination 則選 Anywhere – IPv4（下圖 #3）。

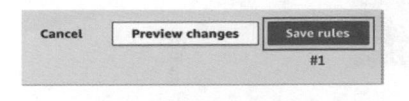

設定完畢後即可 Save rules（下圖 #1）儲存變更。

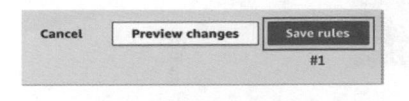

AWS

作者

基礎

VPC
網路

EC2
運算

S3
檔案

RDS
資料庫

IAM
權限

結語

小結

　　透過 Network ACL 及 Security Group 的 Inbound Rule 跟 Outbound Rule 設定允許進出，並依據不同設定情形一一進行 Ping 的請求測試，理解到了 Network ACL 允許進出請求才能進行溝通，Security Group 則是因為擁有 Stateful 的特性，所以只要 Security Group 記得某一請求進或出過，不管進出相對的規則是否允許，都能夠成功進行溝通。

　　這樣我們就成功示範了 DNS 的 Network ACL 以及 Security Group 安全設定上的不同點，那本單元就到這邊結束。

實作示範

VPC 清理資源

我們這次要示範如何清理已建立的資源，那我們現在開始吧。

清除 EC2 Instance

首先，上方搜尋 ec2（下圖 #1），點擊面板的 EC2（下圖 #2）進到管理介面。

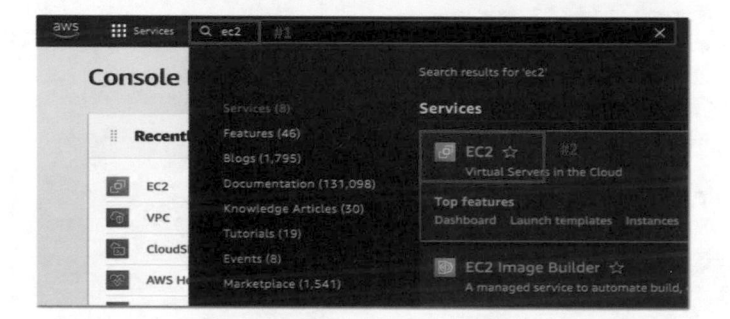

點擊左列 Instances（下圖 #1）連結切換到 Instances 管理介面。

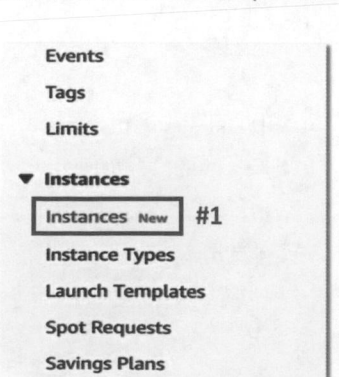

勾選 Public EC2 跟 Private EC2（下圖 #1），點開 Instance state（下圖 #2），按下 Terminate instance（下圖 #3）。

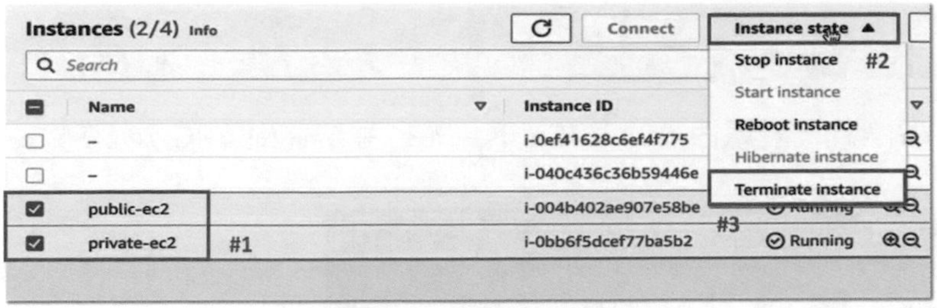

點擊 Terminate 確定 (下圖 #1)。

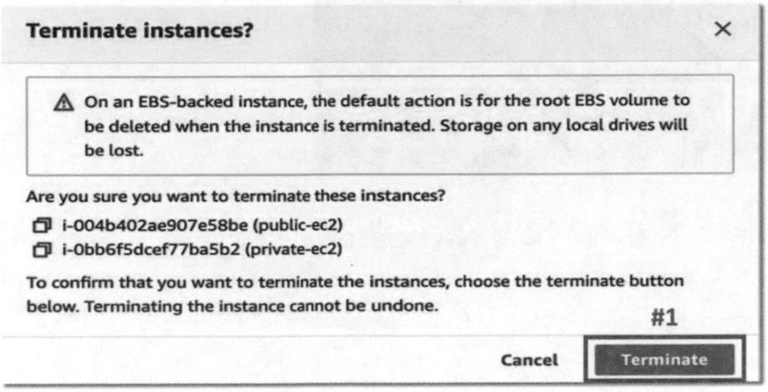

把 Instance Terminate 後，會看到狀態仍是 Running (下圖 #1)，可透過上方
重新整理 (下圖 #2)，狀態會變成 Shutting-dow (下圖 #3) 正在關閉，稍等一
下 (下圖 #4) 便會轉變成 Terminated (下圖 #5)，就代表完成了 EC2 Instance
的清理。

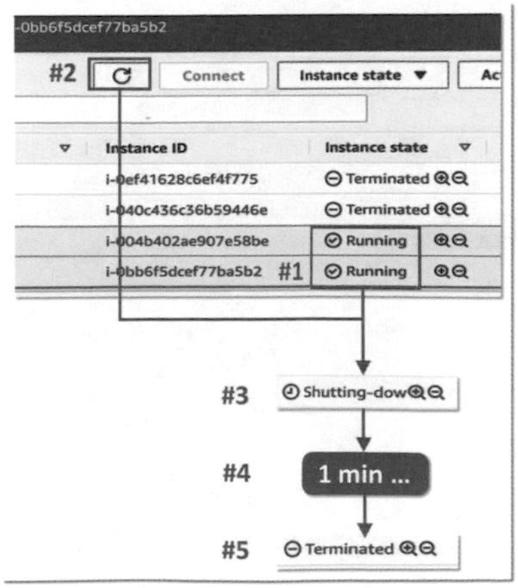

AWS

作者

基礎

VPC
網路

EC2
運算

S3
檔案

RDS
資料庫

IAM
權限

結語

清除 NAT Gateway

上方搜尋 vpc（下圖 #1），點擊面板的 VPC（下圖 #2）連結進到 VPC 介面。

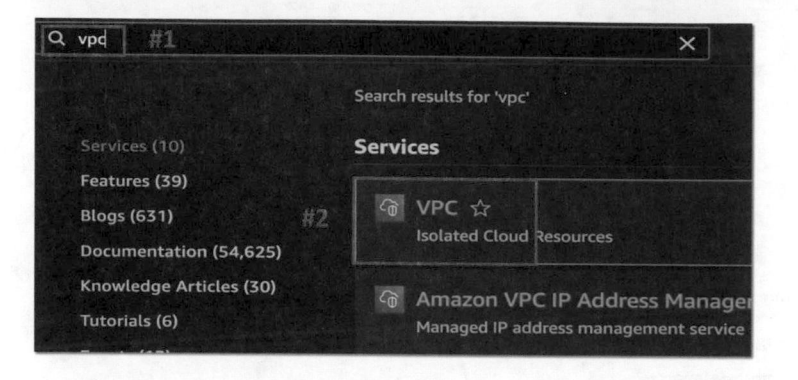

透過左列 NAT gateways 連結（下圖 #1）進到 NAT gateways 介面。

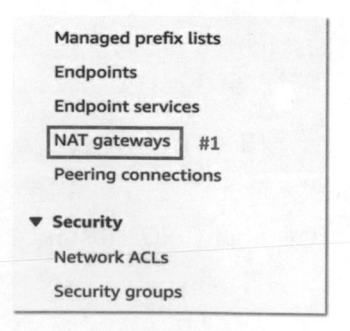

首先點擊 NAT gw（下圖 #1），點開 Actions（下圖 #2），按下 Delete NAT gateway（下圖 #3）進行刪除動作。

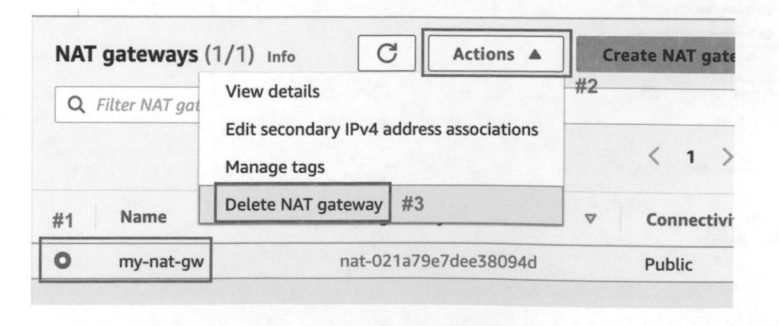

在 Delete NAT gateway 面板中確認刪除動作的欄位中輸入 delete（下圖 #1），
再按下 Delete（下圖 #2）做刪除的動作。

Delete NAT gateway　　　　　　　　　　　　　　　　　　×

Will be deleted
The following NAT gateway will be deleted permanently and can't be recovered later.

Name	NAT gateway ID	State
my-nat-gw	nat-0d1ed8a5eff29746b	⊘ Available

To confirm deletion, type *delete* in the field:

| delete | #1 |

　　　　　　　　　　　　　　　　　　　　　　　　#2

　　　　　　　　　　　　　　　　Cancel　　**Delete**

做完刪除動作後，NAT gateway 狀態會變成 Deleting 正在清理（下圖 #1），大
概過了一分鐘之後（下圖 #2），重新整理（下圖 #3），就可以看到 NAT gateway
成功的被刪除掉了（下圖 #4）。

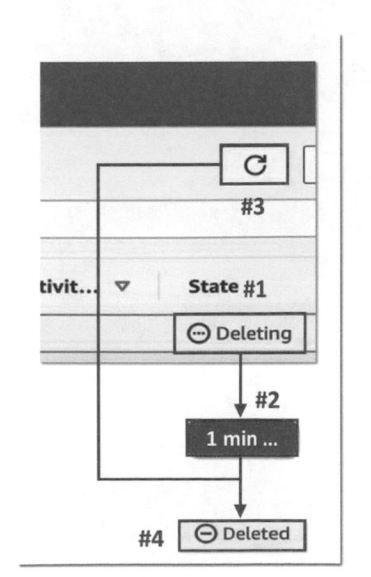

AWS

作者

基礎

VPC
網路

EC2
運算

S3
檔案

RDS
資料庫

IAM
權限

結語

清除 Elastic IP

再來，透過左列 Elastic IPs（下圖 #1）進到 Elastic IPs 管理介面。

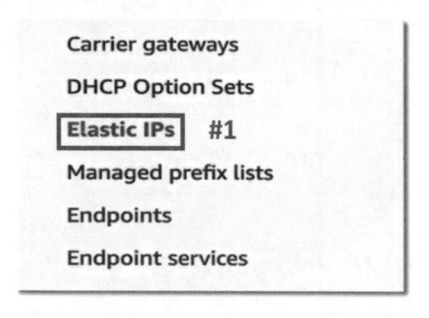

展開 Elastic IP addresses 的 Actions（下圖 #1），但會發現 Release Elastic IP addresses 是不可點擊的狀態（下圖 #2），導致無法馬上清除，這是因為剛剛所建立的 NAT Gateway 在 AWS 後面還正在清理中，所以無法馬上 Release Elastic IP。這邊需要稍等大概兩分鐘（下圖 #3），再點開 Actions 即會看到 Release Elastic IP addresses 轉變為可點擊的狀態（下圖 #4），點擊進行清除動作。

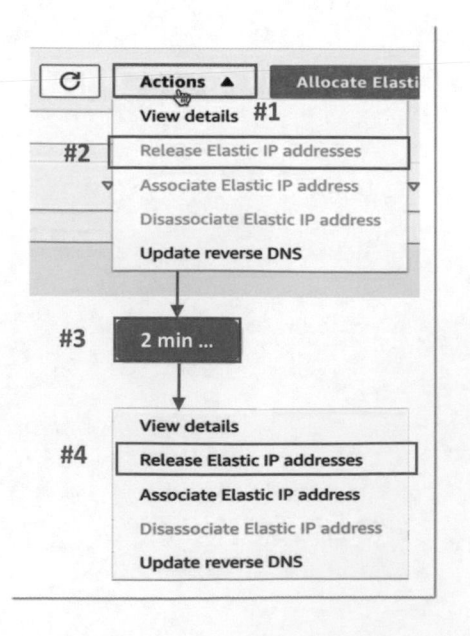

按下 Release 進行清除 (下圖 #1)。

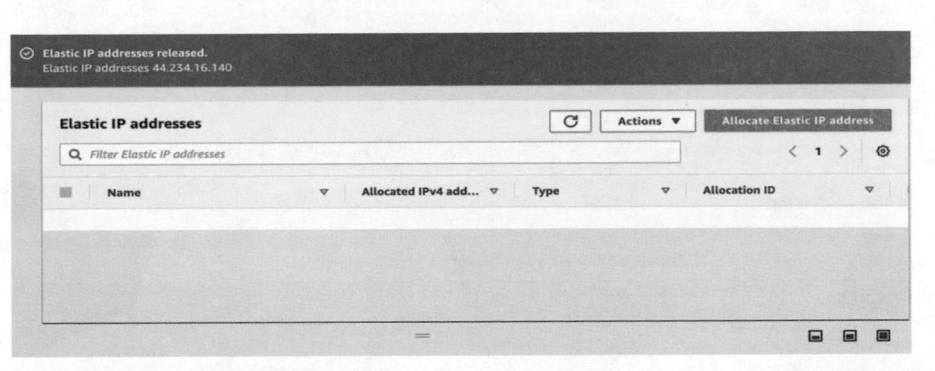

即可看到 Elastic IP addresses 列表清空了，如下圖。

清除 VPC

最後要清理的是 VPC，按下左列 Your VPCs (下圖 #1) 進到 VPC 頁面。

▼ Virtual private cloud
   Your VPCs #1
   Subnets
   Route tables
   Internet gateways
   Egress-only internet
   gateways
   Carrier gateways
   DHCP Option Sets

勾選要刪除的 VPC (下圖 #1)，點開 Actions (下圖 #2)，按下 Delete VPC (下圖 #3) 進行刪除設定。

AWS
作者
基礎
VPC
網路
EC2
運算
S3
檔案
RDS
資料庫
IAM
權限
結語

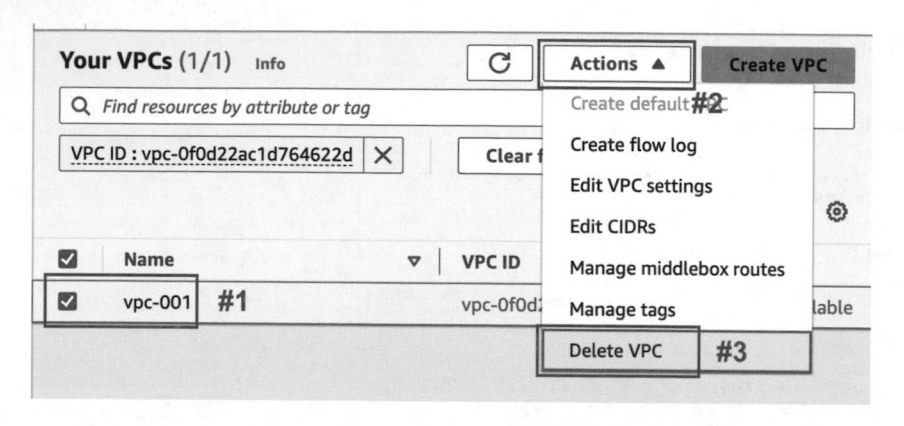

在刪除確認欄位輸入 delete（下圖 #1），按下 Delete（下圖 #2）確認刪除 VPC。

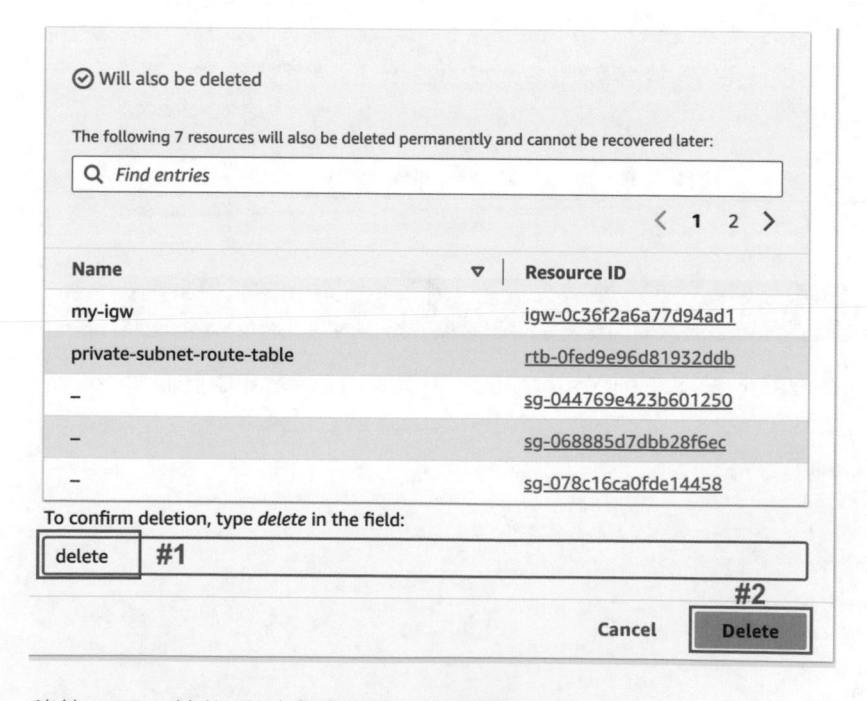

稍等一下，就能看到成功刪除，如下圖。

⊘ **You successfully deleted vpc-0f0d22ac1d764622d / vpc-001 and 7 other resources.**
　▶ **Details**

結語 透過 EC2 Instance、NAT Gateway、Elastic IP、VPC 的刪除，我們就完成了這次 AWS VPC 網路架構的相關資源清理。

AWS

作者

基礎

VPC
網路

EC2
運算

S3
檔案

RDS
資料庫

IAM
權限

結語

5

AWS EC2 運算資源

【觀念講解】

EC2 重點架構

今天我們要來介紹 EC2 的基本架構，那我們開始吧！

EC2 Instance 由許多重要元件組成，我們將會分成三大部分介紹。

AMI

在一個 EC2 Instance 裡面有一個重要元件叫做 AMI (Amazon Machine Image)
如右圖，AMI 最主要的功用就是決定我們的作業系統 Operating System (OS)。

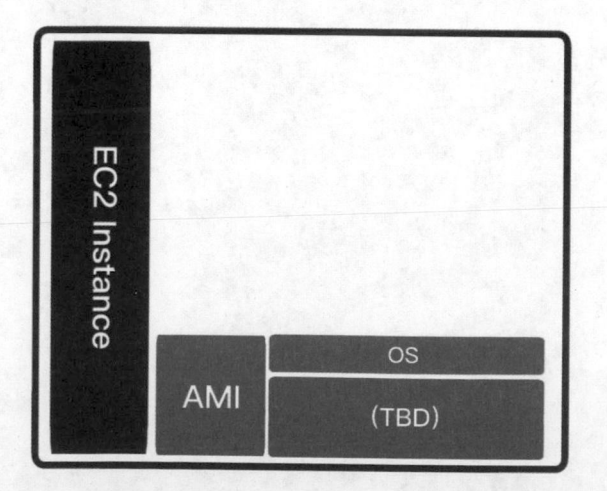

AMI 就如同一個模板，當我們每次在建立 EC2 Instance 時就要選擇使用何種
AMI。

AMI 還包含許多細部設定，我們將在未來再來細看，這邊先用 TBD (To Be
Defined) 標記起來。

Instance Metadata

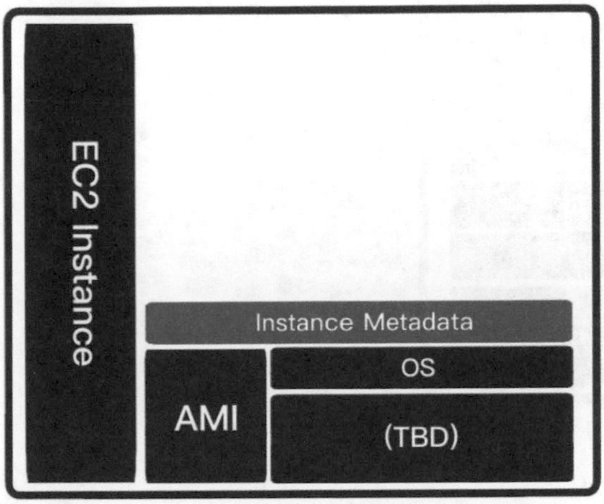

AWS

作者

基礎

VPC
網路

EC2
運算

S3
檔案

RDS
資料庫

IAM
權限

結語

當我們啟動一台 Instance 時，會有一些 Instance 層面的資料，裡面包含 Instance ID、Hostname 等，如上圖。

Instance Type

在 Instance Type 中，我們會去決定 Instance 本身要使用多少資源，包含我們要使用 vCPU、記憶體、儲存空間的多寡。

這邊要注意到如下圖例中的 Instance Storage 是一個本地的儲存空間，會隨著 EC2 Instance 的更動而改變，換句話說，若 EC2 Instance 消失，Instance Storage 就會不見，因此也就不適合放置永久資訊。不過好處則是，由於它就在 EC2 Instance 上面，所以它能讓我們進行非常高效率的 I/O 工作。

再來，可以決定 Network speed，Network speed 則是決定 EC2 Instance 能負荷多少網路流量。而最後 EC2 中還有許多細部設定，會留在未來做細部探討 (TBD=To Be Defined)。

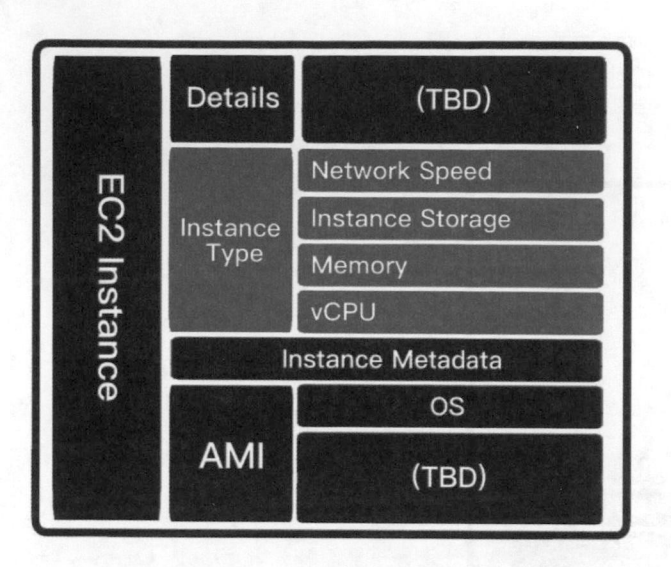

EC2 連接的子服務

當我們在 AWS Console 建立一台 EC2 時，我們會連接許多子服務。

Network 網路

我們會配給 EC2 一個或多個虛擬網卡 (ENI)，而 EC2 Instance 在 AWS 網路架構中的角色就是由 ENI 來決定，因此如下圖，我們必須看 ENI 在哪一個 Security Group 和哪一個 Subnet，以及被哪一個 NACL 所管控。

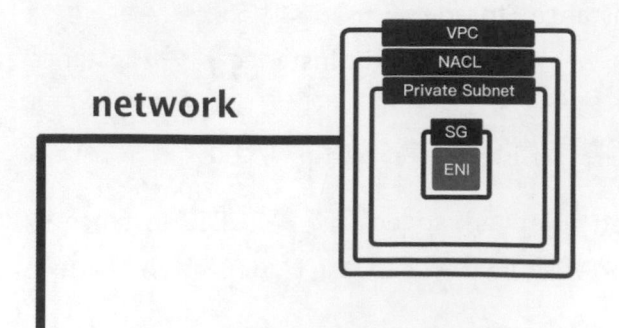

AWS

作者

基礎

VPC
網路

EC2
運算

S3
檔案

RDS
資料庫

IAM
權限

結語

Permission 權限

在 AWS 之中，管理權限有個重要元件叫 IAM Role，然而 IAM Role 並不能直接被 EC2 Instance 給使用，因此需要一個銜接角色來把它們串起，而這個角色就叫做 Instance Profile，如下圖。

Instance Profile 會將 IAM Role 轉換為 EC2 Instance 可以使用的形式，來管控 EC2 Instance 可以使用哪種權限以及 AWS 服務。

External Storage

External Storage 顧名思義是一個外接的儲存空間，服務名稱叫做 EBS Volume (Elastic Block Storage Volume)，如下圖。

有別於 Instance Storage，EBS Volume 並不會隨著 EC2 Instance 的消失而不見，因此適合放置永久資料。

以上提到的三種服務都有各自的架構及運作邏輯，後續章節將細部說明。

EC2 主體實際上只有如下圖圈起方框部分，而右側都是可以連結的子系統們，EC2 必須透過與這些服務的連結，才能建出一個完整的虛擬機功能。

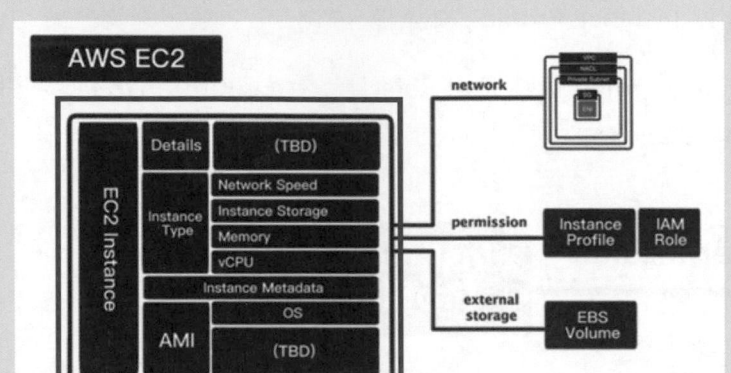

再來，我們將深入這三大子系統，完整掌握 AWS EC2 的使用。

AWS
作者
基礎
VPC
網路
EC2
運算
S3
檔案
RDS
資料庫
IAM
權限
結語

【觀念講解】

EC2儲存資源 Instance Store vs Elastic Block Storage (EBS)

現在我們來介紹 EC2 裡面的 Instance Storage 與 EBS 的差別，那我們開始吧！

EC2 Instance 與 EBS Volume 的關係介紹

在我們的 EC2 Instance 裡面，會有一個 Instance Storage，他們都會在同一個 Host 主機上，而我們可以透過網路連結到另外的外接硬碟空間，名叫 EBS Volume (Elastic Block Storage)。而 EC2 Instance 與 EBS Volume 會在同一個 AZ 之中，如下圖。

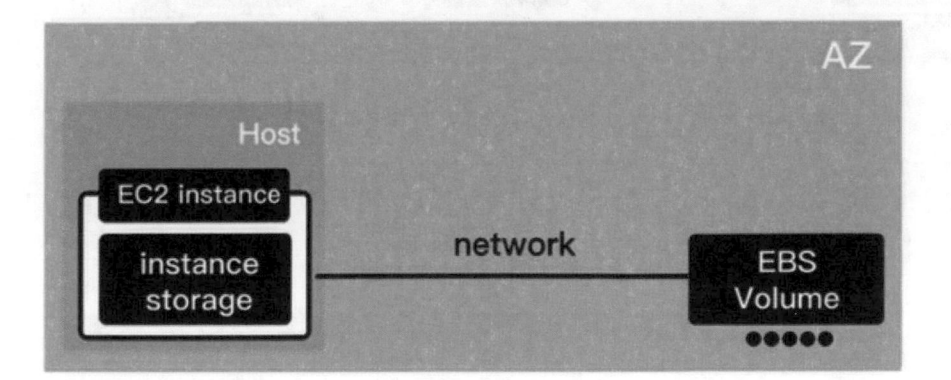

EBS Volume 可以進行備份，而 AWS 所提供的備份功能就叫做 EBS Snapshot。EBS Snapshot 有一個特點，他會進行漸進式的備份 (backup)，也就是說，上次備份到的部分，下次就不會重複備份，只會加上新的部分，而這種漸進式的方法就叫做 Incremental，如下圖。

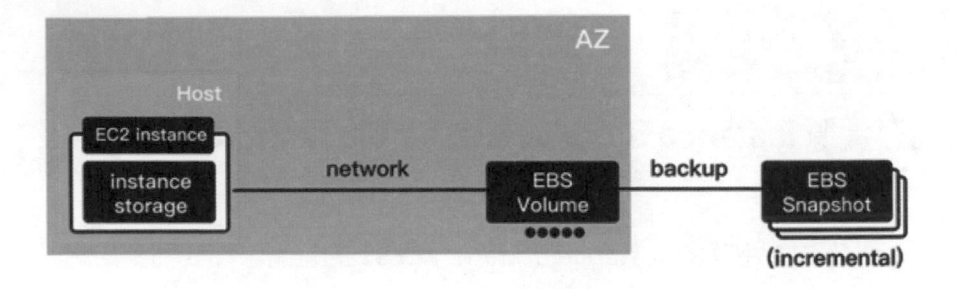

另外，EBS Snapshot 會與 EC2 Instance 在同一個 Region 中。

因此 EC2 Instance、EBS Volume、EBS Snapshot 三者的關係就會如下圖。

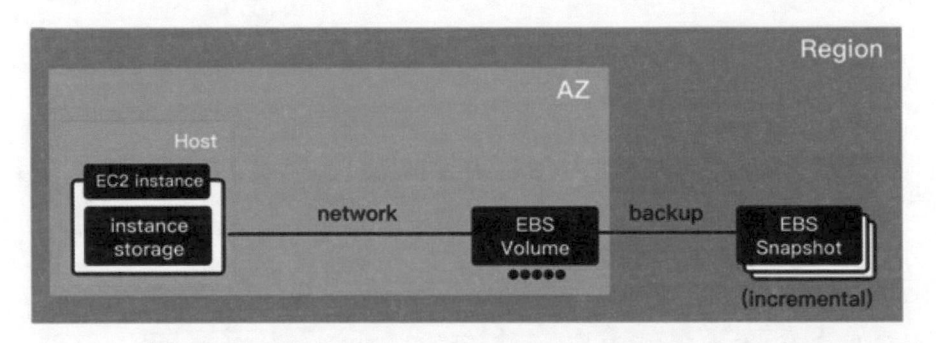

EBS 與 Instance Storage 的優缺點比較

Instance Storage

優點：Higher I/O，由於 Instance Storage 和 EC2 Instance 在同一個Host之中，因此具有很好的 I/O 處理能力。

缺點：Ephemeral，短暫存在。就是說當我們把 EC2 Instance 給刪除時，在 Instance Storage 的資料也會全部跟著消失。

缺點：No Backup，就算沒有實際把 EC2 Instance 砍掉，只要他所在的實體主機儲存硬碟故障，那麼資料也都會跟著消失，換句話說，他的 Durability 非常低，不適合存放長久資料。如下圖。

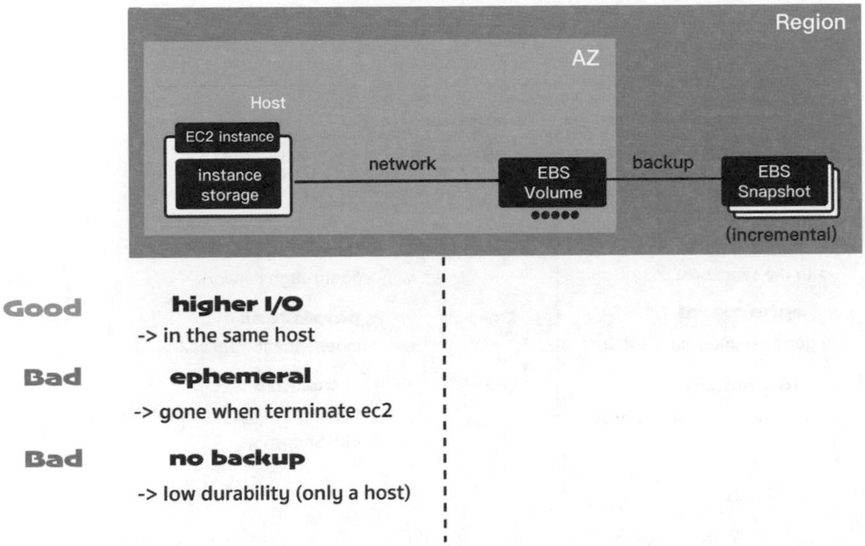

AWS

作者

基礎

VPC
網路

EC2
運算

S3
檔案

RDS
資料庫

IAM
權限

結語

Good	**higher I/O**	-> in the same host
Bad	**ephemeral**	-> gone when terminate ec2
Bad	**no backup**	-> low durability (only a host)

EBS

缺點：Lower I/O，由於 EBS 與 EC2 之間連通內部網路會造成時間消耗，因此 I/O 的處理能力較低。

優點：Persistent，EBS Volume 的生命週期與 EC2 的出現消失無關，就算 EC2 砍掉，EBS Volume 的資料依舊會留存著。

優點：Backup，當我們創造 EBS Volume 時，在背後的 AZ 之中，AWS 會在背後幫我們建立多台儲存設備，簡稱 Nodes，來組成 EBS Volume，就算有一個儲存硬碟故障了，資料仍然能完整保存，提供較高的 Durability。

另外，不僅僅是 EBS Volume 上的 Backup 功能可以使用，我們還有 EBS Snapshot 來保護資料，就算 AZ 所有資料中心都無法使用，資料仍會保存在同一個 Region 底下的 EBS Snapshot。

Instance Storage 與 EBS 兩者優缺點比較如下圖。

(左為 Instance Storage，右為 EBS Volume)

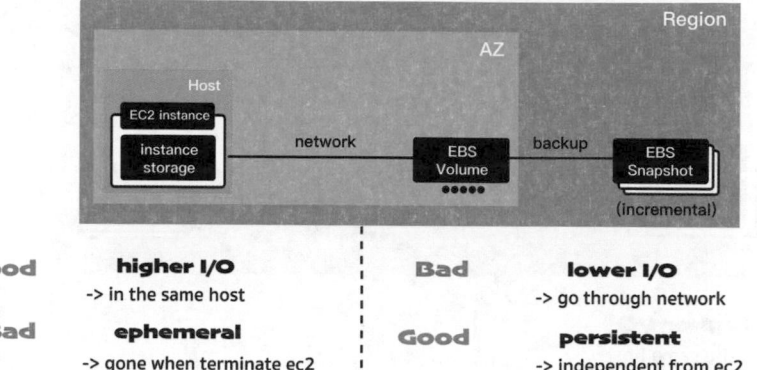

Good	**higher I/O** -> in the same host	Bad	**lower I/O** -> go through network
Bad	**ephemeral** -> gone when terminate ec2	Good	**persistent** -> independent from ec2
Bad	**no backup** -> low durability (only a host)	Good	**backup** -> higher durability (multiple nodes) -> EBS Snapshot

小結

　　整體而言相較於 Instance Storage，EBS 為更常用的儲存
選擇。原因很簡單，以使用者的角度來看，在儲存東西時最
重要的就是「保障」，確保資料不會遺失，EBS 也提供了相
對較高的 Durability。

　　然而，我們仍然存在一個 EBS I/O 相對較低的問題，為了
解決這個問題，AWS 提供給我們許多不同的 EBS Type 來選
擇，在之後會有單元進行詳細說明。

　　那以上，是我們針對 EC2 儲存資源 Instance Storage 與
Elastic Block Storage (EBS) 之間的比較與介紹。

AWS

作者

基礎

VPC
網路

EC2
運算

S3
檔案

RDS
資料庫

IAM
權限

結語

【觀念講解】

EC2 儲存資源 EBS Types 方案比較

今天我們要來介紹 EBS Type 方案比較，那我們開始吧！

在之前的文章中我們有提過，EBS 相對於 Instance Storage 在 I/O 方面比較弱，因此 AWS 提供給我們以下四種 EBS Type，讓我們根據 I/O 需求來做選擇。

接下來會針對四種 Type 來做介紹。

SSD 與 HDD 與底下四種類別

在 SSD 底下有 io1 與 gp2 兩種類別，在 HDD 底下有 st1 與 sc1 兩種類別，如下圖。

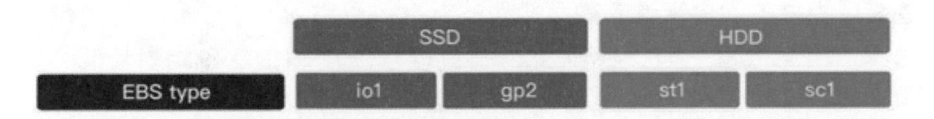

接著，我們要來比較四種類別在各項數據的比較

Max Storage: 這四種的最大容量都為 16 TB。

I/O: I/O 為 Input/Output 的簡寫，用來評量檔案讀寫的速度效能。

IOPS: 全名叫做 I/O Per Second，用一句話說明 IOPS，就是「每秒可處理的 I/O 請求次數」。Io1 可以處理的請求次數為 64,000，gp2 為 16,000，st1 為 500，sc1 只有 250。

IO Packet Size: 指的是當我們每次處裡一個 I/O 請求時，那一個 Package 的 Size 大小。SSD 底下的兩個 type 的 Size 都為 KB，HDD 底下兩個 Type 的 Size 都是 1 MB。之所以會有那麼大的差別，是因為在 SSD 底下，是針對「次數高但量小的使用情境」，而 HDD 則相反，去處理「次數少但量大的狀況」。

上述三種數據的整理如下圖：

	SSD		HDD	
EBS type	io1	gp2	st1	sc1
max storage	16TB	16TB	16TB	16TB
IOPS	64,000	16,000	500	250
IO packet size	16KB	16KB	1MB	1MB

再來，我們將繼續介紹各項數據。

Throughput: Throughput 就是「每秒可以處理的 I/O 資料總量」，而資料總量怎麼來的呢？資料總量其實就是把 IOPS 乘以 I/O Packet Size。以 io1 為例子，64000 乘以 16 KB，轉換為 MB 單位 (除以 1024) 後，就得出每秒可以處理的 I/O 資料總量為 1000 MB/s。而另外三種 Type 經過計算後可得出，gp2 處理 250 MB/s，st1 處理 500 MB/s，sc1 處理 250 MB/s。

Cost: 這邊以相對的數值來建立數字級距的概念，以處理一單位資料的花費來看，以 $ 當作比較符號，可以看到 SSD 普遍價格較高，HDD 則相對較低。如下圖。

	SSD		HDD	
EBS type	io1	gp2	st1	sc1
max storage	16TB	16TB	16TB	16TB
IOPS	64,000	16,000	500	250
IO packet size	16KB	16KB	1MB	1MB
Throughput	1000MB/s	250MB/s	500MB/s	250MB/s
Cost	$$$$$	$$$$	$$	$

AWS

作者

基礎

VPC
網路

EC2
運算

S3
檔案

RDS
資料庫

IAM
權限

結語

比較數值意義

HDD

最重要的數值是 Throughput，st1 處理 500 MB/s，sc1 處理 250 MB/s，勝過 gp2，不過大家可能會看到 io1 可以達到 1000 MB/s，那麼比較起來，io1 不是最好的嗎？沒錯，他是最好的，然而我們在挑選方案時還是得要將「花費」這個因素考慮進去，io1 是四種中花費最高的。

可以看到 sc1 的花費最低，又可以達到 250 MB/s，其實蠻經濟實惠，而 gp2 則必須花到 4 倍的花費才能達到 sc1 的 Throughput。所以，如果使用情境是在意 Throughput 的話，選擇 gp2 實在是不划算。

當我們要使用 HDD 底下的 Type 時，必須看到 Throughput 與 Cost 兩個數值，看看所選 Type 的 Throughput 是否能達到我們的要求，又能幫我們省下多少錢。

EBS type	SSD		HDD	
	io1	gp2	st1	sc1
max storage	16TB	16TB	16TB	16TB
IOPS	64,000	16,000	500	250
IO packet size	16KB	16KB	1MB	1MB
Throughput	1000MB/s	250MB/s	500MB/s	250MB/s
Cost	$$$$$	$$$$	$$	$

SSD

底下兩個 Type 都是以 IOPS 為主要數值，所針對的情境為在每秒處理最多的 I/O 請求次數，雖說他比 HDD 的價格高上許多，相對的，他的 IOPS 也大幅提升。

所以當我們使用 SSD 底下的 Type 時，就是願意花大錢來買很高的 IOPS 能力，如下圖。

	SSD		HDD	
EBS type	io1	gp2	st1	sc1
max storage	16TB	16TB	16TB	16TB
IOPS	64,000	16,000	500	250
IO packet size	16KB	16KB	1MB	1MB
Throughput	1000MB/s	250MB/s	500MB/s	250MB/s
Cost	$$$$$	$$$$	$$	$

四個 Type 適用情境

io1：若在 EC2 上有建立「資料庫」的話適合使用，因為在資料庫處理中的 CRUD，可能都是資料小但請求次數多的狀況。

gp2：建議使用於「開機硬碟」上，這也是 AWS 建議大家使用的預設硬碟選擇，可以使開機速度快，費用也不像 io1 那麼貴。

st1：建議使用在「影音串流」上，影音串流的請求頻率不高，但每次都是幾 GB 的容量。

sc1：建議使用在「資料封存」的使用情境，因為去使用資料的頻率一定非常低，且保存花費也不那麼高。

以上四點整理成下圖。

AWS

作者

基礎

VPC
網路

EC2
運算

S3
檔案

RDS
資料庫

IAM
權限

結語

	SSD		HDD	
EBS type	io1	gp2	st1	sc1
max storage	16TB	16TB	16TB	16TB
IOPS	64,000	16,000	500	250
IO packet size	16KB	16KB	1MB	1MB
Throughput	1000MB/s	250MB/s	500MB/s	250MB/s
Cost	$$$$$	$$$$	$$	$
使用情境	資料庫	開機硬碟	影音串流	資料封存

EBS 效能

SSD 最強的效能是 IOPS，HDD 則是 Throughput，然而在我們決定最後 EBS 可以得到的效能是什麼的時候，其實是由兩種要件組成的。

首先是我們上述討論的 EBS Type 不同的效能，而當我們 EBS Volume 被 Attach 到一台 EC2 Instance 上面時，那台 Instance 的 EC2 Type 其實也會影響我們最後 EBS Volume 的效能，所以最後會由兩者的交結點來決定我們最後拿到的 EBS 效能。如下圖，儘管左邊 EBS type 效能高，但最終還是會被右邊 ec2 type 最高效能給拉下來，最後取出交集處，如下圖。

	SSD		HDD	
EBS type	io1	gp2	st1	sc1
IOPS	64,000	16,000	500	250
Throughput	1000MB/s	250MB/s	500MB/s	250MB/s

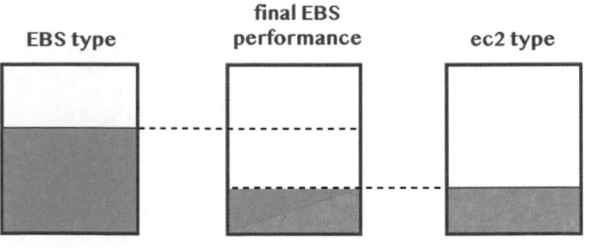

這邊給大家兩個好記的標語：

當我們想到 HDD 底下的 st1 或是 sc1 時，就可以想到他是「便宜大流量」。當我們想到 SDD 底下的 io1 或是 gp2 時，就可以想到他是「高貴快手速」。各自的適合使用情境整理如下圖。

EBS type	SSD		HDD	
	io1	gp2	st1	sc1
max storage	16TB	16TB	16TB	16TB
IOPS	64,000	16,000	500	250
IO packet size	16KB	16KB	1MB	1MB
Throughput	1000MB/s	250MB/s	500MB/s	250MB/s
Cost	$$$$$	$$$$	$$	$
使用情境	資料庫	開機硬碟	影音串流	資料封存
	高貴快手速		便宜大流量	

* IOPS： 每秒可處理的 I/O "請求次數"
* Throughput： 每秒可處理的 I/O "資料總量"
* Throughput = IOPS x IO packet size

那以上就是我們針對告種不同 EBS Type 的方案比較。

實作示範

EC2 儲存資源 EBS Volume 建立與使用 part 1

AWS

作者

基礎

VPC
網路

EC2
運算

S3
檔案

RDS
資料庫

IAM
權限

結語

此單元將會進行 EC2 以及 EBS 的 Demo 實作部分，並沿用之前在觀念講解中所講過的架構圖，來幫助大家了解整個 Demo 的過程，那我們就開始吧。

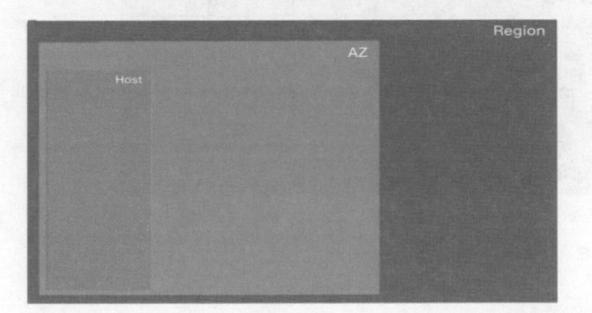

以 VPC 建立 Public Subnet

首先，我們將透過 VPC 的方式建立一個 Public Subnet (下圖 #1)。

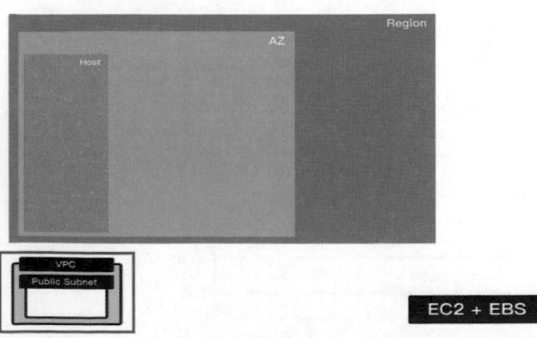

#1

在 Console 頁面上方搜尋列輸入 VPC (下圖 #1)，點擊結果面板的連結 VPC (下圖 #2) 進入 VPC 頁面。

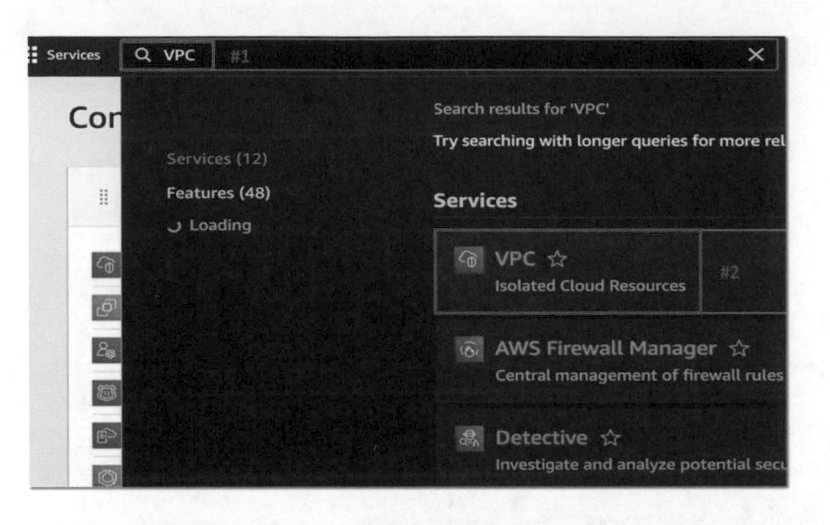

到 VPC 介面點擊 Create VPC (下圖 #1) 進入建立 VPC 的設定頁面。

進到 Create VPC 設定頁面，在 VPC settings 區的 Name tag auto-generation 輸入自訂的 VPC 名稱 (下圖 #1)。

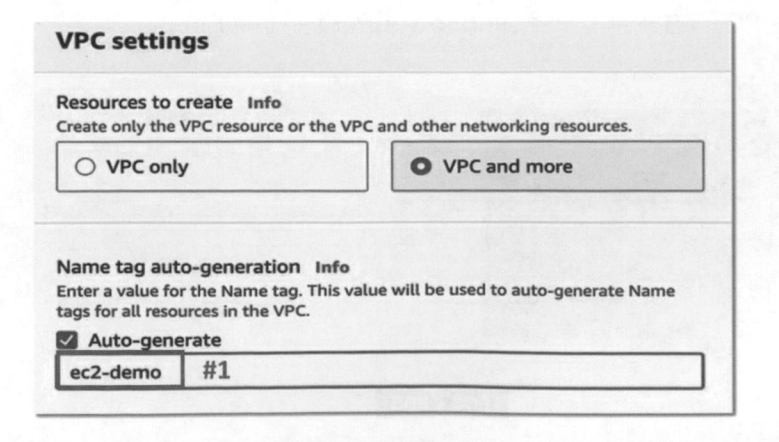

輸入 VPC 自訂名稱後，其他維持預設即可，點擊頁面底部的 Create VPC（下圖 #1）進行建立。

AWS

作者

基礎

VPC
網路

EC2
運算

S3
檔案

RDS
資料庫

IAM
權限

結語

等待 VPC 相關設定建置好後，按下 View VPC（下圖 #1），前往 VPC 管理介面。

進到 VPC 管理頁面後，透過左方的 Filter by VPC（下圖 #1）篩選出剛建立的 VPC（下圖 #2）。

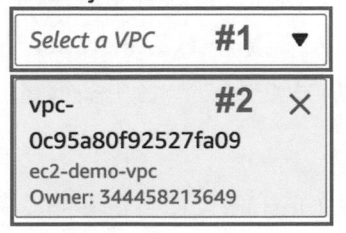

篩選出剛建立的 VPC 後，點擊下方連結 Subnets（下圖 #1）到 Subnets 管理介面。

到 Subnets 頁會發現有 4 個 Subnet 被創建出來，其中有 2 個是 Public 的，也就是我們所需要使用到的 Public Subnet (下圖 #1)，到這邊就完成由 VPC 建立 Subnet 的部分。

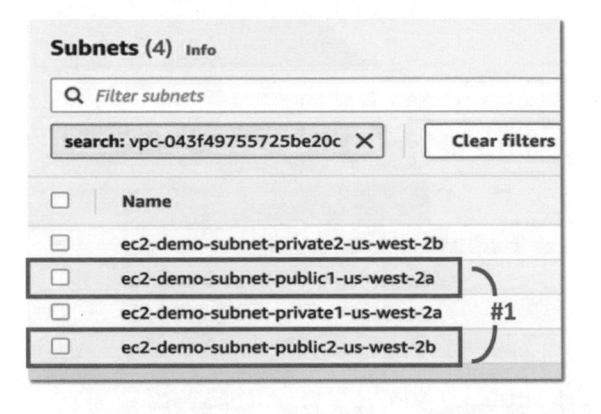

建立 EC2 Instance

在我們創建完 VPC 網路環境之後，將創建一台新的 EC2 Instance (下圖 #1)，並且把它放到 Public Subnet (下圖 #2) 之中，同時，為這台 EC2 Instance 配上一台 EBS Volume 開機硬碟 (下圖 #3)，以及手動再給它另外一台更多容量的 EBS Volume (下圖 #4)。

我們將透過這個 EBS Volume 來展示如何讓一台 EC2 Instance 裡有更多的檔案儲存空間。

回到 Console 介面，上方搜尋 EC2（下圖 #1），點擊面板結果 EC2（下圖 #2）
進到 EC2 介面。

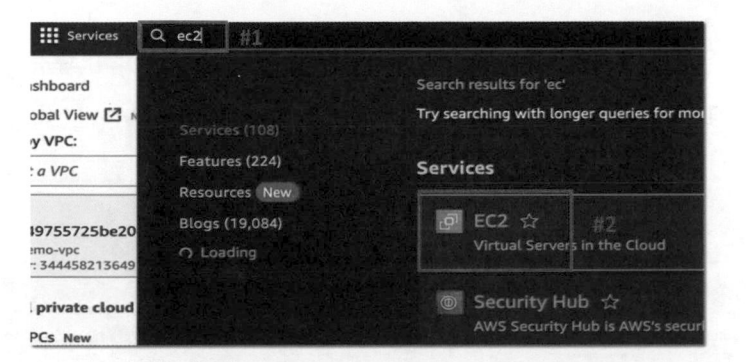

AWS

作者

基礎

VPC
網路

EC2
運算

S3
檔案

RDS
資料庫

IAM
權限

結語

進到 EC2 介面後，透過左列連結 Instances（下圖 #1）切換到 Instances 管理頁
面。

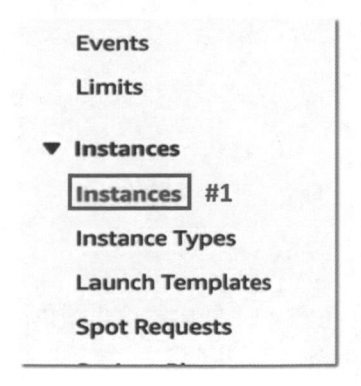

按下右上方的 Launch instances（下圖 #1），進到建立 Instances 設定頁面。

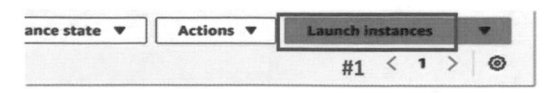

進入 Launch an instance 設定介面後，在 Name and tags 區塊的 Name 中為
將建立的 EC2 輸入自訂名稱 ec2 -ebs-demo（下圖 #1）。

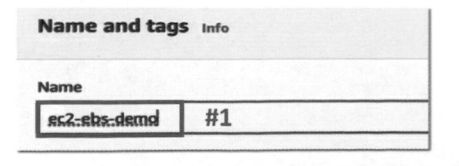

EC2 Instance 的 AMI 選擇

EC2 的自訂名稱輸入完畢後，看到下方，再來我們要決定的是它的 AMI (Amazon Machine Image) (下圖 #1)，簡單來說，就是它的作業系統 OS 要選擇使用哪一個。

透過 Quick Start (下圖 #2)，下方會列出非常常用的 AMI (下圖 #3)，通常選擇這邊的即可。

不過這是我們第一次使用 AMI 的選擇，所以點擊右方 Browse more AMIs (下圖 #4) 來看到更多選擇。

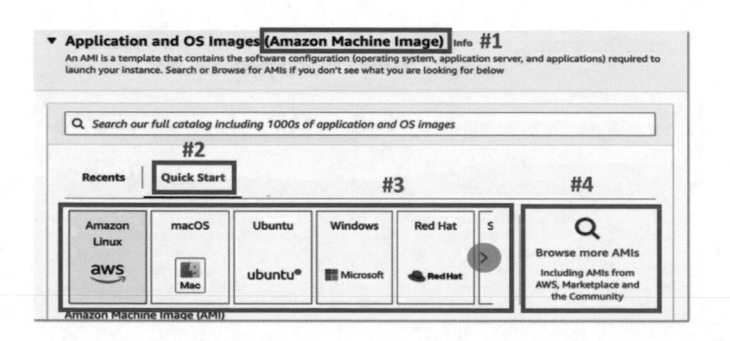

Browse more AMIs 中主要有三大類別，My AMIs (下圖 #1) 是自己客製化所建造的，但因為目前我們沒有創造任何一個，所以是空的 (下圖 #2)。

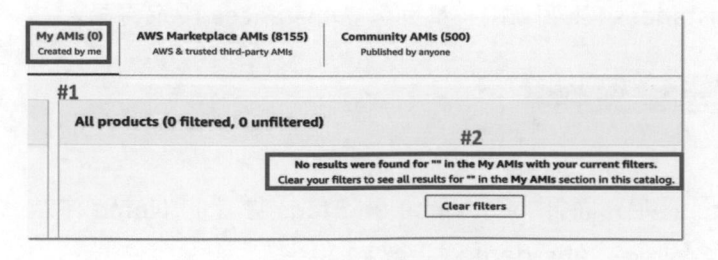

再來看到 Amazon Market AMIs (下圖 #1)，這個通常是第三方公司所創建的 AMI，所以一般也會需要收費。

AWS

作者

基礎

VPC
網路

EC2
運算

S3
檔案

RDS
資料庫

IAM
權限

結語

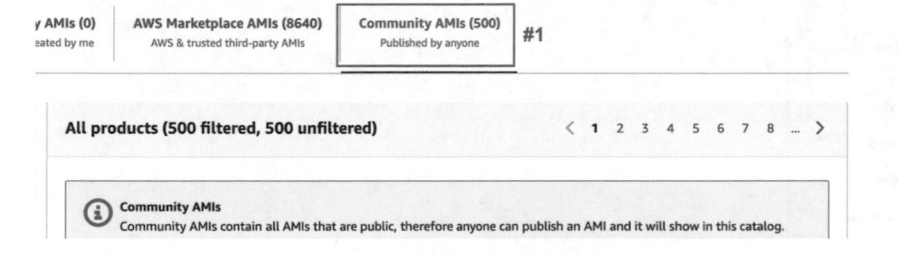

再來看到 Community AMIs（下圖 #1），這個就是由社群所創建出來的，通常為免費版本。

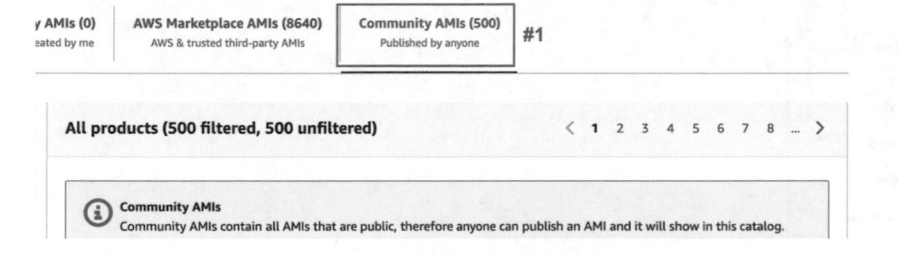

接下來我們會透過左方的條件篩選出目標 AMI，首先 Linux 版本這邊有很多種選擇，如果沒有特別需求的話，建議大家在 AWS 上面選擇使用 Amazon Linux（下圖 #1），它會跟 AWS 相關的指令最為相容。

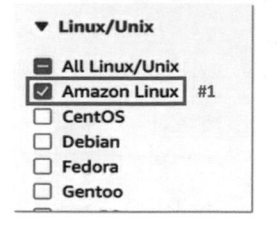

往下看到 Architecture 的部分，簡單來説，Architecture 指的就是 CPU 規格。CPU 規格主要有兩大類，64 -bit (x86) 是大部分 Windows 或是 Linux 所使用的 CPU 規格，另外一個則是 64 -bit (ARM)。

如果大家有注意到在這幾年 Apple 作業系統推出了 M1 跟 M2 的晶片，它所使用的 CPU 規格就是 ARM。而對於 Linux 的操作系統我們大部分使用的是 64 -bit (x86)，所以把 64 -bit (x86) 勾選起來（下圖 #1）。

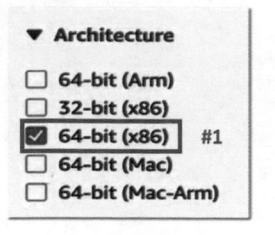

而下方 Root device type 指的就是我們先前在觀念講解中所介紹的開機硬碟，它有兩大類別，一個是外接的硬碟 EBS，另外一個是 Instance store，儲存的空間是跟我們 EC2 Instance 在同一個 Host 上面，所以預設來講以及大部分的使用情境我們都是使用 EBS，所以勾選 EBS（下圖 #1）。

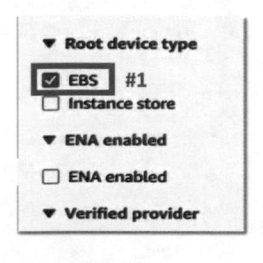

確認過濾條件為：Linux/Unix － Amazon Linux、Architecture － 64 -bit (x86)、Root Device Type － EBS 之後，右方列表往上拉到頂端，點擊 Select（下圖 #1）選擇第一個 Amazon Linux 2023 AMI。

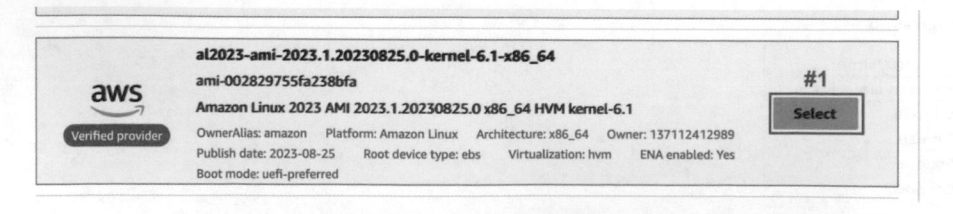

就可以看到 Application and OS Images (Amazon Machine Image) 出現了剛才所選的 AMI（下圖 #1）。

AWS

作者

基礎

VPC
網路

EC2
運算

S3
檔案

RDS
資料庫

IAM
權限

結語

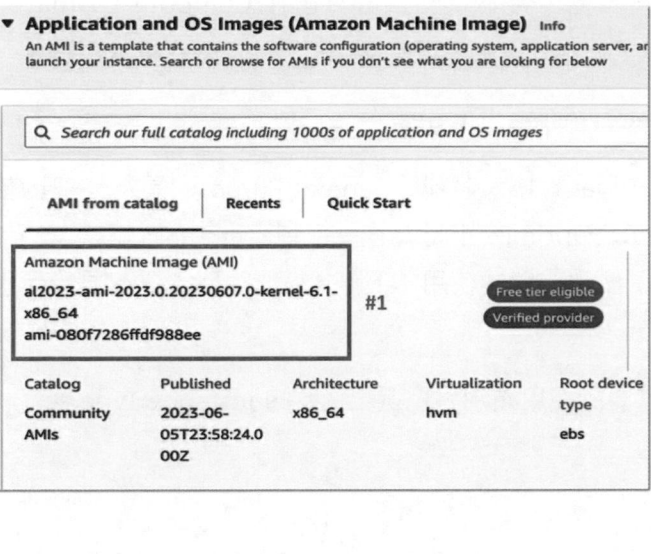

EC2 Instance 的 Instance Type 選擇

下方 Instance Type 基本上決定了 CPU 以及 Memory 記憶體要使用多少，而這邊有許多類別可供選擇，如下圖。

▼ Instance type Info

Instance type

t2.micro   Free tier eligible
Family: t2   1 vCPU   1 GiB Memory   Current generation: true
On-Demand Linux pricing: 0.0116 USD per Hour   ▲
On-Demand SUSE pricing: 0.0116 USD per Hour
On-Demand Windows pricing: 0.0162 USD per Hour
On-Demand RHEL pricing: 0.0716 USD per Hour

Q

t2.nano
Family: t2   1 vCPU   0.5 GiB Memory   Current generation: true
On-Demand Linux pricing: 0.0058 USD per Hour
On-Demand Windows pricing: 0.0081 USD per Hour
On-Demand SUSE pricing: 0.0058 USD per Hour

t2.micro   Free tier eligible
Family: t2   1 vCPU   1 GiB Memory   Current generation: true
On-Demand Linux pricing: 0.0116 USD per Hour   ✓
On-Demand SUSE pricing: 0.0116 USD per Hour
On-Demand Windows pricing: 0.0162 USD per Hour
On-Demand RHEL pricing: 0.0716 USD per Hour

t2.small
Family: t2   1 vCPU   2 GiB Memory   Current generation: true
On-Demand Linux pricing: 0.023 USD per Hour
On-Demand SUSE pricing: 0.053 USD per Hour
On-Demand Windows pricing: 0.032 USD per Hour
On-Demand RHEL pricing: 0.083 USD per Hour

為比較 Instance Type 的差異處，接下來開啟分頁前往 Compute – Amazon EC2 Instance Types – AWS。

https://aws.amazon.com/ec2 /instance-types/

會看到左方列有 Instance Type 的幾大類別：General Purpose 是為一般的使用目的（下圖 #1），Compute Optimized 是為運算而創建出來的（下圖 #2），Memory Optimized 是為了優化記憶體使用（下圖 #3），以及各種不同的類別都可以在這邊看到。

而我們將會根據接下來所需要的使用類別，挑選出適合的 Instance Type。

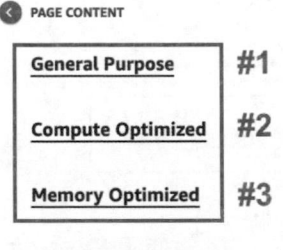

這次示範要使用的是 General Purpose（下圖 #1）之中的 T3 a（下圖 #2）。

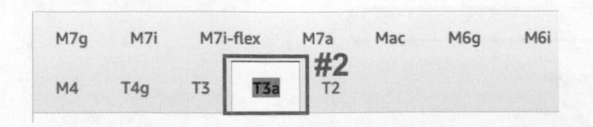

點進 General Purpose 的 T3 a 後，直接關鍵字搜尋 t3 a.micro（下圖 #1），就可以看到 t3 a.micro（下圖 #2）有 2 個 vCPU（下圖 #3）以及 1 GB 的 Memory（下圖 #4），而儲存類別只能使用 EBS 外接硬碟的方式（下圖 #5）。

之所以使用這個 Instance Type，是因為想要去優化 EC2 Instance 到 EBS Value 之間的網路溝通效能。

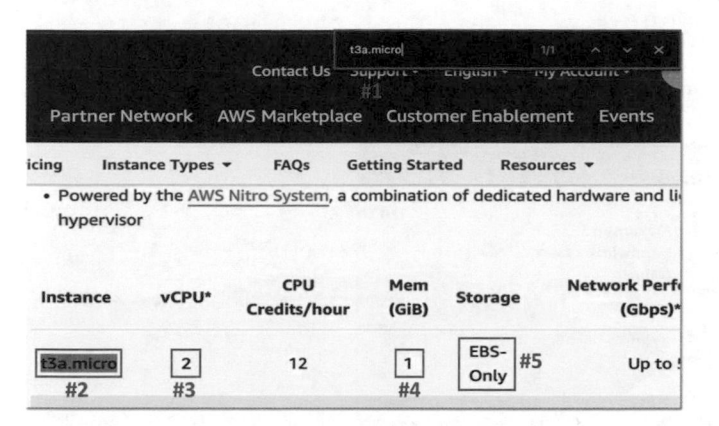

再開啟新分頁前往 Amazon EBS–optimized instances - Amazon Elastic Compute Cloud。

https://docs.aws.amazon.com/AWSEC2 /latest/UserGuide/ebs-optimized. html

往下看到 Topics，它列出的是能夠讓 EBS 優化的 Instance Type（下圖 #1），也就是說這五大類別的 EC2 Instance Type 都已經有 EBS 優化的結果。

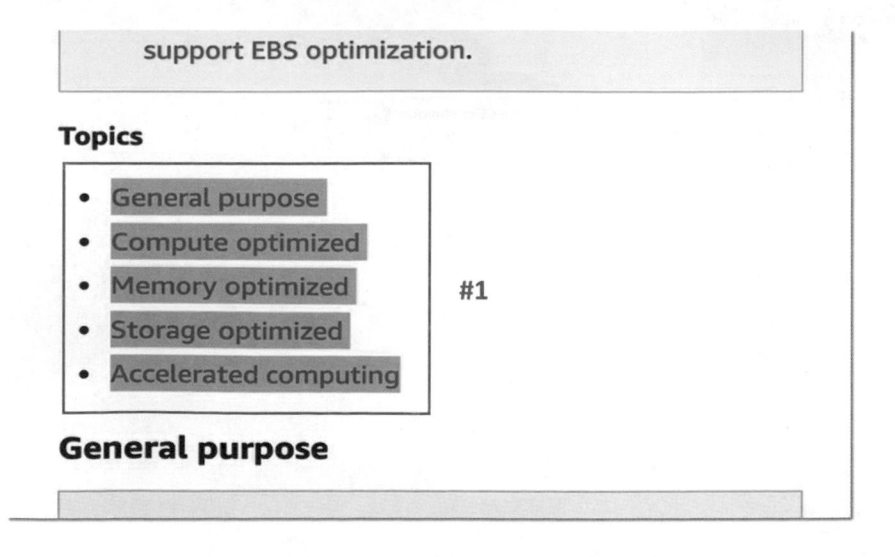

AWS

作者

基礎

VPC
網路

EC2
運算

S3
檔案

RDS
資料庫

IAM
權限

結語

接下來直接用關鍵字搜尋剛才想選的 t3 a.micro Instance Type，就會看到 t3 a. micro (下圖紅框處) 也是能夠讓 EBS 優化的 Instance Type 其中之一。

簡單來說，只要使用這邊列出的任一 Instance Type，EBS 連線就會更有效率。

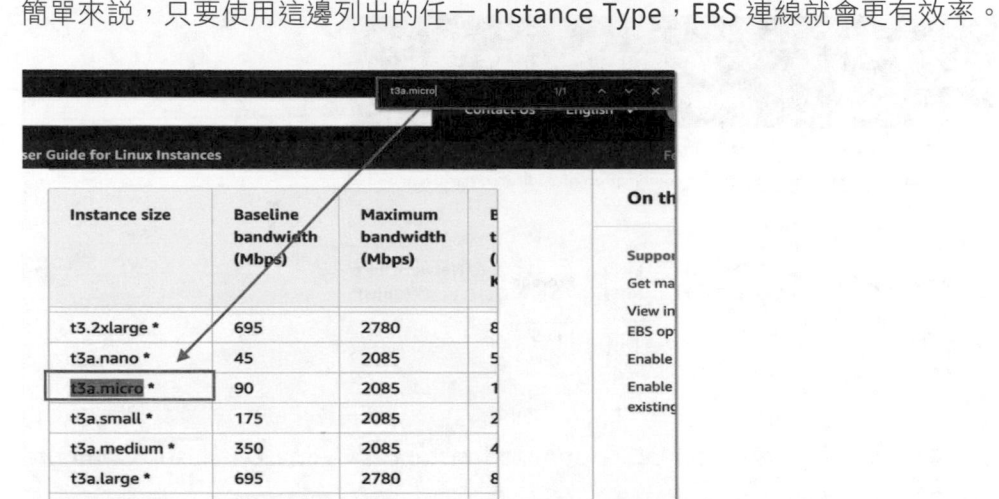

瞭解過能夠讓 EBS 優化的 Instance Type 的差別後，回到 EC2 建立設定介面中的 Instance type 部分，直接在 Instance type 欄位輸入搜尋 t3 a.micro，點擊選擇使用 (下圖紅框處)，即可完成目標讓 EBS 優化的 Instance Type 設定。

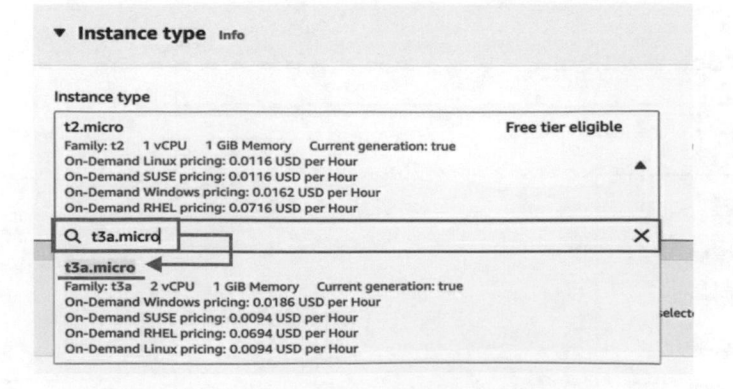

AWS

作者

基礎

VPC
網路

EC2
運算

S3
檔案

RDS
資料庫

IAM
權限

結語

EC2 Instance 的 Key Pair 設定

由於新版的 AWS Console 介面提供透過 Console 介面的方式連進去，所以也就不需要 Key Pair，這次我們選擇 Processed without a key pair (Not recommended) (下圖紅框處) 即可。

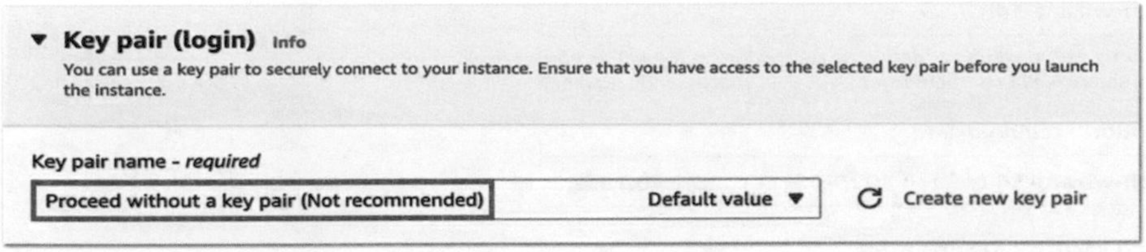

▼ **Key pair (login)** Info
You can use a key pair to securely connect to your instance. Ensure that you have access to the selected key pair before you launch the instance.

Key pair name - *required*

| Proceed without a key pair (Not recommended) | Default value ▼ | ↻ Create new key pair |

EC2 Instance 的 Network Settings

透過 Edit (下圖紅框處) 進入 Network settings 的編輯模式。

▼ **Network settings** Info _____ Edit

VPC 改成先前所創建的 VPC (下圖 #1)，而 Subnet 選擇 Public Subnets 其中一個，並且特別記下他的 AZ 位置，比如說此處的 2 a (下圖 #2)，Auto-assign public 設為 Enable (下圖 #3)，讓它拿到一個 IP Address，這樣才能透過 Console 介面的方式連進去。

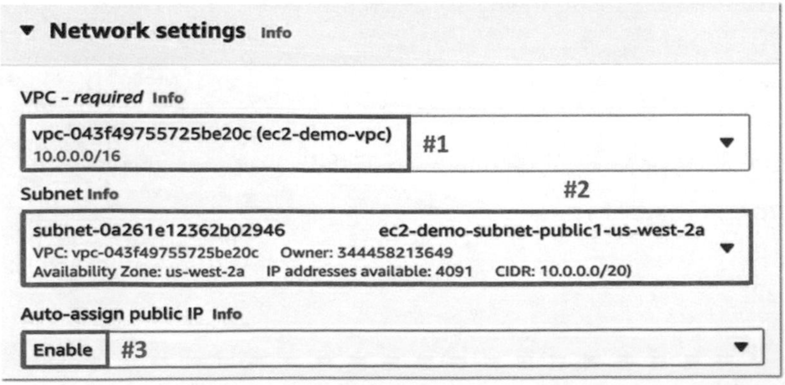

▼ **Network settings** Info

VPC - *required* Info

| vpc-043f49755725be20c (ec2-demo-vpc)
10.0.0.0/16 | #1 | ▼ |

Subnet Info   #2

| subnet-0a261e12362b02946   ec2-demo-subnet-public1-us-west-2a
VPC: vpc-043f49755725be20c   Owner: 344458213649
Availability Zone: us-west-2a   IP addresses available: 4091   CIDR: 10.0.0.0/20 | ▼ |

Auto-assign public IP Info

| Enable | #3 | ▼ |

Firewall (security groups) 則維持預設 Create security group (下圖 #1)，擁有以 ssh (下圖 #2) 的方式連進去的權限即可。

EC2 Instance 的 Configure storage

往下看到 Configure storage 右方點開 Advanced 進階設定 (下圖紅框)。

Configure storage 點開進階設定後，展開下方 EBS Volumes 的 Volume 1 (AMI Root) (Custom) (下圖 #1)。

AWS

作者

基礎

VPC
網路

EC2
運算

S3
檔案

RDS
資料庫

IAM
權限

結語

此項 Volume 是預設給的開機硬碟，我們的種類之所以是 EBS（下圖 #2），是因為先前 Instance Type 選擇了只能用 EBS 當作開機硬碟的關係，Size (GiB) 維持預設 8 G（下圖 #3）即可。

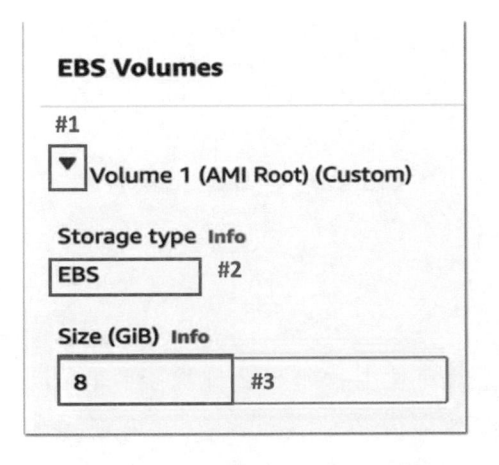

Volume type 選擇 General purpose SSD (gp3)（下圖 #1）一般目的或者更高效能的 io 系列 Provisioned IOPS SSD (io1)（下圖 #2）等，都適合當作開機硬碟的部分，而這次示範我們選擇的是 gp3（下圖 #1）。

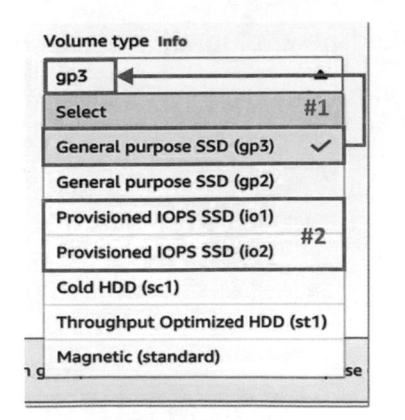

IOPS 有基本的轉換數值：每一 GB 的 Size 空間乘以 500 就是它最高的 IOPS 數量，也就是它處理 IO 的效率。

IOPS 預設為 3000（下圖 #1），而把 8 GB 乘以 500（下圖 #2）會發現最高上限效能是可以調到 4000 的（下圖 #3）。

假設往上加 1（下圖 #4）變成 4001，就會看到下方出現錯誤訊息表示這是不可行的，所以我們 IOPS 設為 4000 即可（下圖 #3）。

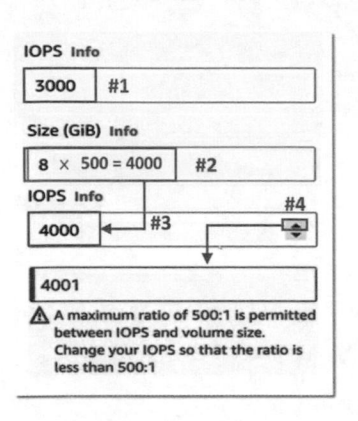

下一個欄位 Delete on termination 的設定是在使用者把 EC2 刪除後，是否同時也刪除 EBS Volume，由於通常開機硬碟會選擇 Yes 讓 EBS Volume 跟著刪除，所以 Delete on termination 設為 Yes（下圖紅框）。

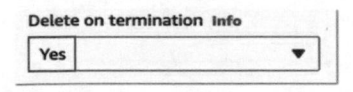

設定完 Delete on termination 後，再透過下方 Add new volume（下圖紅框）來新增另一個 EBS Volume。

Add new volume

點擊 Add new volume 新增了一個 EBS Volume 後，直接看到下方 Size (GiB) 跟 IOPS 的設定。

8 GB 最多可拿到 4000 的 IOPS（下圖 #1），這次則想要設為 3 倍的量，以 24 GB 的空間配上最高 12000 的 IOPS（下圖 #2），如上一個 EBS Volume 的演示，若往上加 1 為 12001 就會出現超限的警告訊息（下圖 #3）。

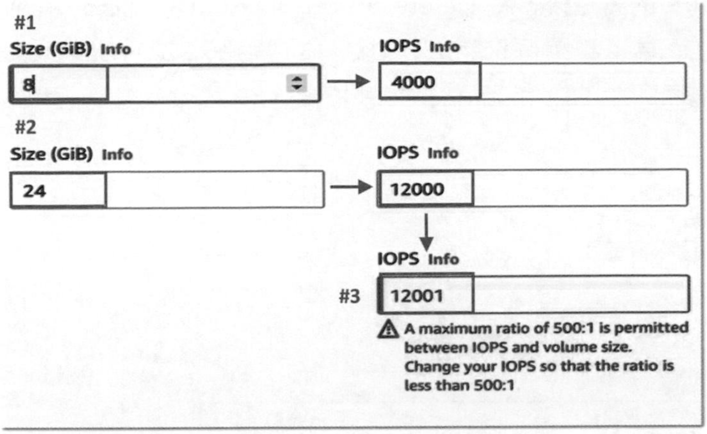

AWS

作者

基礎

VPC
網路

EC2
運算

S3
檔案

RDS
資料庫

IAM
權限

結語

#1

Size (GiB) Info

8

IOPS Info

4000

#2

Size (GiB) Info

24

IOPS Info

12000

IOPS Info

#3   12001

⚠ A maximum ratio of 500:1 is permitted between IOPS and volume size. Change your IOPS so that the ratio is less than 500:1

這邊還有一個有趣的現象，Size 與 IOPS 是 1:500 的量，但實際上它也不會讓使用者衝到底。

之前曾經說過一個 EBS Volume 最多可以拿到 16 TB 的數量，也就是說 16 TB 乘以 1024 轉換成 16384 GB（下圖 #1），再乘上 500 會是一個非常可觀的數字，但事實上這邊的 IOPS 最大上限僅能到達 16000（下圖 #2），如果往上再加 1 為 16001（下圖 #3），就會出現超過 IOPS 最大限制的警語，所以最多只能維持到 16000。

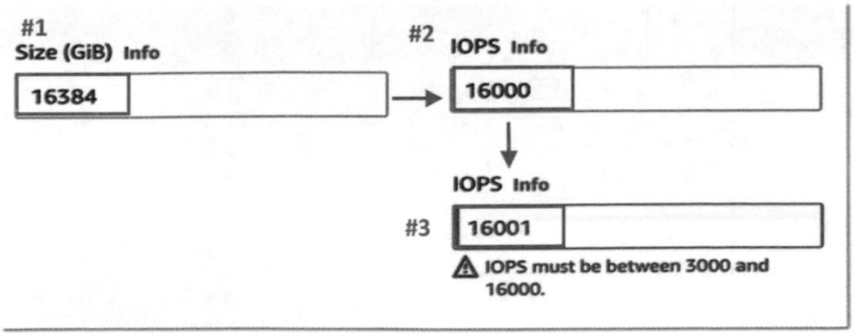

#1
Size (GiB) Info

16384

#2   IOPS Info

16000

IOPS Info

#3   16001

⚠ IOPS must be between 3000 and 16000.

不過這次示範之中，不需要用到那麼多，把 Size (GiB) 設為 24（下圖 #1），IOPS 設為 12000（下圖 #2）即可。

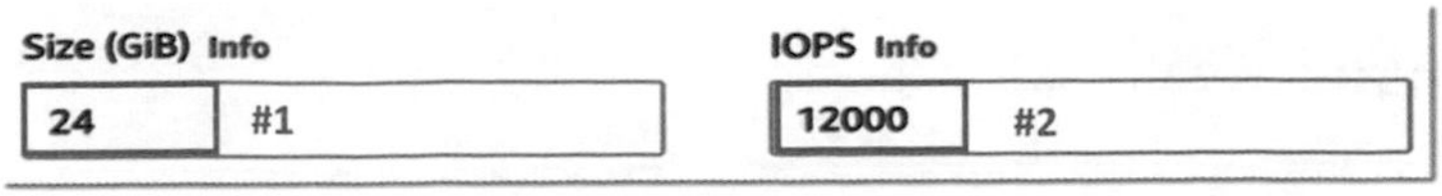

Size (GiB) Info

24   #1

IOPS Info

12000   #2

完成 Size (GiB) 跟 IOPS 的設定後，將 Delete on termination 特別設定為 No（下圖紅框處），目的是為了讓這個儲存資源的生命週期跟 EC2 Instance 是隔開的，簡單來說，即是在 EC2 Instance 被刪掉後，依然保存這一個 EBS Volume。

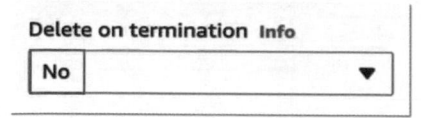

EC2 Instance 的 Summary 設定

都設定完成後，看向右邊 Summary 區塊，Number of instances 設定的是要啟動幾個同下設定的 Instances，在示範中啟動 1 個（下圖 #1）即可，再次確認設定正確後（下圖 #2），按下 Launch instance（下圖 #3）建立 Instance。

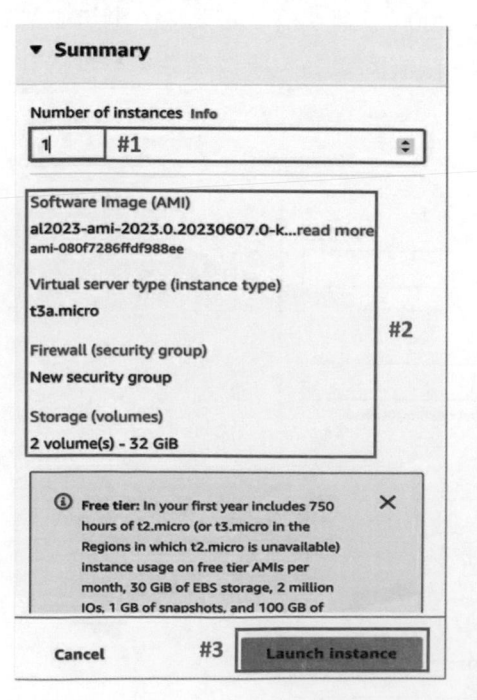

AWS

作者

基礎

VPC
網路

EC2
運算

S3
檔案

RDS
資料庫

IAM
權限

結語

以瀏覽器連結 EC2 Instance

成功建立後，點擊上方 Instances 連結 (下圖紅框處) 回到 Instances 介面。

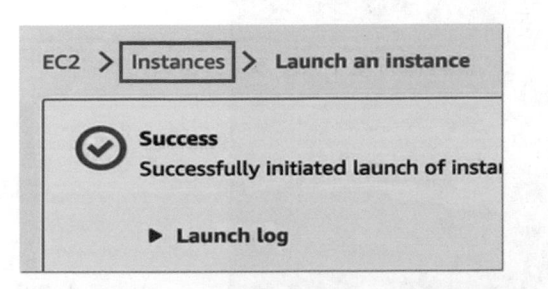

進到 Instances 頁面，稍等一下，即會看到 Instance state 變成 Running 狀態 (下圖 #1)，代表這台 EC2 Instance 已經建立完成並成功運作，就可以勾選 EC2 Instance 後 (下圖 #2)，再點擊上方的 Connect (下圖 #3) 進到 Connect 頁面來進行連結動作。

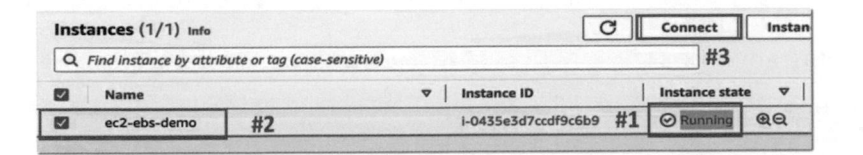

進到 Connect to instance 頁面後，下方 Tab 選擇 EC2 Instance Connect (下圖 #1) 後按下 Connect (下圖 #2)。

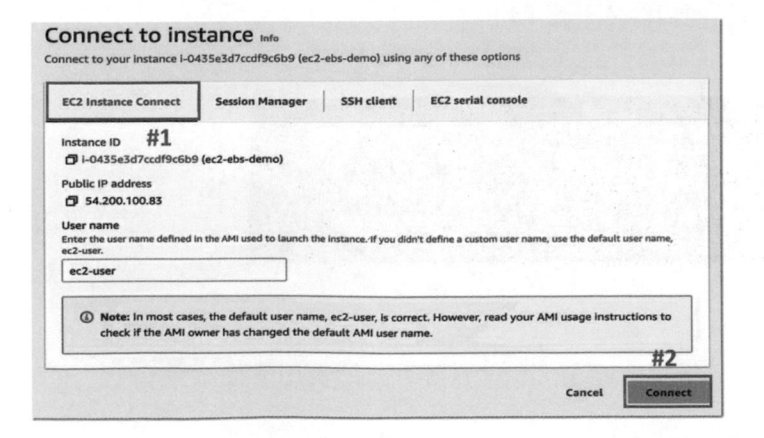

透過 Connect to instance 連結，會自動切換到新分頁 EC2 Instance Connect (下圖 #1)，即可看到連結 EC2 Instance 成功的訊息 (下圖 #2)。

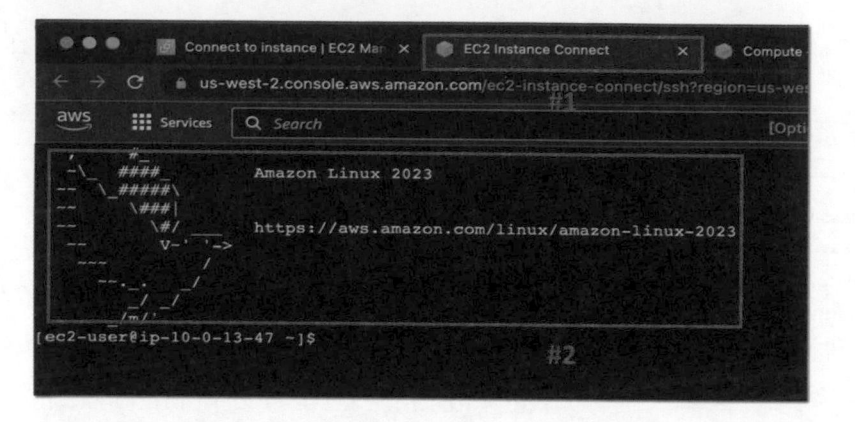

關於 EC2 Instance 的 EBS Volume 設定

成功進到 EC2 Instance 裡面後，可以透過指令「lsblk -p」(下圖 #1) 看這台 EC2 Instance 有哪一些外接的 EBS Volume，執行後就會看到有 2 個 EBS Volume。

第一個是我們的 8 GB 開機硬體 (下圖 #2)，第二個是另外新增的 24 G EBS Volume (下圖 #3)，但會發現 24 G EBS Volume 的 MOUNTPOINTS 是空的，也就是還未 Mount 到任何目錄 (下圖 #4)。

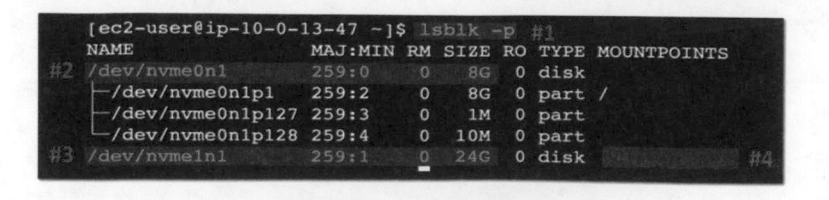

換句話說，目前 Linux 作業系統還無法使用這個空間，但在進行 Mount 之前，要先確保 EBS Volume 已經符合當前 Linux 作業系統所使用的檔案格式。

AWS

作者

基礎

VPC
網路

EC2
運算

S3
檔案

RDS
資料庫

IAM
權限

結語

輸入指令執行「sudo file -s /dev/nvme1 n1」，/dev/nvme1 n1 為此處的 24 G
EBS Volume 名稱 (下圖 #1)，會顯示出 EBS Volume 的檔案格式是為 data (下
圖 #2)，就代表這個儲存空間還沒有進行檔案格式化，所以必須把它格式化成
跟目前 Linux 作業系統相符合的檔案格式才可以使用。

```
                              #1
[ec2-user@ip-10-0-13-47 ~]$ sudo file -s /dev/nvme1n1
/dev/nvme1n1: data  #2
```

EBS Volume 檔案格式化

為了做到 EBS Volume 檔案格式化的目的，輸入指令執行「sudo mkfs -t xfs /
dev/nvme1 n1」，/dev/nvme1 n1 為 24 G EBS Volume 名稱 (下圖紅框處)，
xfs 是目標的檔案格式。

```
[ec2-user@ip-10-0-13-47 ~]$ sudo mkfs -t xfs /dev/nvme1n1
meta-data=/dev/nvme1n1           isize=512    agcount=16, agsize=393216 blks
         =                       sectsz=512   attr=2, projid32bit=1
         =                       crc=1        finobt=1, sparse=1, rmapbt=0
         =                       reflink=1    bigtime=1 inobtcount=1
data     =                       bsize=4096   blocks=6291456, imaxpct=25
         =                       sunit=1      swidth=1 blks
naming   =version 2              bsize=4096   ascii-ci=0, ftype=1
log      =internal log           bsize=4096   blocks=16384, version=2
         =                       sectsz=512   sunit=1 blks, lazy-count=1
realtime =none                   extsz=4096   blocks=0, rtextents=0
```

執行 EBS Volume 檔案格式化為 XFS 後，輸入指令執行「sudo file -s /dev/
nvme1 n1」，/dev/nvme1 n1 為 24 G EBS Volume 名稱 (下圖 #1)，檢視檔案
格式化後的變化，就會看到從 data 變成 XFS filesystem data (下圖 #2)，這樣
就代表 EBS Volume 檔案格式化成功了。

```
[ec2-user@ip-10-0-13-47 ~]$ sudo file -s /dev/nvme1n1  #1
/dev/nvme1n1: SGI XFS filesystem data (blksz 4096, inosz 512, v2 dirs)
                                                              #2
```

EBS Volume Mount Point 設定

EBS Volume 檔案格式化確認成功後，即可進行創建新目錄並且把它 Mount 到 EBS Volume 之中。

於是這邊輸入「mkdir my_data」（下圖 #1），my_data 為資料夾名稱，透過 ls 指令檢視當前目錄底下（下圖 #2），確認新目錄是否新增成功（下圖 #3）。

```
[ec2-user@ip-10-0-13-47 ~]$ mkdir my_data   #1
[ec2-user@ip-10-0-13-47 ~]$ ls   #2
my_data   #3
```

目錄建立成功後，輸入指令執行「sudo mount { EBS Volume 名稱 } { 目標目錄名稱 }」，此處執行「sudo mount /dev/nvme1 n1 my_data」（下圖 #1），把 EBS Volume 給 Mount 到目標目錄。

Mount 完畢後，透過「lsblk -p」檢視（下圖 #2），就會看到 24 G EBS Volume 的 MOUNTPOINTS 出現了剛才指定的目錄（下圖 #3）。

透過這個方式，以後此目錄底下的檔案新增或刪減就會被儲存到這個 EBS Volume 之中。

```
[ec2-user@ip-10-0-13-47 ~]$ sudo mount /dev/nvme1n1 my_data   #1
[ec2-user@ip-10-0-13-47 ~]$ lsblk -p   #2
NAME                MAJ:MIN RM  SIZE RO TYPE MOUNTPOINTS
/dev/nvme0n1        259:0    0    8G  0 disk
├─/dev/nvme0n1p1    259:2    0    8G  0 part /
├─/dev/nvme0n1p127  259:3    0    1M  0 part
└─/dev/nvme0n1p128  259:4    0   10M  0 part                    #3
/dev/nvme1n1        259:1    0   24G  0 disk /home/ec2-user/my_data
```

AWS

作者

基礎

VPC
網路

EC2
運算

S3
檔案

RDS
資料庫

IAM
權限

結語

關於 EBS Volume 使用量測試

EBS Volume Mount 完畢後，利用指令「df -h」（下圖 #1）檢視 EBS Volume
儲存空間的使用量，會看到剛剛所指定 Mount 的目錄之中有 24 GB 可以使用（
下圖 #2），而目前其中只使用了 1 %（下圖 #3）而已。

```
[ec2-user@ip-10-0-13-47 ~]$ df -h    #1
Filesystem         Size  Used Avail Use% Mounted on
devtmpfs           4.0M     0  4.0M   0% /dev
tmpfs              455M     0  455M   0% /dev/shm
tmpfs              182M  404K  182M   1% /run
/dev/nvme0n1p1     8.0G  1.5G  6.5G  19% /
tmpfs              455M     0  455M   0% /tmp
tmpfs               91M     0   91M   0% /run/user/1000
/dev/nvme1n1        24G  204M   24G   1% /home/ec2-user/my_data
                                  #2    #3
```

現在來新增一些大的檔案，看一下 EBS Volume 使用量的變化。

先執行「cd my_data」進去 Mount Point 資料夾（下圖 #1），再輸入指令執行
「sudo fallocate -l 1 G fake_file」，fake_file 為模擬檔案的名稱，這邊創造一
個 1 GB 的模擬檔案（下圖 #2）。

再藉由「ls -lh」（下圖 #3）確認剛剛所創建的模擬檔案大小的確是 1 GB（下圖
#4）。

```
[ec2-user@ip-10-0-13-47 ~]$ cd my_data/    #1
[ec2-user@ip-10-0-13-47 my_data]$ sudo fallocate -l 1G fake_file
[ec2-user@ip-10-0-13-47 my_data]$ ls -lh    #3            #2
total 1.0G  #4
-rw-r--r--. 1 root root 1.0G Jun 11 02:41 fake_file
```

之後透過「df -h」檢視（下圖 #1），就會看到可使用量從原本的 24 GB 被使用
到剩 23 GB（下圖 #2），並且使用了 24 GB 中的 6 % 儲存空間。

```
[ec2-user@ip-10-0-13-47 my_data]$ df -h  #1
Filesystem         Size  Used Avail Use% Mounted on
devtmpfs           4.0M     0  4.0M   0% /dev
tmpfs              455M     0  455M   0% /dev/shm
tmpfs              182M  404K  182M   1% /run
/dev/nvme0n1p1     8.0G  1.5G  6.5G  19% /
tmpfs              455M     0  455M   0% /tmp
tmpfs               91M     0   91M   0% /run/user/1000
/dev/nvme1n1        24G  1.2G   23G   6% /home/ec2-user/my_data
                                      #2
```

小結

　　到這邊也就完整展示如何設置一台 EC2 Instance 附有多個 EBS Volume 的方式，特別是去新增一個在開機硬碟之外的，比如説本次示範中的 24GB EBS Volume。

　　也就是透過額外新增 EBS Volume 來增加 EC2 instance 的儲存空間，下個單元將繼續看到 EC2 Instance 跟 EBS Volume 彼此的生命週期是如何隔開的，也就是去看到 EBS Volume 是如何有強大的保存資料的能力，那本單元就先到這邊結束。

AWS

作者

基礎

VPC
網路

EC2
運算

S3
檔案

RDS
資料庫

IAM
權限

結語

實作示範

EC2 儲存資源 EBS Volume 建立與使用 part 2

本單元將進行更進階的 EBS Volume Demo 部分，展示 EBS Volume 是如何幫助有效的長期保存檔案。

首先，要進行的是把 EC2 Instance 先給 Stop 關掉，再透過 Start 把它重新啟動起來（下圖紅框處），看一下這個過程中，EBS Volume 是不是真的有效的幫忙保存檔案。

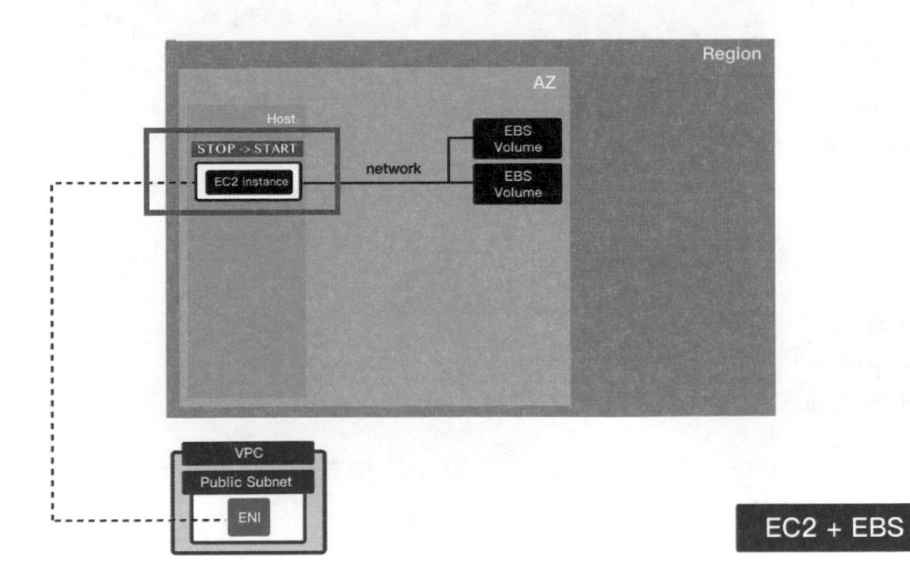

Stop EC2 Instance

進到 Console 介面，上方搜尋「ec2」（下圖 #1），點擊下方連結 EC2（下圖 #2）進入。

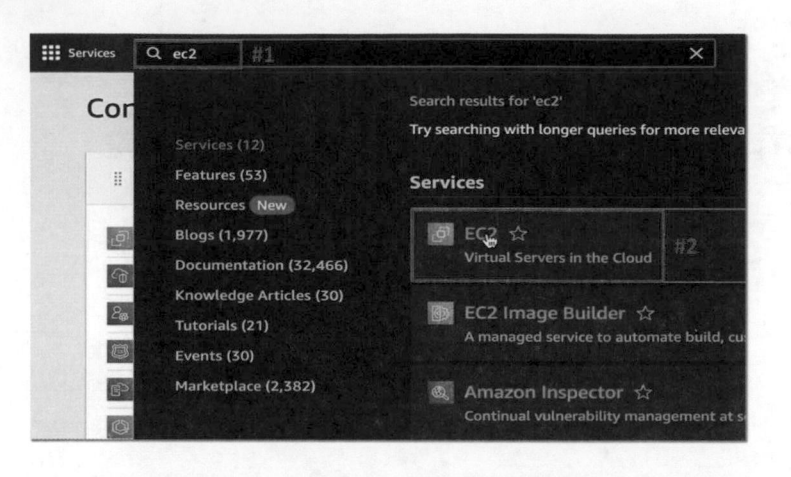

藉由左列 Instances 進到 Instances 管理頁面，可以看到前一單元所建的 EC2 Instance，如下圖紅框處。

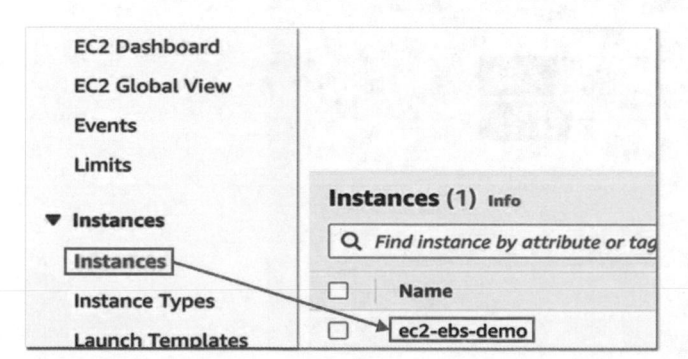

左列下拉到 Elastic Block Store 子項目的 Volume，也就是 EBS Volume 連結點進管理頁面，如下圖紅框處。

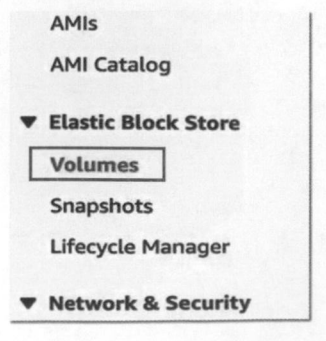

AWS

作者

基礎

VPC
網路

EC2
運算

S3
檔案

RDS
資料庫

IAM
權限

結語

看到 EBS Volumes 管理介面，可以看到使用了兩個 EBS Volume，一個是 8 G 的開機硬碟（下圖 #1），另一個是前單元手動加上去的 24 GB 的額外 EBS Volume（下圖 #2）。

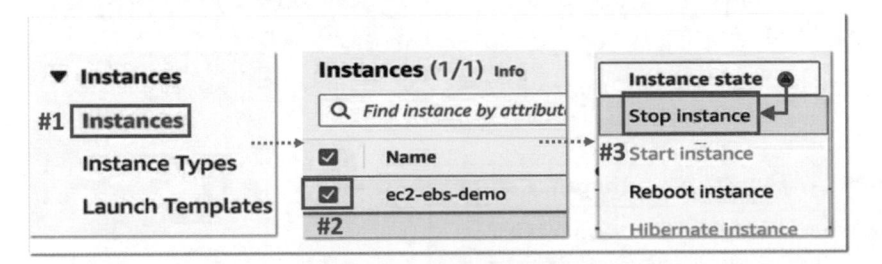

確認前單元建立的 EC2 Instance 與 2 個 EBS Volume 都存在後，左列上拉點擊連結 Instance 進入（下圖 #1），勾選要 Stop 關閉的 EC2 Instance（下圖 #2），再點開右上方的 Instance state 選單，按下 Stop instance（下圖 #3）。

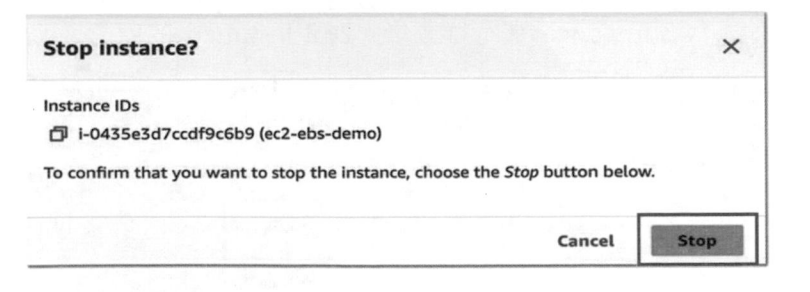

出現 Stop instance 確認面板後，直接按下 Stop 進行關閉 Instance 的動作，如下圖紅框處。

透過 Stop instance 進行 EC2 Instance 的關閉動作後，EC2 Instance 就會開始進行關閉變成狀態 Stopping（下圖 #1），大概過了 2 分鐘之後（下圖 #2），狀態就會跳成 Stopped 完成關閉（下圖 #3）。

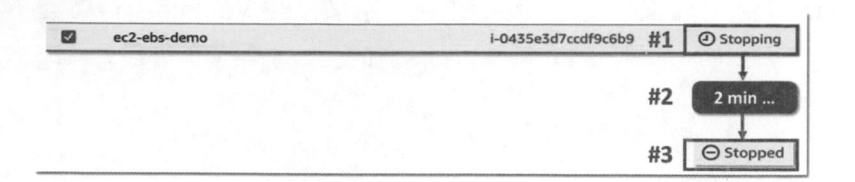

Start EC2 Instance

確認 EC2 Instance 關閉後，再勾選同一台 EC2 Instance（下圖 #1），展開右上方 Instance state，再點擊 Start instance 重新啟動它一次（下圖 #2）。

這邊特別注意的是，當一台 EC2 Instance Stop 在 Start 之後，底下原本所使用的虛擬機可能已經完全不同了，因為 EC2 Instance 並沒有保證會使用同一台的虛擬機，也就是底下所使用的 Private IP Address 也可能會因此更動。

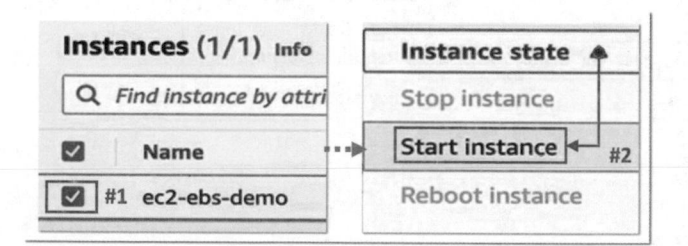

利用 Start instance 對 EC2 Instance 進行啟動後，EC2 Instance 的狀態就會變成 Pending 啟動中（下圖 #1），大概過了 1 分鐘後（下圖 #2），就會成功 Running 跑起來（下圖 #3）。

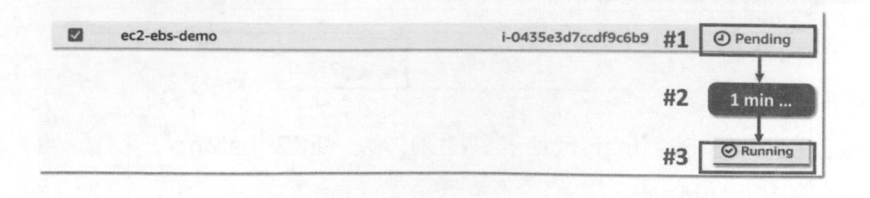

AWS

作者

基礎

VPC
網路

EC2
運算

S3
檔案

RDS
資料庫

IAM
權限

結語

連結重啟後的 EC2 Instance

EC2 Instance 重新跑起來後，就可以點擊上方的 Connect（下圖 #1），進入 Connect 設定頁面後（下圖 #2），直接按右下方 Connect 連結，就會跳出連結成功的面板（下圖 #3）。

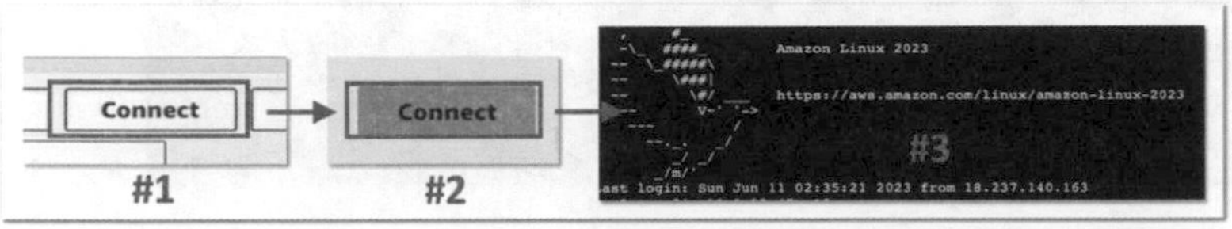

成功與 EC2 Instance 連接後，輸入指令執行「lsblk -p」（下圖 #1）檢視目前 EBS Volume 的使用狀況，可以看到一台是開機硬碟（下圖 #2），另外一台是 24 GB 額外的 EBS Volume（下圖 #3），目前一樣沒有任何 Mount Point（下圖 #4）。

接下來要進行同前單元相關的步驟建起來，而這次的目的是要看該 EBS Volume 是不是還有之前所創建的 1 GB Fake File。

首先，輸入指令「ls」檢視當前目錄（下圖 #1），就會看到前單元所創建的目錄（下圖 #2），再利用「ls my_data」檢視此目錄（下圖 #3），會發現是空的（下圖 #4），沒有前單元建立的 Fake File，這是因為目前還未替 24 GB 的 EBS Volume Mount 一個 Mount Point 的關係。

再來輸入指令「sudo mount { EBS Volume 名稱 } { 目錄名稱 }」，這邊執行「sudo mount /dev/nvme1 n1 my_data/」（下圖 #1）為 EBS Volume Mount 一個目錄，再打上「lsblk -p」確認（下圖 #2），就可以看到 EBS Volume 有成功 Mount 到本地的目錄底下（下圖 #3），那麼接下來我們就可以開始使用它。

```
[ec2-user@ip-10-0-13-47 ~]$ sudo mount /dev/nvme1n1 my_data/  #1
[ec2-user@ip-10-0-13-47 ~]$ lsblk -p  #2
NAME                MAJ:MIN RM SIZE RO TYPE MOUNTPOINTS
/dev/nvme1n1        259:0    0  24G  0 disk /home/ec2-user/my_data  #3
/dev/nvme0n1        259:1    0   8G  0 disk
├─/dev/nvme0n1p1    259:2    0   8G  0 part /
├─/dev/nvme0n1p127  259:3    0   1M  0 part
└─/dev/nvme0n1p128  259:4    0  10M  0 part
```

第一個要驗證的方式是打上「ls my_data」（下圖 #1），即可看到 之前創建的 Fake File 存在（下圖 #2），代表 EBS Volume 有成功的保存這個檔案。

```
[ec2-user@ip-10-0-13-47 ~]$ ls my_data/  #1
fake_file  #2
```

第二個驗證的方式是輸入「ls -lh my_data」（下圖 #1），就會看到的確是前單元所創建的 1 GB Fake File（下圖 #2）。

透過以上驗證就成功展示當關掉再重啟一台 EC2 Instance 的時候，EBS Volume 所儲存的檔案都仍然會保留著。

```
[ec2-user@ip-10-0-13-47 ~]$ ls -lh my_data/  #1
total 1.0G
-rw-r--r--. 1 root root 1.0G Jun 11 02:41 fake_file  #2
```

Terminate EC2 Instance

接下來再進行一個更徹底的測驗，不僅是單純的關掉 EC2 Instance，而是 Terminate 刪除整個 EC2 Instance（下圖 #1），同時也刪除 EC2 Instance 開機硬碟所使用的 EBS Volume（下圖 #2），而保留手動建立的 24 GB EBS Volume（下圖 #3），透過這個方式把檔案保存在這裡。

AWS

作者

基礎

VPC
網路

EC2
運算

S3
檔案

RDS
資料庫

IAM
權限

結語

下一步則是創建一台全新的 EC2 Instance（下圖 #4），自然而然會有一台屬於自己的開機硬碟的 EBS Volume（下圖 #5），而特別要做的是把之前所建立的 24 GB EBS Volume 給 Attach 到新的 EC2 Instance 上面讓它使用（下圖 #6），透過這個方式，新 EC2 Instance 就能拿到之前建立的所有檔案。

回到 EC2 介面，透過左上方 Instances 連結回到 Instances 管理頁面，如下圖紅框處。

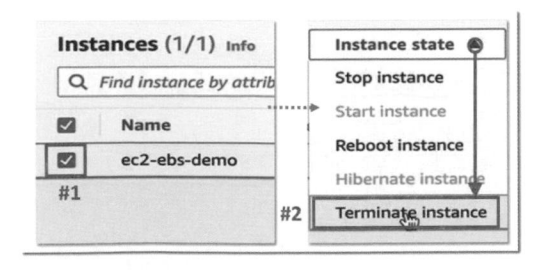

回到 EC2 Instances 管理介面後，勾選 EC2 Instance（下圖 #1），展開 Instance state，點擊 Terminate instance 進行刪除 Instance（下圖 #2）。

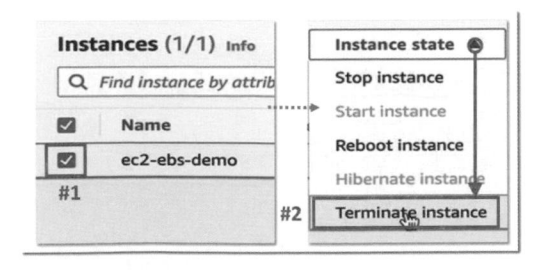

跳 出 Terminate instance 確 認 面 板 後，按 下 Terminate 確 定 刪 除 EC2 Instance，如下圖紅框處。

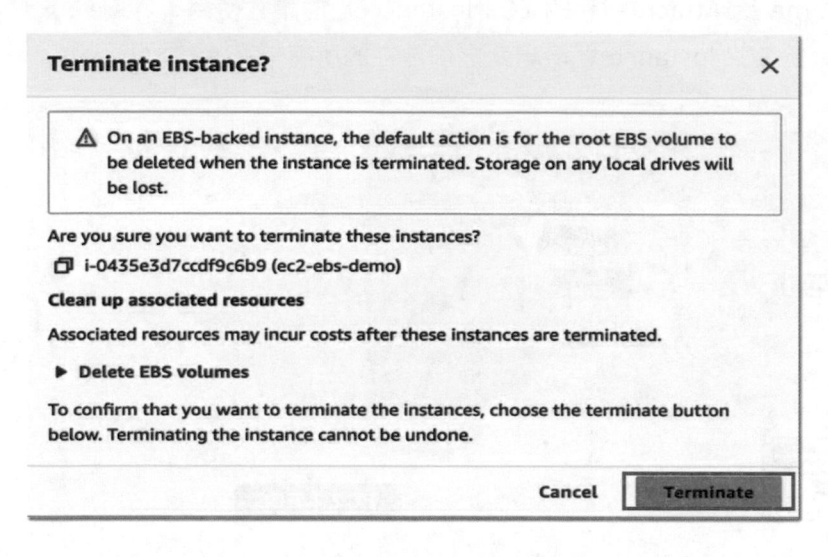

進行 Terminate 後，EC2 Instance 的狀態會從 Shutting-down（下圖 #1），經過大概 1 分鐘（下圖 #2），再變成 Terminated 刪除完成（下圖 #3）。

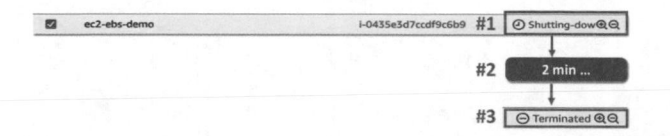

左列下拉到 Elastic Block Store，點進 Volumes 頁面，如下圖紅框處。

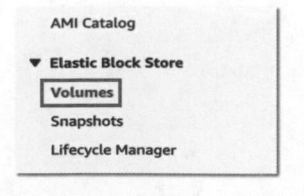

進到 Volumes 管理介面之後，可以看到有 2 個 EBS Volumes（下圖 #1），但重新整理後（下圖 #2），會發現剩下一個 24 GB 的 EBS Volume（下圖 #3）。之所以它會保留著，是因為先前已設定當 EC2 Instance 被刪除掉的時候，仍然要保留此 EBS Volume。

AWS

作者

基礎

VPC
網路

EC2
運算

S3
檔案

RDS
資料庫

IAM
權限

結語

	Name	#1	▽	Volume ID	▽	Type	▽	Size	▽	IOPS	▽	Throughp
☑	-			vol-0bd59c8b47f52d99a		gp3		24 GiB		12000		125
☐	-			vol-00c029d7f05d03051		gp3		8 GiB		4000		125

Volumes (1) Info #2 🔄

Q Search

☐	Name	#3	▽	Volume ID	▽	Type	▽	Size	▽	IOPS	▽	Throughp
☐	-			vol-0bd59c8b47f52d99a		gp3		24 GiB		12000		125

新的 EC2 Instance 與被保存下來的 EBS Volume

左列目錄上拉到 Instances，點擊進入 Instances（下圖 #1）管理介面，再按下
右上角 Launch instances（下圖 #2) 創建新的 Instance。

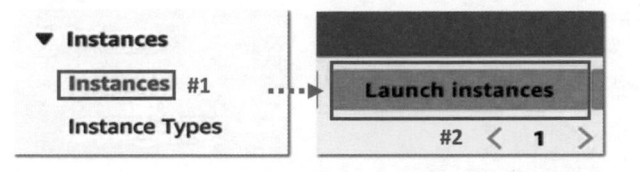

進到 Launch an instance 設定頁面，在 Name and tags 的 Name 欄位中輸入
新的 EC2 Instance 自訂名稱 ec2 -ebs-reuse-demo，如下圖紅框處。

Application and OS Images (Amazon Machine Image) 這次快速選擇 Amazon
Linux（下圖 #1），Architecture CPU 規格選擇 64 -bit (x86) 即可（下圖 #2）。

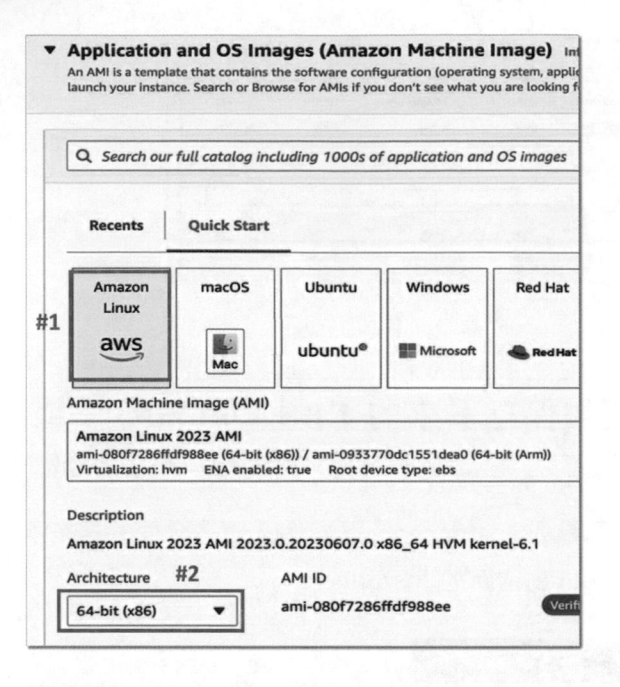

Instance Type 選擇同前單元的 t3 a.micro，如下圖紅框處。

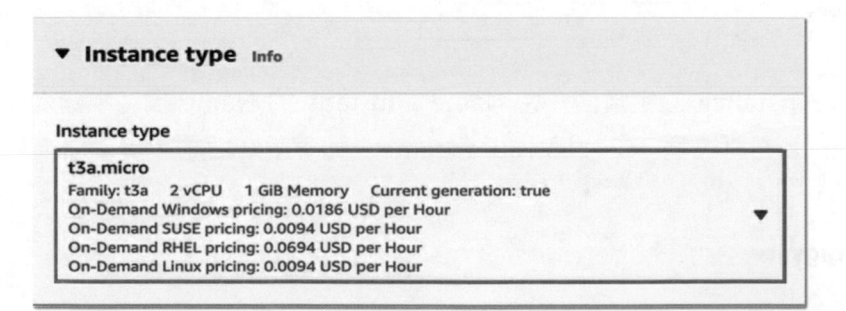

不需要使用 Key Pair，所以選擇 Proceed without a key pair (Not recommended)，如下圖紅框處。

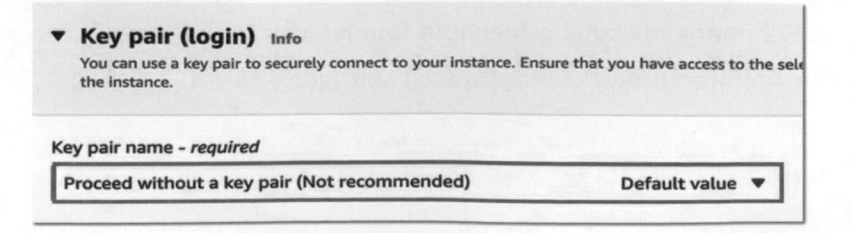

Network settings 網路設定透過 Edit 進入編輯模式，如下圖紅框處。

AWS

作者

基礎

VPC
網路

EC2
運算

S3
檔案

RDS
資料庫

IAM
權限

結語

▼ Network settings Info   Edit

進到 Network settings 編輯模式後，選擇先前創建的 VPC（下圖 #1），Subnet
則選擇 AZ 為 2 a 的 Public Subnet，因為我們之前所創建的 EBS Volume 也是
在 2 a 的 AZ 之中，兩者需一致（下圖 #2），Auto-assign public IP 設為 Enable
（下圖 #3），下方 Security Group、Configure storage 相關設定維持預設略過
即可。

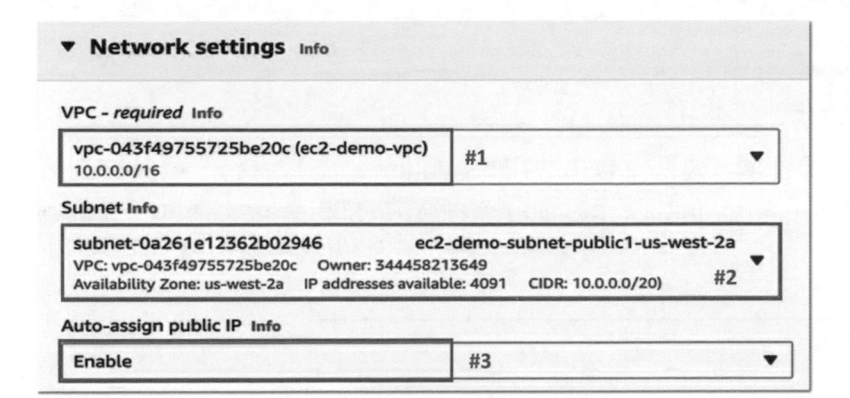

確認設定無誤後（下圖 #1），按下 Launch Instance（下圖 #2）讓 Instance 依照
上列設定進行創建。

Cancel   #1   **Launch instance**

出現成功訊息後（下圖 #1），透過上方 Instances（下圖 #2）回到 Instances 管
理介面。

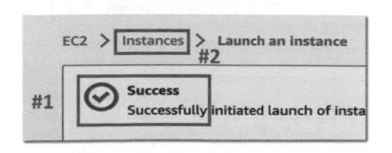

回到 Instances 介面後稍等約三分鐘，就會看到新的 EC2 Instance 變成 Running 運作狀態，如下圖紅框處。

新的 EC2 Instance 成功建立運作後，透過左列下拉到 Elastic Block Store，再點進 Volumes 管理介面，如下圖紅框處。

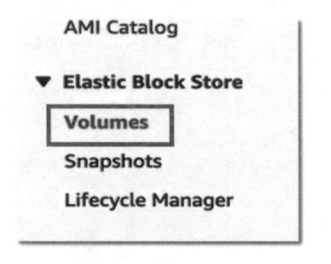

進到 Volumes 頁面後，勾選 24 GB 的 EBS Volume（下圖 #1），展開右上方 Actions，按下 Attach volume（下圖 #2）進行 Attach 到新 EC2 Instance 的動作。

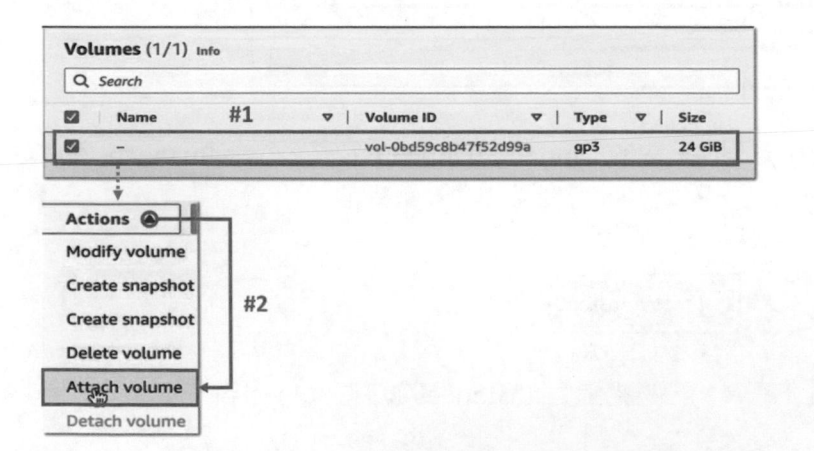

進到 Attach volume 設定頁面後，選擇剛新創建的 EC2 Instance（下圖 #1），其他設定維持預設即可，最後按下點擊 Attach volume（下圖 #2）對新建立的 EC2 Instance 進行 Attach 的動作。

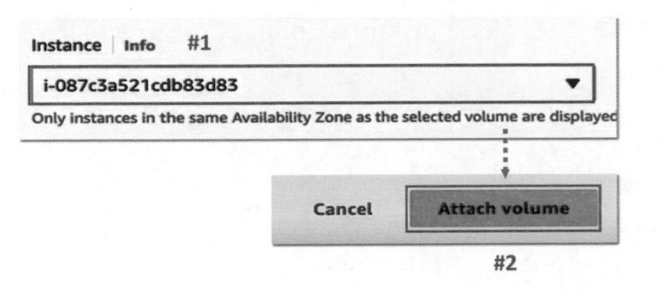

把 24 G EBS Volume Attach 到新的 EC2 Instance 成功後，就可以看到目前有 2 台 EBS Volume 了，如下圖紅框處。

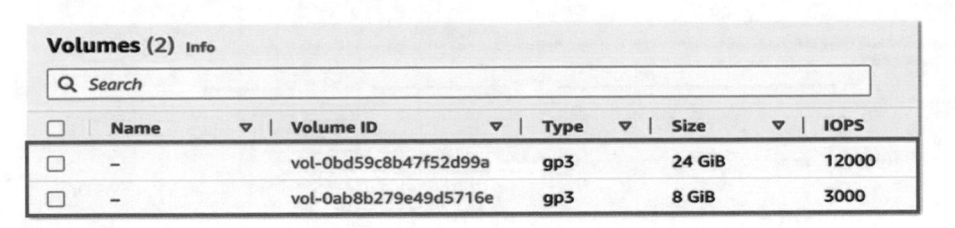

新的 EC2 Instance 成功得到 24 G EBS Volume 後，透過左列上滑到 Instances 連結，點擊切換到 Instances 管理介面，如下圖紅框處。

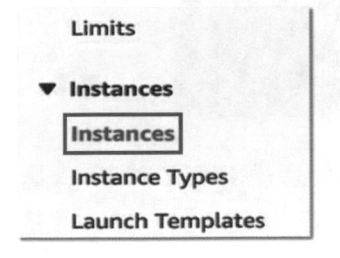

勾選新建立的且正在運作的 EC2 Instance（下圖 #1），再點擊 Connect（下圖 #2）進入連結設定頁面。

AWS
作者
基礎
VPC
網路
EC2
運算
S3
檔案
RDS
資料庫
IAM
權限
結語

進到 Connect to instance 頁面後，透過 EC2 Instance Connect (下圖 #1) 的右下角 Connect (下圖 #2) 進行連線。

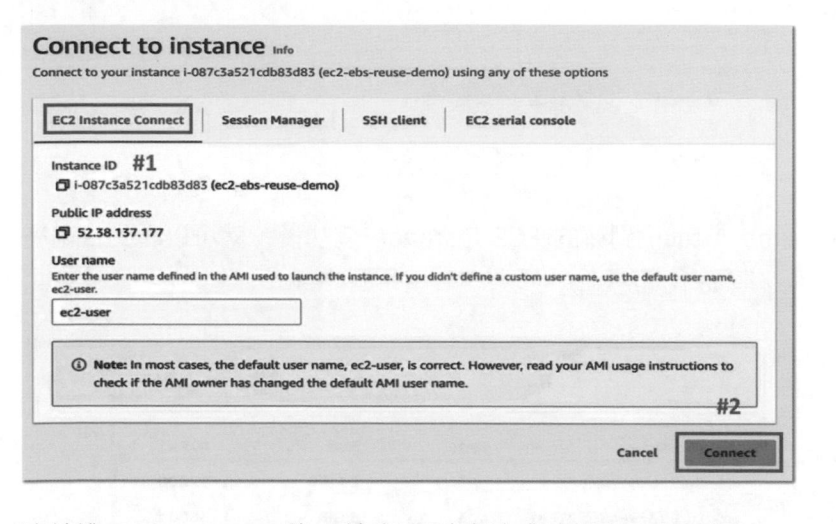

連結進 EC2 Instance 後，就會看到連結成功訊息，如下圖。

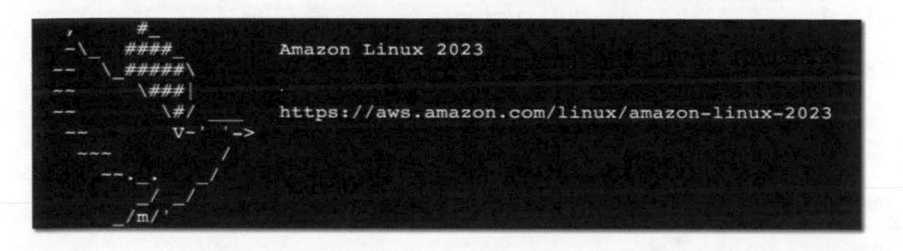

進到 EC2 Instance 後，輸入指令「lsblk -p」檢視詳細資訊 (下圖 #1)，會看到一樣配有 2 個 EBS Volume，一個是 8 GB 開機硬碟 (下圖 #2)，另一個是額外加上去的 24 GB (下圖 #3)，也就是從最開始一直沿用下來的同一個 EBS Volume，但它目前一樣沒有任何 Mount Point (下圖 #4)，所以要重複同樣的步驟為它 Mount。

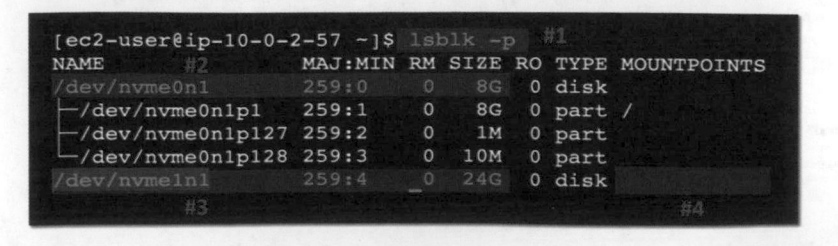

AWS

作者

基礎

VPC
網路

EC2
運算

S3
檔案

RDS
資料庫

IAM
權限

結語

首先，打上「ls」（下圖 #1）檢視當前目錄底下有沒有東西，會看到目前沒有任何目錄，因此要先創建一個，輸入指令「mkdir my_data_2」建立目錄，my_data_2 為目錄名稱 (下圖 #2)，再「ls」檢查 (下圖 #3)，即會看到目錄底下出現了新目錄 (下圖 #4)。

有了新目錄後，再透過指令「sudo mount { EBS Volume 名稱 } { 新目錄名稱 }」，此處執行「sudo mount /dev/nvme1 n1 my_data_2」(下圖 #5) 來為 24 GB Volume 進行 Mount 目錄的動作。

```
[ec2-user@ip-10-0-2-57 ~]$ ls  #1
[ec2-user@ip-10-0-2-57 ~]$ mkdir my_data_2 #2
[ec2-user@ip-10-0-2-57 ~]$ ls  #3
my_data_2  #4                                          #5
[ec2-user@ip-10-0-2-57 ~]$ sudo mount /dev/nvme1n1 my_data_2
```

輸入指令執行「lsblk -p」(下圖 #1) 再一次檢視詳細，就會看到成功把新建立的目錄 Mount 到 24 GB EBS Volume 的 Mount Points 上了 (下圖 #2)。

```
[ec2-user@ip-10-0-2-57 ~]$ lsblk -p #1
NAME                MAJ:MIN RM SIZE RO TYPE MOUNTPOINTS
/dev/nvme0n1         259:0    0   8G  0 disk
├─/dev/nvme0n1p1     259:1    0   8G  0 part /
├─/dev/nvme0n1p127   259:2    0   1M  0 part
└─/dev/nvme0n1p128   259:3    0  10M  0 part            #2
/dev/nvme1n1         259:4    0  24G  0 disk /home/ec2-user/my_data_2
```

輸入指令執行「ls my_data_2」(下圖 #1)，就會看到裡面有之前所創建的 Fake File (下圖 #2)。再輸入指令執行「ls –lh my_data_2」(下圖 #3) 更細部的檢視，就可以再度驗證這確實是之前所創建的 1 GB 大檔案 (下圖 #4)。

```
[ec2-user@ip-10-0-2-57 ~]$ ls my_data_2/  #1
fake_file  #2
[ec2-user@ip-10-0-2-57 ~]$ ls -lh my_data_2/  #3
total 1.0G
-rw-r--r--. 1 root root 1.0G Jun 11 02:41 fake_file #4
```

總結

　　透過上列方式就可以驗證到，就算 Terminate 關閉整台 EC2 Instance，經過特別設定的 EBS Volume 還是可以保留著。未來只要需要，就可以把同一個 EBS Volume Attach 放到另一台新的 EC2 Instance 上面，繼續使用裡面所有的檔案。

　　那麼下個單元將會看到，如果連 EBS Volume 都不想要保留的話，要如何利用 EBS Snapshot 來做到一個更長期、全面的備份建立與使用，本單元就先到這邊結束。

實作示範

EC2 儲存資源 EBS Snapshot 備份建立與使用

AWS

作者

基礎

VPC
網路

EC2
運算

S3
檔案

RDS
資料庫

IAM
權限

結語

前言

本單元將透過之前所建立的 24 G EBS Volume 去建造 EBS Snapshot 的資源，用來作為 Backup 備份的機制 (下圖 #1)。

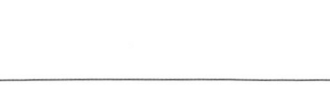

透過 EBS Volume 建立 EBS Snapshot

首先到 AWS Console 介面，透過上方搜尋列輸入 「ec2」(下圖 #1)，點擊搜尋結果連結的 EC2 (下圖 #2) 進入 EC2 介面。

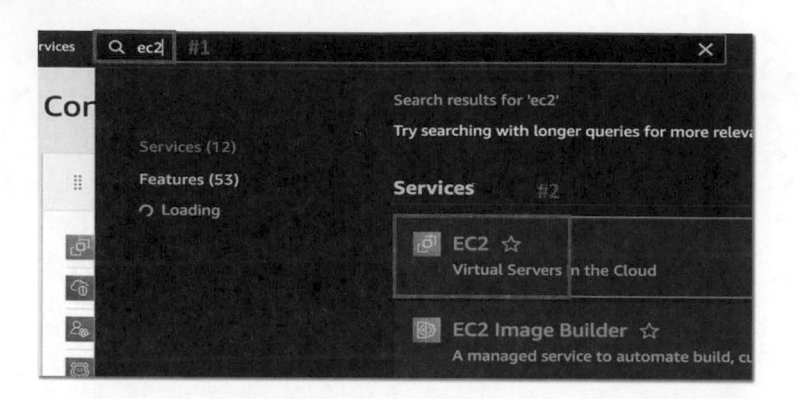

透過 EC2 介面左列 Instances 連結 (下圖 #1) 進入 Instances 管理介面,勾
選之前所建立的 EC2 Instance (下圖 #2),展開右上方 Instance state,點擊
Terminate instance (下圖 #3) 對目標 EC2 Instance 進行 Terminate 動作。

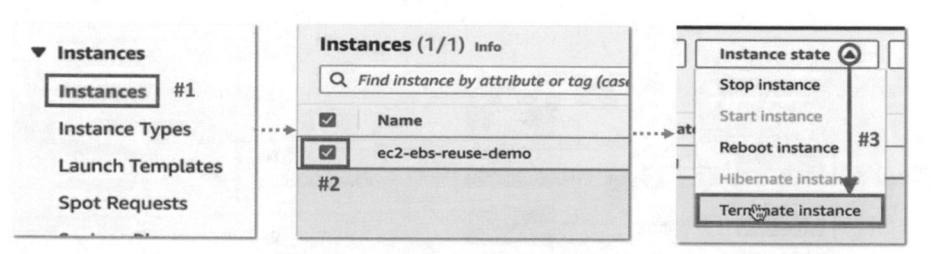

跳出 Terminate instance 面板後,按下右下方 Terminate 確認進行,如下圖紅
框處。

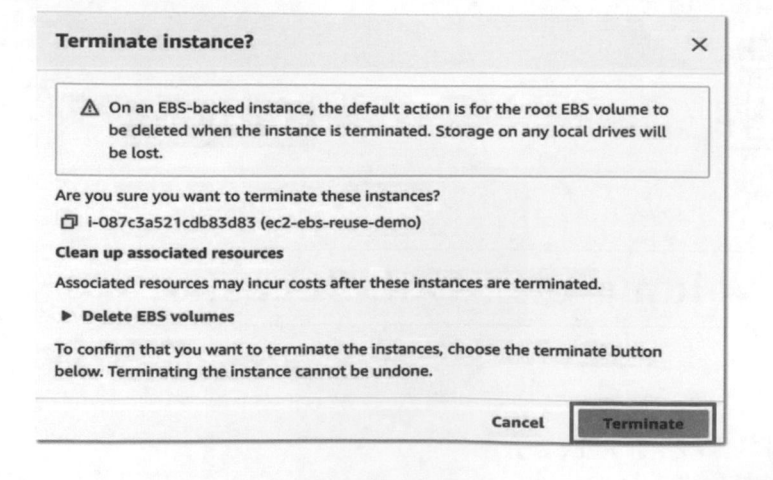

Terminate EC2 Instance 確認進行後，EC2 Instance 會進行 Shutting-down 的動作（下圖 #1），經過大約 1 分鐘（下圖 #2），即會變成 Terminated 的狀態（下圖 #3），如此便完成 Terminate 的動作。

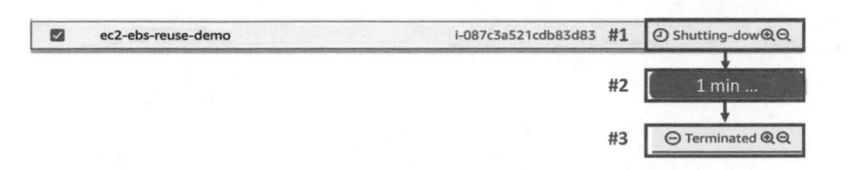

透過左列下拉看到 Volumes（下圖 #1）點擊切換到 Volumes 管理介面，勾選之前所建立的 24 GB EBS Volume（下圖 #2）。

接下來透過它來建立一個 EBS Snapshot，展開右上方 Actions，按下 Create snapshot（下圖 #3）進行 Snapshot 建立動作。

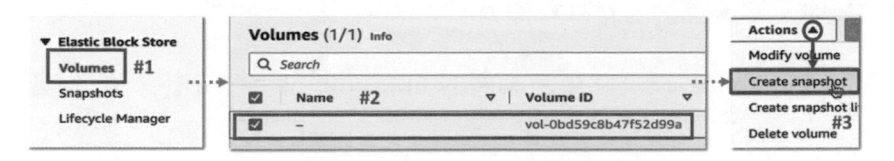

進到 Create snapshot 頁面，直接點擊頁面底部 Create snapshot 確定建立 Create snapshot，如下圖紅框處。

左列點擊 Snapshots 連結（下圖 #1）進入 Snapshots 管理介面，點擊 Name 屬性的編輯圖示（下圖 #2），給予自訂名稱 ebs-snapshot-demo（下圖 #3），再按下 Save（下圖 #4）儲存變更。

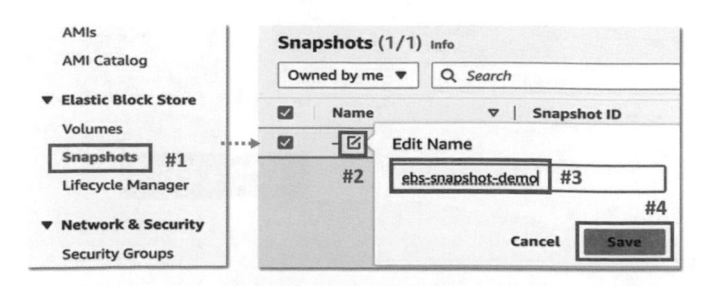

AWS

作者

基礎

VPC
網路

EC2
運算

S3
檔案

RDS
資料庫

IAM
權限

結語

Snapshot 目前的狀態是 Pending (下圖 #1)，稍等大約 5 分鐘後 (下圖 #2) 重新整理 (下圖 #3)，就可以看到 Snapshot 的狀態已經變成 Completed (下圖 #4)。

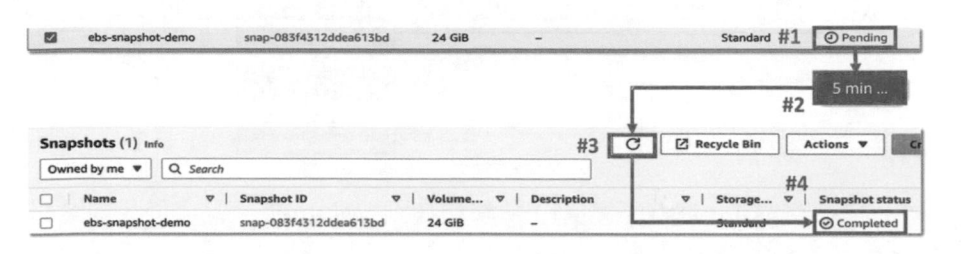

這邊特別說明一下，Snapshot 所儲存的一個層級並不是 AZ，而是一個 Region 的層級。所以就算在一個 AZ 的資料中心，因為地震全部壞掉了，Snapshot 仍然可以在同一個 Region 的其他 AZ 成功地保存著，也就是說它擁有著比 EBS Volume 更高層級、更全面的資料保存能力。

下一步要將 EC2 Instance 以及它所有相關的 EBS Volume 全部刪除，只保留 EBS Snapshot (下圖 #1)。

看看這種情境底下，EBS Snapshot 是不是可以成功幫忙保存資料。

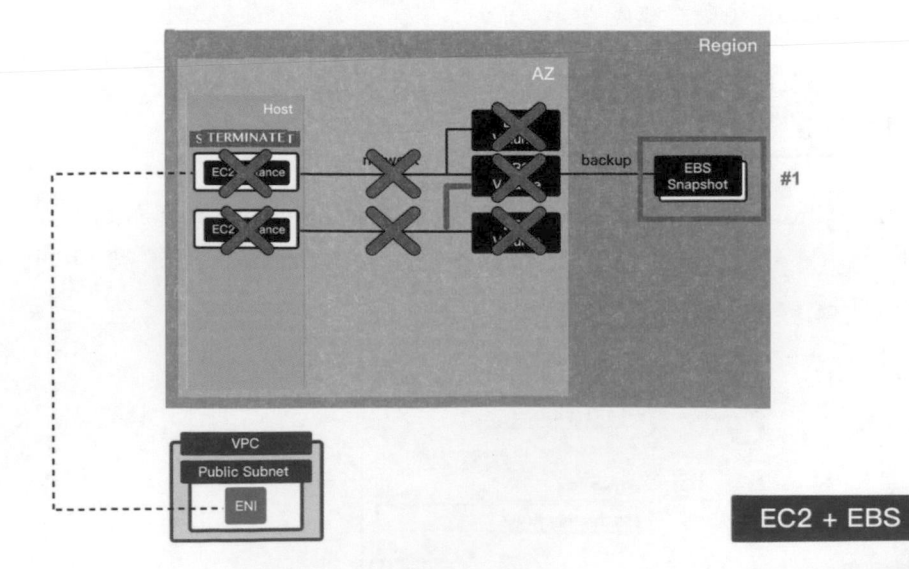

首先，透過左列點進 Volumes（下圖 #1）管理介面，勾選之前所建立的 EBS
Volume（下圖 #2），再展開 Actions，進行 Delete Volume（下圖 #3）。

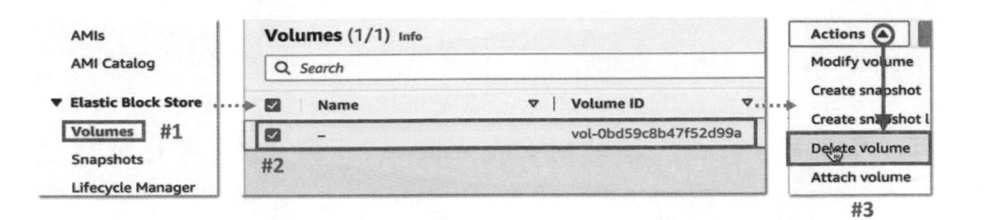

按下 Delete Volume 後會跳出確認面板，點擊右下 Delete 確認刪除，如下圖
紅框處。

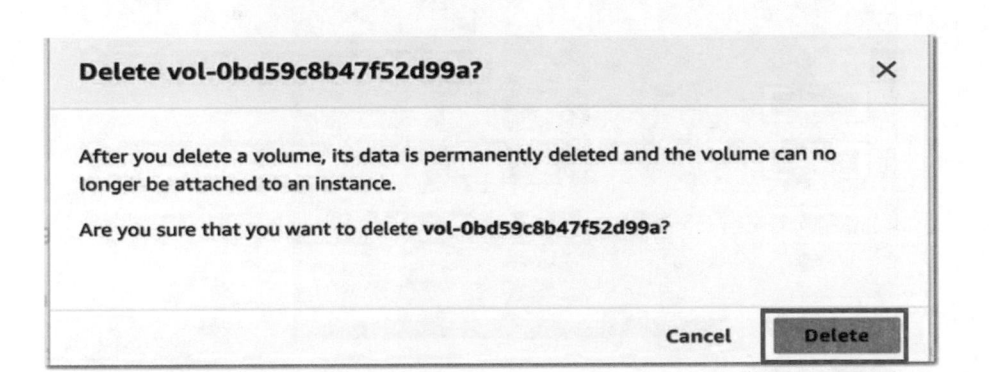

Volumes 刪除成功，如下圖紅框處，接下來再進行新的 EC2 Instance 建立。

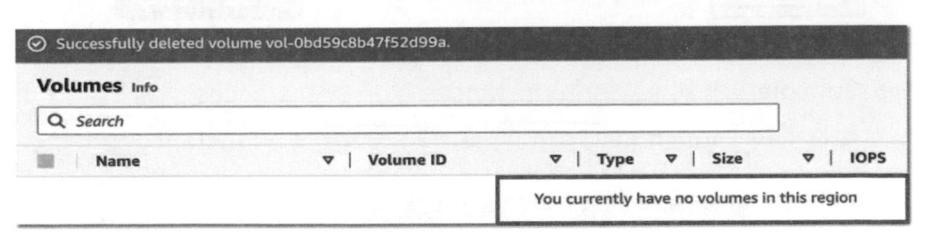

AWS

作者

基礎

VPC
網路

EC2
運算

S3
檔案

RDS
資料庫

IAM
權限

結語

透過 EBS Snapshot 建立 EBS Volume

看到下方架構圖，下一步將會創建新的 EC2 Instance，此 EC2 Instance（下圖 #1）一樣會有一個預設的開機硬碟 EBS Volume（下圖 #2），再透過 EBS Snapshot（下圖 #3）創建一個新的 EBS Volume（下圖 #4），並且把這個 EBS Volume Attach（下圖 #5）到新的 EC2 Instance 上面，再來看新的 EC2 Instance 是不是可以拿到之前所創建的檔案。

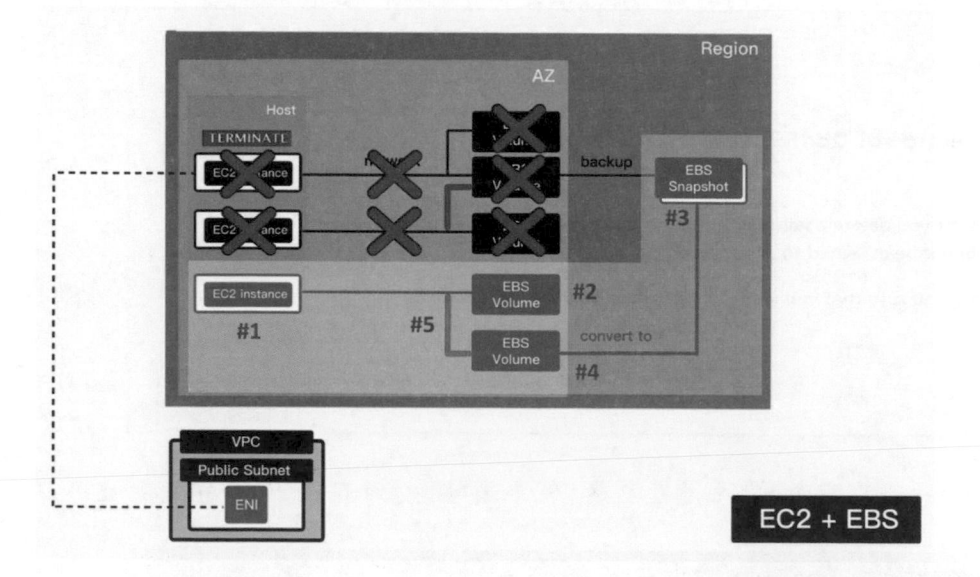

回到 AWS Console，左列往上拉到 Instances 切換到 Instnaces 管理介面（下圖 #1），點擊右上角 Launch instance（下圖 #2）來建立新的 Instance。

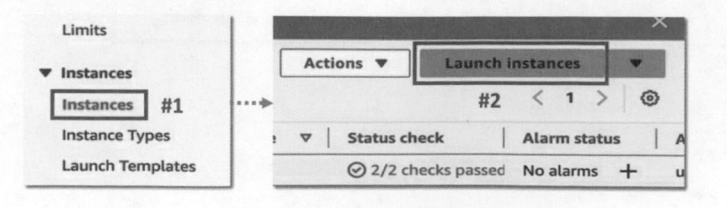

進到 Launch an instance，在 Name and tags 的 Name 輸入新的 EC2 Instance
自訂名稱 ebs-snapshot-demo (下圖 #1)。

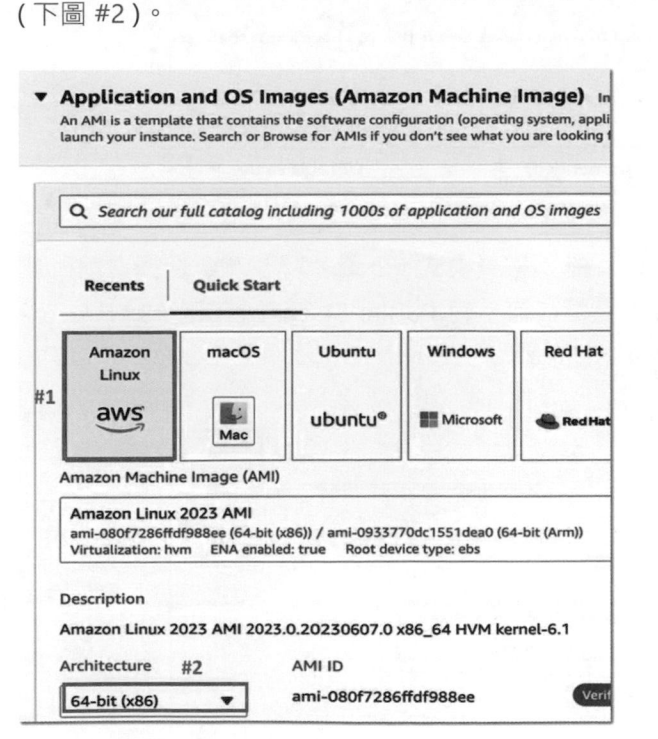

下方 Application and OS Images (Amazon Machine Image) AMI 部分選擇
Amazon Linux (下圖 #1)，往下看到 Architecture CPU 架構選擇 64 -bit (x86)
(下圖 #2)。

Instance type 同樣選擇 t3 a.micro，如下圖紅框處。

AWS

作者

基礎

VPC
網路

EC2
運算

S3
檔案

RDS
資料庫

IAM
權限

結語

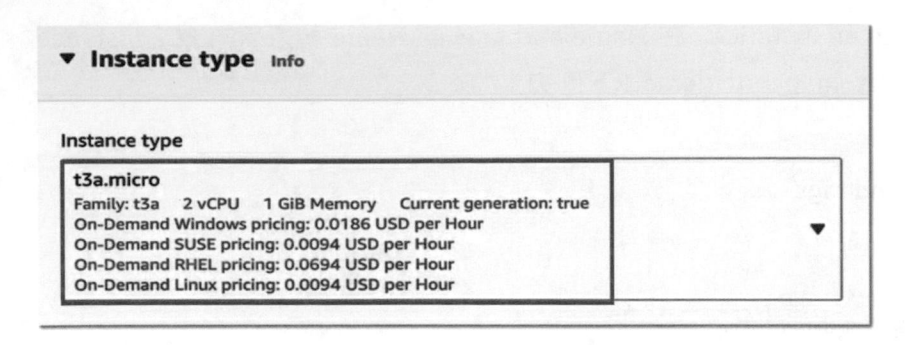

Key Pair 選擇 Proceed without a key pair (Not recommended)，如下圖紅框
處。

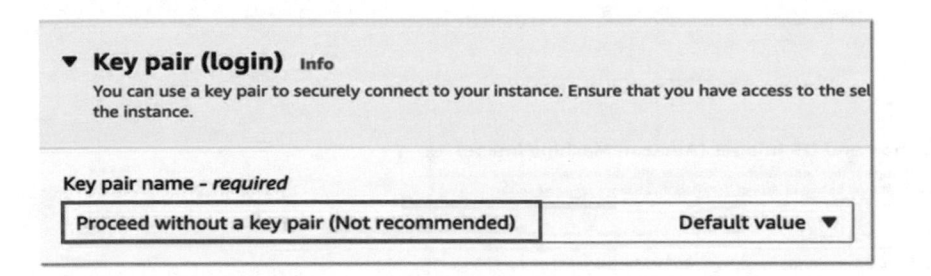

Network settings 透過右方 Edit 進入編輯模式（下圖 #1），VPC 選擇之前所建
造的 VPC（下圖 #2），Subnet 選擇任何一個 Public Subnet（下圖 #3），Auto-
assign public IP 設為 Enable（下圖 #4）。

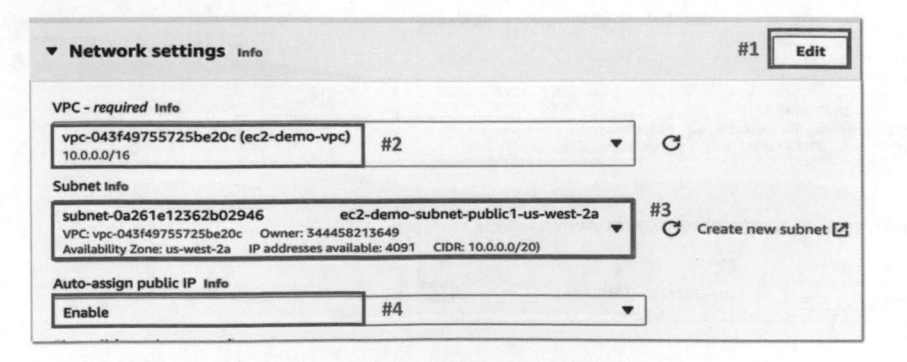

這邊要特別注意所選擇的 Public Subnet 是在哪一個 Availability Zone (AZ) 之
中，比如說現在選擇的是在 us-waste-2 a 這個 AZ 之中，而待會所建造的 EBS
Volume 必須在同一個 AZ 之中，才可以被這台 Instance 使用。

下方 Firewall (Security Group)、Configure storage 相關設定維持預設略過即可。確認上列設定無誤後，按下 Launch instance 進行建立（下圖 #1）。

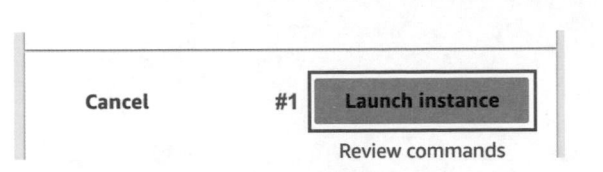

成功建立 Instance 後，點擊上方 Instances 連結回到 Instances 管理介面（下圖紅框處）。

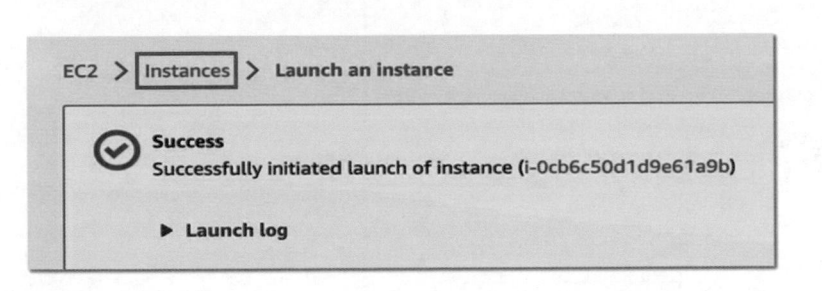

回到 Instances 頁面後，會看到 Instance 是 Pending 狀態（下圖 #1），稍等一下（下圖 #2）就會看到 Instance 轉變成 Running 狀態（下圖 #3）。

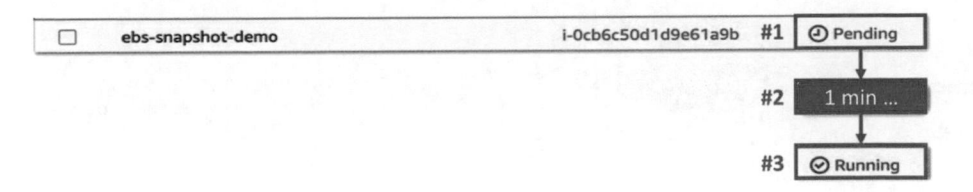

新的 Instance 成功建造運作後，透過左列點進 Snapshot（下圖 #1），勾選之前所建造的 EBS Snapshot（下圖 #2），展開 Actions，按下 Create volume from snapshot（下圖 #3）。

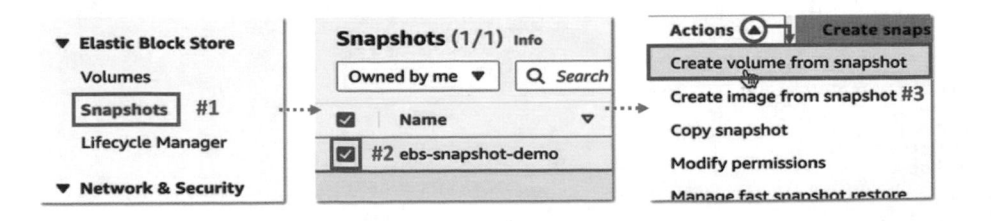

AWS
作者
基礎
VPC
網路
EC2
運算
S3
檔案
RDS
資料庫
IAM
權限
結語

到 Create volume 頁面，維持 Volume type 及 Size(GiB) 預設 (下圖 #1)，Availability Zone (AZ) 要特別注意確認所選擇的 AZ 要與剛剛所建立 EC2 Instance 的 AZ 相對應 (下圖 #2)。

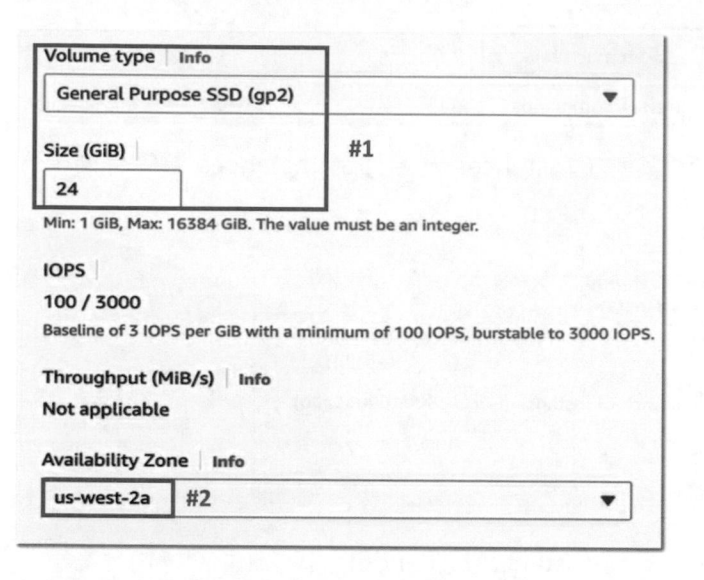

以上 Volume 設定完成後，按下 Create volume 進行建立，如下圖紅框處。

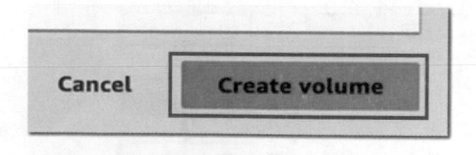

Attach Volume 到 EC2 Instance

點擊左列 Volumes 切換到 Volumes 管理介面，如下圖紅框處。

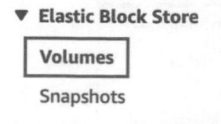

進到 Volumes 介面，勾選剛才重新創建出來擁有 24 G 的儲存空間的 EBS Volume（下圖 #1），再展開 Actions，按下 Attach volume 進行 Attach 動作（下圖 #2）。

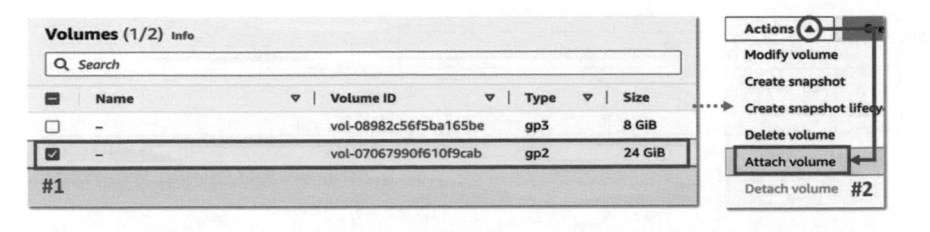

進到 Attach volume 設定頁面，選擇將 Volume Attach 到剛剛所建立的 EBS Snapshot（下圖 #1），好了之後點擊右下角 Attach volume 確定進行 Attach Volume 的動作（下圖 #2）。

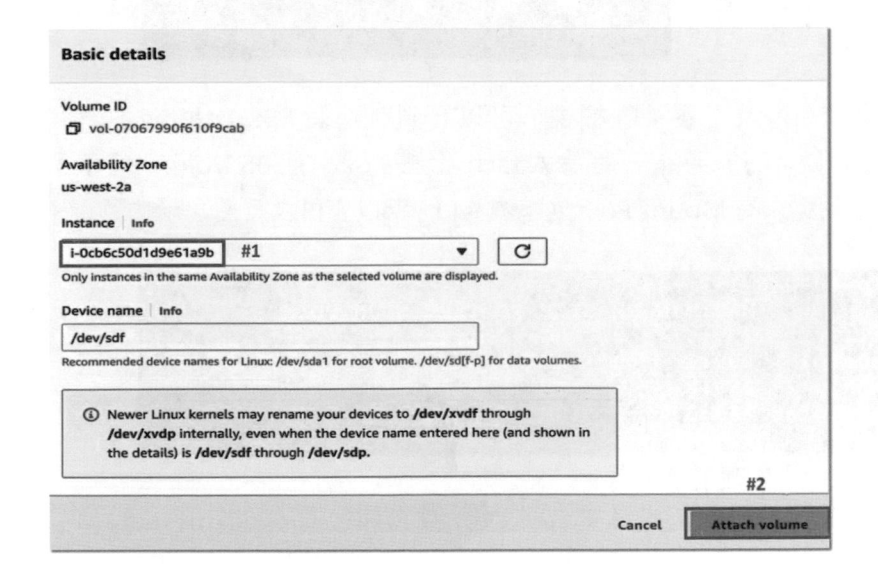

檢驗 EBS Snapshot 的後備機制

把 24 G EBS Volume Attach 到新的 Instance 後，從左列連結 Instances（下圖 #1) 切換到管理介面，勾選新建的 Instance（下圖 #2），點進右上方 Connect 設定（下圖 #3）。

AWS
作者
基礎
VPC
網路
EC2
運算
S3
檔案
RDS
資料庫
IAM
權限
結語

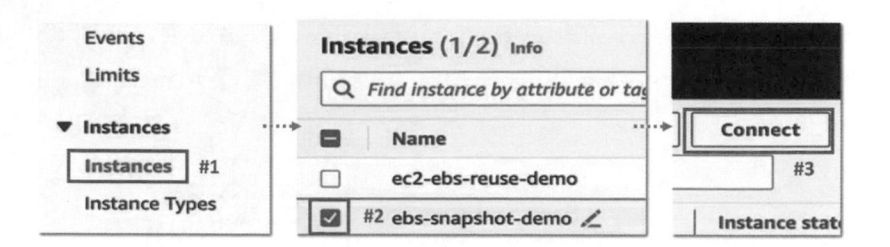

透過 Connect to instance 右下方的 Connect 與新創建且有 Attach 24 G Volume 的 EC2 Instance 進行連線，就會跳出連接介面與成功訊息，如下圖紅框處。

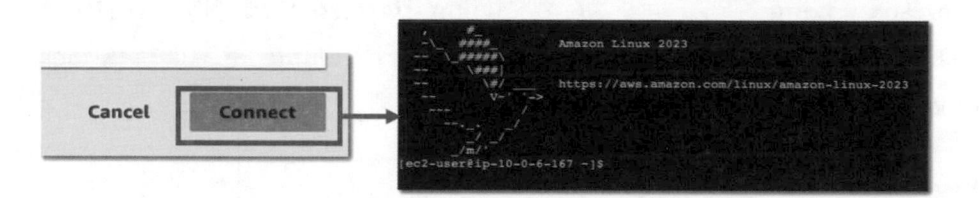

輸入指令「lsblk -p」（下圖 #1）檢視，可以看到有兩個 EBS Volume，一個是開機硬碟（下圖 #2），另外一個是 Attach 上去的 24 G EBS Volume（下圖 #3），一樣會看到還未有 Mount Point（下圖 #4），所以要再次重複之前的動作。

```
[ec2-user@ip-10-0-6-167 ~]$ lsblk -p #1
NAME                MAJ:MIN RM  SIZE RO TYPE MOUNTPOINTS
/dev/nvme0n1        259:0    0    8G  0 disk #2
├─/dev/nvme0n1p1    259:1    0    8G  0 part /
├─/dev/nvme0n1p127  259:2    0    1M  0 part
└─/dev/nvme0n1p128  259:3    0   10M  0 part
/dev/nvme1n1        259:4    0   24G  0 disk #3          #4
```

首先，輸入指令「mkdir { 新資料夾名稱 }」，這邊執行「mkdir my_data_3」（下圖 #1）創造新資料夾，再利用「ls」（下圖 #2）檢視當前目錄，即可看到新資料夾已被創建成功（下圖 #3），就可輸入指令「sudo mount { EBS Volume 名稱 } { 目錄名稱 }」，這邊執行「sudo mount /dev/nvme1 n1 my_data_3」（下圖 #4），將新資料夾 Mount 到 24 G EBS Volume。

```
[ec2-user@ip-10-0-6-167 ~]$ mkdir my_data_3 #1
[ec2-user@ip-10-0-6-167 ~]$ ls #2
my_data_3 #3
[ec2-user@ip-10-0-6-167 ~]$ sudo mount /dev/nvme1n1 my_data_3/ #4
```

再輸入指令「lsblk -p」（下圖 #1）檢視，就會看到 EBS Volume 成功的 Mount 到一個本地的目錄之中（下圖 #2），也就可以讓我們開始使用這個 EBS Volume 裡面的檔案們。

```
[ec2-user@ip-10-0-6-167 ~]$ lsblk -p   #1
NAME                MAJ:MIN RM  SIZE RO TYPE MOUNTPOINTS
/dev/nvme0n1        259:0    0    8G  0 disk
├─/dev/nvme0n1p1    259:1    0    8G  0 part /
├─/dev/nvme0n1p127  259:2    0    1M  0 part
└─/dev/nvme0n1p128  259:3    0   10M  0 part
/dev/nvme1n1        259:4    0   24G  0 disk /home/ec2-user/my_data_3  #2
```

再來輸入指令「ls my_data_3」（下圖 #1），即可看到從本單元一開始所建立的 Fake File（下圖 #2）。

為了更仔細的驗證，輸入指令「ls –lh my_data_3」（下圖 #3），就會看到此 Fake File 的確是在最一開始一路傳下來的 1 GB 檔案（下圖 #4），非常的成功。

```
[ec2-user@ip-10-0-6-167 ~]$ ls my_data_3/  #1
fake_file  #2
[ec2-user@ip-10-0-6-167 ~]$ ls -lh my_data_3/   #3
total 1.0G
-rw-r--r--. 1 root root 1.0G Jun 11 02:41 fake_file  #4
```

總結

　　那麼到這邊就成功展示了如何利用 EBS Snapshot 來幫助長久的進行一個檔案的備份，並且在需要的時候把它轉換為 EBS Volume，再把 EBS Volume 給 Attach 到現在所使用的 EC2 Instance 上。

　　下個單元將來進行資料清理的部分，本單元就先到這邊結束。

AWS
作者
基礎
VPC
網路
EC2
運算
S3
檔案
RDS
資料庫
IAM
權限
結語

實作示範

EC2 儲存儲存資源 資源清理

前言

經過前幾單元對 EC2 資源進行操作理解後，本單元將一步一步的進行 EC2 儲存資源清理的部分。

刪除 EC2 Instance

首先，到 AWS Console 介面，上方打上「ec2」(下圖 #1)，點下方搜尋結果 EC2 (下圖 #2) 進入管理頁面。

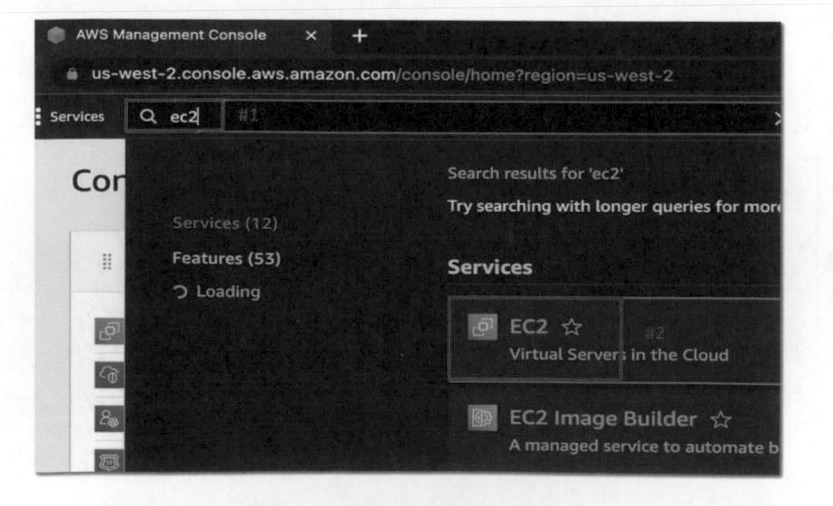

進入 EC2 管理介面後，透過左列連結 (下圖紅框處) 切換到 Instances 頁面。

AWS

作者

基礎

VPC
網路

EC2
運算

S3
檔案

RDS
資料庫

IAM
權限

結語

▼ Instances
  Instances
  Instance Types
  Launch Templates

勾選最新創造且運作中的 EC2 Instance（下圖 #1），展開右上 Instance state，
點擊 Terminate instance（下圖 #2）進行關閉 EC2 的動作，會跳出確認
Terminate Instance 的面板，按右下 Terminate 確認進行關閉即可（下圖 #3）。

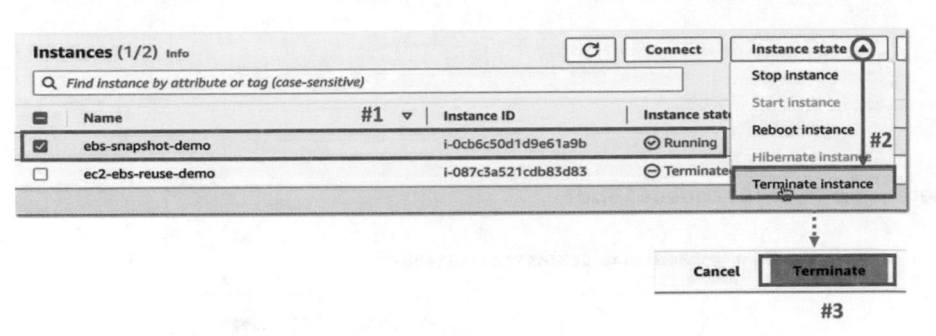

Terminate 後，EC2 Instance 狀態會為 Shutting-down 關閉中（下圖 #1），稍
等約略 1 分鐘（下圖 #2），就會變成 Terminated 狀態完成關閉（下圖 #3）。

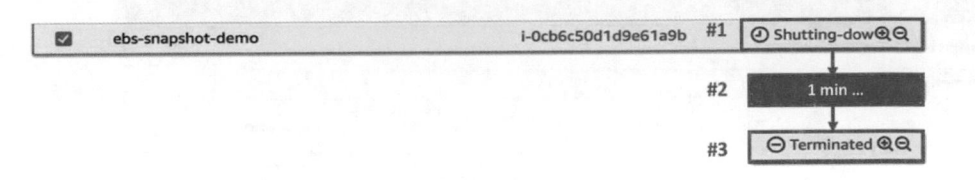

刪除 Snapshot

左列下拉到 Snapshots（下圖 #1），並且點擊以切換到 Snapshots 管理頁面，
勾選 Snapshot（下圖 #2），展開右上 Actions，點擊 Delete snapshot（下圖
#3）進行刪除 Snapshot 的動作。

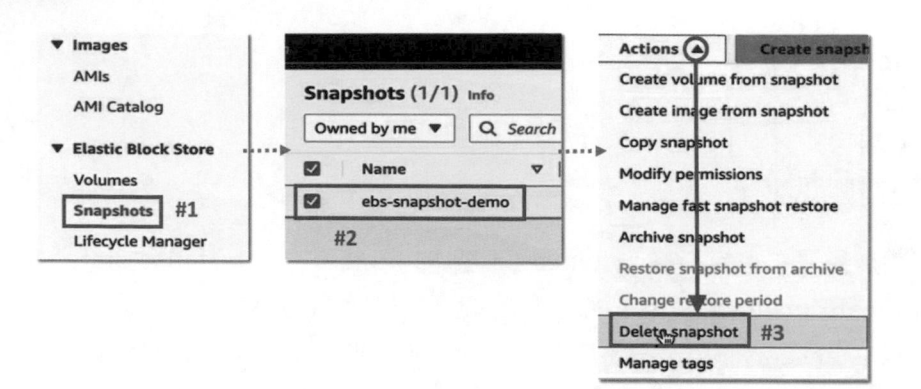

按下 Delete Snapshot 確認面板右下 Delete 確認進行刪除 Snapshot 的動作 (下圖紅框處)。

確認刪除 Snapshot 後，就可看到 Snapshots 列表為空，如下圖紅框。

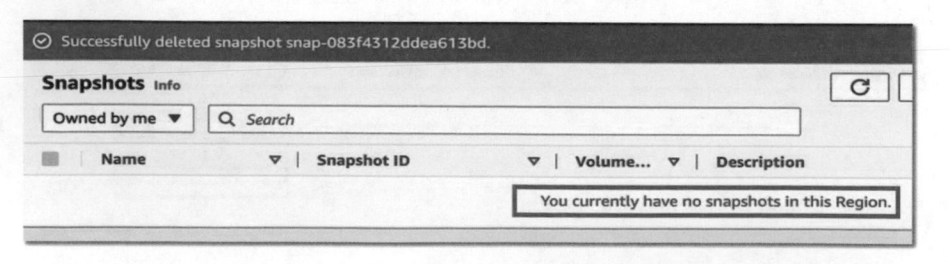

刪除 Volume

完成 Snapshot 的清除後，透過左列的 Volumes (下圖 #1) 切換到 Volumes 列表，勾選要清除的 Volumes (下圖 #2)，展開右上 Actions，點擊 Delete volume (下圖 #3) 進行刪除 Volume 的動作。

AWS

作者

基礎

VPC
網路

EC2
運算

S3
檔案

RDS
資料庫

IAM
權限

結語

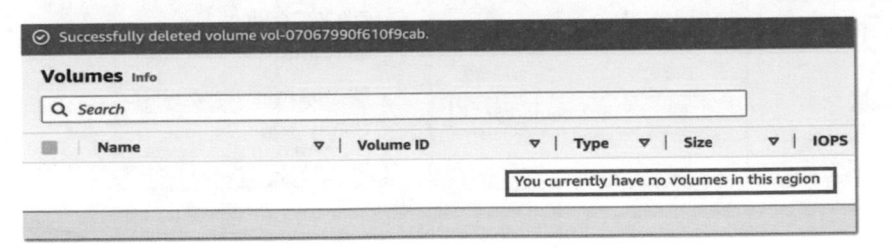

跳出 Delete Volume 確認面板後，點擊右下 Delete（下圖紅框處）確認進行刪
除 Volume。

Delete vol-07067990f610f9cab?　　　　　　　　　　　×

After you delete a volume, its data is permanently deleted and the volume can no
longer be attached to an instance.

Are you sure that you want to delete **vol-07067990f610f9cab**?

　　　　　　　　　　　　　　　　　　　Cancel　　　**Delete**

確認刪除 Volume 後，就可看到 Volume 列表為空，如下圖紅框。

⊘ Successfully deleted volume vol-07067990f610f9cab.

Volumes Info

🔍 Search

	Name	▽	Volume ID	▽	Type	▽	Size	▽	IOPS
							You currently have no volumes in this region		

刪除 VPC

再來進行 VPC 的清除，透過上方搜尋 vpc（下圖 #1），點擊下方搜尋結果 VPC
（下圖 #2）進入 VPC 管理介面。

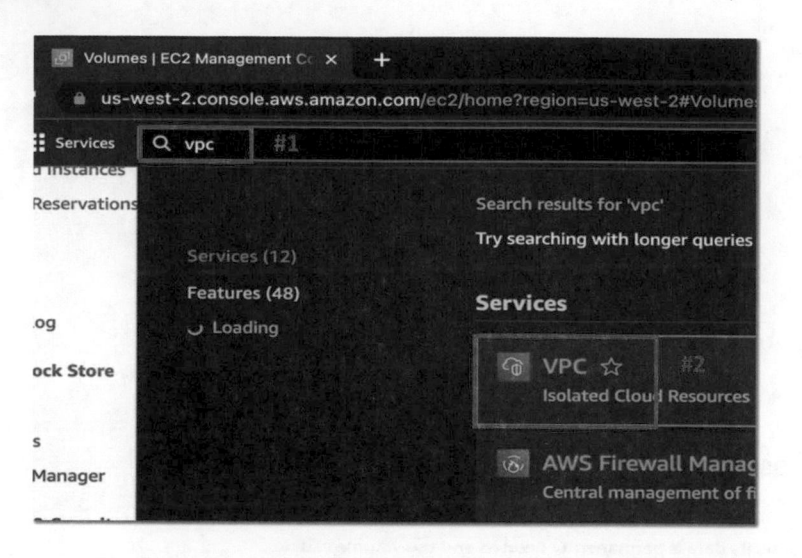

進到 VPC 介面後，點擊左方連結 Your VPCs（下圖 #1）進到 VPC 列表，勾選要刪除的 VPC（下圖 #2），展開右上角 Actions，點擊 Delete VPC（下圖 #3）進行刪除 VPC 的動作。

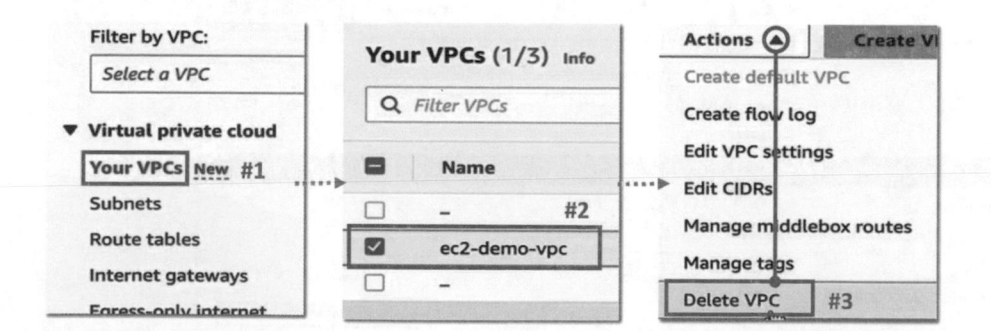

刪除 VPC 確認面板跳出來後，在下方的欄位輸入 delete（下圖 #1），再點擊右下 Delete（下圖 #2）確認進行刪除 VPC。

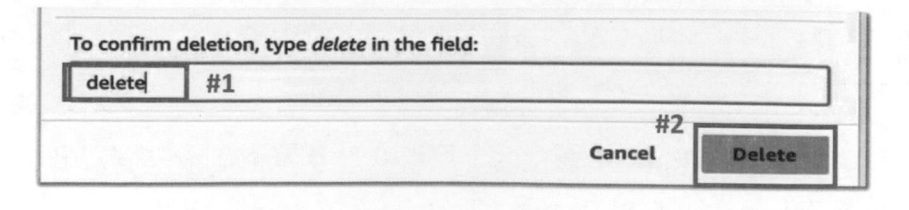

等待 VPC 完成刪除後，即可看到列表的目標 VPC 已被刪除 (下圖紅框)。

AWS

作者

基礎

VPC
網路

EC2
運算

S3
檔案

RDS
資料庫

IAM
權限

結語

小結　　透 過 以 上 刪 除 EC2 Instance、Snapshot、Volume 與
VPC，本單元即完成了 EC2 所有資源清理的部分。

【觀念講解】

EC2 模板 AMI 架構介紹

今天我們要介紹 AWS AMI 的基本架構，那我們開始吧！

AMI 的四個重要組成元件

AMI (Amazon Machine Image) 是一個用來創造 EC2 Instance 的一個模板，那到底是哪些東西組成 AMI 呢？

首先，AMI 能夠決定 OS (Operating System)，再來，它會有一個 Root Device Storage，也就是它最根本的儲存空間要是什麼，這邊有兩個選項，分別是 Instance Storage 與 EBS。

接著我們看到 Block Device Mapping，這個元件是去連結除了 Root Device 之外的其他 Storage，一樣可以為 Instance Storage 或 EBS。

最後，還有一個 Launch Permissions，用來控管哪些 AWS 帳號可以使用這個 AMI。AMI 組成元件，如下圖。

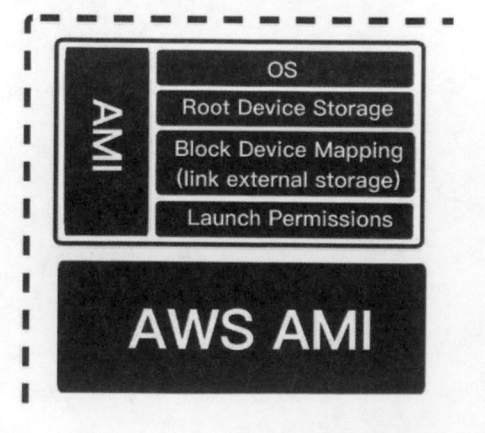

AWS

作者

基礎

VPC
網路

EC2
運算

S3
檔案

RDS
資料庫

IAM
權限

結語

舉例說明

當我們建立一個 AMI，選用的 OS 為 Amazon Linux 64 -bit，Root Device Storage 使用 Instance Storage Template，這邊可以注意到因為他還未被實際創造出來，只是存在 S3 這個後面會介紹到的儲存空間上，因此目前只叫作模板 Template，Block Device Mapping 與 Launch 我們選了一個沒有設定的，用 None 來表示。如下圖。

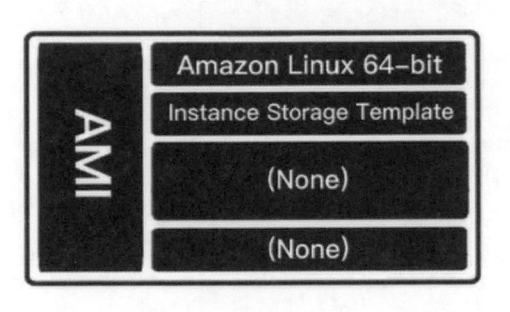

接下來，我們可以使用此 AMI 模板，去創造一個 EC2 Instance。EC2 Instance 就會根據我們的模板設定來建立，如下圖，不過可以注意到下圖紅框起來的部分，由於我們現在實際創造了一個 Instance Storage，所以會從 Template 轉為 Instance Storage Volume。

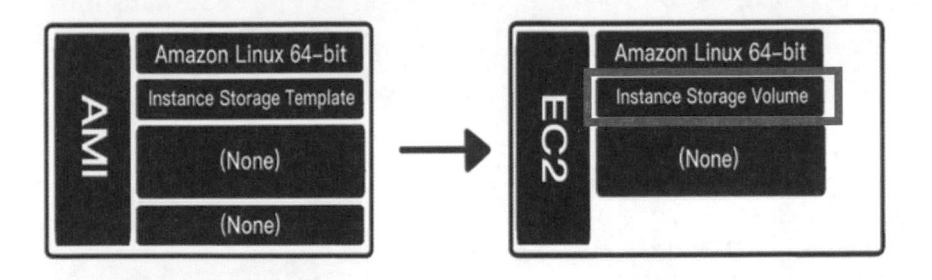

客製化

假設我們連進去這一台 Instance，並下載了一個 A 檔案 (如下圖)，而後來發現儲存空間不夠，就去創造了一個 EBS Volume，那 EBS Volume 與 EC2 Instance 之間就需要「連結」，為了要使連結成立，就得設定 Block Device Mapping (

原本是 None 無設定)。如下圖。

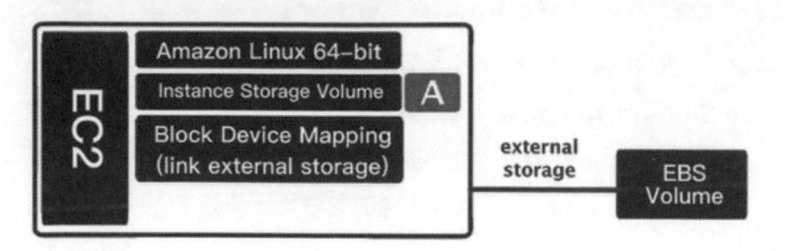

再過了一段時間，假設老闆要求要將這台 EC2 Instance 變成一個新的 AMI，我們就要做一點調整。

☁ Instance Storage Volume 調整

為了要將 Instance Storage Volume 轉為 AMI 可讀的形式，因此我們要將它轉為 Instance Storage Template，並放到 S3 檔案儲存空間上面。

☁ EBS Volume 調整

同理，我們要將它轉成另外一個形式，可以透過備份的方式轉成 EBS Snapshot。

如此一來，我們就可以透過更改過後的 Template (on S3) 與 EBS Snapshot，再加上 Amazon Linux OS 64 -bit 與 Block Device Mapping 來製造我們的客製化 AMI，如下圖藍底部分轉為左下角 AMI 的過程。

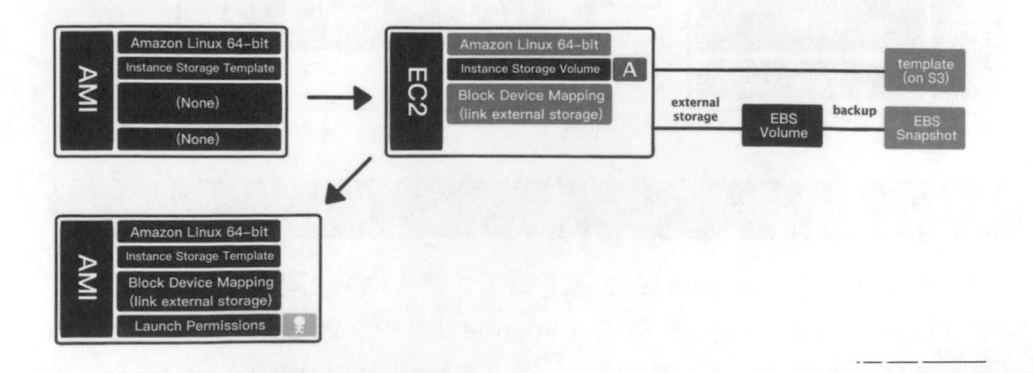

值得一提的是，上圖左下角 AMI 之中的 Template 已經包含了 A 檔案，而 Launch Permissions  的部分也可加上設定，來達到確定哪些使用者可以使用這個 AMI。

從新創的 AMI 來建立新的 EC2 Instance

當我們透過新的 AMI 來建立新的 EC2 Instance 時，這個 EC2 Instance 就會直接擁有作業系統，Instance Storage Volume（包含 A 檔案），而 Block Device Mapping 會告訴我們要連結到哪些外部的 Storage，譬如說 EBS Volume，而這個 EBS Volume 也是當初從原始的 EBS Snapshot（紅色框起部分）所傳過來的。

AWS

作者

基礎

VPC
網路

EC2
運算

S3
檔案

RDS
資料庫

IAM
權限

結語

AMI	Amazon Linux 64-bit
	Instance Storage Template
	(None)
	(None)

EC2	Amazon Linux 64-bit
	Instance Storage Volume A
	Block Device Mapping (link external storage)

external storage — EBS Volume — backup — template (on S3) / EBS Snapshot

AMI	Amazon Linux 64-bit
	Instance Storage Template
	Block Device Mapping (link external storage)
	Launch Permissions

EC2	Amazon Linux 64-bit
	Instance Storage Volume A
	Block Device Mapping (link external storage)

external storage — EBS Volume

小結

　　透過上述的方式，我們就可以不斷的建造 EC2，並且做進一步修改，再建造一個新的 AMI，如此一來，我們最後就會有一個非常好用的 AMI 模板，讓我們方便快速地去創造未來的 EC2 Instance。那以上是我們針對 AMI 架構以及運作方式的介紹。

實作示範

EC2 模板 EBS-backed AMI 建立與使用

前言

本單元將進行的是 AMI 的實作演練，會先說明實作的步驟，再進行實作。

實作步驟說明

首先，使用 AWS 本身提供的 AMI（下圖 #1），其中作業系統選擇 Amazon Linux 64 -bit（下圖 #2），並使用 EBS Snapshot 作為開機硬碟（下圖 #3）。

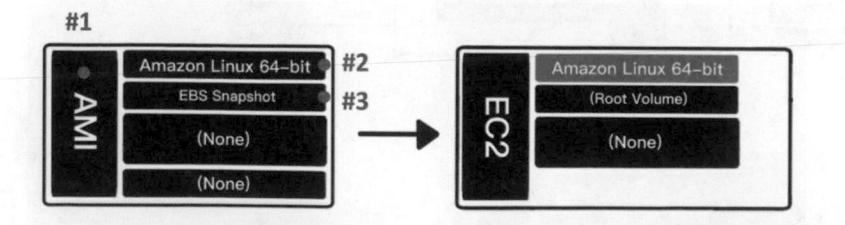

再透過此 AMI，去建立 EC2 Instance（下圖 #1），且同樣使用 Amazon Linux 64 -bit 的作業系統（下圖 #2），使用 EBS 當作 Root Volume（下圖 #3）。

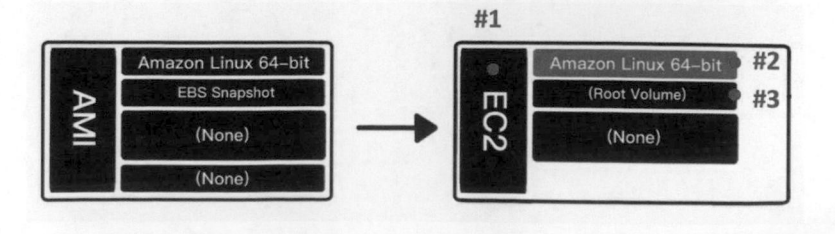

接下來再外接 EBS Volume（下圖 #1），並在外接 EBS Volume 中安裝需要的
套件以及檔案。安裝完成後，再把 EBS Volume 轉換成 EBS Snapshot（下圖
#2）。

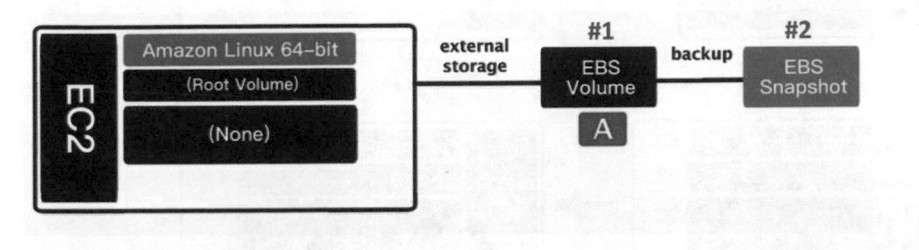

而當有了藍色底標註的 Amazon Linux 64 -bit 的作業系統（下圖 #1）以及 EBS
Snapshot 的備份檔案（下圖 #2）之後，就能去建造新的 AMI（下圖 #3）。

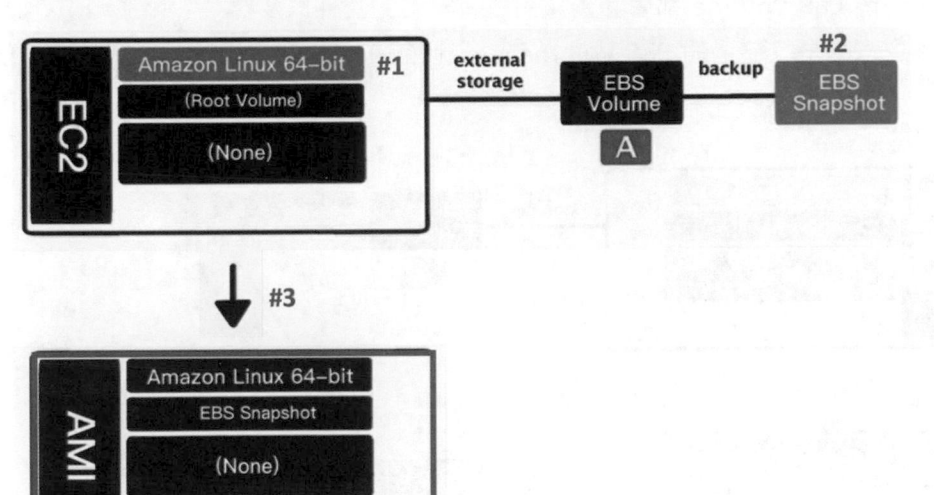

新的 AMI 作業系統為 Amazon Linux 64 -bit（下圖 #1），而新的 EBS Snapshot
（下圖 #2）將會涵蓋 A 檔案以及安裝套件，未來就可以透過這個 AMI 創造許多
個 EC2 Instance（下圖 #3）。

在這些新創的 EC2 Instance 中（下圖 #3），都將同樣使用 Amazon Linux 64 -
bit OS（下圖 #4）。

AWS

作者

基礎

VPC
網路

EC2
運算

S3
檔案

RDS
資料庫

IAM
權限

結語

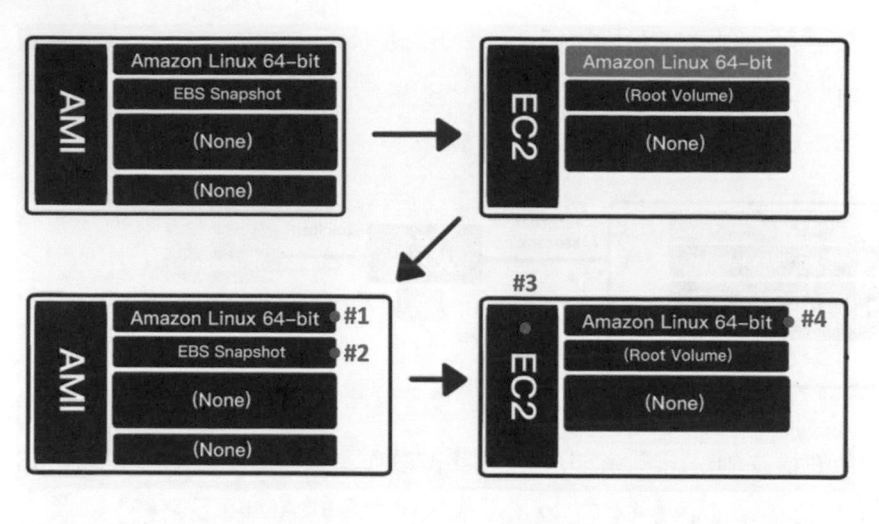

並且每一個 EBS Volume 都會涵蓋之前所有安裝的套件以及檔案（下圖 #1），而要特別注意的是，這邊的 EBS Volume 是從上面的 EBS Snapshot 下來的（下圖 #2）。

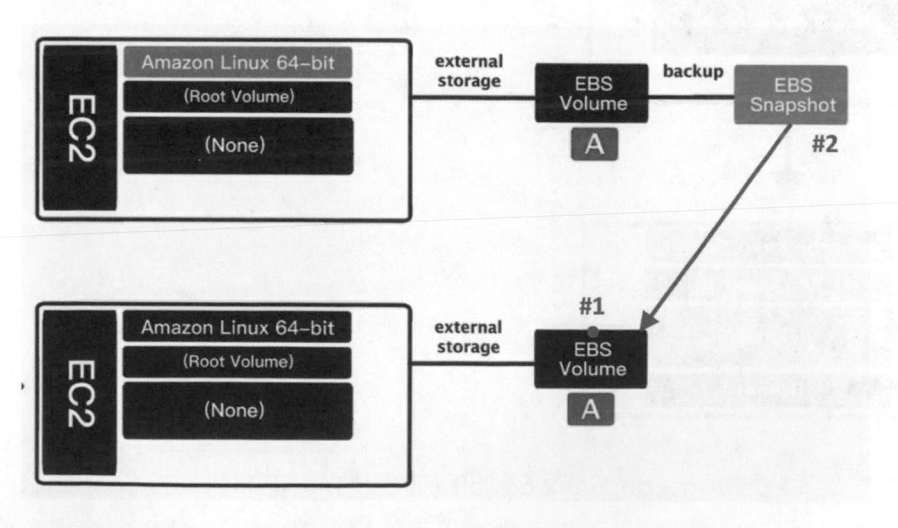

下圖是這次實作步驟的完整架構，接下來便進入實作。

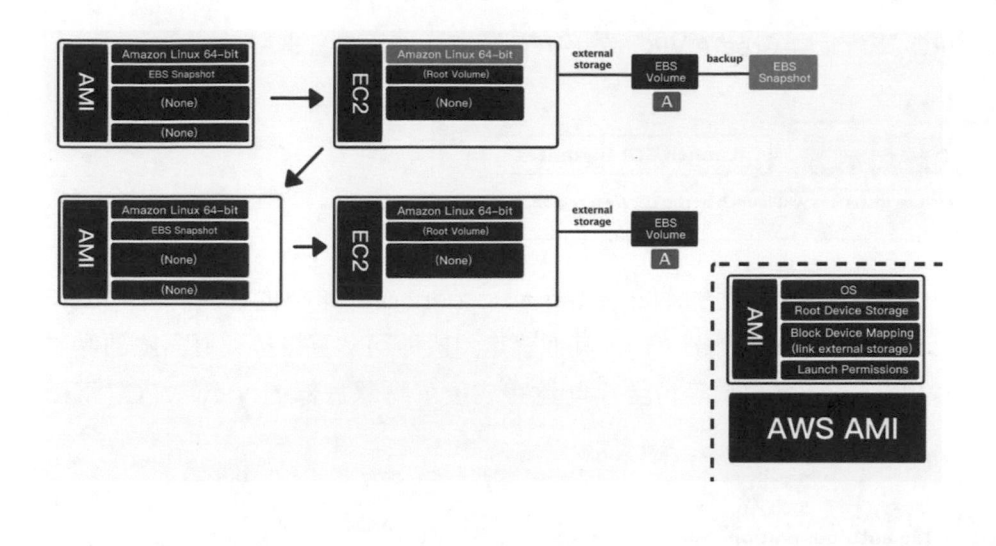

AWS

作者

基礎

VPC
網路

EC2
運算

S3
檔案

RDS
資料庫

IAM
權限

結語

建立 VPC

首先，到 AWS Management Console 頁面，上方搜尋 VPC（下圖 #1），點擊下方搜尋結果 VPC 進到 VPC 介面（下圖 #2）。

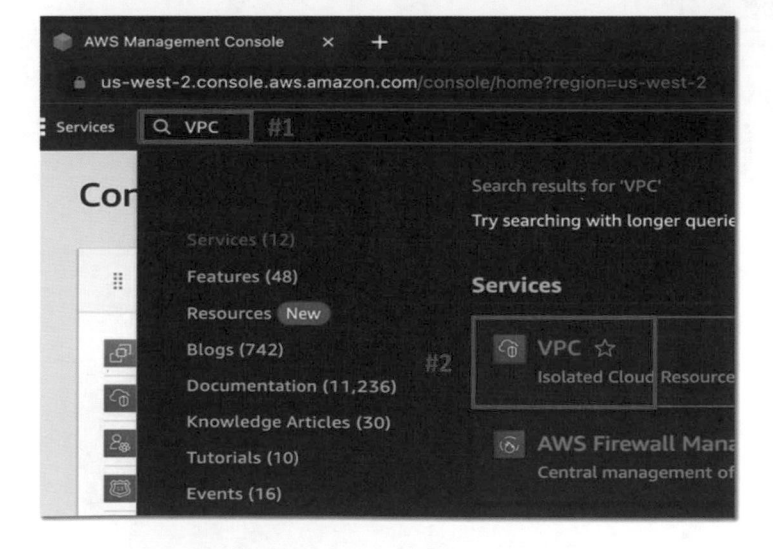

點擊 VPC 頁面上方 Create VPC 進行 VPC 建立。如下圖紅框處。

在 Create VPC 設定頁面的 Name tag auto-generation 欄位輸入自訂的 VPC 名稱 ec2 -ami-demo (下圖 #1)，其他設定預設即可，直接拉到頁面底部點擊 Create VPC (下圖 #2)，等待全部創建完成後，點擊底部的 View VPC (下圖 #3)。

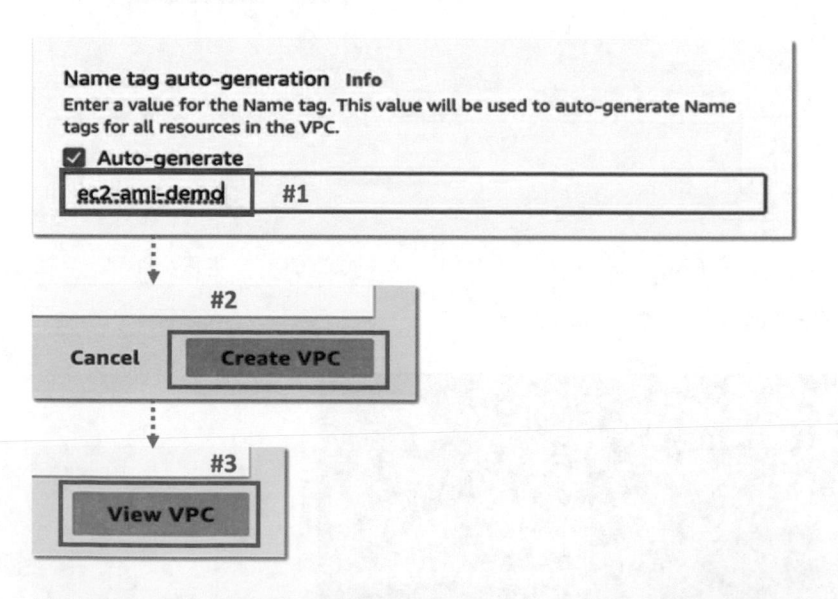

就可以看到 VPC 建立成功，如下圖。

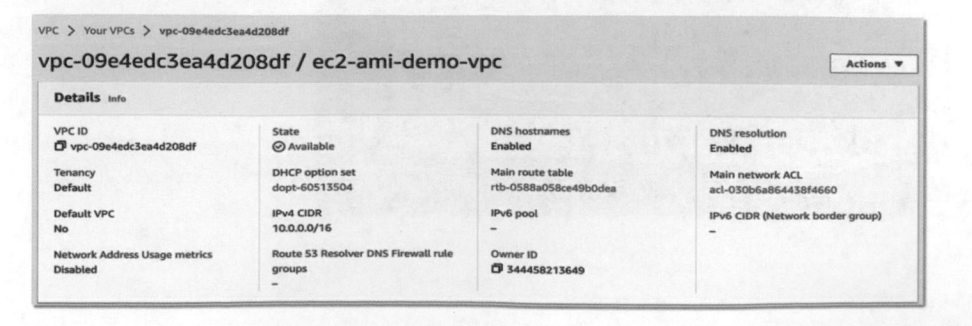

AWS

作者

基礎

VPC
網路

EC2
運算

S3
檔案

RDS
資料庫

IAM
權限

結語

建立 EC2

上方搜尋列輸入「ec2」(下圖 #1),透過下方搜尋結果點進 EC2 介面 (下圖 #2)。

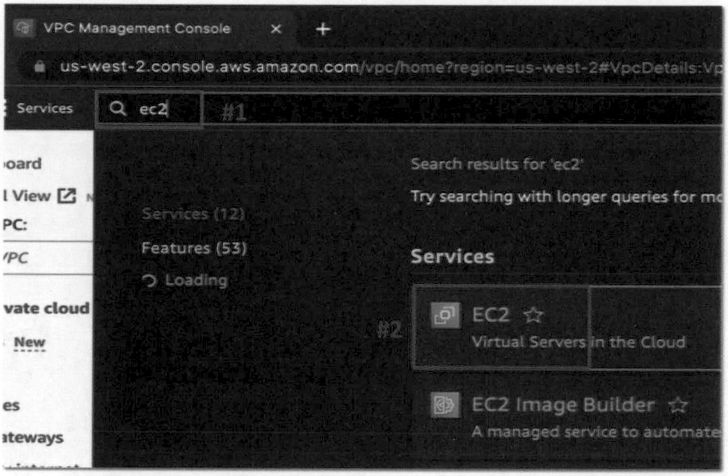

進到 EC2 介面後,利用左列 Instances 連結 (下圖 #1) 切換到 Instances 管理介面,再點擊右上角的 Launch instances (下圖 #2) 來建立 Instance。

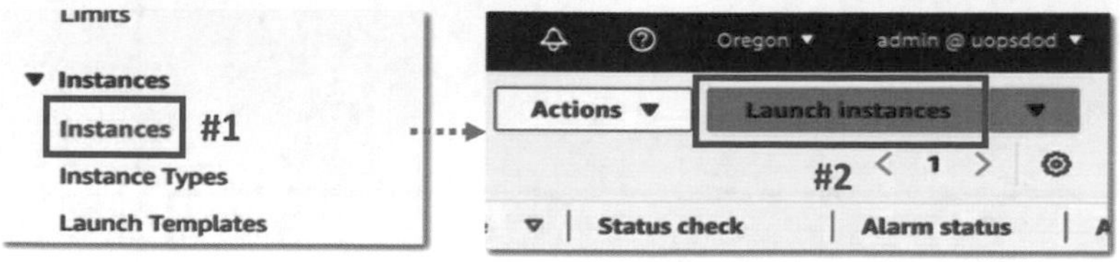

進到 Launch an instance 設定建立 Instance 頁面,在 Name and tags 的 Name 欄位輸入自訂的 EC2 名稱 ec2 -ami-demo,如下圖紅框處。

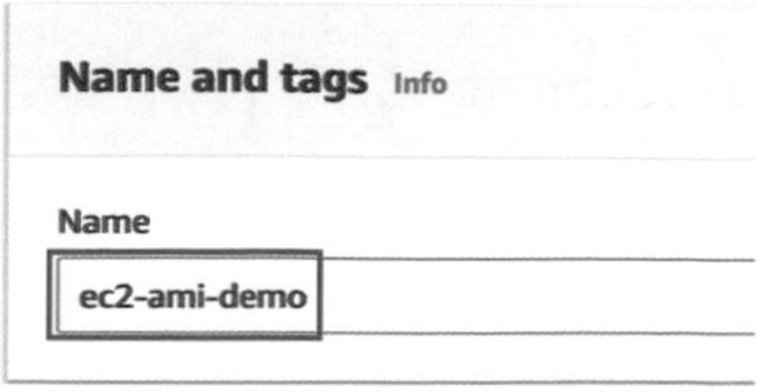

Application and OS Images (Amazon Machine Image) 直接選擇 Quick Start 下方 Amazon Linux OS（下圖 #1），AMI 選擇 Amazon 事先做好的（下圖 #2），Architecture CPU 規格為 64 -bit (x86)（下圖 #3）。

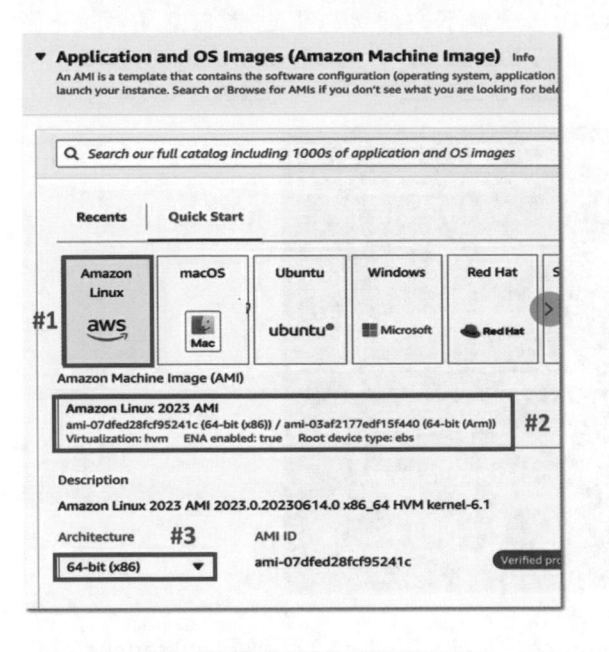

Instance type 選擇前幾單元常選的 t3 a.micro，如下圖紅框處。

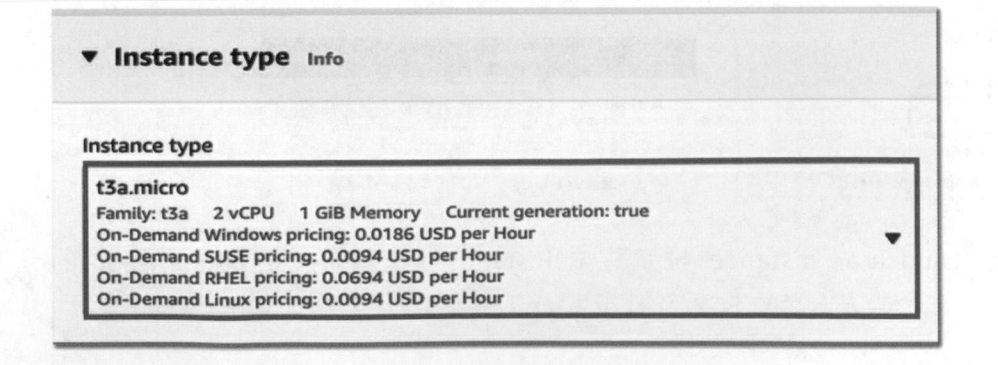

Key pair (login) 選取 Proceed without a key (Not recommended)，如下圖紅框處。

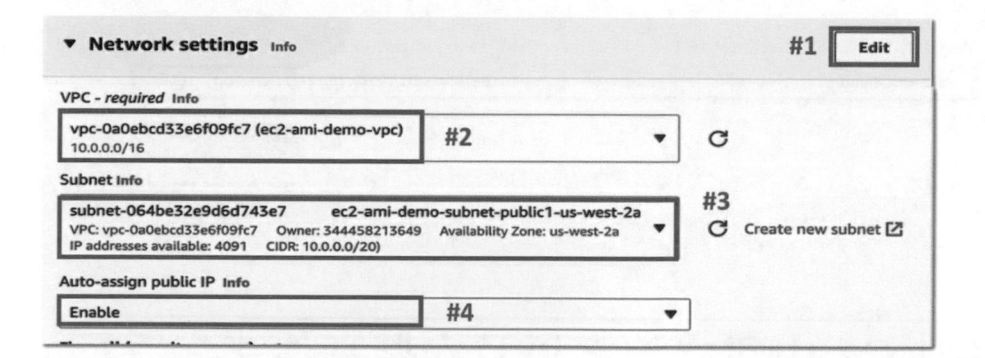

AWS

作者

基礎

VPC
網路

EC2
運算

S3
檔案

RDS
資料庫

IAM
權限

結語

Network settings 網路設定點進右上方 Edit（下圖 #1）編輯模式，VPC 選擇剛才建立的（下圖 #2），Subnet 選擇其中一個 Public Subnet（下圖 #3），Auto-assign public IP 設為 Enable（下圖 #4）。

其他設定維持預設即可，點擊右下方 Launch instance 進行 Instance 建立（下圖 #1）。

Launch Instance 成功後會出現成功訊息，點擊上方連結 Instances 回到管理介面，如下圖紅框處。

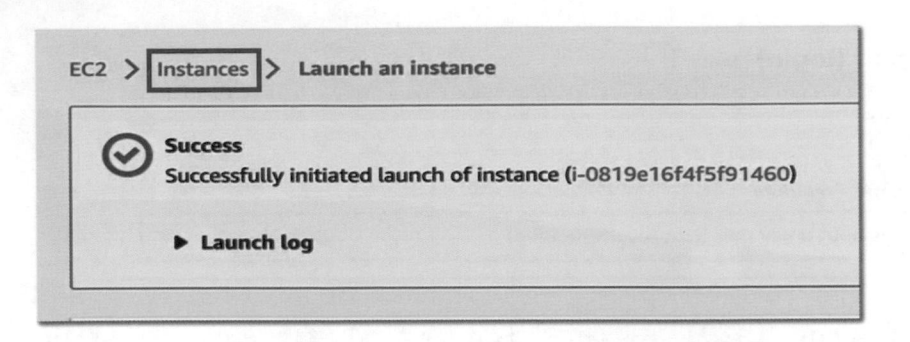

Launch Instance 完畢後回到管理介面，會看到 EC2 是 Pending 建立中（下圖 #1），稍等大約兩分鐘後（下圖 #2），狀態就會變成 Running 運作中（下圖 #3）。

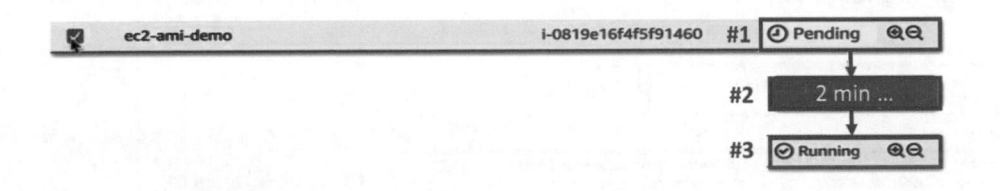

在 EC2 中建立檔案以及安裝套件

EC2 成功運作後（下圖 #1），點擊上方 Connect（下圖 #2）進入連線設定。

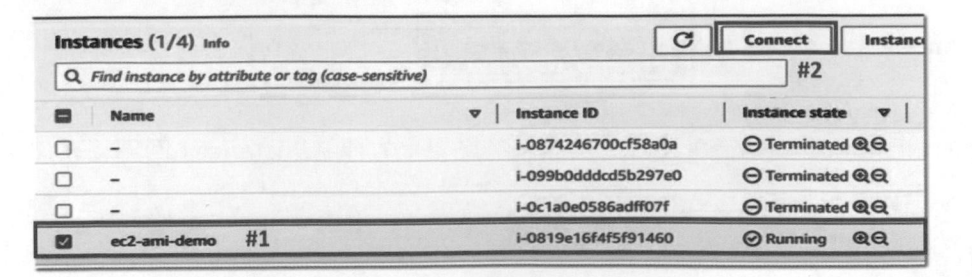

進到連結畫面，點擊頁面底部右方的 Connect，會跳出連接視窗，如下圖紅框處。

先 輸 入「sudo fallocate -l 1 G fake_file_in_ami」執 行（下 圖 #1），fake_file_in_ami 是自定的檔案名稱，我們在這台 EC2 中創建一個 1 G 的檔案。再用「ls -lh」檢查當前目錄（下圖 #2），就會看到剛剛建立的 1 G 檔案（下圖 #3）。

```
[ec2-user@ip-10-0-6-118 ~]$ sudo fallocate -l 1G fake_file_in_ami  #1
[ec2-user@ip-10-0-6-118 ~]$ ls -lh  #2
total 1.0G
-rw-r--r--. 1 root root 1.0G Jun 18 23:37 fake_file_in_ami  #3
```

完成建立 1 G 的檔案後，再來安裝一些套件，比如說想要讓所有團隊的人未來都有 Git 套件可以使用，輸入「sudo yum install -y git」執行，如下圖。「yum」（下圖 #1）是 Amazon Linux AMI 使用的安裝指令，大家可以根據自己的 Linux 操作系統不同而使用不同的安裝套件；「-y」（下圖 #2）是預設接受任何安裝；「git」（下圖 #3）則是目標安裝的 Git 套件。

```
[ec2-user@ip-10-0-6-118 ~]$ sudo yum install -y git
                                #1            #2  #3
```

再透過「sudo git --version」（下圖 #1），就可以看到成功安裝 Git 了（下圖 #2）。

```
[ec2-user@ip-10-0-6-118 ~]$ sudo git --version  #1
git version 2.40.1  #2
```

再來，比如說團隊共同還需要 Docker 這個套件，那就輸入「sudo yum install -y docker」執行安裝，如下圖。

```
[ec2-user@ip-10-0-6-118 ~]$ sudo yum install -y docker
```

AWS

作者

基礎

VPC
網路

EC2
運算

S3
檔案

RDS
資料庫

IAM
權限

結語

安裝成功後會出現完成訊息,如下圖。

```
Installed:
  containerd-1.6.19-1.amzn2023.0.1.x86_64                    docker-20.
0.2.x86_64
  iptables-nft-1.8.8-3.amzn2023.0.2.x86_64                   libcgroup-
amzn2023.0.2.x86_64
  libnfnetlink-1.0.1-19.amzn2023.0.2.x86_64                  libnftnl-1

  runc-1.1.5-1.amzn2023.0.1.x86_64

Complete!
```

輸入「sudo docker --version」(下圖 #1) 檢查是否安裝成功,安裝成功的話,
即可看到安裝的 Docker 版本訊息 (下圖 #2)。

```
[ec2-user@ip-10-0-6-118 ~]$ sudo docker --version  #1
Docker version 20.10.23, build 7155243  #2
```

目前為止,我們在這台 EC2 做了三個變化,分別是 1 G 檔案 (下圖 #1)、Git (
下圖 #2) 與 Docker 套件 (下圖 #3) 的安裝。

到這邊來回顧一下,我們的目的是要去測試,放在一個 AMI 裡面的檔案以及套
件是否能成功的留給所有未來的 EC2 Instance 使用,也就是接下來,我們將會
去測試是否能看到這三個變化被保留住。

```
[ec2-user@ip-10-0-6-118 ~]$ ls -lh
total 1.0G  #1
-rw-r--r--. 1 root root 1.0G Jun 18 23:37 fake_file_in_ami
[ec2-user@ip-10-0-6-118 ~]$ sudo git --version
git version 2.40.1   #2
[ec2-user@ip-10-0-6-118 ~]$ sudo docker --version
Docker version 20.10.23, build 7155243   #3
```

回到 EC2 連結設定介面,點擊右下角 Cancel 回去 Instances 管理頁面,如下
圖紅框處。

AWS

作者

基礎

VPC
網路

EC2
運算

S3
檔案

RDS
資料庫

IAM
權限

結語

以 AMI 建立對應於 EBS Volume 的 Snapshot

在 Instances 頁面中有剛剛所創建的 EC2 Instance (下圖 #1)，透過左列 Volumes 連結切換到管理頁面，能夠看到相對應的 EBS Volume (下圖 #2)，但是再點進左列的 Snapshots，就會發現還未有相對應的 Snapshot (下圖 #3)，所以我們接下來將會透過 AMI 創建出一個相對應於 EBS Volume 的 Snapshot。

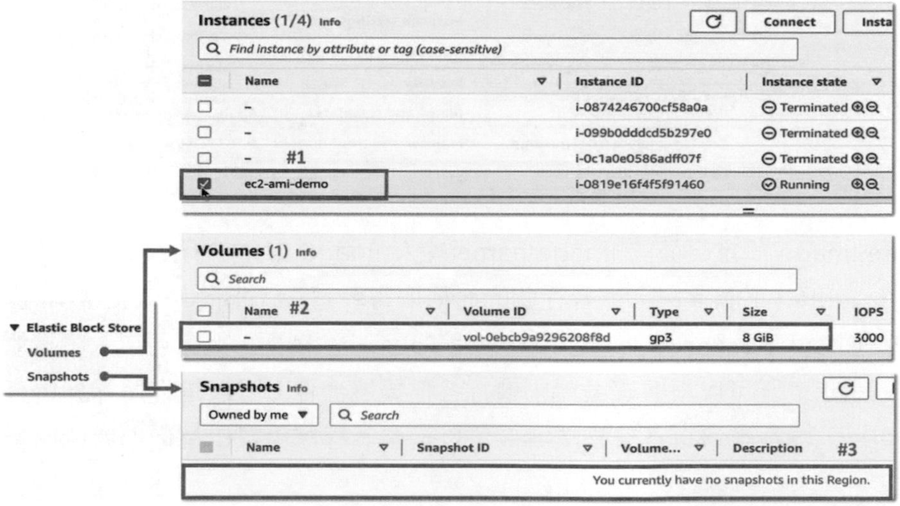

再來透過左列 Instances (下圖 #1) 回到管理介面，勾選 AMI (下圖 #2)，展開右上方的 Actions (下圖 #3)，點擊 Image and templates (下圖 #4) 中的 Create image (下圖 #5)。

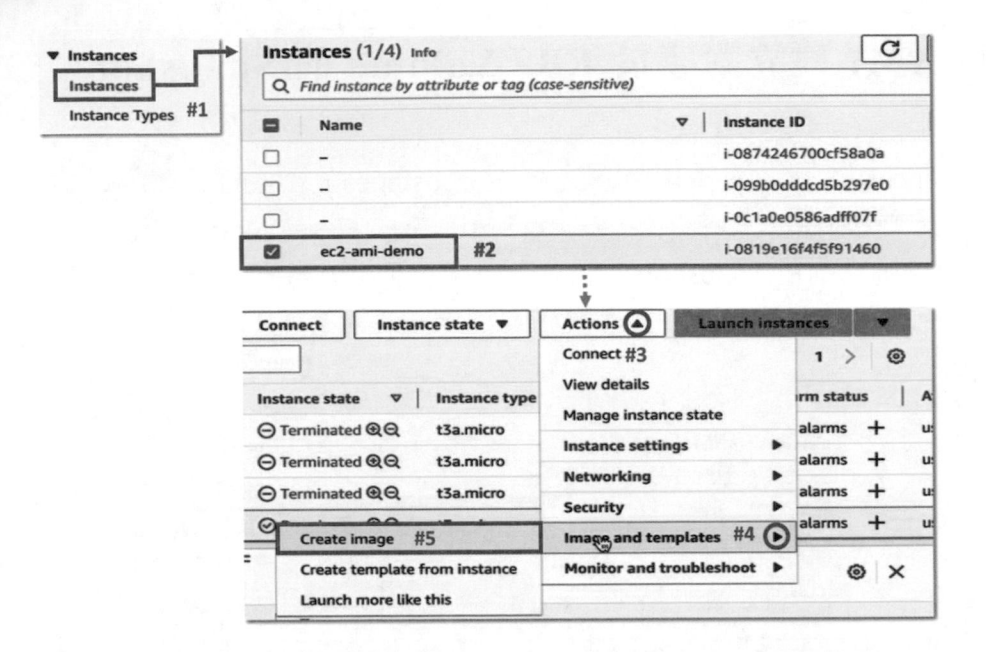

在 Create image 設定頁面的 Image name 輸入 Image 自訂名稱 ec2 -ami-git-docker-fakefile（下圖 #1）。筆者在此的名稱取得較直白，指的是這個 AMI 裡面已經有 Git 跟 Docker 兩個套件以及一個 Fake File 檔案。大家可以去模擬體會一下，這些東西可以根據專案需求進行各種擴展套件，可以是你所需要的任何其他套件，檔案也可以不只是檔案，可以是整個程序專案作為你部署的時候使用。

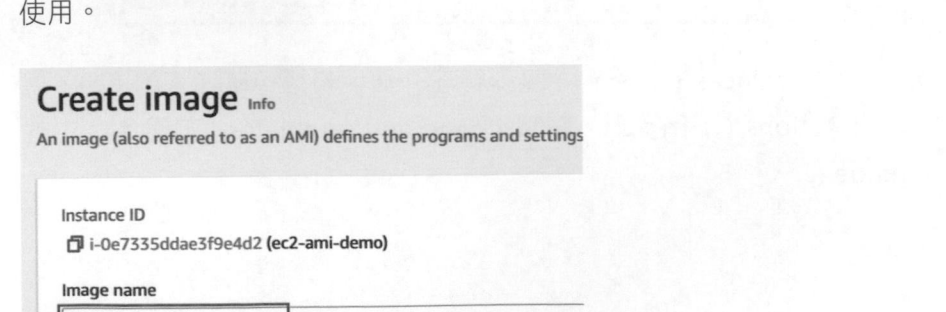

下方 No reboot 設定的是創建這個 AMI 的時候，是否要重啟 EC2，如下圖。重啟通常是比較好的，也是比較建議的，可以讓你的檔案更同步，所以這邊我

AWS

作者

基礎

VPC
網路

EC2
運算

S3
檔案

RDS
資料庫

IAM
權限

結語

們不會 Enable No reboot。也就是讓我們 EC2 Instance 在 AMI 創建的時候去進行重新啟動。

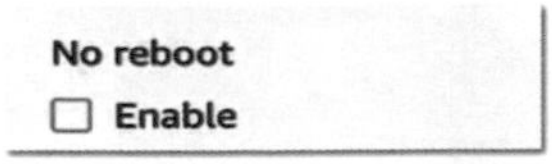

No reboot
☐ Enable

因為 EC2 Instance 只有用一個 EBS Volume 作為它的開機硬碟,所以此處僅有一個 EBS Volume,如下圖紅框處。而稍後 AMI 在創建過程中會透過這個 EBS Volume 去創造出一個相對應的 EBS Snapshot,也如同我們在觀念程式中所提到的,我們需要有 Snapshot 才可以去建造一個 AMI。

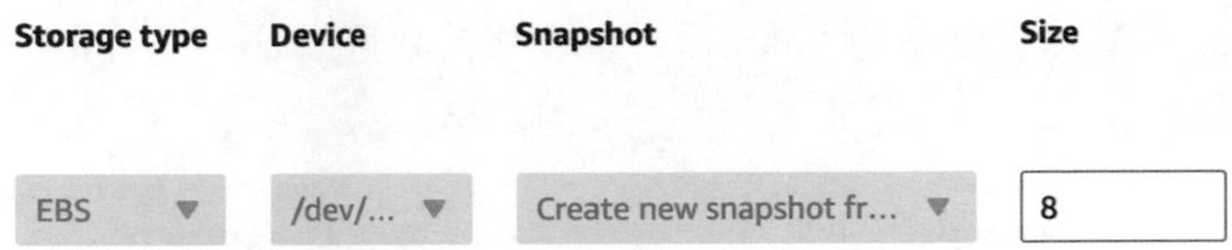

Storage type	Device	Snapshot	Size
EBS ▼	/dev/... ▼	Create new snapshot fr... ▼	8

設定完成後,點擊右下角的 Create Image 確定建立。

Cancel   **Create image**

完成 AMI Image 建立後,透過左列 AMIs 切換到 AMIs 管理介面,如下圖紅框處。

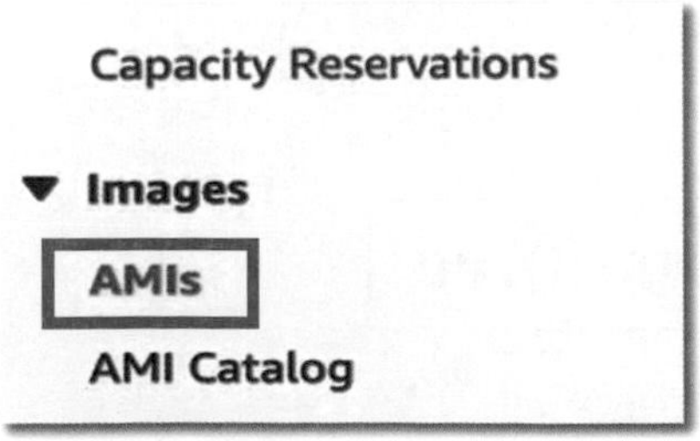

Capacity Reservations

▼ **Images**

　AMIs

　AMI Catalog

就會在 AMIs 頁面看到剛剛所創建的 AMI,往右拉看到 Status 狀態為 Pending (下圖 #1),稍等大概 5 分鐘 (下圖 #2),再重新整理 (下圖 #3),就會看到它的 AMI 狀態變成 Available (下圖 #4)。

透過左方的 Snapshots (下圖 #1) 到 Snapshots 頁面，點擊重新整理 (下圖 #2)，就會看到在 AMI 的創建過程中，確實也一同創建了一個新的 Snapshot 出來 (下圖 #3)，確定有對應的 Snapshot 產生後，就可以進行 Terminate Instances 的動作了。

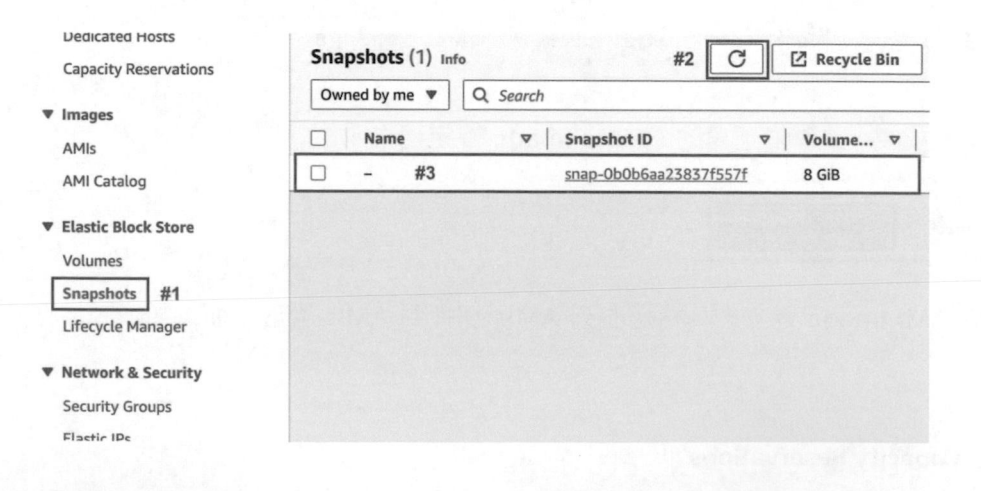

Terminate 原本的 EC2 Instance

透過左列上拉至 Instances (下圖 #1) 並點擊切換到 Instances 頁面，勾選原本的 EC2 Instance (下圖 #2)，展開右上方的 Instance state，按下 Terminate instance (下圖 #3) 進行 Terminate 關閉。

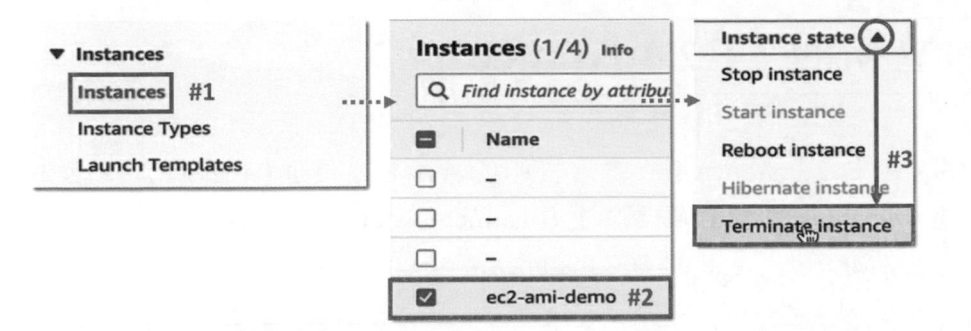

點擊 Terminate instance 確認面板右下方的 Terminate 確認進行關閉 Instance 的動作，如下圖紅框處。

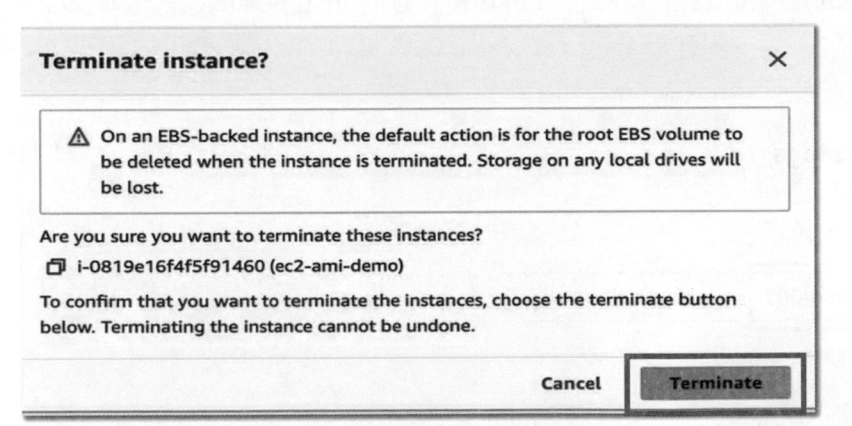

Terminate Instance 後，Instance 的狀態會先為 Shutting-down（下圖 #1），等大概 2 分鐘後（下圖 #2），重新整理即會關閉成功，狀態變成 Terminated（下圖 #3）。

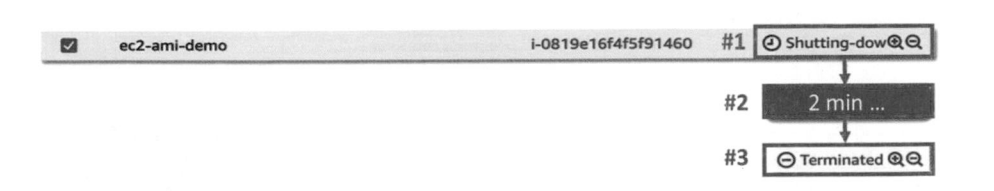

AWS

作者

基礎

VPC
網路

EC2
運算

S3
檔案

RDS
資料庫

IAM
權限

結語

建立新的 EC2 Instance

關閉原本的 EC2 Instance 後，透過左列切換到 AMIs 頁面（下圖 #1），勾選先前創建的 AMI（下圖 #2），點擊右上方 Launch instance from AMI（下圖 #3），透過這個 AMI 創造一台新的 EC2 Instance。

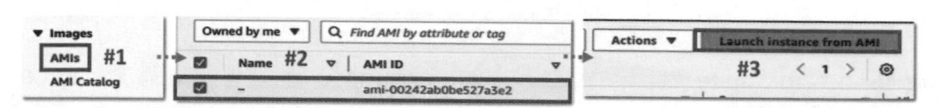

一樣，先在 Name and tags 區塊的 Name 輸入新的 Instance 的自訂名稱 ec2 - ami-demo-002，如下圖紅框。

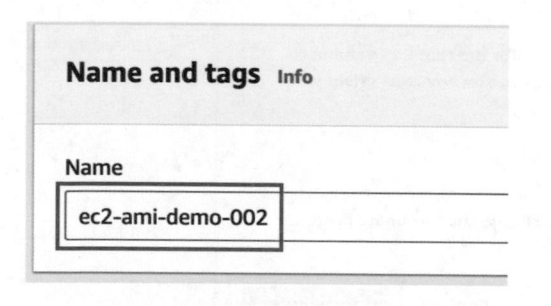

往下看會發現 Application and OS Images (Amazon Machine Image) 已經被預設選好了，也就是我們剛剛所創建的 AMI，如下圖紅框處。

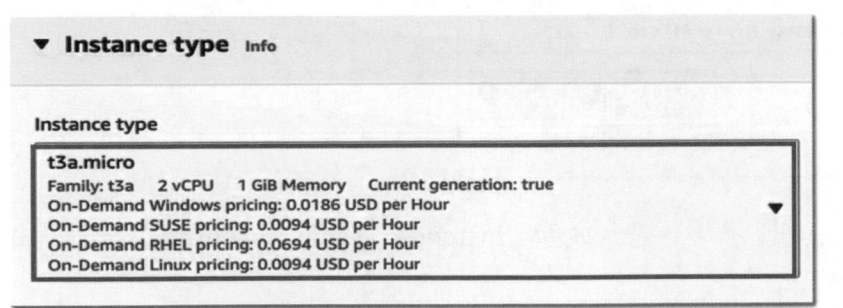

AWS

作者

基礎

VPC
網路

EC2
運算

S3
檔案

RDS
資料庫

IAM
權限

結語

Instance Type 選擇之前常用的 t3 a.micro，如下圖紅框處。

Key pair (login) 選擇 Proceed without a key pair (Not recommended)，如下圖紅框處。

Network settings 點擊 Edit 切換為編輯模式（下圖 #1），選擇 VPC 為先前建置的 VPC（下圖 #2），Subnet 選擇其中一個 Public Subnet（下圖 #3），Auto-assign public IP 設為 Enable（下圖 #4）。

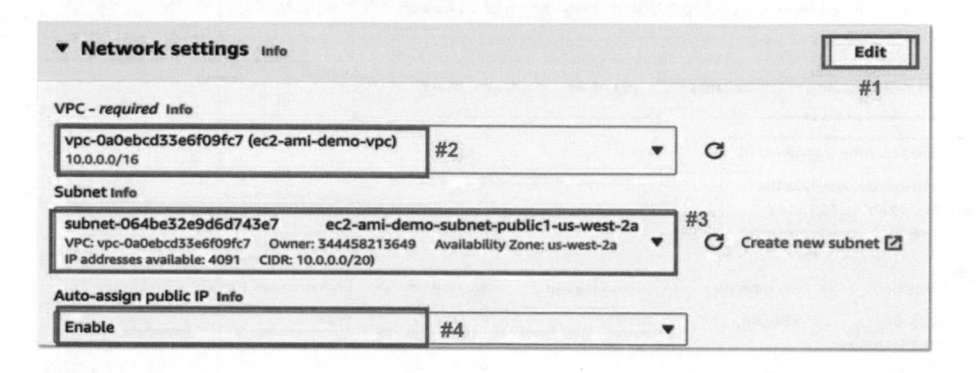

其他設定維持預設即可，點擊右方 Launch instance 進行建立 Instance，如下圖紅框處。

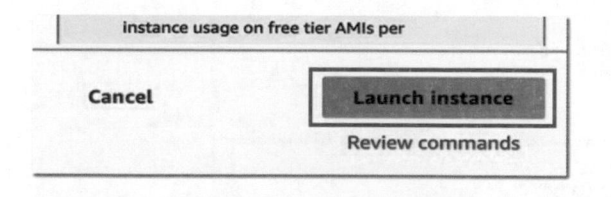

出現成功建立的訊息後，透過上方連結 Instances 回到 Instances 管理頁面，如下圖紅框處。

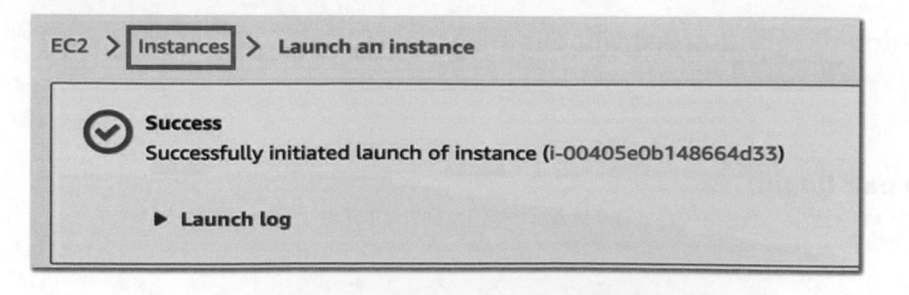

Instances 介面可看到剛才所創建的新 EC2 正在建立（下圖 #1），稍等大約 2 分鐘後（下圖 #2），狀態即會變成 Running（下圖 #3）。

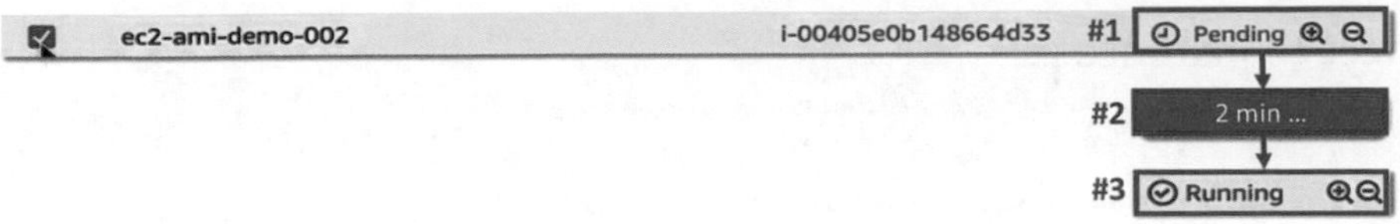

AWS

作者

基礎

VPC
網路

EC2
運算

S3
檔案

RDS
資料庫

IAM
權限

結語

| ☑ | ec2-ami-demo-002 | i-00405e0b148664d33 | #1 | ⏱ Pending ⊕ ⊖ |

#2　2 min ...

#3　⊘ Running ⊕⊖

驗證 EBS-based AMI 機制

勾選已成功運作的 EC2 Instance (下圖 #1)，點擊進入 Connect 設定頁面 (下圖 #2)。

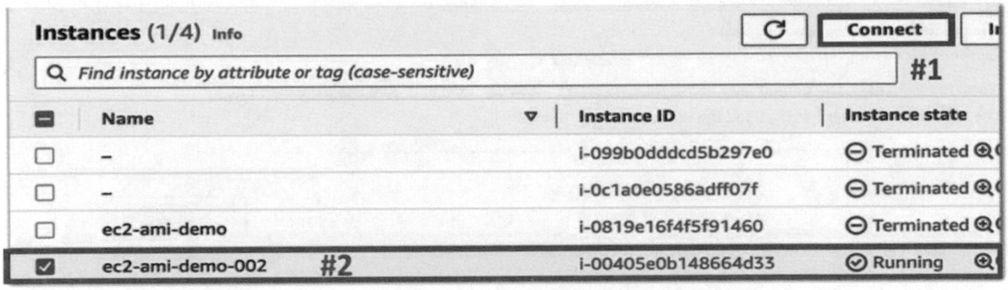

Instances (1/4) Info　　　　　　　　　　　　　⟳　**Connect**　I#1

Q *Find instance by attribute or tag (case-sensitive)*

☐	Name	▽	Instance ID	Instance state
☐	–		i-099b0dddcd5b297e0	⊖ Terminated ⊕
☐	–		i-0c1a0e0586adff07f	⊖ Terminated ⊕
☐	ec2-ami-demo		i-0819e16f4f5f91460	⊖ Terminated ⊕
☑	ec2-ami-demo-002　#2		i-00405e0b148664d33	⊘ Running　⊕

到 Connect to instance 設定頁面後，要記得把 User name 從 root 改成 ec2-user (下圖 #1)，這樣才會跟之前所登錄的方式一致，再按右下 Connect 連接 Instance (下圖 #2)。

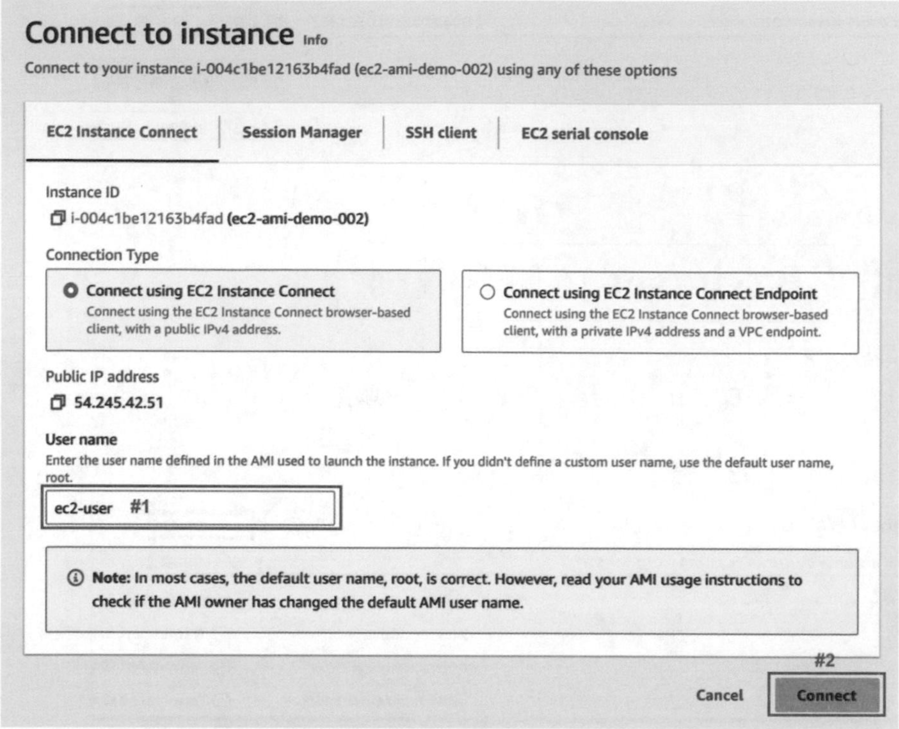

Connect to instance Info

Connect to your instance i-004c1be12163b4fad (ec2-ami-demo-002) using any of these options

EC2 Instance Connect	Session Manager	SSH client	EC2 serial console

Instance ID
🗐 i-004c1be12163b4fad **(ec2-ami-demo-002)**

Connection Type

● **Connect using EC2 Instance Connect**
　Connect using the EC2 Instance Connect browser-based
　client, with a public IPv4 address.

○ **Connect using EC2 Instance Connect Endpoint**
　Connect using the EC2 Instance Connect browser-based
　client, with a private IPv4 address and a VPC endpoint.

Public IP address
🗐 54.245.42.51

User name
Enter the user name defined in the AMI used to launch the instance. If you didn't define a custom user name, use the default user name, root.

ec2-user　#1

ⓘ **Note:** In most cases, the default user name, root, is correct. However, read your AMI usage instructions to check if the AMI owner has changed the default AMI user name.

　　　　　　　　　　　　　　　　　　　　　　　　　　#2

Cancel　　**Connect**

即會跳出成功連結的面板，如下圖。

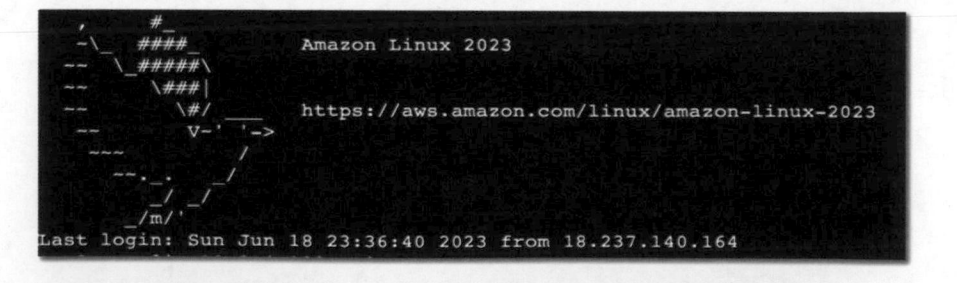

```
 ,       #_
 -\_  ####_                Amazon Linux 2023
 ~~  \_#####\
 ~~     \###|
 --       \#/___          https://aws.amazon.com/linux/amazon-linux-2023
 -       V~' '->
  ~~~        /
   ~~._.   _/
      _/ _/
     _/m/'
Last login: Sun Jun 18 23:36:40 2023 from 18.237.140.164
```

連結 EC2 Instance 成功後，透過指令「ls -lh」（下圖 #1）可看到 1 G 檔案（下圖 #2）。再用「sudo git --version」（下圖 #3），即可看到 Git 的版本資訊（下圖 #4）。最後以「sudo docker --version」（下圖 #5），也可得到 Docker 套件的資訊（下圖 #6）。

也就表示 AMI 所創建出來的 EC2 Instance 成功的保留之前所安裝的所有套件以及檔案，換句話說，代表這台 EC2 Instance 從最開始創建出來的時候，就已經有這三樣資源供你使用，非常的方便。

```
[ec2-user@ip-10-0-4-120 ~]$ ls -lh   #1
total 1.0G
-rw-r--r--. 1 root root 1.0G Jun 18 23:37 fake_file_in_ami #2
[ec2-user@ip-10-0-4-120 ~]$ sudo git --version  #3
git version 2.40.1  #4
[ec2-user@ip-10-0-4-120 ~]$ sudo docker --version  #5
Docker version 20.10.23, build 7155243   #6
```

總結

　　AMI 的使用非常適合一個團隊去制定一個共用的 EC2 規格，讓每個成員一拿到 EC2 Instance，就有這個公司或這個團隊所需要的所有套件以及檔案，可以馬上進行開發與部署。

　　至此，就了解了如何透過一台 EC2 去建造出一個 AMI，再透過這個 AMI 去建造出多台新的 EC2 Instance，下個單元我們將來進到資源清理的部分，那本單元就到這邊結束。

AWS

作者

基礎

VPC
網路

EC2
運算

S3
檔案

RDS
資料庫

IAM
權限

結語

實作示範

EC2 模板 AMI 資源清理

這次單元我們將來進行 AMI 實作的清理部分,那我們就開始吧。

刪除 EC2 Instance

首先上方搜尋「ec2」(下圖 #1)點擊結果連結 (下圖 #2)切換到 EC2 頁面。

進到 EC2 頁面後,點擊左列 Instances 切換至 Instances 管理介面,如下圖紅框處。

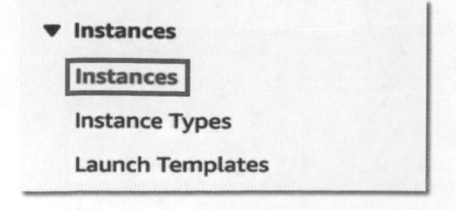

勾選正在運作的 Instance（下圖 #1），展開右上角 Instance state，點擊
Terminate instance（下圖 #2）對 Instance 進行關閉的動作。

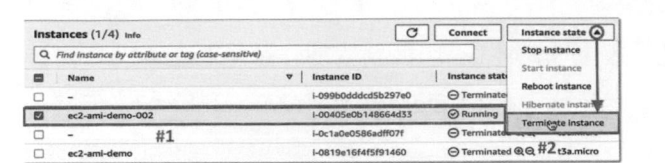

AWS

作者

基礎

VPC
網路

EC2
運算

S3
檔案

RDS
資料庫

IAM
權限

結語

Terminate instance 確認面板跳出後，按右下角 Terminate 確定關閉
Instance，如下圖紅框處。

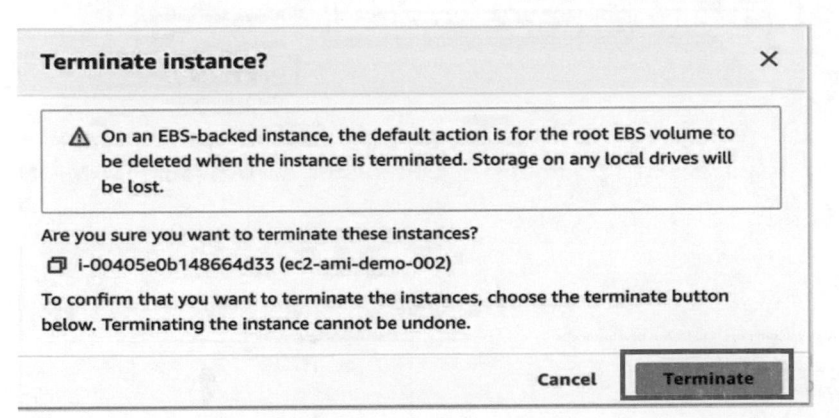

進行 Terminate 後，Instance 狀態會為 Shutting-down 關閉中（下圖 #1），等
大約 2 分鐘（下圖 #2），即會變成 Terminated 完成關閉（下圖 #3）。

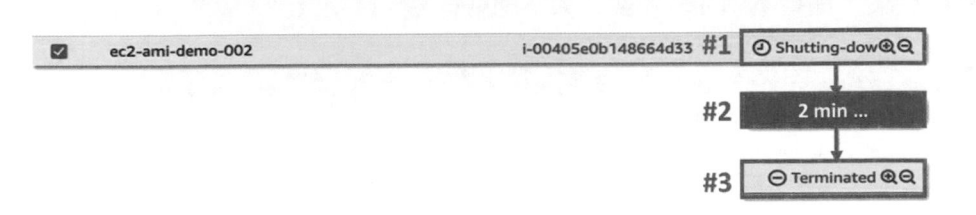

刪除 AMI

再來進行 AMI 的清理，透過左列連結 AMIs 切換到管理介面（下圖 #1），勾選 AMI（下圖 #2），展開右上角 Actions，利用 Deregister AMI（下圖 #3）來進行註銷 AMI 的動作。

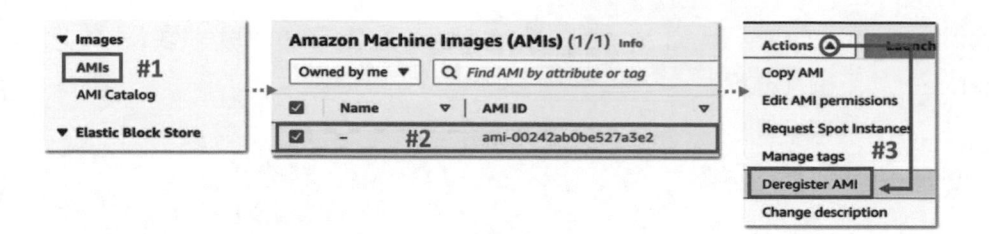

Deregister AMI 確認面板跳出後，按右下角 Deregister AMI 確認進行 AMI 的註銷，如下圖紅框處。

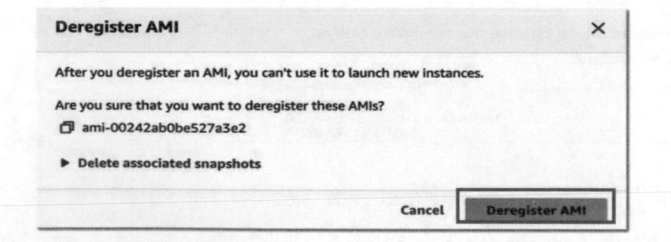

清除 AMI 後，即會看到列表為空，如下圖紅框處。

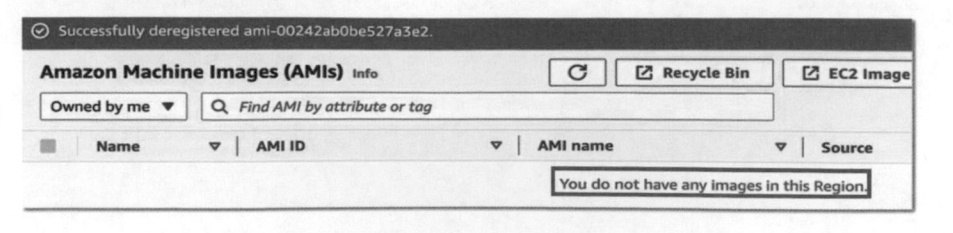

AWS

作者

基礎

VPC
網路

EC2
運算

S3
檔案

RDS
資料庫

IAM
權限

結語

刪除 Snapshot

刪除 AMI 後，藉由左列連結到 Snapshots 介面 (下圖 #1)，會發現 AMI 創建
過程所創建出來的 Snapshot 還會存在著，所以把 Snapshot 勾選起來 (下圖
#2)，展開右上 Actions，透過 Delete snapshot 進行刪除 (下圖 #3)。

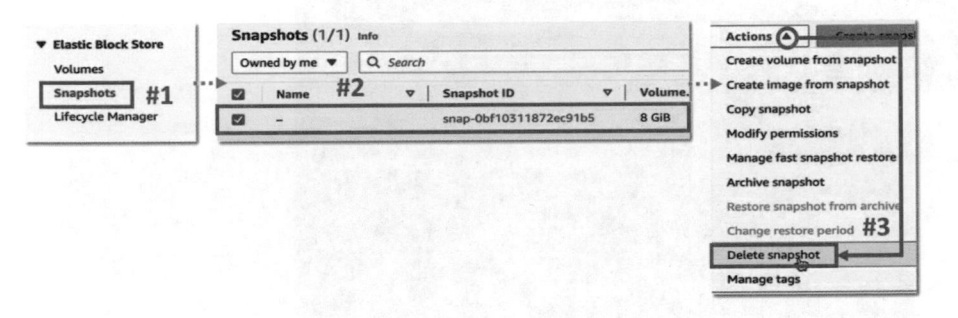

Delete snapshot 確認面板跳出後，按右下 Delete 確認進行 Snapshot 的清理，
如下圖紅框處。

進行清除 Snapshot 動作後，即會看到 Snapshot 被刪除了，如下圖紅框處。

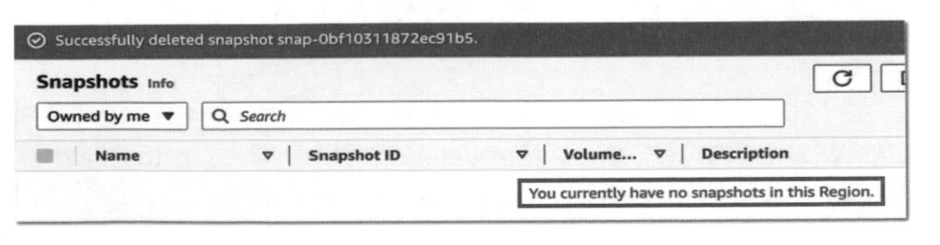

刪除 VPC

Snapshot 清除完畢後，在上方搜尋列輸入「vpc」(下圖 #1)，點擊下方結果進入 VPC 介面 (下圖 #2)。

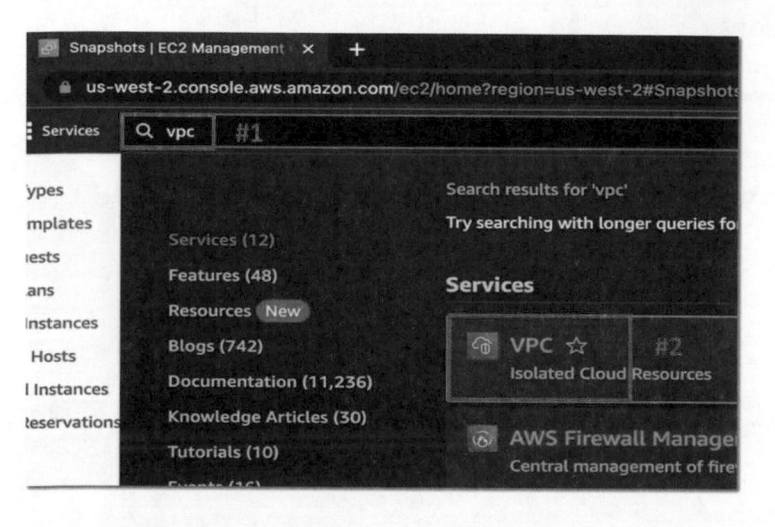

進到 VPC 頁面後，透過左列 Your VPCs 連結 (下圖 #1) 切換到管理介面，勾選 VPC (下圖 #2)，展開右上 Actions，按下 Delete VPC (下圖 #3) 對 VPC 進行刪除。

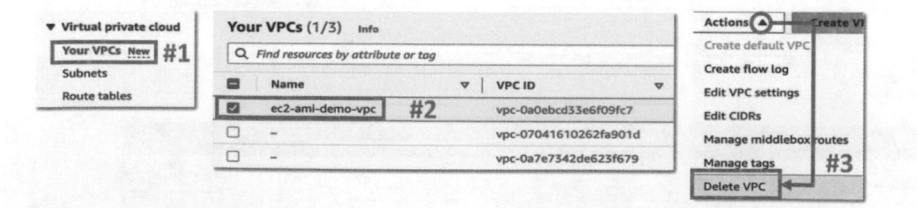

在確認刪除 VPC 面板中下方 To confirm deletion, type delete in the field 欄位輸入 delete (下圖 #1)，再點擊右下角 Delete 進行刪除 (下圖 #2)。

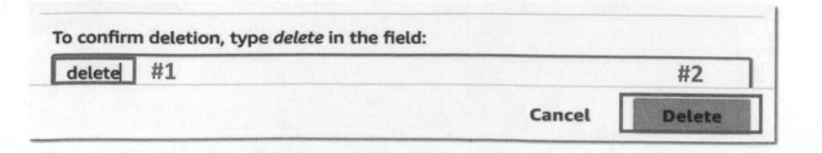

進行刪除 VPC 動作後，即可看到它從 Your VPCs 列表中消失了，如下圖。

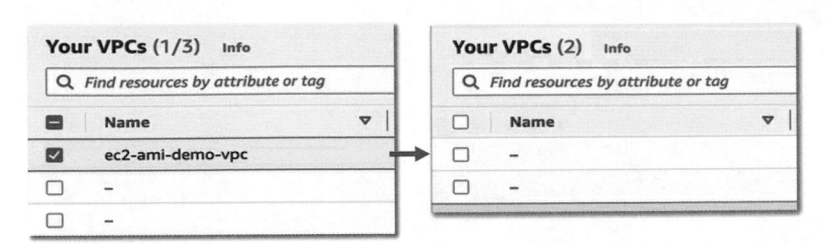

經過 EC2 Instance、AMI、Snapshot、VPC 的刪除，也就完成這次 AMI 練習的所有資源清理部分，那麼本單元就到這邊結束。

AWS

作者

基礎

VPC
網路

EC2
運算

S3
檔案

RDS
資料庫

IAM
權限

結語

6

AWS S3 儲存資源

【觀念講解】

S3 是什麼？ S3 vs EBS 方案比較

本文將利用 S3 與 EBS 方案比較，來為大家介紹 AWS S3 的基本定位。

AWS S3 及 EBS 的儲存類別比較 (Storage)

AWS 服務中的 S3 及 EBS 的類別，分別對應 Object-Level Storage（下圖 #1）
及 Block-Level Storage（下圖 #2）。

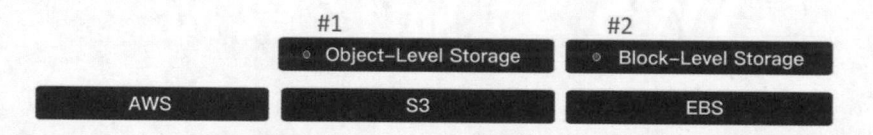

AWS S3 及 EBS 的功能比較 (Operation)

S3 與 EBS 能做的事情不同，S3 能做到創造 (Create) 與刪除 (Delete)(下圖
#1)；而 EBS 除了創造 (Create) 與刪除 (Delete)，甚至能做到修改 (Edit)(下圖
#2)。

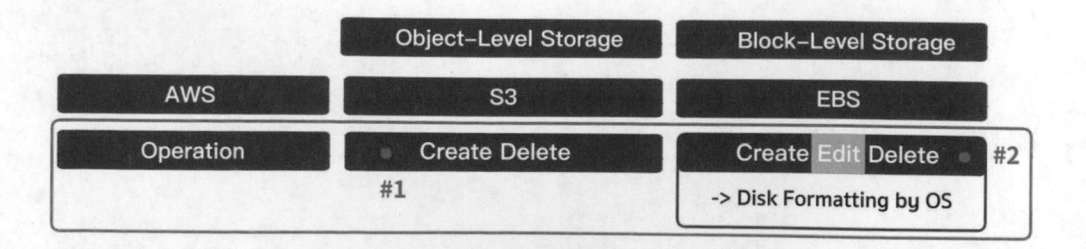

S3 的功能 (Operation)

S3 只能做到創造 (Create) 與刪除 (Delete)(下圖 #1)，也就是我們只能把一個完
整的檔案上傳上去，或者把上面已存在的完整檔案給直接刪掉，我們不能開啟

一個檔案，對裡面的某一行進行修改，這是 Object-Level Storage 類別的一個小缺點 (下圖 #2)。

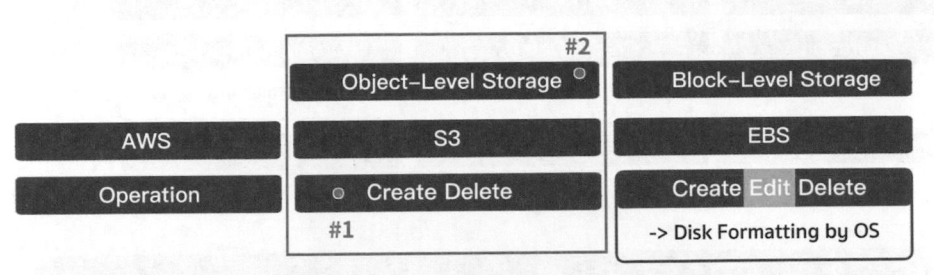

AWS

作者

基礎

VPC
網路

EC2
運算

S3
檔案

RDS
資料庫

IAM
權限

結語

EBS 的功能 (Operation)

為什麼 EBS 能夠比 S3 多出一個修改 (Edit) 功能呢？(下圖 #1)

這是因為 EBS 是 Block-Level Storage 類別 (下圖 #2)，所以當我們想要掛載到任何一台 EC2 Instance 的時候，都需要先進行硬碟格式化 (Disk Formatting)(下圖 #3)，並且這個硬碟格式化還要根據不同的作業系統來做 (下圖 #4)。

透過這個方式，作業系統才會知道如何去使用這個硬碟空間，正因為更了解這個硬碟空間的格式，才能針對一個檔案，打開並對其進行新增或修改。

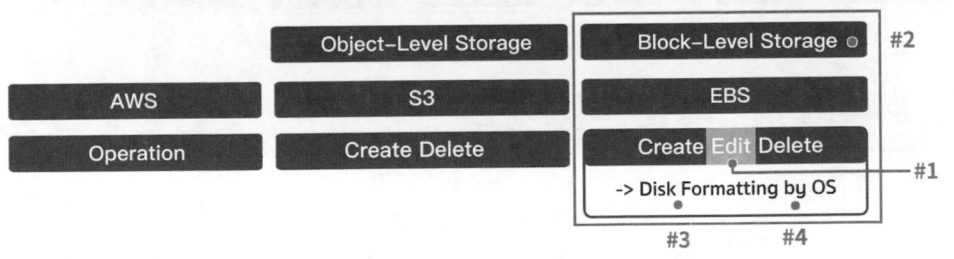

AWS S3 及 EBS 的最大的儲存空間 (Max Storage)

我們可以從下圖看到指標最大的儲存空間，S3 最大是無限 (下圖 #1)，EBS 最大則只能存到 16 TB (下圖 #2)，也就是與 EBS 相較下，S3 遠遠能夠無上限並不停的存放。

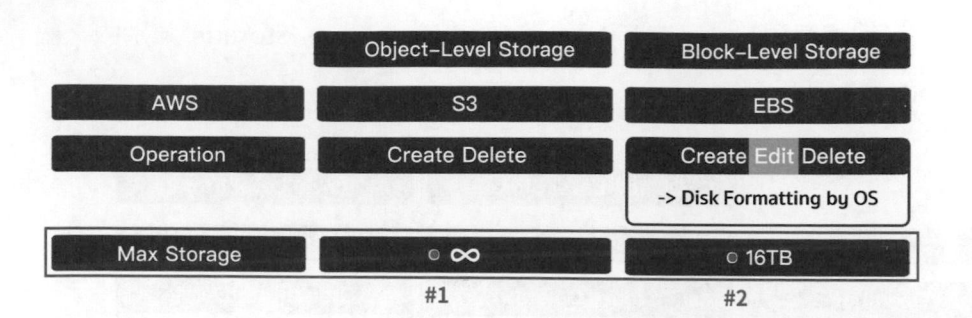

AWS S3 及 EBS 的 Scaling 比較

在面對更大需求的時候，S3 在 Scaling 的方面相較於 EBS 是非常厲害的 (下圖 #1)，而 EBS 則非常的不好 (下圖 #2)，下面我們將細部說明原因。

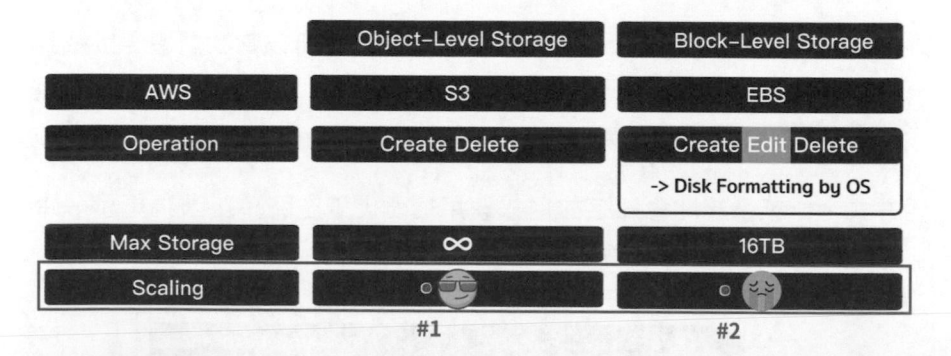

S3 的 Scaling

背後原由是 S3 其實是一個分散式系統，AWS 會一次啟動多台的 Server 來應付所有的 S3 請求，所以 S3 的 Scaling 是非常的強大的。

譬如下圖以 1 個 ● 代表 1 個 Server，並且 S3 有可能一次啟動 8 台 Server 來應付請求，但這樣強大的 Scaling 也帶來了一點小副作用。

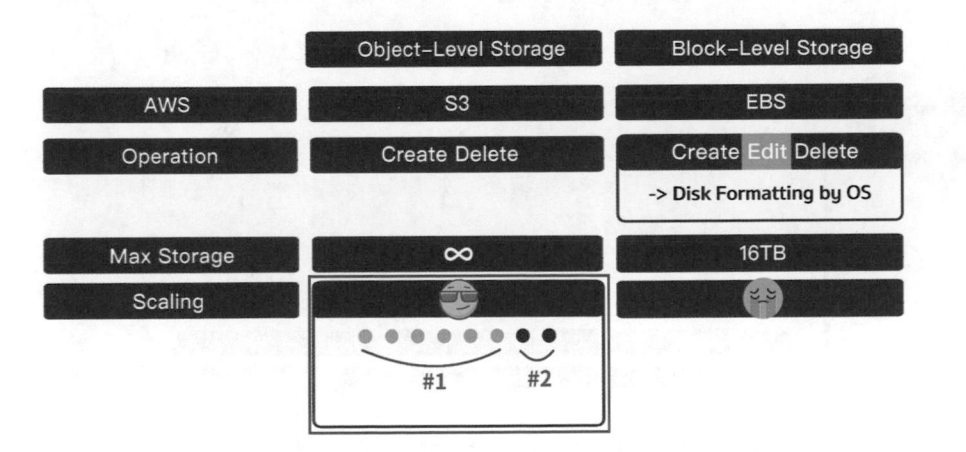

AWS

作者

基礎

VPC
網路

EC2
運算

S3
檔案

RDS
資料庫

IAM
權限

結語

假設我們上傳一個新的檔案,它有可能不會瞬間的直接同步到 8 台的 Server 上面,只同步到 6 台 Server(下圖 #1)。而如果這麼恰好的,後面的請求剛好撞到這兩台還沒跟前面同步的 Server(下圖 #2),我們是有可能會拿到不同步的檔案的。

如果等得夠久,最後 8 台 Server 都會同步擁有最新檔案的版本(下圖 #1),而這樣的特點有一個特別的詞叫做 Eventual Consistency(下圖 #2),即最後會同步的意思。

在 Eventual Consistency 這個概念下所做的(下圖 #2),即是為取得更高的 Availability(下圖 #3),就算是犧牲一點資料的一致性也在所不惜(下圖 #4)。此處的 Availability,指的是整體系統對外持續運作的穩健程度(下圖 #5)。

舉例來說，假設有 8 台 Server，我們不那麼在意資料是否永遠一致 (下圖 #4)，我們更在意的，是客戶端有請求來的時候，是否能夠去回應它 (下圖 #3)，這個就是我們所說的 Availability (下圖 #5)。

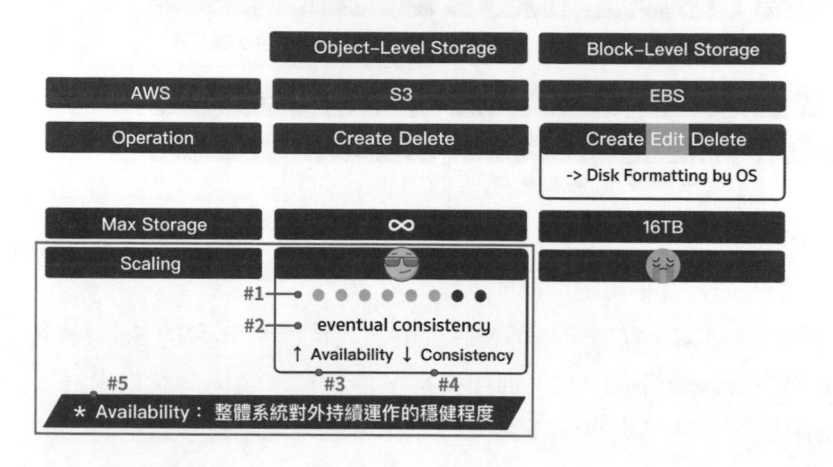

結語

　　下圖為本單元推導出的架構圖，從中可以看到 S3 的優點，就在於最大的儲存空間無限 (下圖 #1)、Scaling 很強 (下圖 #2)，但帶來一個小副作用叫做 Eventual Consistency (下圖 #3)，並且還有一個小缺點，那就是 S3 不能對檔案進行內部的修改 (下圖 #4)。

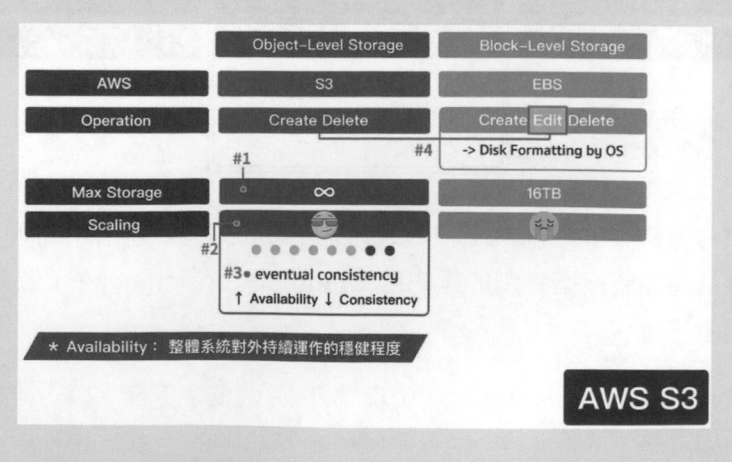

那以上，是我們針對 AWS S3 的基本定位介紹。

AWS
作者
基礎
VPC
網路
EC2
運算
S3
檔案
RDS
資料庫
IAM
權限
結語

【觀念講解】

S3 架構 & 版本控管 (Versioning)

本文將介紹 AWS S3 的架構及其版本控管 (Versioning) 的概念。

Bucket 的特性與創建

此處是以 Global 來代表 S3 為跨 Region 的概念 (下圖 #1)。

首先,我們會在 S3 創建一個 Bucket,並給予一個 Bucket nameing (下圖 #2)。由於 Bucket 是一個跨 Region 的資源,也就是 Global 的資源,所以建立 Bucket 名稱時,必須避免與全球的使用者所建之 Bucket 的名字重複。

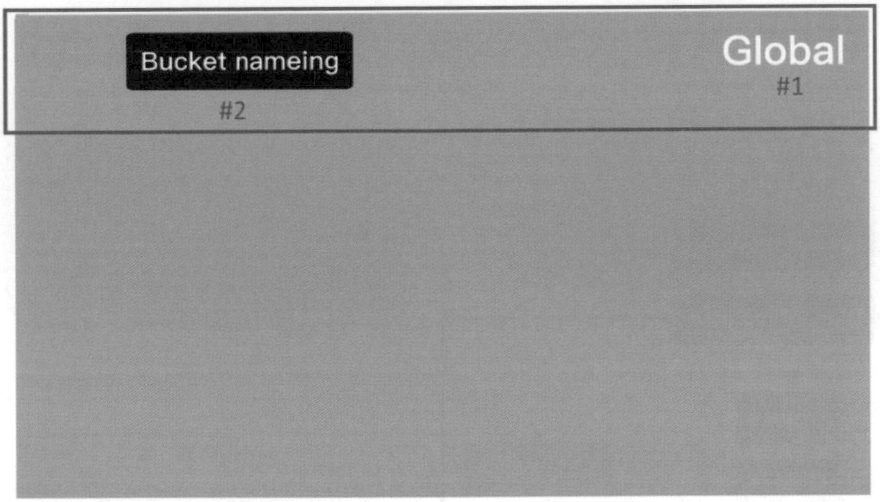

創建 Bucket 的時候,需要先挑選 Region (下圖 #1),而在這裡筆者為 Bucket 取名為 Bucket instance (下圖 #2),裡面可以放上許多檔案 (Object)(下圖 #3)。

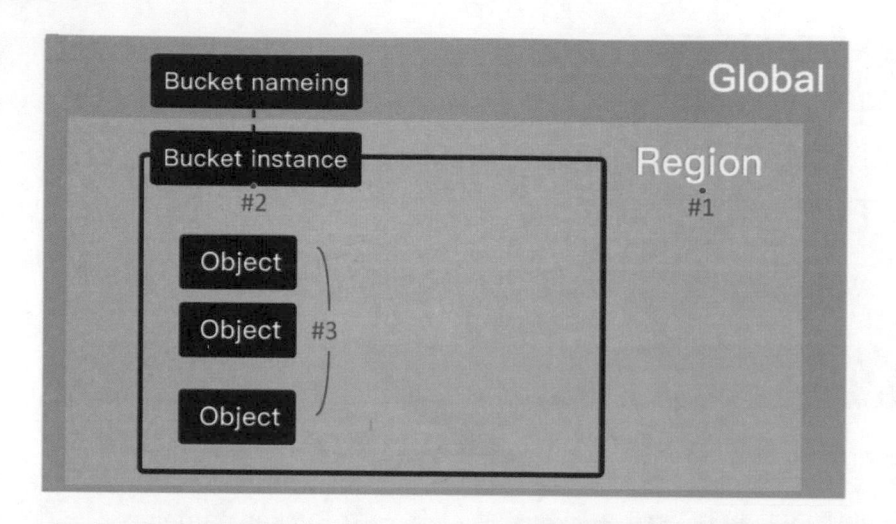

用 Key-Value 找 Object

當需要尋找某個 Bucket 底下的 Object 的時候，使用的機制是一個叫作 Key-Value 的搜尋方式。

Key-Value 機制非常單純 (下圖 #1)，即找到某個 Bucket 之後 (下圖 #2)，再往下找到 Object 的 Key (下圖 #3)，就能拿到此項 Object 的檔案及內容。

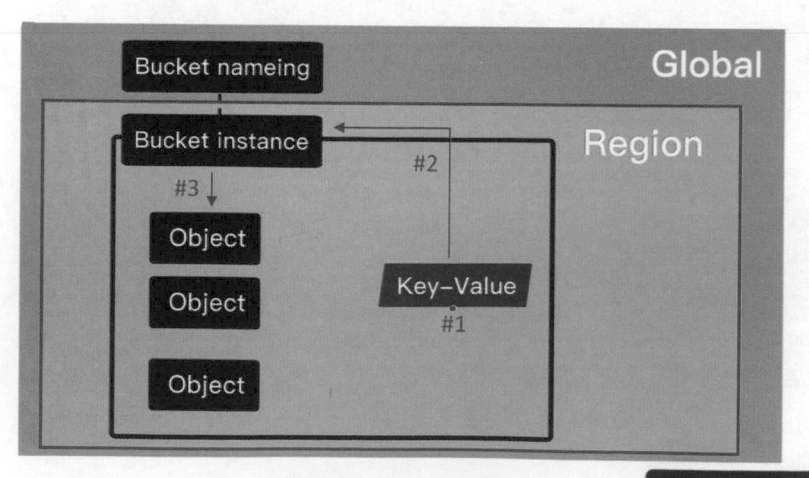

AWS

作者

基礎

VPC
網路

EC2
運算

S3
檔案

RDS
資料庫

IAM
權限

結語

版本控管 (Versioning) 與被覆蓋的共用檔案

工作的時候，可能會遇到同事把共用檔案覆蓋掉而找不回來的事件，為了應付這個狀況，S3 提供了一個功能，叫作版本控管 (Versioning)。

假設，現在有個人不小心把 Object 覆蓋掉了 (下圖 #1)，如果有開啟 Versioning，S3 就會保留原本的檔案，並在新的檔案上面，給新 Object 一個標籤叫 V1 (Versioning1) (下圖 #2)。

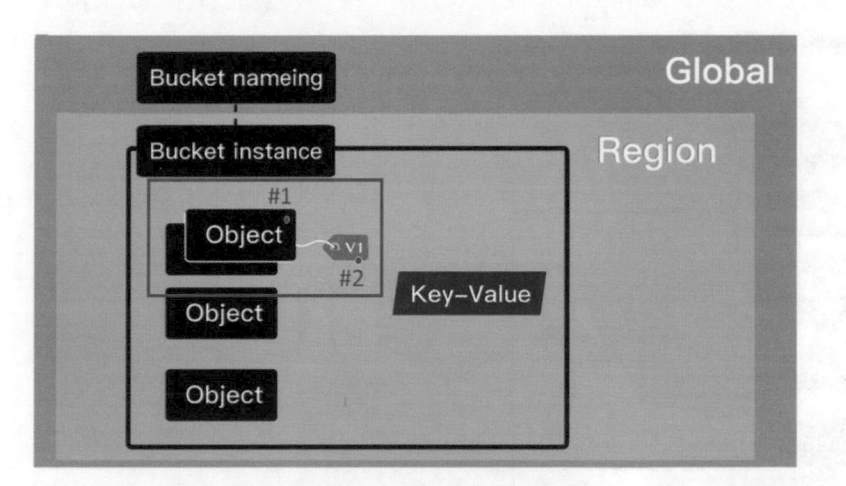

那如果之後又有一個新檔案把它覆蓋掉呢？ S3 就會再把檔案往上蓋 (下圖 #1)，並給新的 Object 另外一個 Versioning ID 為 V2 (下圖 #2)。

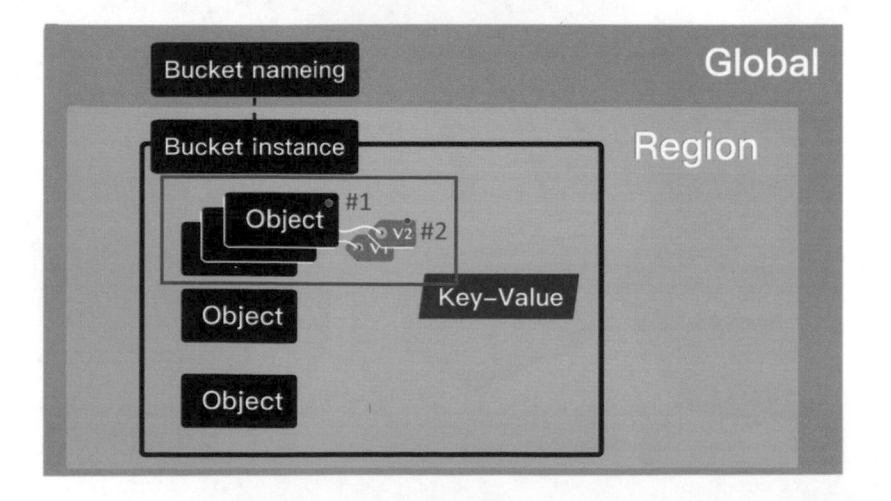

版本控管 (Versioning) 與被刪除的共用檔案

在共用檔案被刪除的情況下，Versioning 也同樣有所用處。

假設有人把下圖的 Object 刪掉了（下圖 #1），S3 其實不會真的把這個 Object 給刪掉，並會給此項 Object 一個 Delete marker 標籤（下圖 #2），告訴共同使用者這個 Object 被刪除了。

所以，如果有人發現這個 Object 是誤刪（下圖 #1），只要把這個被誤刪的 Object 的 Delete marker 砍掉（下圖 #2），檔案就會回來。

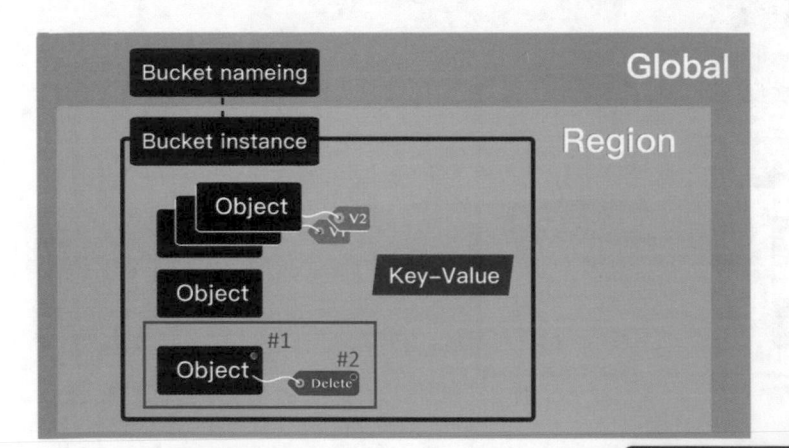

AWS

作者

基礎

VPC
網路

EC2
運算

S3
檔案

RDS
資料庫

IAM
權限

結語

下圖為本文導出的結構圖。

AWS S3 是一個跨 Region 的概念，為了與其他使用者或其他用途的檔案能有所區分，就必須先建置 Bucket，並在其下儲存檔案，另外利用 Key-Value 方式來找檔案的話，也能更快速、方便地找到檔案。

此外，只要開啟版本控管 (Versioning)，對於 S3 檔案上的變動，AWS S3 就能夠給予使用者簡單復原檔案的機會，避免不可逆的結果，減少使用者的麻煩。

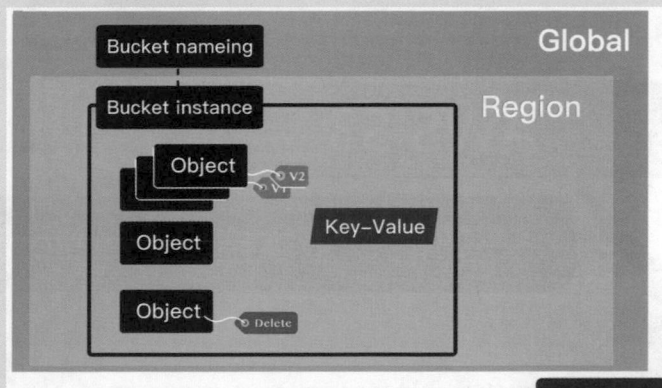

以上，是對 AWS S3 架構與版本控管的概念建構。

實作示範

S3 架構 & 版本控管 (Versioning)

本單元現在來進行 S3 的基本架構以及 Versioning 的演練，那我們現在開始吧！

建立 Bucket

到 AWS Console，在搜尋列輸入「s3」（下圖 #1），點進搜尋結果的 S3 連結（下圖 #2) 進入 S3 介面。

AWS

作者

基礎

VPC
網路

EC2
運算

S3
檔案

RDS
資料庫

IAM
權限

結語

進到 S3 頁面，點擊右方 Create bucket 建立新的 Bucket (下圖紅框處)。

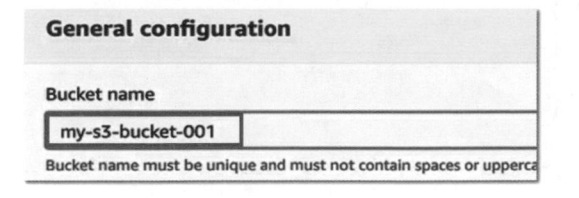

在 Create bucket 介面 General configuration 下的 Bucket name 欄位輸入自訂的 Bucket 名稱 (下圖紅框處)。

General configuration

Bucket name

my-s3-bucket-001

Bucket name must be unique and must not contain spaces or upperca

這邊記得我們之前有提過，這個 S3 的名稱是 Global 的，如果跟全球的某個使用者重複到的話，它將會出現一個錯誤訊息。

嘗試點擊頁面底部的 Create bucket (下圖 #1)，往上看到會發現 Bucket name 的錯誤訊息說這個名稱已經被使用過了 (下圖 #2)。

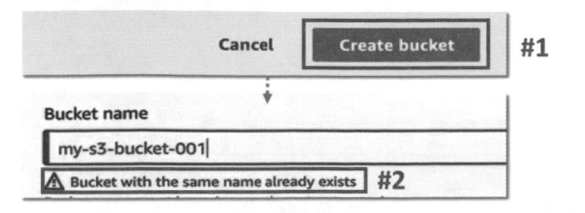

後面加上一些亂碼避免重複（下圖 #1），點擊底部的 Create bucket（下圖 #2）
才能成功進行建立新的 Bucket。

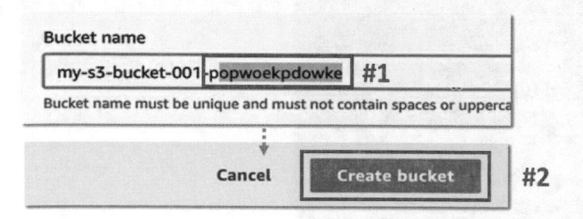

在 Bucket 中上傳檔案

成功進行建立新的 Bucket 後，就會看到 Buckets 列表中出現所建立的 Bucket
（下圖 #1），點擊進去後會看到是空的（下圖 #2），按下 Upload（下圖 #3）進行
上傳檔案的動作。

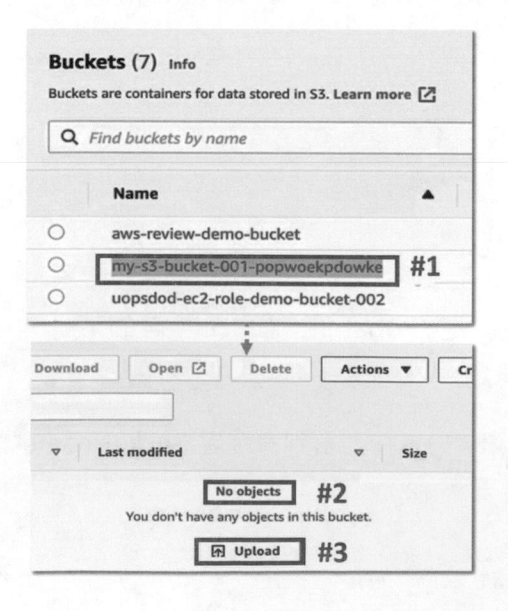

AWS

作者

基礎

VPC
網路

EC2
運算

S3
檔案

RDS
資料庫

IAM
權限

結語

在 Upload 頁面點擊 Add files（下圖 #1），這邊筆者有準備兩個檔案要上傳，一個是文字檔（下圖 #2），另外一個是圖片（下圖 #3），點擊 Open（下圖 #4）加入上傳列表。

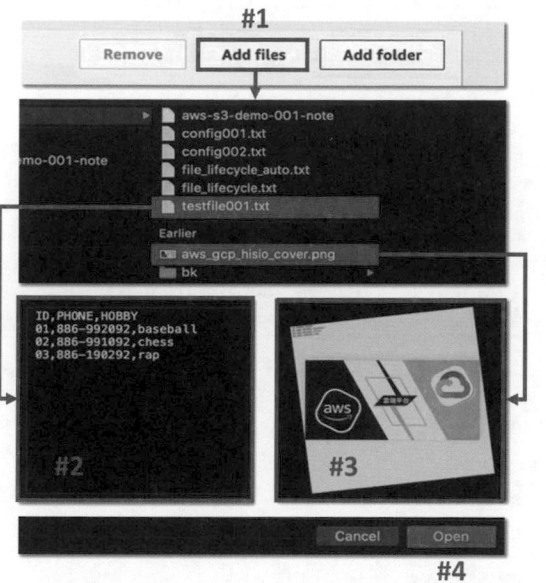

就會看到選擇的兩個檔案（下圖 #1）出現再 Upload 的列表中，點擊下方 Upload（下圖 #2）確定上傳。

Name	▲	Folder	▽	Type	▽	Size
aws_gcp_hisio_cover.png		-		image/png		61.7 KB
testfile001.txt		-		text/plain		76.0 B

#1

Cancel | **Upload** #2

檔案上傳成功就會出現在 Upload: status 頁面中（下圖 #1），點擊右上 Close 關閉（下圖 #2），就可以看到 Bucket 中出現了兩個檔案（下圖 #3）。

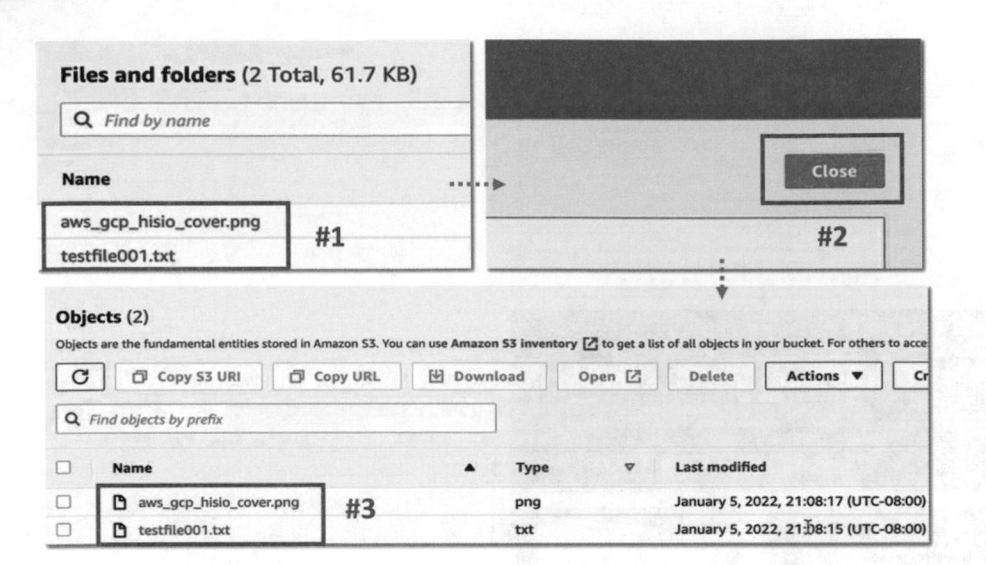

關於檔案的 S3 URL

再來，我們來看是如何去指定出要哪個檔案的。

點入文字檔（下圖 #1），進到檔案介面之後，會看到右方 S3 URL 由 Bucket 名稱（下圖 #2）及 Object Key（下圖 #3）組成，這邊看起來 Object Key 好像就是檔案名稱，但事實上 Object Key 會有更複雜的狀況出現，我們就來看看這種狀況，首先點擊左上角 Bucket 連結回到 Bucket 介面（下圖 #4）。

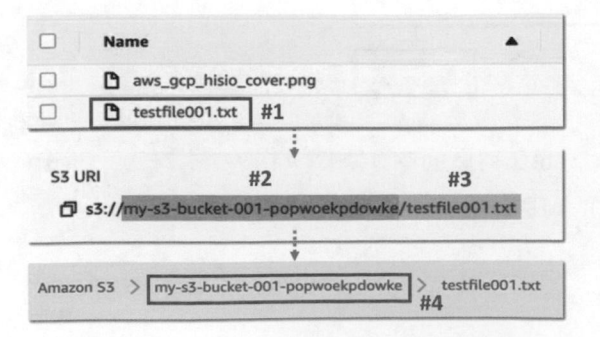

在 Bucket 中建立資料夾

點擊 Create folder（下圖 #1），在 Create folder 頁面的 Folder Name 欄位輸入資料夾自訂名稱（下圖 #2），點擊底部 Create folder 進行資料夾的建立（下圖 #3）。

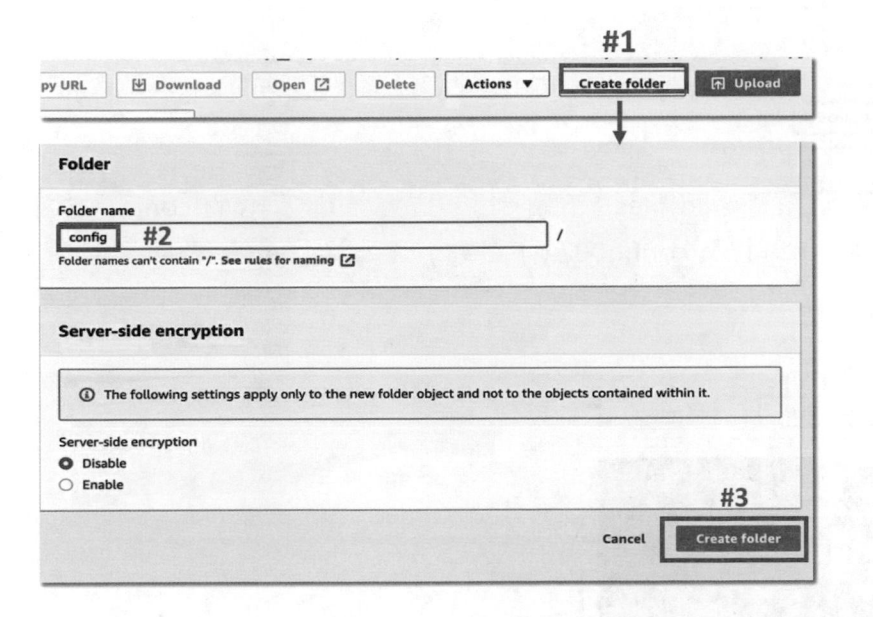

在 Bucket 的資料夾中上傳檔案

資料夾建立好後，點擊進去（下圖 #1），再進入 Upload 頁面（下圖 #2）。

AWS

作者

基礎

VPC
網路

EC2
運算

S3
檔案

RDS
資料庫

IAM
權限

結語

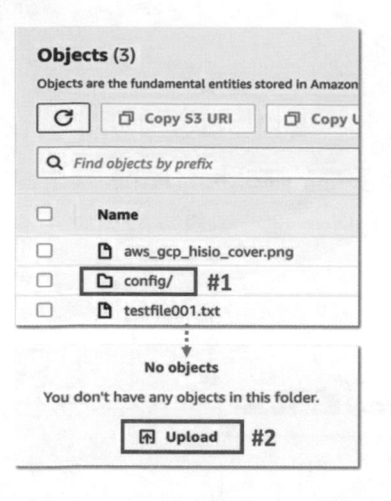

在 Upload 頁面點擊 Add files (下圖 #1)，這邊準備了兩個 config 檔，config001 (下圖 #2) 以及 config002 (下圖 #3)，點擊 Open (下圖 #4) 加入上傳列表。

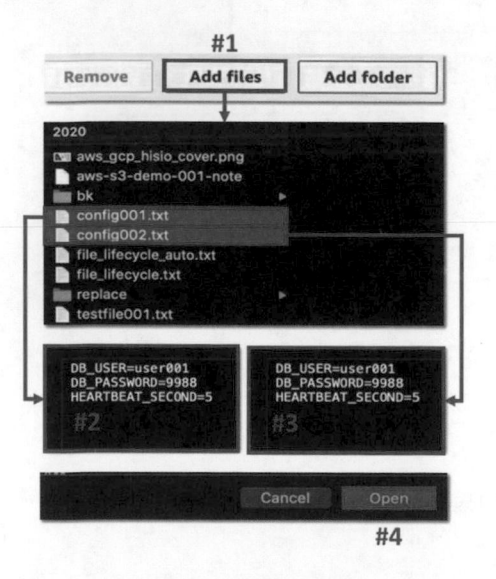

就會看到選擇的兩個檔案 (下圖 #1) 出現再 Upload 的列表中，點擊下方 Upload (下圖 #2) 確定上傳。

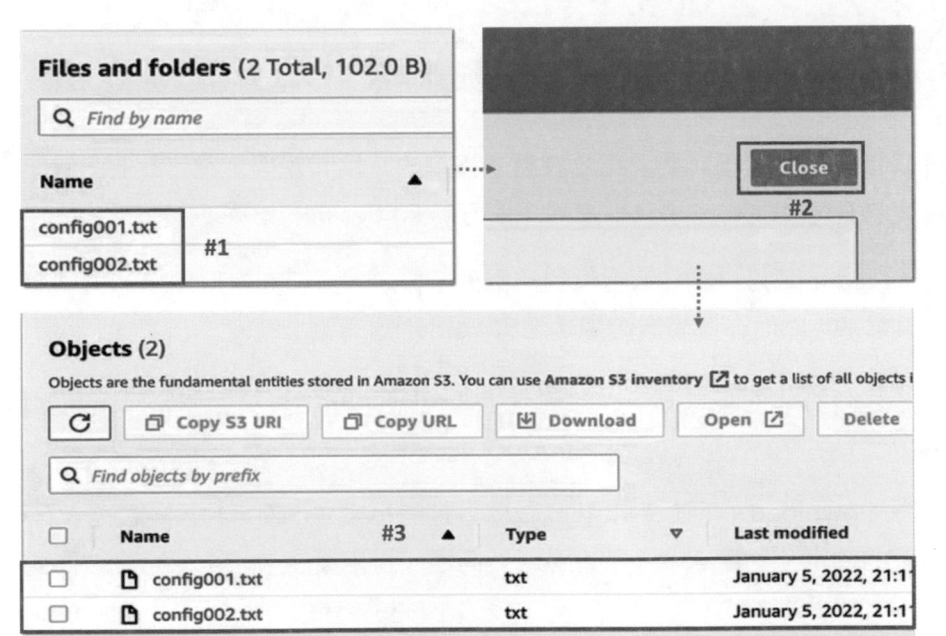

AWS

作者

基礎

VPC
網路

EC2
運算

S3
檔案

RDS
資料庫

IAM
權限

結語

檔案上傳成功就會出現在 Upload: status 頁面中（下圖 #1），點擊右上 Close
關閉（下圖 #2），就可以看到 Bucket 中出現了兩個檔案（下圖 #3）。

點入 config 檔（下圖 #1），進到檔案介面之後，會看到右方 S3 URL 由 Bucket
名稱（下圖 #2）及 Object Key（下圖 #3）組成，而 Object Key 是資料夾名稱 +
config 檔。

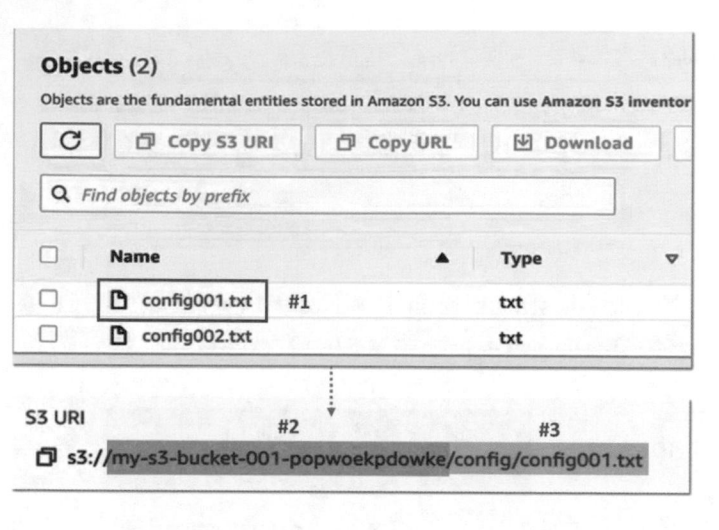

這邊有個特別重要的概念要介紹，在觀念講解的時候有說過，在 S3 上面我們只在意這個 Object Key，那為什麼這邊還有個 Folder 的概念呢？

事實上，Folder 只是一個 S3 提供的一個模擬概念，方便大家以熟悉的方式管理附錄與檔案，然而在底層觀念中是沒有 Folder 這個概念的。

所以在此我們只在意兩種東西，一個是 Bucket Name，另外一個就是 Object Key Name。

點擊上方 Download（下圖 #1）下載該檔，打開檔案（下圖 #2），就能看到下載的檔案的內容（下圖 #3），那這邊就沒問題，再點擊上方 Bucket 連結回到 Bucket 介面（下圖 #4）。

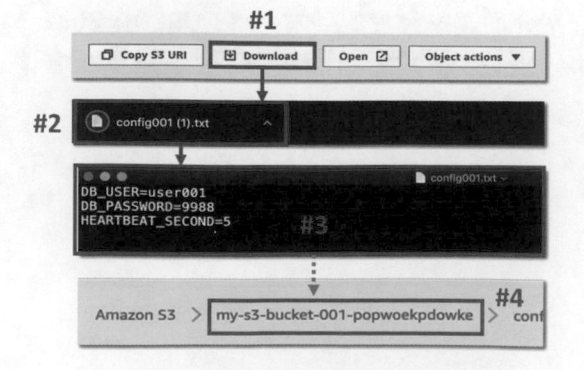

AWS

作者

基礎

VPC
網路

EC2
運算

S3
檔案

RDS
資料庫

IAM
權限

結語

回到 Bucket 頁面後，這次點擊我們的圖片檔案（下圖 #1），用新分頁把 Object URL 打開（下圖 #2），切換分頁過去（下圖 #3），會看到這邊出現一個 Access denied 的錯誤訊息（下圖 #4）。

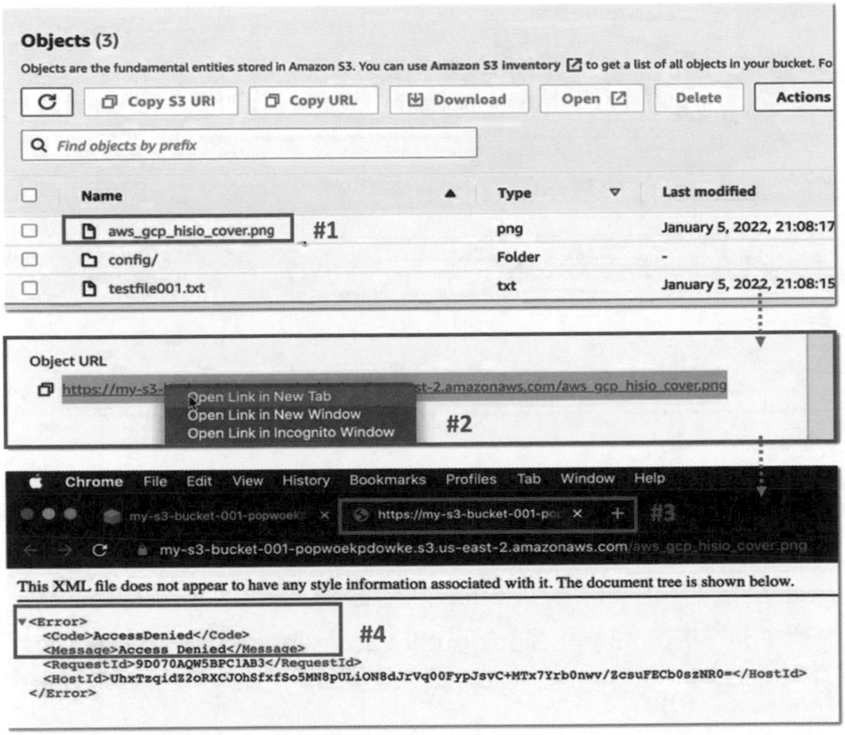

原因是因為我們這個不論是 Object 或者是 Bucket 都沒有對 Internet 進行開放，也就是說 Public Access 是沒有開放的，那如果要讓 Internet 使用者可以拿到這個檔案的話，就要做一些相對應的設定。

設定開放 Public Access 權限

切換回 Object 分頁（下圖 #1），點擊 Permissions（下圖 #2），會看到 Everyone (public access) 是沒有做任何設定的（下圖 #3），全部都是空的，那我們接下來就來做這些操作。

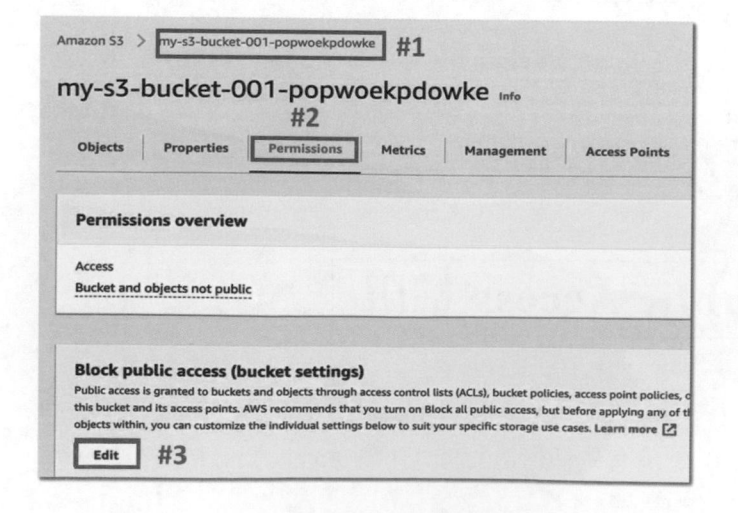

透過上方 Bucket 連結（下圖 #1）回到 Bucket 頁面，切換到 Permissions 部分（下圖 #2），點擊 Edit（下圖 #3）對 Block public access (bucket settings) 進行編輯。

把 Edit Block public access (bucket setting) 的 Block all public access 的勾取消掉 (下圖 #1)，這樣我們就有權限可以去操作 Public Assess 的設定，點擊右下角 Save changes 儲存改變 (下圖 #2)。

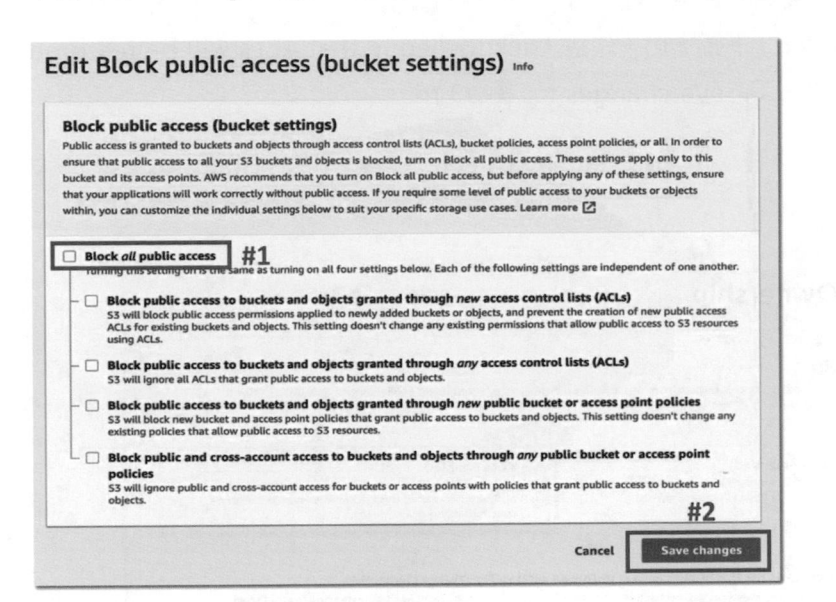

在 Edit Block public access (bucket settings) 確認面板的 To confirm the settings, enter confirm in the field 欄位輸入「confirm」(下圖 #1)，再點擊右下 Confirm (下圖 #2) 確認儲存編輯。

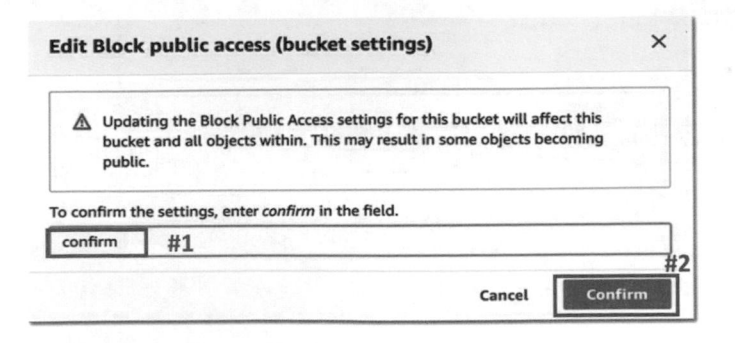

改變 Block Public Access 後，往下看到 Object Ownership，點擊 Edit 進到編輯 (下圖紅框處)。

AWS

作者

基礎

VPC
網路

EC2
運算

S3
檔案

RDS
資料庫

IAM
權限

結語

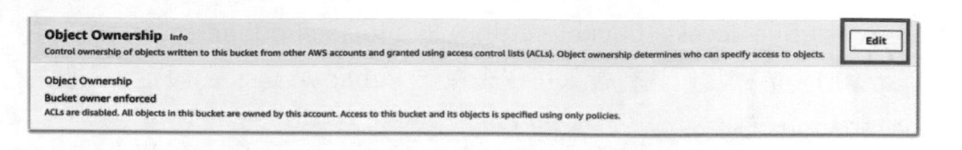

選擇 ACLs enabled（下圖 #1），勾選 I acknowledge that ACLs will be restored（下圖 #2），點擊右下 Save changes（下圖 #3）。

當我們開啟 ACL 之後，就可以去針對 Object 進行個別的 Public Access 的設定。

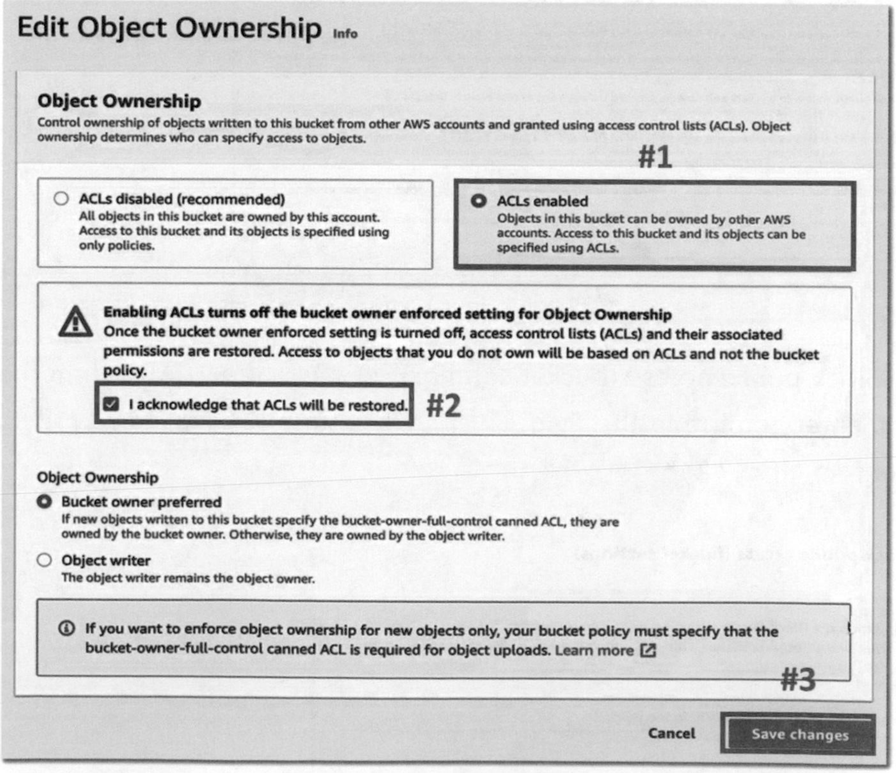

Edit Object Ownership Info

Object Ownership

Control ownership of objects written to this bucket from other AWS accounts and granted using access control lists (ACLs). Object ownership determines who can specify access to objects.

#1

○ **ACLs disabled (recommended)**
All objects in this bucket are owned by this account. Access to this bucket and its objects is specified using only policies.

● **ACLs enabled**
Objects in this bucket can be owned by other AWS accounts. Access to this bucket and its objects can be specified using ACLs.

⚠ **Enabling ACLs turns off the bucket owner enforced setting for Object Ownership**
Once the bucket owner enforced setting is turned off, access control lists (ACLs) and their associated permissions are restored. Access to objects that you do not own will be based on ACLs and not the bucket policy.

☑ **I acknowledge that ACLs will be restored.** #2

Object Ownership

● **Bucket owner preferred**
If new objects written to this bucket specify the bucket-owner-full-control canned ACL, they are owned by the bucket owner. Otherwise, they are owned by the object writer.

○ **Object writer**
The object writer remains the object owner.

ⓘ If you want to enforce object ownership for new objects only, your bucket policy must specify that the bucket-owner-full-control canned ACL is required for object uploads. Learn more ☒

#3

Cancel　　**Save changes**

透過上方 Objects 切換（下圖 #1），點進圖片檔頁面（下圖 #2）。

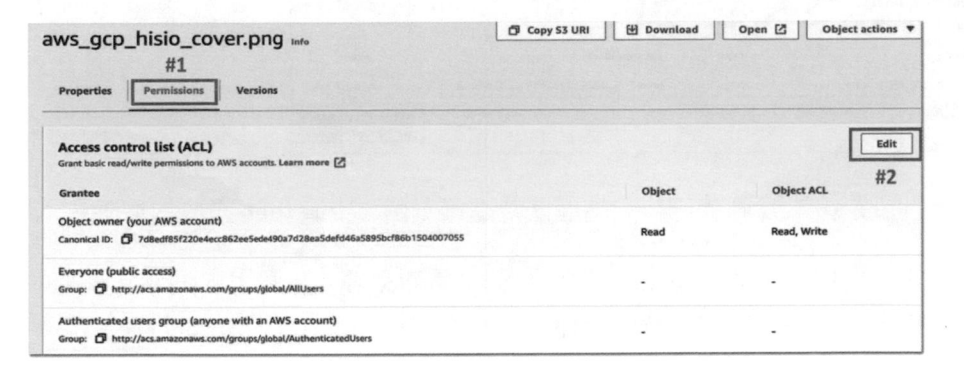

切換到圖片檔介面的 Permissions，點擊右方 Edit 對 Access control list 進行編輯。

勾選 Everyone (public access) 的 Read（下圖 #1）以及下方的 I understand the effects of these changes on this object（下圖 #2），最後點擊底部的 Save changes（下圖 #3）儲存變更。

AWS

作者

基礎

VPC
網路

EC2
運算

S3
檔案

RDS
資料庫

IAM
權限

結語

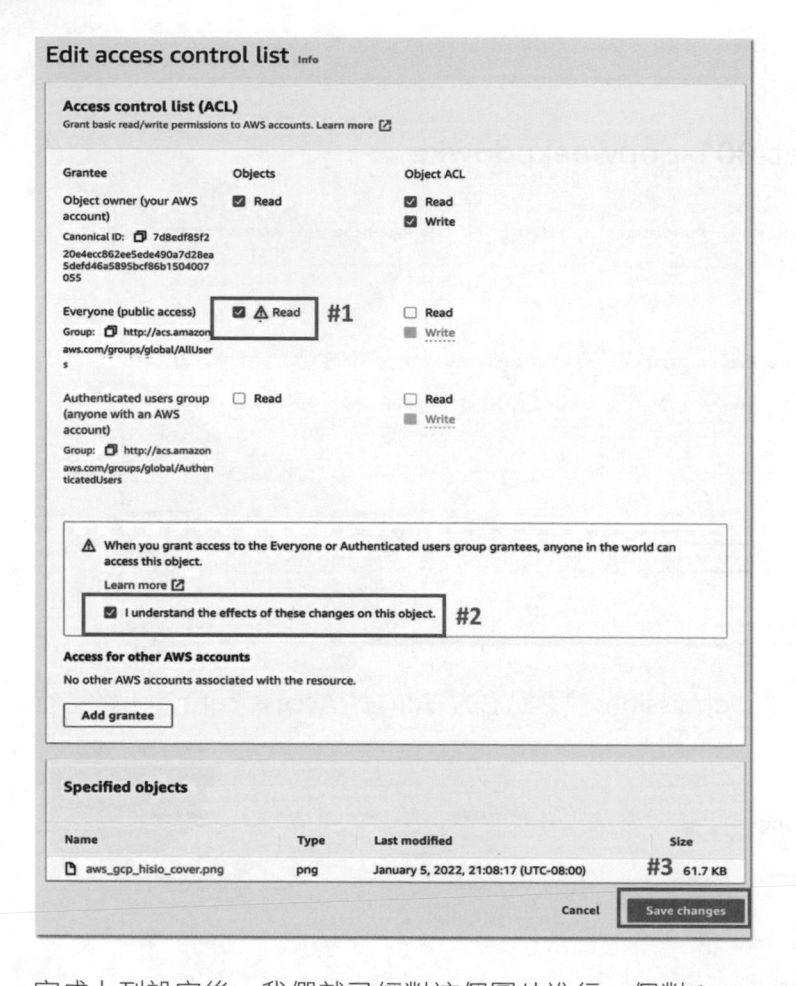

完成上列設定後，我們就已經對這個圖片進行一個對 Internet 開放的權限。

透過上方分頁切回圖片頁面（下圖紅框處），重新整理，就可以順利看到圖片內容了，也就是可以在網路上給大家使用。

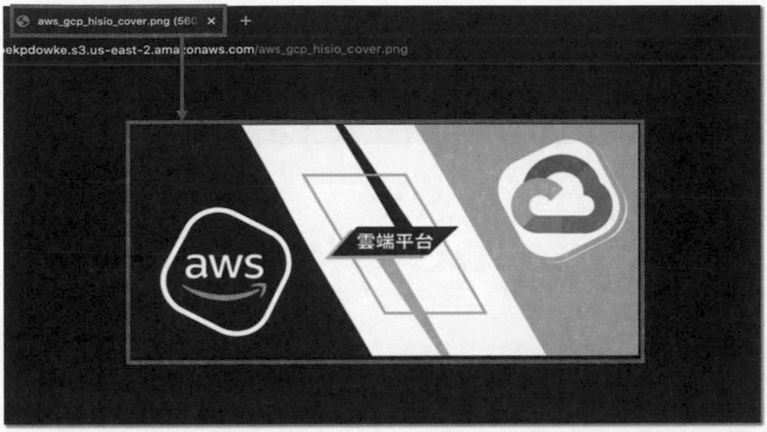

當然你有可能把這個圖片放在你的網站的首頁，當作一個首頁圖片；或者放到一個影片上，當作一個影片封頁都可以。

那到這邊我們就完成圖片對於 Public Access 開放的設定權限講解。

Versioning 功能

接下來要介紹所謂 Versioning 版本的概念。

切換分頁（下圖 #1）回到 S3，透過上方連結（下圖 #2）進到 Bucket 頁面，這次點擊到 config folder 裡面（下圖 #3）。

AWS

作者

基礎

VPC
網路

EC2
運算

S3
檔案

RDS
資料庫

IAM
權限

結語

#1

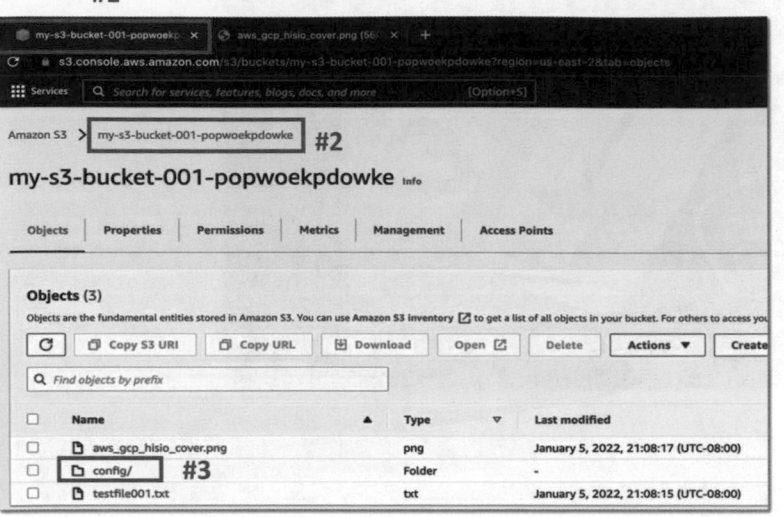

我們現在來模擬一個情境，如果有一天同事昨天去開 Party，今天宿醉，然後不小心上傳了一個同樣檔名的檔案。

點進 Upload（下圖 #1），點擊 Add files（下圖 #2），選擇同檔名的 config 檔（下圖 #3），按下 Open 加入上傳列表（下圖 #4），看到上傳列表有選擇的檔案後（下圖 #5），點擊底部的 Upload 上傳（下圖 #6）。

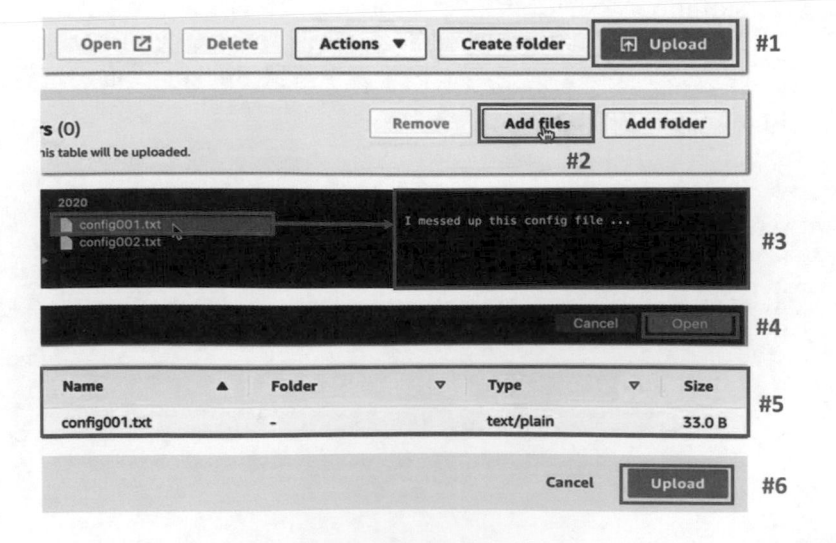

檔案上傳成功就會出現在 Upload: status 頁面中（下圖 #1），點擊右上 Close 關閉（下圖 #2）。

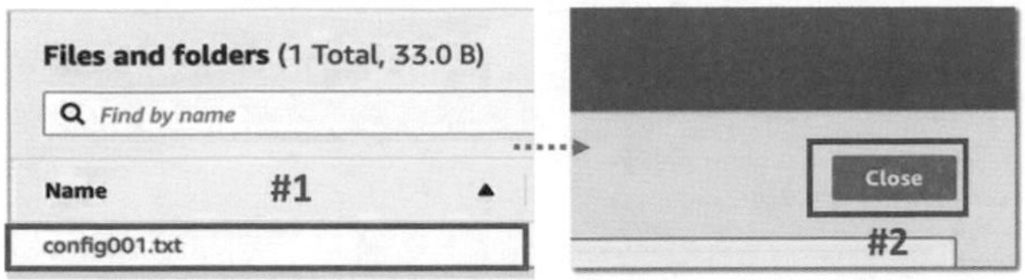

回到 Bucket 頁面後，勾選同名的 config 檔（下圖 #1），點擊上方 Download（下圖 #2），打開下載下來的檔案（下圖 #3），就會發現被同事給全部搞砸（下圖 #4）。

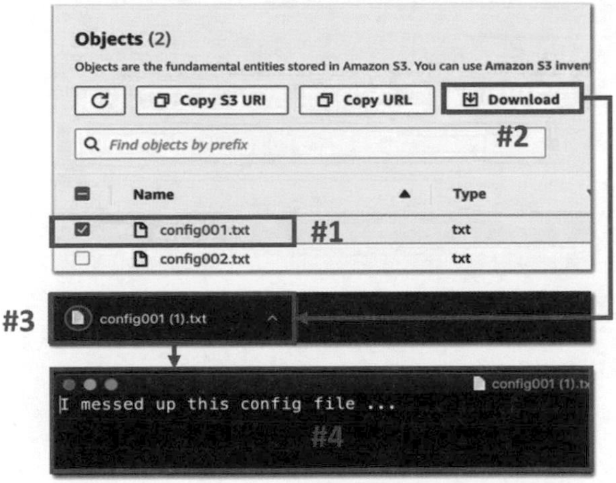

如果你沒有開啟 Versioning 這個功能的話，原本的檔案也就找不回來了。

開啟 Versioning 功能

為了預防這種狀況，透過上方 Bucket 連結（下圖 #1）回到介面，切換到 Properties（下圖 #2），點進 Bucket Versioning 的 Edit（下圖 #3）。

AWS

作者

基礎

VPC
網路

EC2
運算

S3
檔案

RDS
資料庫

IAM
權限

結語

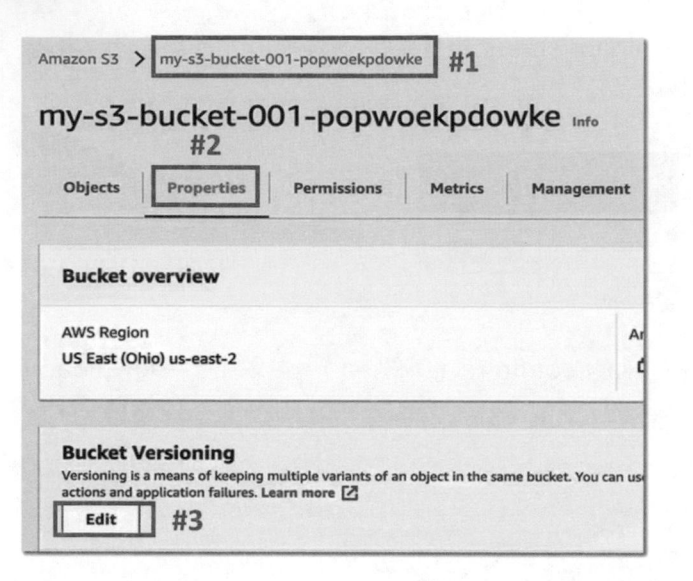

Enable Bucket Versioning（下圖 #1），再點擊右下角 Save changes（下圖 #2）
儲存變更。

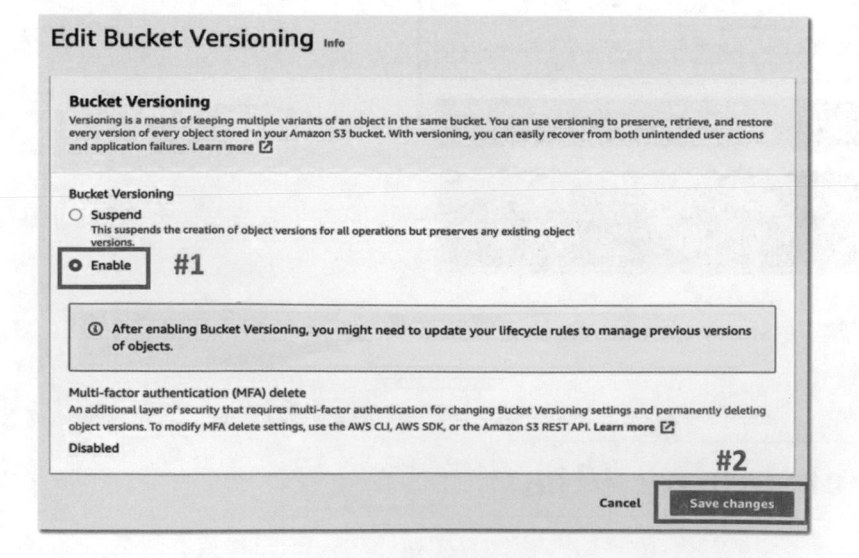

透過上方 Objects（下圖 #1）切換，點進 config 資料夾（下圖 #2）。

AWS

作者

基礎

VPC
網路

EC2
運算

S3
檔案

RDS
資料庫

IAM
權限

結語

my-s3-bucket-001-popwoekpdowke Info
#1

Objects | Properties | Permissions | Metrics | Management | Access Points

Objects (3)

Objects are the fundamental entities stored in Amazon S3. You can use Amazon S3 inventory ☑ to get a list of all objects

| C | 🗇 Copy S3 URI | 🗇 Copy URL | ⬇ Download | Open ☑ | Delete |

🔍 Find objects by prefix   ⬤ Show versions

☐	Name ▲	Type ▽	Last modi
☐	🗎 aws_gcp_hisio_cover.png	png	January 5,
☐	📁 config/ #2	Folder	-
☐	🗎 testfile001.txt	txt	January 5,

回復前一個版本

這次一樣有另外一個同事又宿醉了，他這次會手誤把檔案給取代掉。

進到 Upload（下圖 #1），點擊 Add files（下圖 #2），選擇同檔名的 config 檔（下圖 #3），按下 Open 加入上傳列表（下圖 #4），看到上傳列表有選擇的檔案後（下圖 #5），點擊底部的 Upload 上傳（下圖 #6）。

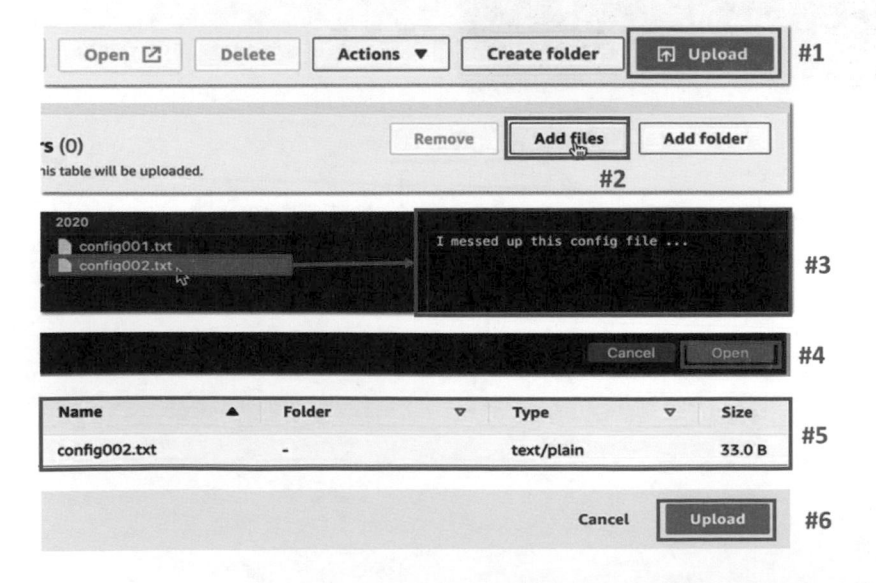

檔案上傳成功就會出現在 Upload: status 頁面中（下圖 #1），點擊右上 Close 關閉（下圖 #2）。

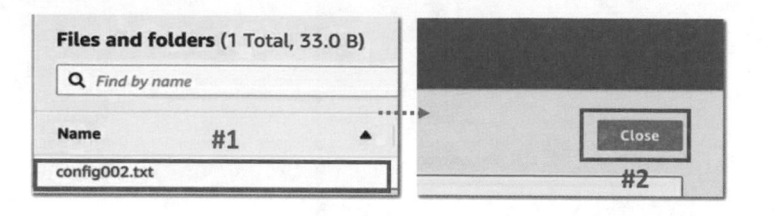

回到 Bucket 頁面後，勾選同名的 config 檔（下圖 #1），點擊上方 Download（下圖 #2），打開下載下來的檔案（下圖 #3），就會發現原本的檔案內容也全部不見了（下圖 #4）。

那現在怎麼辦呢？

這邊打開 Show versions（下圖 #1），就會看到更多的版本資訊。

如果想把版本回復到上一版，就勾選不要的版本（下圖 #2），點進 Delete（下圖 #3）。

AWS

作者

基礎

VPC
網路

EC2
運算

S3
檔案

RDS
資料庫

IAM
權限

結語

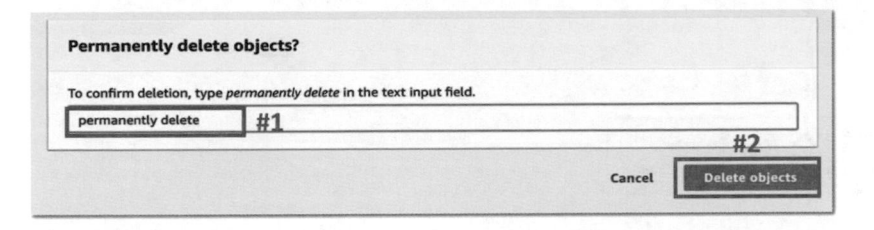

在 Permanently delete objects 的 To confirm deletion, type permanently delete in the text input field 輸入「permanently delete」(下圖 #1)再點擊右下方 Delete objects (下圖 #2)確認刪除。

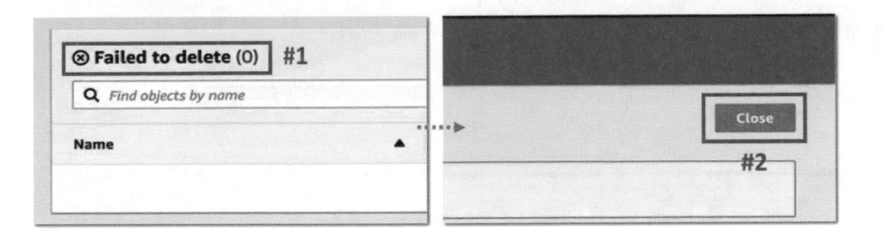

確認 Upload: status 頁面中沒有刪除失敗的檔案後 (下圖 #1),點擊右上 Close 關閉 (下圖 #2)。

回到 Bucket 頁面後,就可以先把 Show versions 關閉 (下圖 #1),勾選當前版本的 config 檔 (下圖 #2),點擊上方 Download (下圖 #3),打開下載下來的檔案 (下圖 #4),就可以看到原本的內容又回復了 (下圖 #5)。

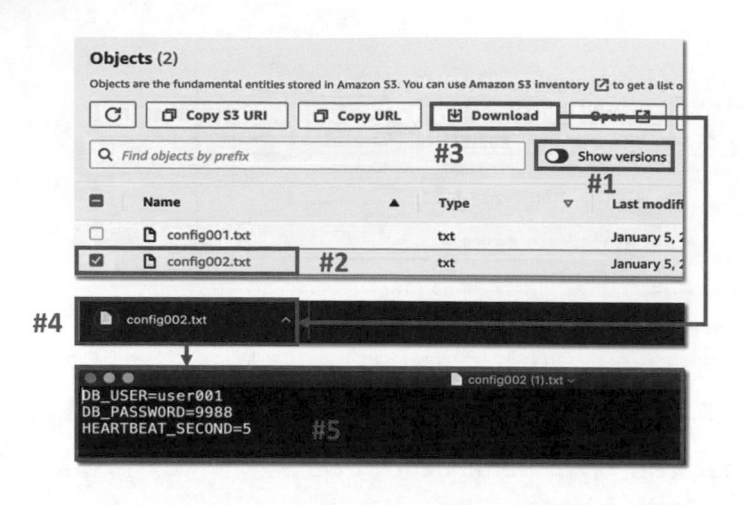

所以如果你有開啟 Versioning 這個功能，就不怕同樣的檔名被覆蓋掉，因為怎麼樣都可以再把它找回來。

回復刪除的檔案

我們再來看另外一個比較極端的案例。如果你同事又宿醉了，這次他不是覆蓋掉檔案，而是把整個檔案給刪除掉。

勾選 config 檔 (下圖 #1)，點進上方 Delete (下圖 #2)。

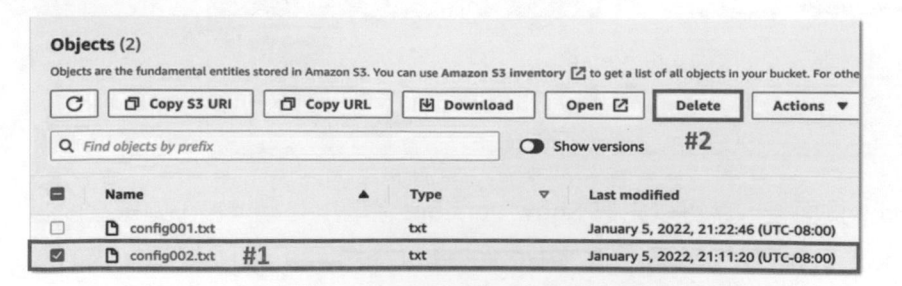

在確認頁面 Delete objects 的 To confirm deletion, type delete in the text input field 輸入「delete」(下圖 #1)，再點擊右下 Delete objects (下圖 #2)

確認刪除。

AWS

作者

基礎

VPC
網路

EC2
運算

S3
檔案

RDS
資料庫

IAM
權限

結語

Delete objects?

To confirm deletion, type *delete* in the text input field.

delete   #1

#2

Cancel   Delete objects

確認 Upload: status 頁面中沒有刪除失敗的檔案後 (下圖 #1)，點擊右上 Close
關閉 (下圖 #2)。

⊗ **Failed to delete (0)** #1

Q *Find objects by name*

Name ▲

Close

#2

刪除檔案成功後，回到 Bucket 頁面就看不到被刪除的檔案了 (下圖 #1)。但是
如果你把這個 Show versions 給打開 (下圖 #2)，就可以再次看到剛才刪除的
檔案，不過它上面多了一個東西叫做 Delete marker (下圖 #3)。

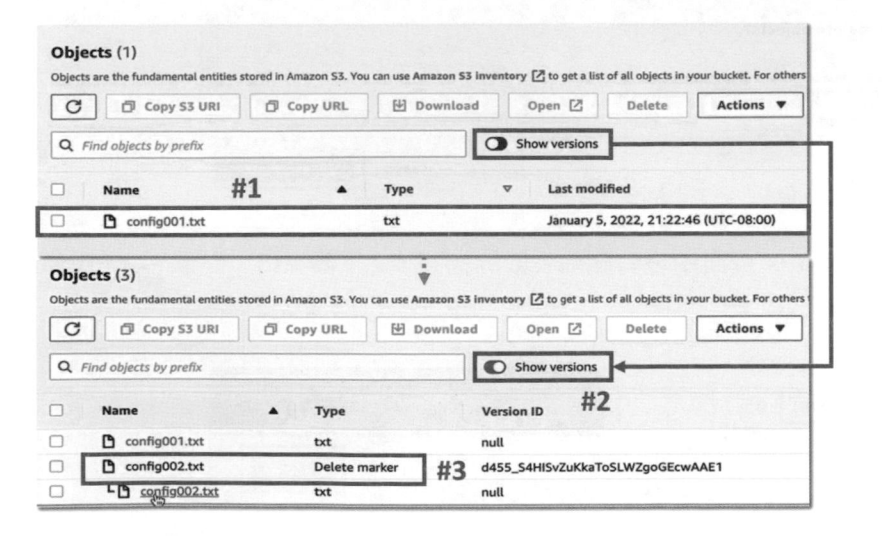

換句話說，當 Versioning 打開的時候，你不會真正的把一個檔案給刪除掉，而只是加上一個稱作為 Delete marker 的 Tag 來告訴 S3 該檔案在意義上面已經被刪除掉了。

那如果想要回復被刪除的檔案要怎麼回復？

觀點一樣，勾選帶有 Delete marker Tag 的檔案（下圖 #1），點進 Delete（下圖 #2）。

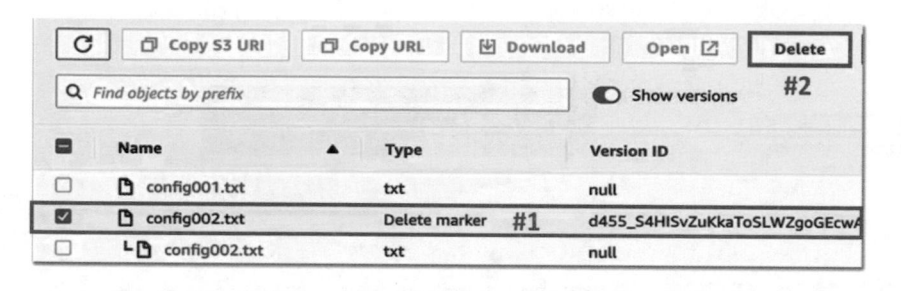

在 Permanently delete objects 的 To confirm deletion, type permanently delete in the text input field 輸入「permanently delete」（下圖 #1），再點擊右下方 Delete objects（下圖 #2）確認刪除。

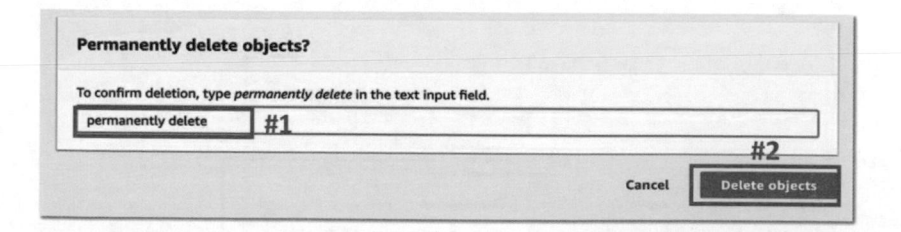

確認 Upload: status 頁面中沒有刪除失敗的檔案後（下圖 #1），點擊右上 Close 關閉（下圖 #2）。

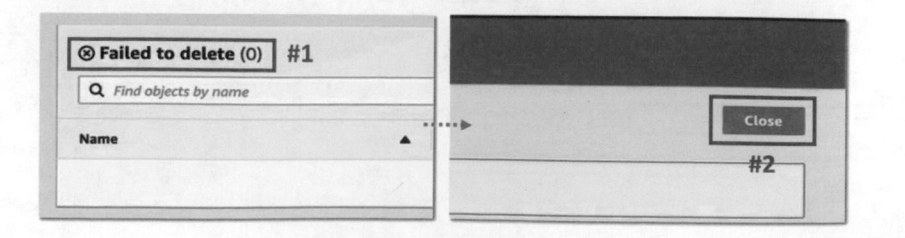

回到 Bucket 頁面後，把 Show versions 關閉 (下圖 #1)，你就一樣可以再看到剛才被刪除的檔案又回來了。

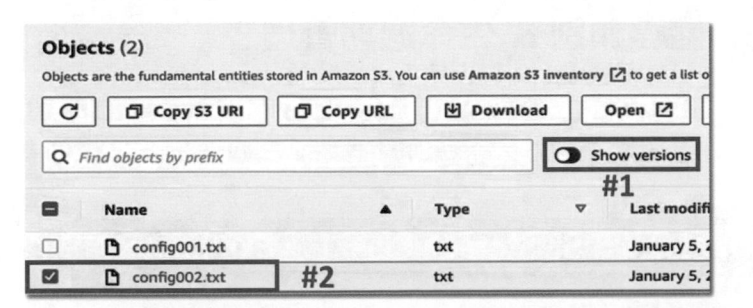

　　透過建立 Bucket、在 Bucket 中建立資料夾及上傳檔案、開放 Public Access、Versioning 的操作，到此就展示完 S3 架構以及 S3 版本的使用情境，本單元就到這邊結束。

AWS

作者

基礎

VPC
網路

EC2
運算

S3
檔案

RDS
資料庫

IAM
權限

結語

【觀念講解】

S3 儲存類別 & 生命週期管理

本文要介紹的是 AWS S3 的儲存類別及生命週期管理。

AWS S3 五大儲存類別 (AWS S3 Storage Class) 及 Expiration 類別

AWS S3 五大儲存類別包含 S3 Standard、S3 Standard-IA、S3 One Zone-IA、S3 Glacier 以及 S3 Glacier Deep Archive(下圖 #1)，而在五類別之外，還有一個 Expiration 類別 (下圖 #2)。

下文將從五個指標包括 Durability、How many AZ、Availability、Retrieve Time 和 Retrieve Frequency，兩大成本 Storage Cost 與 Retrieve Cost，來細部比較 AWS S3 五大儲存類別的不同之處。

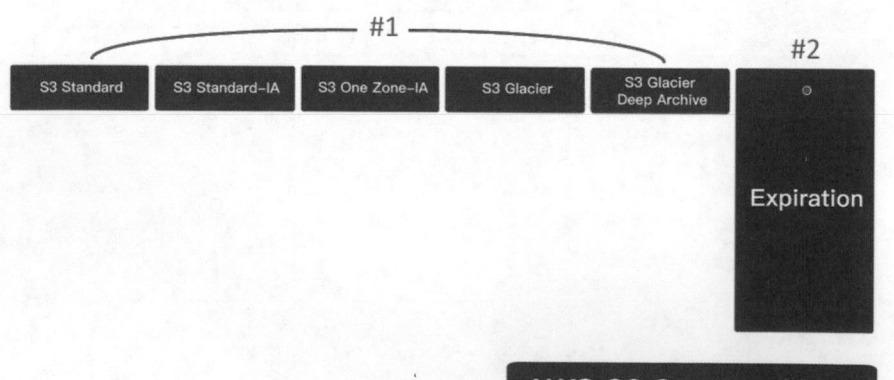

AWS S3 五大儲存類別的 Durability

假設以 × 代表備份數量，可以看到五大儲存方案的 Durability 都是一樣高的，如下圖：

AWS

作者

基礎

VPC
網路

EC2
運算

S3
檔案

RDS
資料庫

IAM
權限

結語

(為方便講解，此處假設為 5 個備份數量，實際上並非只能存 5 個備份數量。)

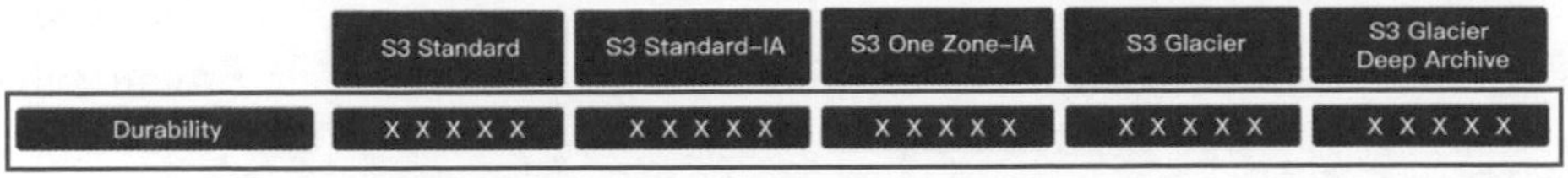

	S3 Standard	S3 Standard-IA	S3 One Zone-IA	S3 Glacier	S3 Glacier Deep Archive
Durability	X X X X X	X X X X X	X X X X X	X X X X X	X X X X X

AWS S3 五大儲存類別的 AZ 數量

AWS S3 五大儲存類別分別會存在幾個 AZ 上呢？

Standard 類別的情況下，在文件上說是大於等於 3 個 AZ，這裡以 5 個 ○ 來代表 (下圖 #1)。

S3 Standard-IA 類別的情況下，在文件上也是寫大於等於 3 個 AZ，不過 S3 Standard-IA 可存到的 AZ 數量會比 S3 Standard 少一點，故以 4 個 ○ 代表 (下圖 #2)。

S3 One Zone-IA 則如同其名稱，只會儲存在 1 個 Availability zone 上 (下圖 #3)。

S3 Glacier 及 S3 Glacier Deep Archive 則是幾乎與 S3 Standard 一樣，可存到的 AZ 數量是幾乎差不多的，所以同樣用 5 個 ○ 代表 (下圖 #4)。

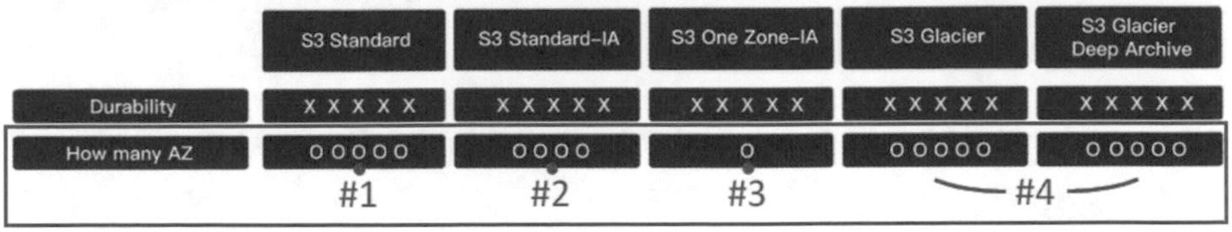

	S3 Standard	S3 Standard-IA	S3 One Zone-IA	S3 Glacier	S3 Glacier Deep Archive
Durability	X X X X X	X X X X X	X X X X X	X X X X X	X X X X X
How many AZ	O O O O O	O O O O	O	O O O O O	O O O O O
	#1	#2	#3	— #4 —	

AWS S3 五大儲存類別的 Availability

Durability、AZ 的數量及 Availability 三者之間的關係是什麼？

在 S3 Standard 的儲存類別下，假設把 5 個備份平分到 5 個 AZ 上儲存，也就是說，就算 4 個 AZ 上的資料都壞掉了，資料還是完整保留在剩下 1 個沒有壞掉的 AZ 上，而能夠對外完整的運作。這就是 S3 Standard 的 Availability 非常高的原因 (下圖 #1)。

在 S3 Standard-IA 的儲存類別下，是把 5 個備份存在 4 個 AZ 上，Availability 自然會低一點點 (下圖 #2)。

在 S3 One Zone-IA 的儲存類別下，全部 5 個備份都在 1 個 AZ 上，很明顯的，只要這個僅此唯一的 AZ 壞掉的話，資料就會不見，所以 S3 One Zone-IA 的 Availability 是最差的 (下圖 #3)。

而 S3 Glacier 與 S3 Glacier Deep Archive 等 同 於 S3 Standard，所 以 Availability 同樣是非常高的 (下圖 #4)。

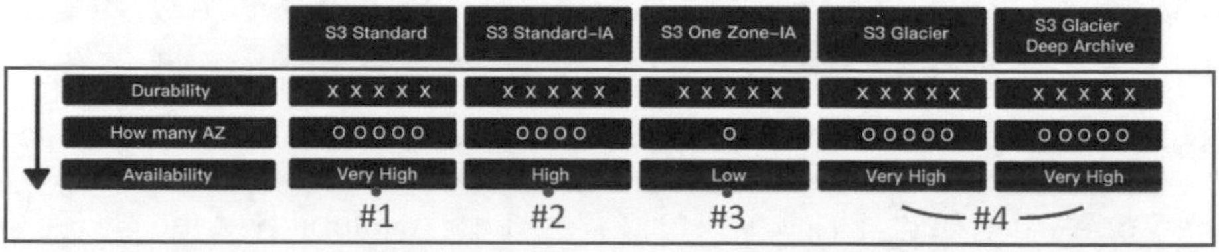

	S3 Standard	S3 Standard-IA	S3 One Zone-IA	S3 Glacier	S3 Glacier Deep Archive
Durability	X X X X X	X X X X X	X X X X X	X X X X X	X X X X X
How many AZ	O O O O O	O O O O	O	O O O O O	O O O O O
Availability	Very High	High	Low	Very High	Very High
	#1	#2	#3	#4	

AWS S3 五大儲存類別的 Retrieve Time

Retrieve Time 指的是拿取一個資料所需花費的時間。

前三個類別，也就是 S3 Standard、S3 Standard-IA 及 S3 One Zone-IA，拿取一個檔案的速度都是非常快的 (下圖 #1)，沒有太大的差異。

S3 Glacier 獲取資料的速度很慢 (下圖 #2)，S3 Glacier Deep Archive 取得資料的速度則超級慢 (下圖 #3)。

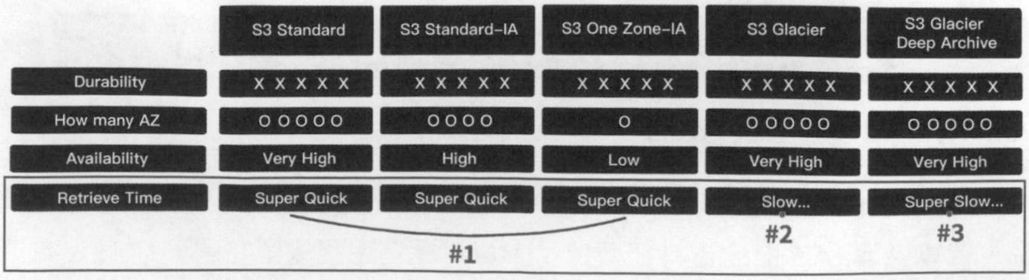

	S3 Standard	S3 Standard-IA	S3 One Zone-IA	S3 Glacier	S3 Glacier Deep Archive
Durability	X X X X X	X X X X X	X X X X X	X X X X X	X X X X X
How many AZ	O O O O O	O O O O	O	O O O O O	O O O O O
Availability	Very High	High	Low	Very High	Very High
Retrieve Time	Super Quick	Super Quick	Super Quick	Slow...	Super Slow...
		#1		#2	#3

AWS

作者

基礎

VPC
網路

EC2
運算

S3
檔案

RDS
資料庫

IAM
權限

結語

AWS S3 五大儲存類別的 Retrieve Frequency

Retrieve Frequency 指的是拿取資料的頻率。

通常在 S3 Standard 裡面存放的會是存取拜訪頻率最高的資料，而 S3 Glacier Deep Archive 則是存放使用頻率最低的資料。

S3 五大儲存類別的資料取用頻率如下圖所示，從左而右，由高到低。

	S3 Standard	S3 Standard-IA	S3 One Zone-IA	S3 Glacier	S3 Glacier Deep Archive
Durability	X X X X X	X X X X X	X X X X X	X X X X X	X X X X X
How many AZ	O O O O O	O O O O	O	O O O O O	O O O O O
Availability	Very High	High	Low	Very High	Very High
Retrieve Time	Super Quick	Super Quick	Super Quick	Slow...	Super Slow...
Retrieve Frequency	HIGH --> LOW				

AWS S3 儲存空間的兩大成本

之所以列出這麼多指標，最重要的目的是為了節省使用 S3 儲存空間的成本，而節省的成本主要有兩種，分別是 Storage Cost (下圖 #1) 跟 Retrieve Cost (下圖 #2)。

Storage Cost 從左到右，由貴到便宜 (下圖 #1)；反之，Retrieve Cost 由左到右，由便宜到貴 (下圖 #2)。

	S3 Standard	S3 Standard-IA	S3 One Zone-IA	S3 Glacier	S3 Glacier Deep Archive
Durability	X X X X X	X X X X X	X X X X X	X X X X X	X X X X X
How many AZ	O O O O O	O O O O	O	O O O O O	O O O O O
Availability	Very High	High	Low	Very High	Very High
Retrieve Time	Super Quick	Super Quick	Super Quick	Slow...	Super Slow...
Retrieve Frequency	HIGH --> LOW				
#1 Storage Cost	$$$$$ --> $				
#2 Retrieve Cost	$ --> $$$$$				

花費從哪邊省出來的？

下圖紅底的部分即是會選擇節省花費的部分。

為了節省成本，會利用 S3 Standard-IA 與 S3 One Zone-IA，來犧牲一點 Availability，以換取較便宜的儲存花費 (下圖 #1)。同時也會透過 S3 Glacier 和 S3 Glacier Deep Archive，犧牲拿取資料的等待時間，換取更低的成本 (下圖 #2)。

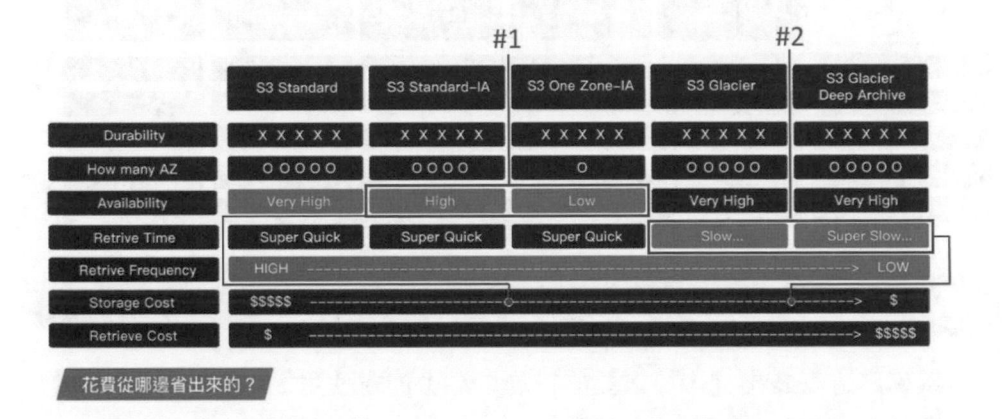

花費從哪邊省出來的？

但又看到下方拿取資料的成本，從左至右，是越來越高的 (下圖 #1)，而針對此問題，可以來往上看到 Retrive Frequency，從左到右，是大幅下降的 (下圖 #2)。

簡單來說，儘管取用資料的成本越來越高 (下圖 #1)，但同時，取用資料的成本 (下圖 #1) 會跟取用資料的頻率抵銷掉 (下圖 #2)。結果會發現，真正能省到錢的地方，其實也就在 Storage Cost 上 (下圖 #3)。

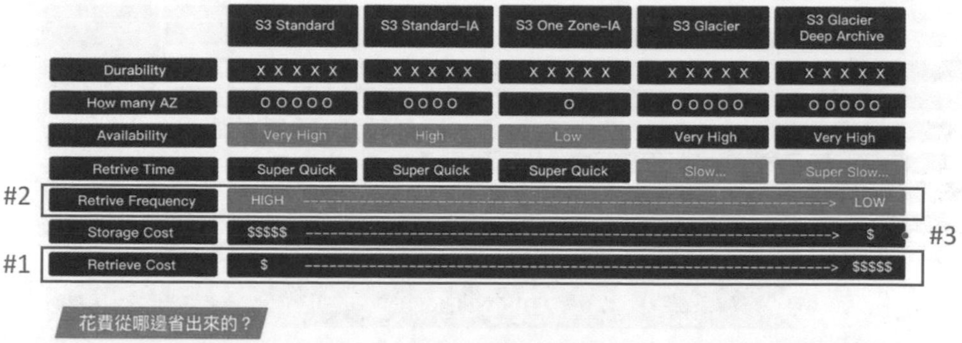

AWS

作者

基礎

VPC
網路

EC2
運算

S3
檔案

RDS
資料庫

IAM
權限

結語

	S3 Standard	S3 Standard-IA	S3 One Zone-IA	S3 Glacier	S3 Glacier Deep Archive
Durability	X X X X X	X X X X X	X X X X X	X X X X X	X X X X X
How many AZ	O O O O O	O O O O	O	O O O O O	O O O O O
Availability	Very High	High	Low	Very High	Very High
Retrive Time	Super Quick	Super Quick	Super Quick	Slow...	Super Slow...
#2 Retrive Frequency	HIGH ——→ LOW				
Storage Cost	$$$$$ —————————————————————————————————————→ $				#3
#1 Retrieve Cost	$ ——————————————————————————————————————→ $$$$$				

花費從哪邊省出來的?

生命週期管理 (Lifecycle Management)

針對這五大儲存類別,除了可以透過手動,慢慢把檔案從左到右移過去 (下圖 #1),AWS 還有提供一個好用的功能,叫作 Lifecycle Management (下圖 #2),可以透過設定自動化的方式,讓檔案根據特定的設定,一步一步的往右邊的儲存類別移動,也一步一步的來節省移動成本。

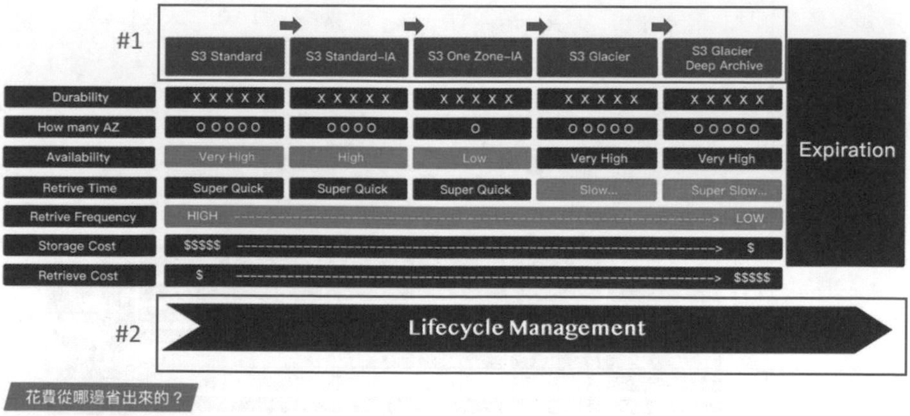

#1	S3 Standard	S3 Standard-IA	S3 One Zone-IA	S3 Glacier	S3 Glacier Deep Archive	
Durability	X X X X X	X X X X X	X X X X X	X X X X X	X X X X X	
How many AZ	O O O O O	O O O O	O	O O O O O	O O O O O	Expiration
Availability	Very High	High	Low	Very High	Very High	
Retrive Time	Super Quick	Super Quick	Super Quick	Slow...	Super Slow...	
Retrive Frequency	HIGH ————————————————————————————→ LOW					
Storage Cost	$$$$$ ————————————————————————————→ $					
Retrieve Cost	$ ————————————————————————————→ $$$$$					
#2	Lifecycle Management					

花費從哪邊省出來的?

Expiration 類別

當檔案變成 Expire 狀態時,S3 就會定期把這些檔案給刪除掉,進而節省更多成本,如下圖。

	S3 Standard	S3 Standard-IA	S3 One Zone-IA	S3 Glacier	S3 Glacier Deep Archive	
Durability	X X X X X	X X X X X	X X X X X	X X X X X	X X X X X	
How many AZ	O O O O O	O O O O	O	O O O O O	O O O O O	**Expiration**
Availability	Very High	High	Low	Very High	Very High	
Retrive Time	Super Quick	Super Quick	Super Quick	Slow...	Super Slow...	
Retrive Frequency	HIGH --> LOW					
Storage Cost	$$$$$ --> $					
Retrieve Cost	$ --> $$$$$					

Lifecycle Management

花費從哪邊省出來的？

下圖為本文推導出 AWS S3 Storage Class 的架構圖。

在多項指標的比較下，我們更深入的了解在五大儲存類別上的使用時機。

並且在使用 S3 儲存空間上，可以選擇犧牲一點 Availability 及 Retieve Time，節省儲存及拿取資料的成本，並透過 Lifecycle Management 來得到較低的移動資料成本。

簡單來說，若是能依據指標良好判別，對資料做適當分類，設定生命週期管理，即能讓 S3 儲存空間發揮更好的效用。

	S3 Standard	S3 Standard-IA	S3 One Zone-IA	S3 Glacier	S3 Glacier Deep Archive	
Durability	X X X X X	X X X X X	X X X X X	X X X X X	X X X X X	
How many AZ	O O O O O	O O O O	O	O O O O O	O O O O O	**Expiration**
Availability	Very High	High	Low	Very High	Very High	
Retrive Time	Super Quick	Super Quick	Super Quick	Slow...	Super Slow...	
Retrive Frequency	HIGH --> LOW					
Storage Cost	$$$$$ --> $					
Retrieve Cost	$ --> $$$$$					

Lifecycle Management

花費從哪邊省出來的？

AWS S3 Storage Class

以上，是本文針對 S3 儲存空間及生命週期管理的介紹。

AWS

作者

基礎

VPC
網路

EC2
運算

S3
檔案

RDS
資料庫

IAM
權限

結語

實作示範

S3 儲存類別 & 生命週期管理

本文將進行 S3 儲存類別 & 生命週期管理的實作演練。

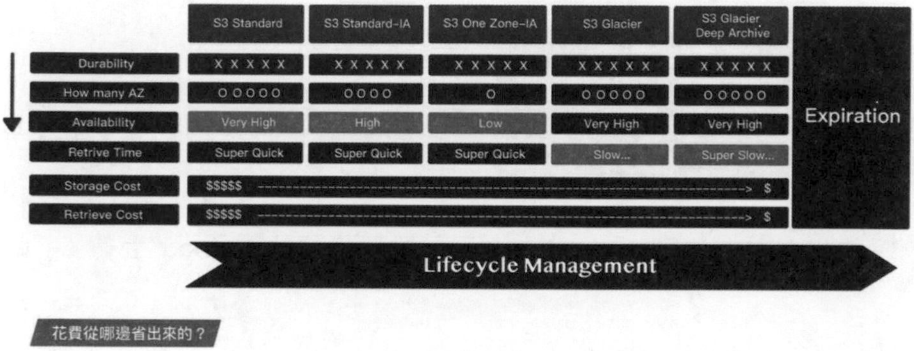

	S3 Standard	S3 Standard–IA	S3 One Zone–IA	S3 Glacier	S3 Glacier Deep Archive	
Durability	X X X X X	X X X X X	X X X X X	X X X X X	X X X X X	Expiration
How many AZ	O O O O O	O O O O	O	O O O O O	O O O O O	
Availability	Very High	High	Low	Very High	Very High	
Retrive Time	Super Quick	Super Quick	Super Quick	Slow...	Super Slow...	
Storage Cost	$$$$$ ----------------------------------> $					
Retrieve Cost	$$$$$ ----------------------------------> $					

Lifecycle Management

花費從哪邊省出來的？

AWS S3 Storage Class

關於 Storage Class 各種設定

首先到之前創建的 Bucket 頁面。(如下圖)

Amazon S3 > my-s3-bucket-001-popwoekpdowke

my-s3-bucket-001-popwoekpdowke Info

點擊右方 Upload 進到 Upload 頁面 (下圖紅框處)。

進到 Upload 頁面後，點擊 Add files（下圖 #1），這次要上傳的檔案是 file_lifecycle.txt 檔（下圖 #2），點擊 Open（下圖 #3）加到上傳列表。

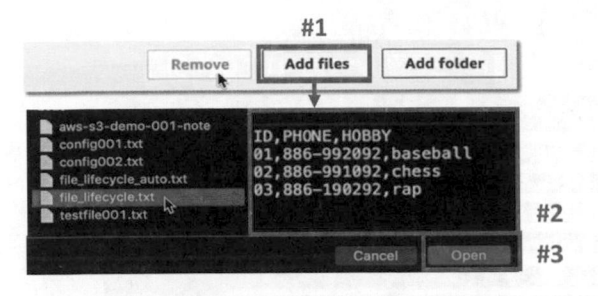

確認選擇的檔案在上傳列表後（下圖 #1），點擊底部的 Upload 上傳（下圖 #2）。

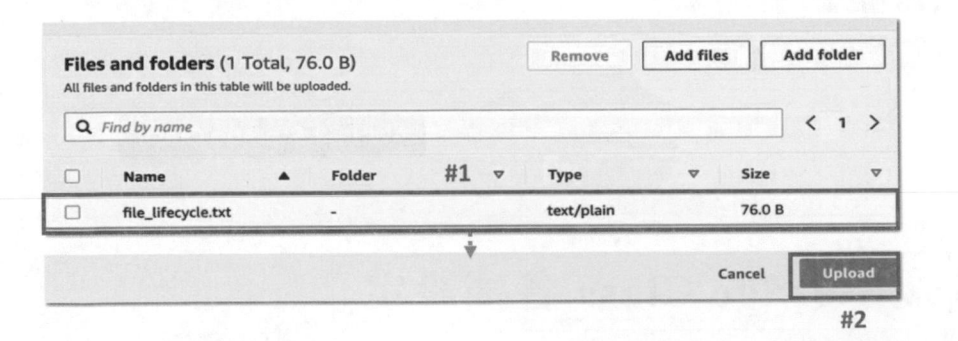

檔案上傳成功就會出現在 Upload: status 頁面中（下圖 #1），點擊右上 Close 關閉（下圖 #2）。

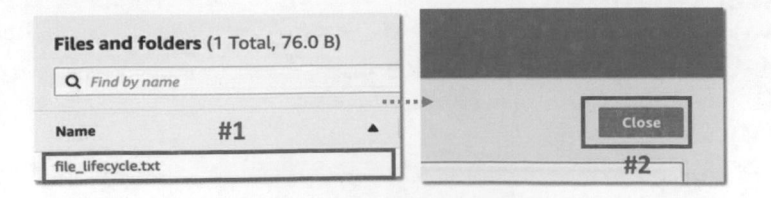

回到 Bucket 頁面後，點進去 Lifecycle 檔案（下圖紅框處）。

AWS

作者

基礎

VPC
網路

EC2
運算

S3
檔案

RDS
資料庫

IAM
權限

結語

Objects (4)

Objects are the fundamental entities stored in Amazon S3. You can use Amazon

| ⟳ | 🗗 Copy S3 URI | 🗗 Copy URL | ⊞ Down |

🔍 Find objects by prefix

☐	Name ▲
☐	🗋 aws_gcp_hisio_cover.png
☐	🗁 config/
☐	🗋 file_lifecycle.txt
☐	🗋 testfile001.txt

進到檔案介面後，頁面下拉到 Storage class，點進 Edit 頁面 (下圖紅框處)。

Storage class   Edit

Amazon S3 offers a range of storage classes designed for different use cases. Learn more 🗗 or see Amazon S3 pricing 🗗

Storage class
Standard

進到 Storage Class 編輯頁面後，能看到之前觀念講解中所介紹的很多 Storage
Class，目前設定是在 Standard 這個 Class (下圖 #1)，但我們還可以把它換
成 Standard-IA (下圖 #2)、One Zone-IA (下圖 #3)，或者是 Glacier 的相關類
別 (下圖 #4)，以及最後的 Reduce redundancy (下圖 #5)，但其實 Reduced
redundancy (下圖 #5) 是一個將要淘汰的類別，我們就不需要多去了解。

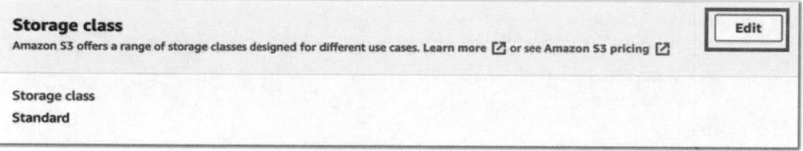

	Storage class	Designed for
⦿	#1 Standard	Frequently accessed data (more than once a month) with milliseconds access
○	Intelligent-Tiering	Data with changing or unknown access patterns
○	#2 Standard-IA	Infrequently accessed data (once a month) with milliseconds access
○	#3 One Zone-IA	Recreatable, infrequently accessed data (once a month) stored in a single Availability Zone with milliseconds access
○	Glacier Instant Retrieval	Long-lived archive data accessed once a quarter with instant retrieval in milliseconds
○	#4 Glacier Flexible Retrieval (formerly Glacier)	Long-lived archive data accessed once a year with retrieval of minutes to hours
○	Glacier Deep Archive	Long-lived archive data accessed less than once a year with retrieval of hours
○	#5 Reduced redundancy	Noncritical, frequently accessed data with milliseconds access (not recommended as S3 Standard is more cost effective)

而這邊一個特別要提出的是 Intelligent Tiling（下圖紅框處），它是屬於一個可以智慧的根據你的使用模式來幫忙判斷要放到哪一個 Storage 是最適合的，如果不想要手動判斷的話，就可以交給 Intelligent Tiling 來幫忙。

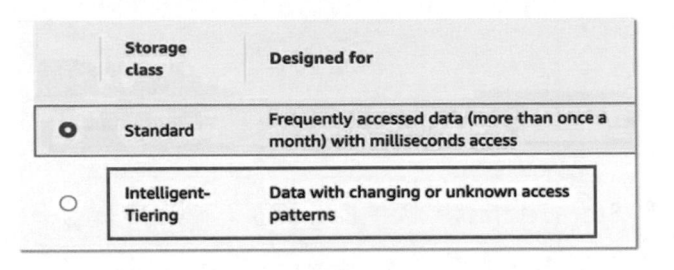

這邊要示範的是直接更改成 Standard-IA（下圖 #1），代表願意犧牲一點 Availability 來換取較低的儲存成本，設定好後，點擊頁面底部右方 Save changes（下圖 #2）儲存變更。

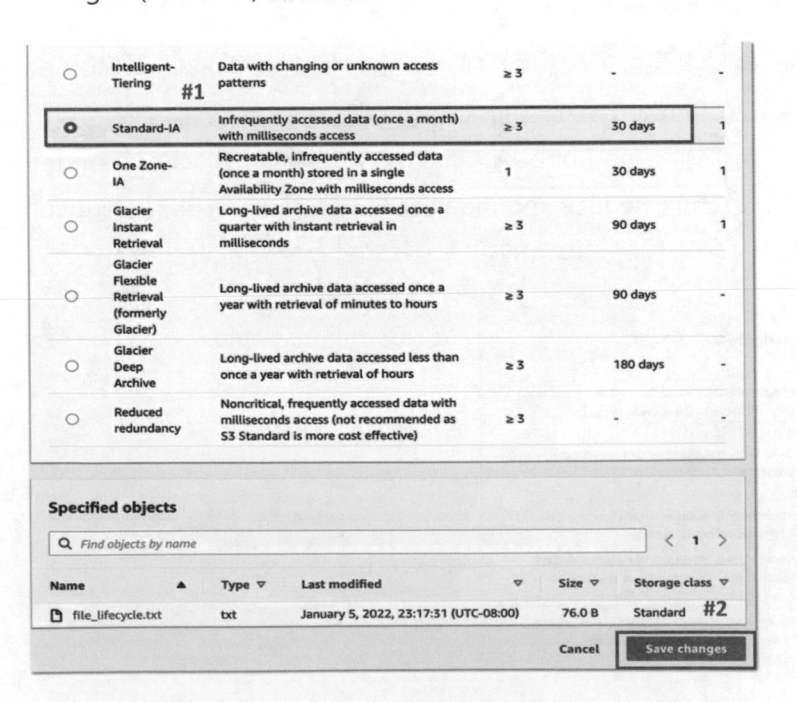

變更 Storage Class 成功後，點擊右上方 Close 關閉（下圖紅框處）。

AWS

作者

基礎

VPC
網路

EC2
運算

S3
檔案

RDS
資料庫

IAM
權限

結語

回到檔案介面後，下拉就會看到 Storage Class 現在變成 Standard-IA（下圖 #1），如果想要繼續更動，就再點進 Edit 頁面（下圖 #2）。

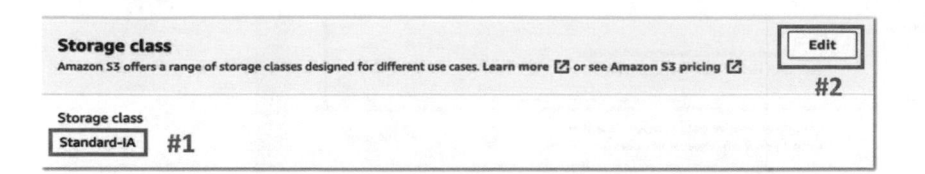

如果想要繼續犧牲多一點 Availability 換取更低的成本，那再把它改成 One Zone-IA（下圖 #1），再點擊右下角 Save changes 儲存變更（下圖 #2）。

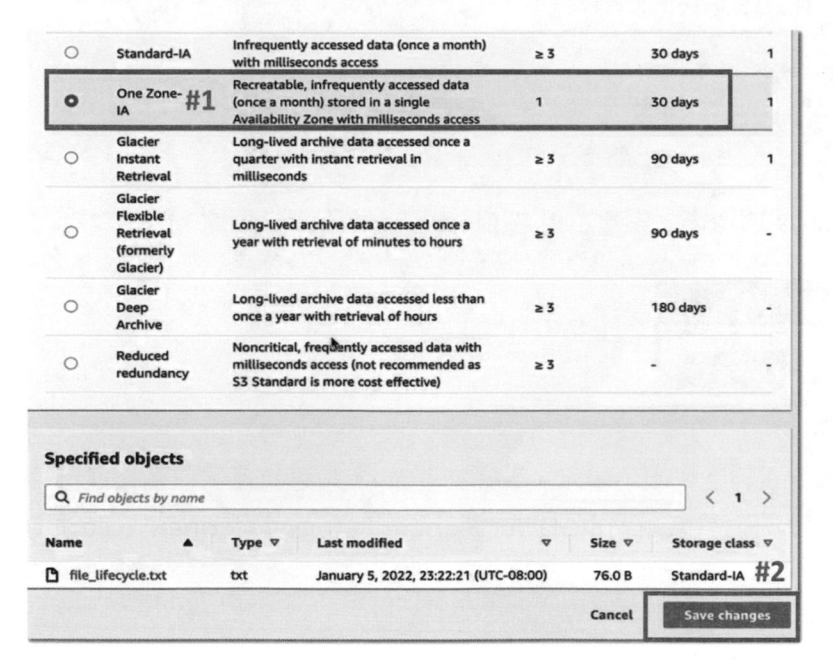

回到檔案介面後，下拉就會看到 Storage Class 現在變成 One Zone-IA（下圖 #1），繼續點進 Edit（下圖 #2）。

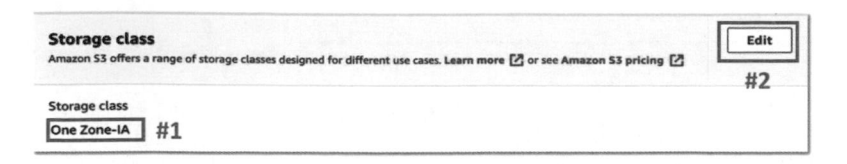

再來改成 Glacier 的相關類別,比如 Glacier Flexible Retrieval (Formerly Glacier) (下圖 #1),再點擊 Save changes (下圖 #2) 儲存改變。

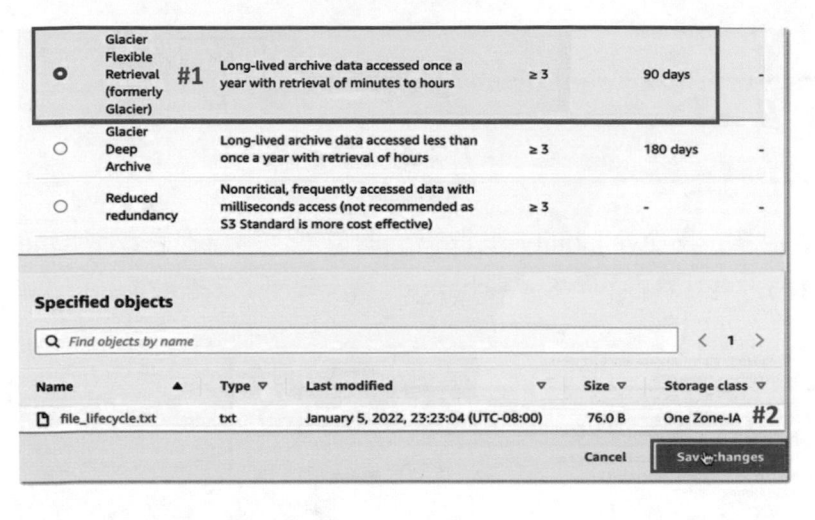

變更 Storage Class 成功後,點擊右上方 Close 關閉 (下圖紅框處)。

回到檔案介面,會看到上方出現警示 (下圖紅框處),敘述說目前這個檔案已經不存在於 S3 上面,而是被改存到 Glacier Flexible Retrieval (formerly Glacier) 這個服務上面。

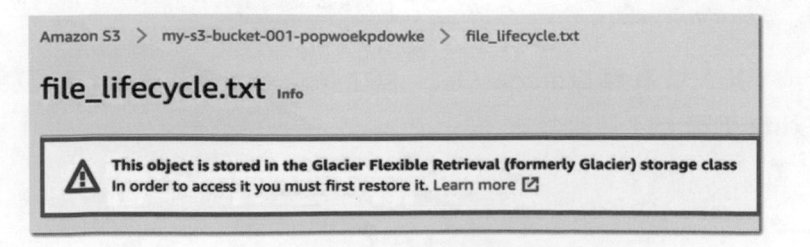

頁面下滑,可以看到 Storage Class 也已經更動到 Glacier Flexible Retrieval (formerly Glacier) (下圖 #1),且右邊的 Edit 已經被禁用 (下圖 #2),不能再更

改。

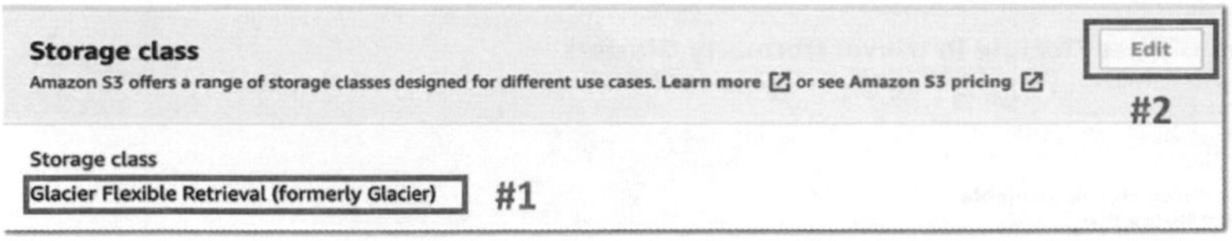

AWS

作者

基礎

VPC
網路

EC2
運算

S3
檔案

RDS
資料庫

IAM
權限

結語

關於 Initiate Restore

因為 file_lifecycle.txt 已經不存在於 S3 這個空間裡面，透過頁面頂端的 Bucket
連結 (下圖 #1) 回到 Bucket 階層。

勾選 file_lifecycle.txt (下圖 #2)，會發現無法點擊上方的 Download (下圖
#3)，如果要把它回復，就必須展開右方 Actions (下圖 #4)，再點擊 Initiate
restore (下圖 #5)。

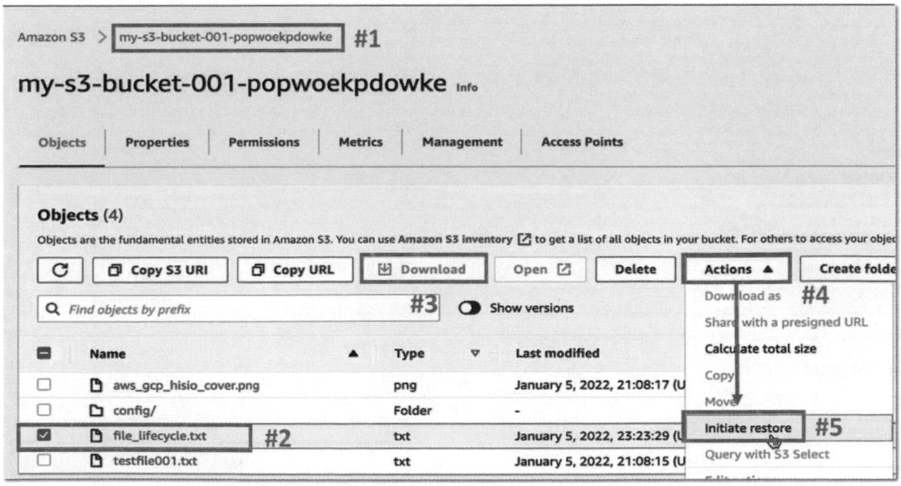

Restore 的功能有個重要的概念，它並不是把檔案從 Glacier 移回 S3，它其實
是做了一個 Copy 複製的動作，把在 Glacier 的東西複製一份到 S3。

所以這邊才要去指明說這次的 Copy，要把它存放到 S3 放上幾天，比如說這邊
設定 7 天 (下圖 #1)，它就會把當下日期加 7，告訴我們這個檔案會存到 1 月

12 日之後檔案就會自動被刪除 (下圖 #2)。

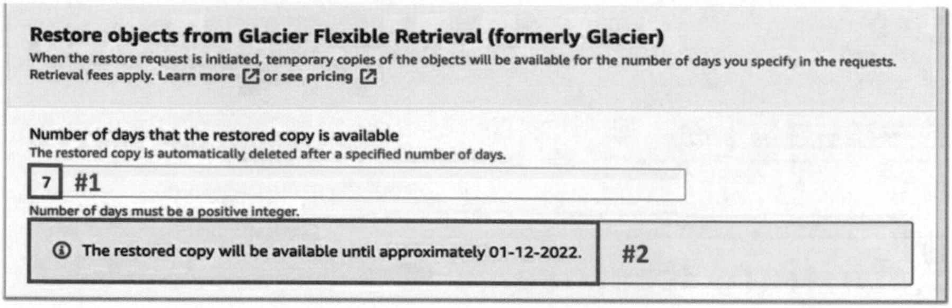

Restore objects from Glacier Flexible Retrieval (formerly Glacier)
When the restore request is initiated, temporary copies of the objects will be available for the number of days you specify in the requests.
Retrieval fees apply. Learn more 🔗 or see pricing 🔗

Number of days that the restored copy is available
The restored copy is automatically deleted after a specified number of days.

| 7 | #1 |

Number of days must be a positive integer.

ⓘ The restored copy will be available until approximately 01-12-2022.　#2

Retrieval tier 設定的是你要「多快」的拿回檔案。

我們在 Glacier 的觀念講解中有介紹，在這個類別之中，可以省掉很多儲存成本，但是代價是 Retrieval Tier 拿取的時間會非常的長。

所以這邊有 3 個選項，等 5 到 12 個小時價格最低，再來是 3 到 5 個小時，再來是 1 到 5 分鐘，這個通常是我們不會用的。因為當你把檔案存到 Glacier 中，你已經決定了你的商業模式是不會這麼快需要拿得這個檔案的，所以這邊選擇 Standard retrieval (下圖 #1)。待會我們就真的等上 3 到 5 個小時，再來看檔案是不是成功回復，設定好後就點擊底部右方的 Initiate restore (下圖 #2)。

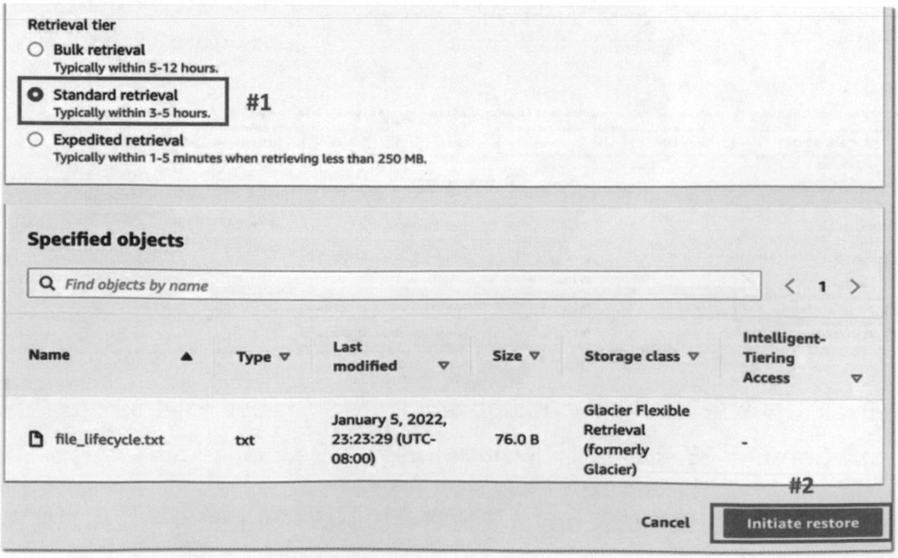

Retrieval tier
○ **Bulk retrieval**
　Typically within 5-12 hours.
◉ **Standard retrieval**　#1
　Typically within 3-5 hours.
○ **Expedited retrieval**
　Typically within 1-5 minutes when retrieving less than 250 MB.

Specified objects

🔍 Find objects by name　　　　　　　　　　　　　　　　　　< 1 >

Name ▲	Type ▽	Last modified ▽	Size ▽	Storage class ▽	Intelligent-Tiering Access ▽
📄 file_lifecycle.txt	txt	January 5, 2022, 23:23:29 (UTC-08:00)	76.0 B	Glacier Flexible Retrieval (formerly Glacier)	-

#2

Cancel　**Initiate restore**

變更 Initiate Restore 成功後，點擊右上方 Close 關閉（下圖紅框處）。

Initiate restore 後，再點擊 Lifecycle 檔案（下圖 #1），會看到現在還不能 Download（下圖 #2），所以我們就要等上 3 到 5 個小時，那在等待的過程中，我們先進行下一個部分。

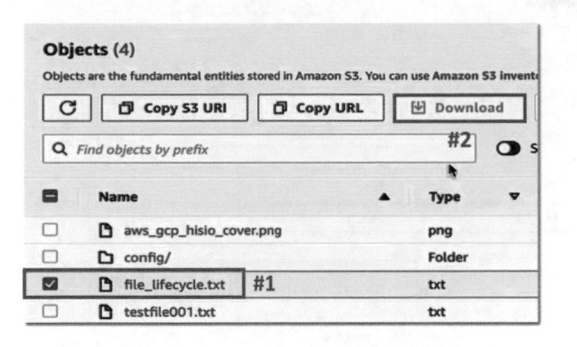

關於 Create Lifecycle Rule

點選 Upload（下圖 #1），再點擊下方 Add Files（下圖 #2），這次要上傳的是 life_lifecycle_auto.txt（下圖 #3），點擊 Open（下圖 #4）加入上傳列表。

AWS

作者

基礎

VPC
網路

EC2
運算

S3
檔案

RDS
資料庫

IAM
權限

結語

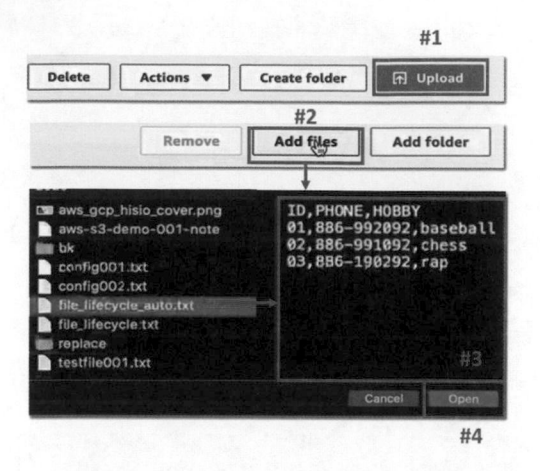

確認選擇的檔案在上傳列表中後 (下圖 #1)，點擊 Upload 上傳 (下圖 #2)。

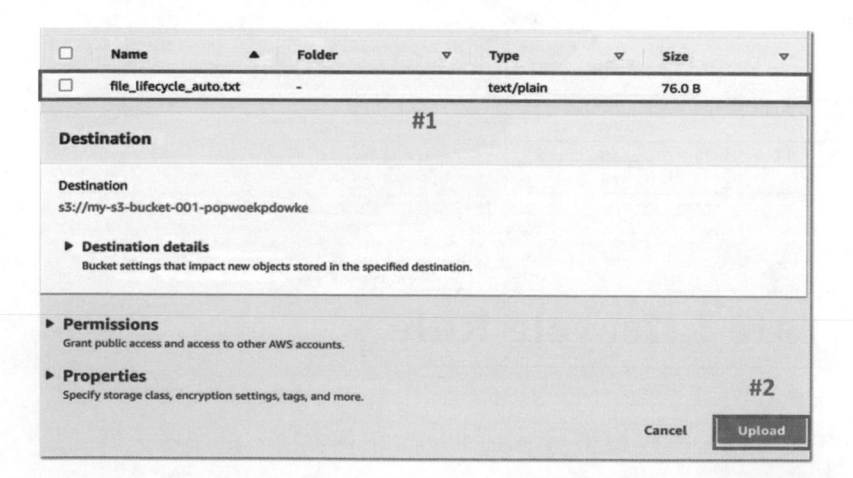

檔案上傳成功就會出現在 Upload: status 頁面中 (下圖 #1)，點擊右上 Close
關閉 (下圖 #2)。

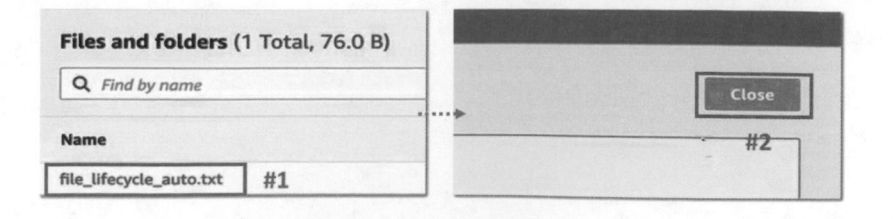

完成上傳後，這次不點進去 File 裡面來做 Storage 更換，改使用 Bucket 階層 Management 介面（下圖 #1），點擊 Create lifecycle rule（下圖 #2）創立一個新的。

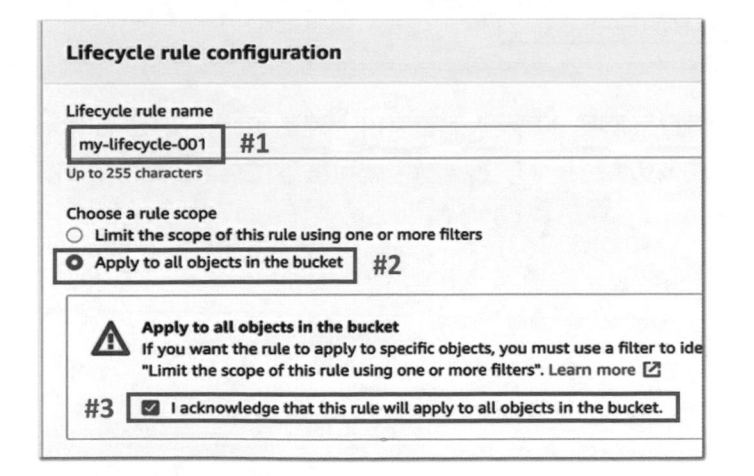

在 Lifecycle rule name 輸入自訂名稱（下圖 #1），Choose a rule scope 選擇 Apply to all objects in the bucket（下圖 #2），套用到所有在這個 Bucket 底下的所有 Objects，再點擊 I acknowledge that this rule will apply to all objects in the bucket（下圖 #3）。

Lifecycle rule actions 可以選擇是要移動現有的版本，還是非現有的版本（歷史版本），這邊示範選擇要移動的是現有版本的 Objects（下圖紅框處）。

AWS

作者

基礎

VPC
網路

EC2
運算

S3
檔案

RDS
資料庫

IAM
權限

結語

Lifecycle rule actions
Choose the actions you want this rule to perform. Per-request fees apply. **Learn more** ⧉ o

☑ Move current versions of objects between storage classes
☐ Move noncurrent versions of objects between storage classes
☐ Expire current versions of objects
☐ Permanently delete noncurrent versions of objects
☐ Delete expired object delete markers or incomplete multipart uploads
　These actions are not supported when filtering by object tags or object size.

Transition current versions of objects between storage classes 中的 Choose storage class transitions 選擇 One Zone-IA（下圖 #1）。

Days after object creation 可以決定在一個檔案被上傳之後的幾天後再把它移到 One Zone-IA，假設先填上 1 天，就會看到這邊有個提示訊息說至少要等到 30 天，才能真的把它移到 One Zone-IA（下圖 #2）。

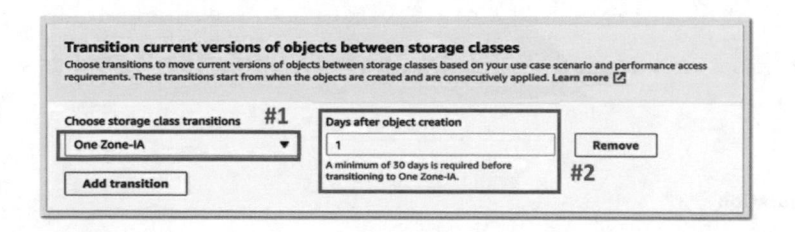

為了符合這個要求，這邊就給它填 30 天（下圖 #1），確認 Review transition and expiration actions 資訊沒問題後（下圖 #2），就可按下 Create rule（下圖 #3）。

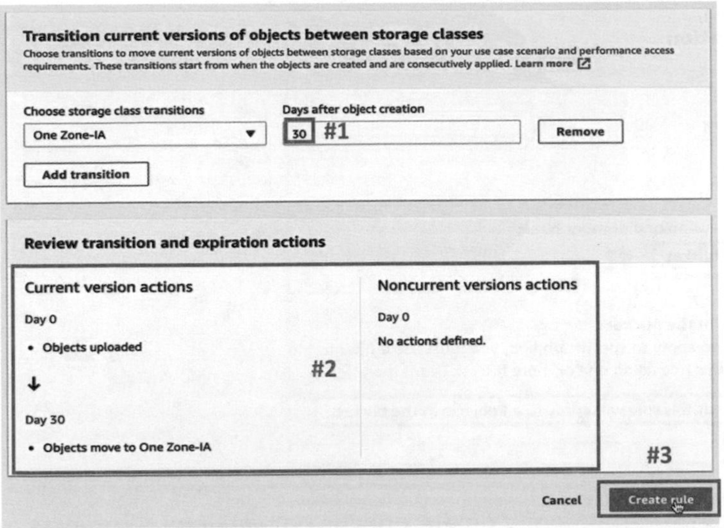

AWS

作者

基礎

VPC
網路

EC2
運算

S3
檔案

RDS
資料庫

IAM
權限

結語

Transition current versions of objects between storage classes

Choose transitions to move current versions of objects between storage classes based on your use case scenario and performance access requirements. These transitions start from when the objects are created and are consecutively applied. Learn more ☑

Choose storage class transitions   Days after object creation

| One Zone-IA ▼ | | 30 #1 | | Remove |

Add transition

Review transition and expiration actions

Current version actions	Noncurrent versions actions
Day 0	Day 0
• Objects uploaded	No actions defined.
↓ #2	
Day 30	
• Objects move to One Zone-IA	#3

Cancel   Create rule

完成建立後，就會看到 Lifecycle rules 出現新建立的 Lifecycle（下圖 #1），每過 30 天的檔案都會被移到 One Zone-IA，也就是願意去犧牲一點 Availability 來換取更低的儲存成本，完成 Transition 的 Lifecycle 設定之後，再點擊一次上方的 Create lifecycle rule（下圖 #2）。

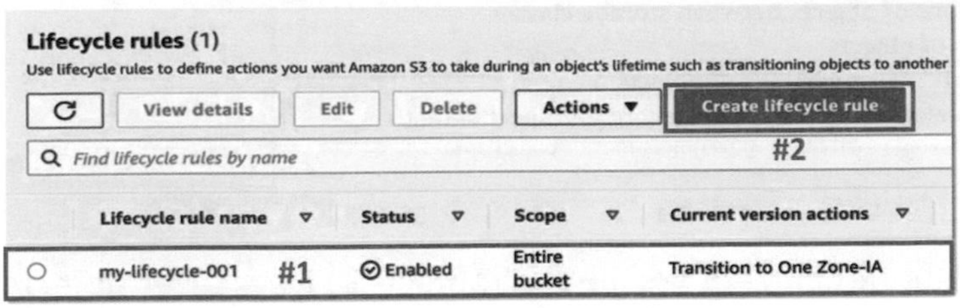

Lifecycle rules (1)

Use lifecycle rules to define actions you want Amazon S3 to take during an object's lifetime such as transitioning objects to another

| C | View details | Edit | Delete | Actions ▼ | Create lifecycle rule |

🔍 Find lifecycle rules by name   #2

Lifecycle rule name ▽	Status ▽	Scope ▽	Current version actions ▽
○ my-lifecycle-001 #1	⊘ Enabled	Entire bucket	Transition to One Zone-IA

在 Lifecycle rule name 輸入自訂名稱（下圖 #1），Choose a rule scope 選擇 Apply to all objects in the bucket（下圖 #2），套用到所有在這個 Bucket 底下的所有 Objects，再點擊 I acknowledge that this rule will apply to all objects in the bucket（下圖 #3）。

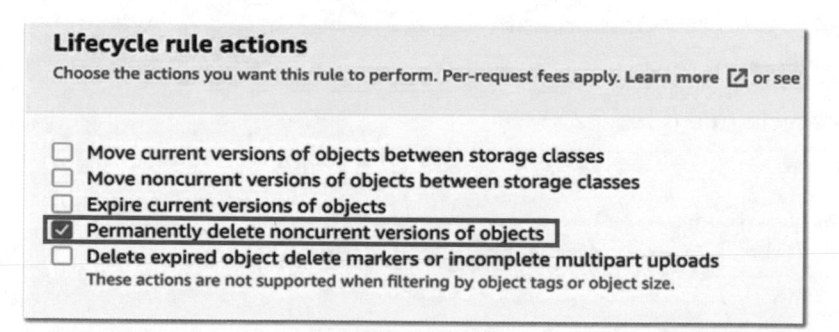

Lifecycle rule actions 選擇 Permanently delete noncurrent versions of objects，
簡單來說就是去刪除之前的版本（下圖紅框處）。

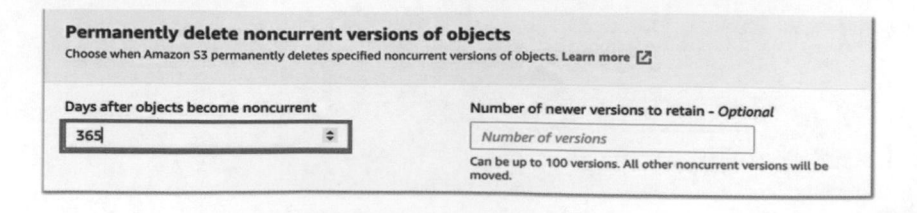

下方 Permanently delete noncurrent versions of objects 的 Days after objects
become noncurrent 輸入 365（下圖紅框處），設定的是過了 365 天之後，也
就是過了 1 年之後，就把我們之前的版本給刪掉，而當前的檔案，也就是真正
需要的會被移往 One Zone-IA Storage Class。

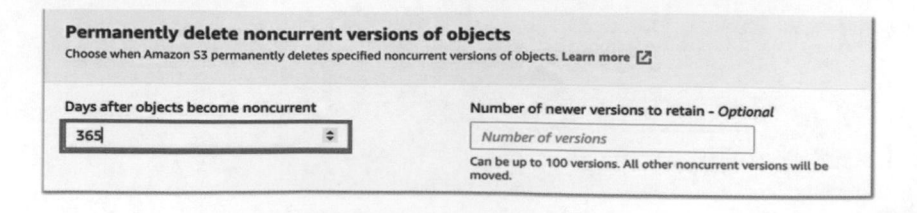

確認設定沒問題後，點擊右下方 Create rule (下圖紅框處)。

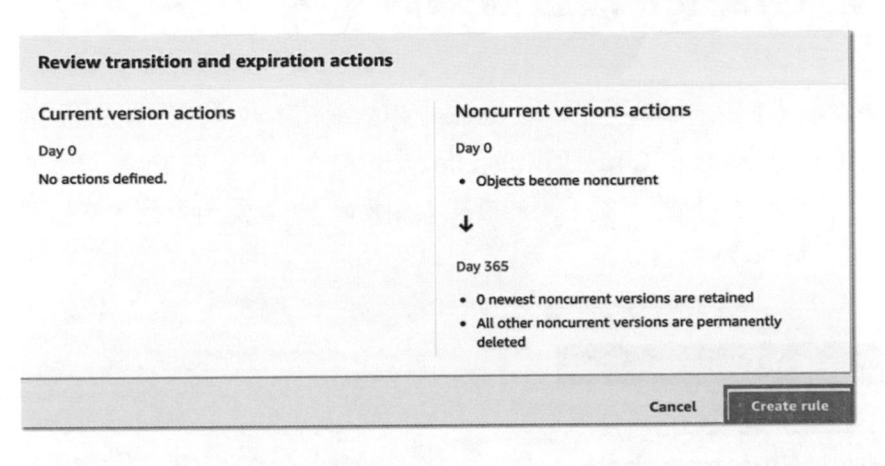

建立完成後，這邊就來快速的統整一下。

我們建立了一個 Transition Lifecycle (下圖 #1) 幫忙把當下的版本過了 30 天之後移到 One Zone-IA 來節省成本，而在過程中所製造出來的舊版本，將會交由 Expire 這個 Lifecycle (下圖 #2) 去處理，每過了 365 天，就會永久刪除那些之前的版本，節省儲存成本。

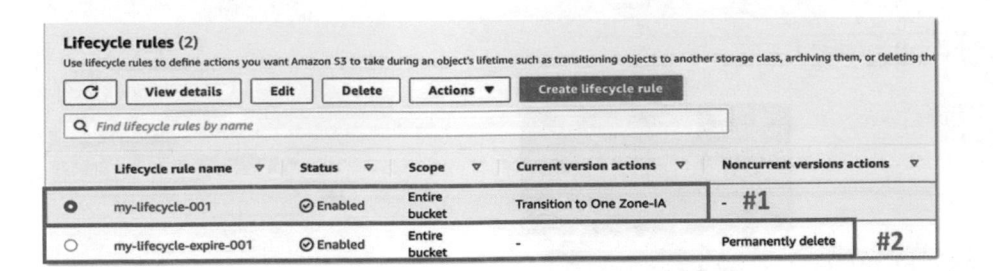

那這邊就展示完 Lifecycle 的使用方式，它將會全自動化的幫忙把檔案在各種 Storage Class 之間進行移轉。

AWS

作者

基礎

VPC
網路

EC2
運算

S3
檔案

RDS
資料庫

IAM
權限

結語

取得從 Glacier 複製回來的檔案

等待 5 小時之後 (下圖 #1)，透過頂端 Bucket 連結 (下圖 #2) 回到 Bucket 的
階層。勾選從 Glacier 服務 Copy 回來的 Lifecycle 檔案 (下圖 #3)，點擊上方
Download (下圖 #4)，打開下載下來的檔案 (下圖 #5)，就能再看到原本檔案
裡面的內容 (下圖 #6)。

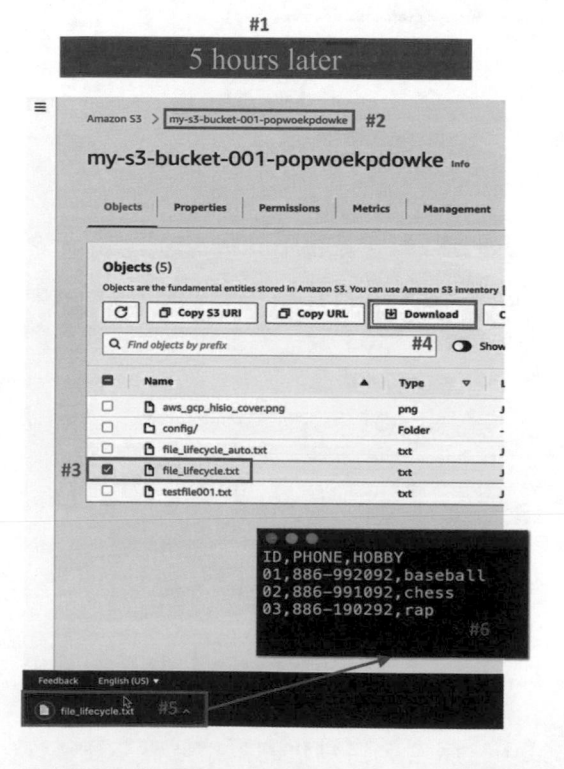

這邊展示的是把一個檔案從原本預設的 Storage Class 移到 Glacier 的地方，再
把它從 Glacier 複製回來。但是取回來的時間要等到 3 到 5 個小時，也就是透
過願意等這麼久的取回時間來換取更低的儲存成本。

那到這邊就已經展示完這一次 S3 上面不同 Storage Class 之間的轉換以及
Lifecycle 自動化的設定示範。

AWS

作者

基礎

VPC
網路

EC2
運算

S3
檔案

RDS
資料庫

IAM
權限

結語

清理 Bucket 資源

最後我們做一個快速的清理,透過頂端 Buckets 連結 (下圖 #1) 回到 S3 的首
頁,再點取我們所建造的 Bucket (下圖 #2),透過右上 Empty (下圖 #3) 清空
裡面所有的檔案。

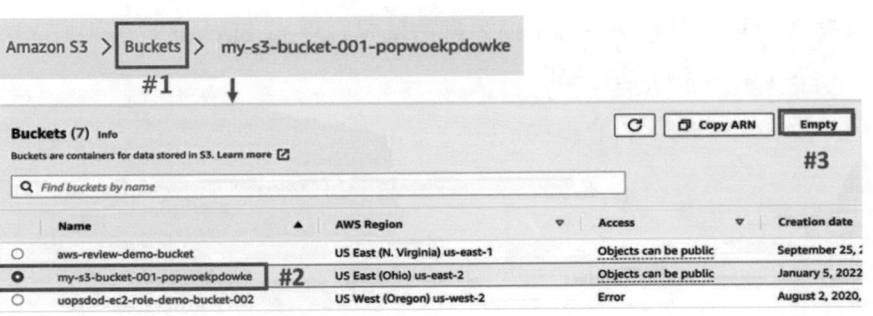

在 Empty bucket 確認頁面的 To confirm deletion, type permanently delete in
the text input field 欄位輸入「permanently delete」(下圖 #1),再點擊右下
角 Empty (下圖 #2) 進行清空。

Empty bucket Info

⚠ • Emptying the bucket deletes all objects in the bucket and cannot be undone.
   • Objects added to the bucket while the empty bucket action is in progress might be deleted.
   • To prevent new objects from being added to this bucket while the empty bucket action is in progress, you might
     need to update your bucket policy to stop objects from being added to the bucket.
   Learn more 🔗

ⓘ If your bucket contains a large number of objects, creating a lifecycle   [Go to lifecycle rule configuration]
   rule to delete all objects in the bucket might be a more efficient way
   of emptying your bucket. Learn more 🔗

Permanently delete all objects in bucket "my-s3-bucket-001-popwoekpdowke"?

To confirm deletion, type *permanently delete* in the text input field.

| permanently delete | #1 |

#2

[Cancel] [**Empty**]

Empty bucket 完成後，點擊右上方 Exit (下圖紅框處)。

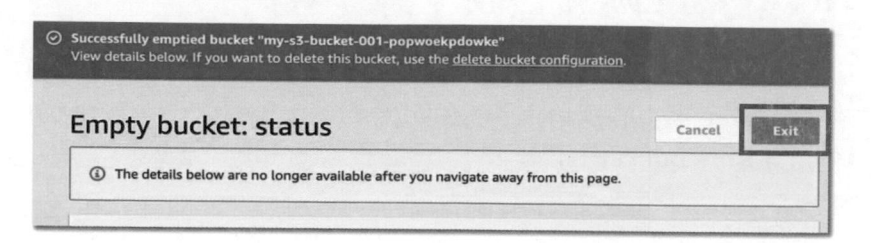

Empty 成功後，重新整理 (下圖 #1)，再點擊要刪除的 Bucket (下圖 #2)，透過右上 Delete (下圖 #3) 進行刪除。

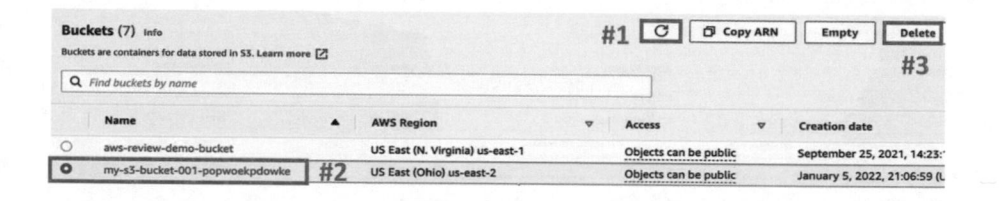

在 Delete bucket 確認刪除的欄位輸入要刪除的 Bucket 名稱 (下圖 #1)，再點擊 Delete bucket (下圖 #2) 確認進行刪除。

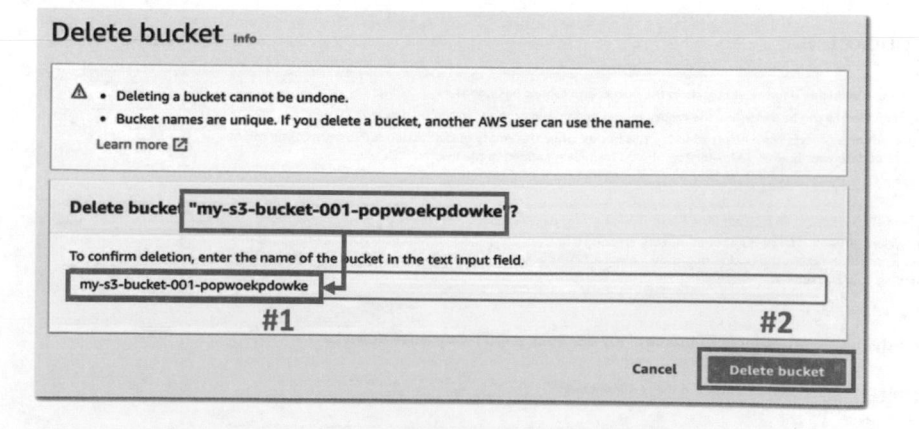

刪除 Bucket 後，就可以看到我們成功把這次創建的東西都清理掉了。

○	aws-review-demo-bucket
●	my-s3-bucket-001-popwoekpdowke
○	uopsdod-ec2-role-demo-bucket-002
○	uopsdod-ec2-role-demo-bucket-003
○	uopsdod-iam-role-demo-bucket-001
○	uospdod-iam-demo-002
○	wordpress-picture

→

○	aws-review-demo-bucket
○	uopsdod-ec2-role-demo-bucket-002
○	uopsdod-ec2-role-demo-bucket-003
○	uopsdod-iam-role-demo-bucket-001
○	uospdod-iam-demo-002
○	wordpress-picture

AWS

作者

基礎

VPC
網路

EC2
運算

S3
檔案

RDS
資料庫

IAM
權限

結語

小結

　　透過 S3 上面不同 Storage Class 之間的轉換、Inatiate Restore、Create Lifecycle Rule 等 Lifecycle 自動化的設定，以及最後對資源清理的示範，實作理解了 S3 儲存類別與生命週期管理的部分，本單元就到此結束。

7

AWS RDS 資料庫

【觀念講解】

RDS 是什麼？ RDS vs EC2 (+db) 方案比較

本文將藉由比較 RDS 與 EC2 方案的不同處來介紹 AWS RDS。

什麼是 EC2 & DB & EBS 方案？

EC2 & DB & EBS 的意思是建造一台 EC2，並在這上面安裝 DB software，以及配上一點 EBS 來儲存資料（下圖 #1），而下列 Hardware 到 DB backup 皆是建造資料庫所要做的事情（下圖 #2）。

以 EC2 方案創建資料庫 ─「AWS」負責部分

在 EC2 方案下建造資料庫所需作業之中，給 AWS 處理的只有 2 個部分，分別為硬體 (Hardware) 以及作業系統安裝 (OS install)（下圖 #3）。

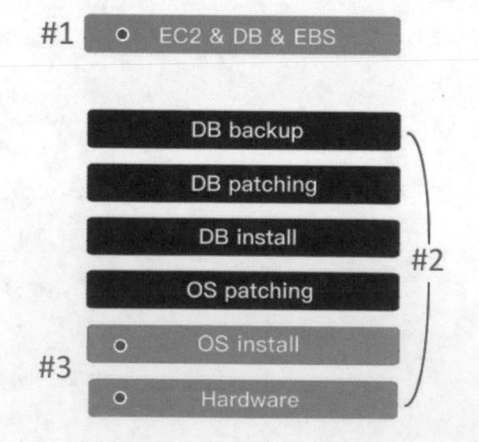

AWS

作者

基礎

VPC
網路

EC2
運算

S3
檔案

RDS
資料庫

IAM
權限

結語

以 EC2 方案創建資料庫 —「使用者自己」須負責部分

而以 EC2 方案建造資料庫所需作業中，需要使用者自己處理的有下列項目：

☁ DB backup（下圖 #1）

EC2 的 DB 資料備份要自己規劃。

☁ DB patching（下圖 #2）

DB 軟體有定期更新的需求，所以 EC2 的使用者得自己去定期更新。

☁ DB install（下圖 #3）

DB 軟體也要 EC2 的使用者自己安裝，看是要安裝 MySQL 或是 Oracle Golden。

☁ OS patching（下圖 #4）

patching 指的是定期更新。在 EC2 方案下，作業系統的定期更新只能靠自己來做，並且這是一件非常麻煩的事情，會這麼説是因為—— 可能沒過幾個月就得做一次更新，才能跟上最新的安全規範。

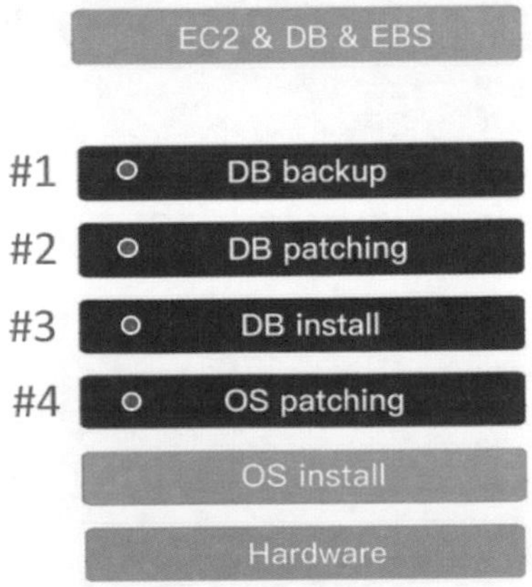

```
        EC2 & DB & EBS

#1   o    DB backup
#2   o    DB patching
#3   o    DB install
#4   o    OS patching
          OS install
          Hardware
```

以 **EC2** 方案創建第 **2** 個資料庫 ——「使用者自己」須負責部分

假設現在需要 Scale 資料庫 (下圖 #1)，把資料庫從一台變兩台，很有可能需要自己去創造另外一台 EC2 Instance，並且把上面這些步驟都做一遍 (下圖 #2)。

再來看到 DB failover (下圖 #3)，假設現在有兩台資料庫，其中一台壞掉了，就需要把所有流量導到現在正常的那一台，這整個機制也要自己來規劃。

最後看到 HA (High availability)(下圖 #4)，如果是想讓資料庫在兩個不同的 AZ 之中的話，也要自己去配置，而這個會搭配 DB Failover (下圖 #3)，達到更好的 HA 效果。

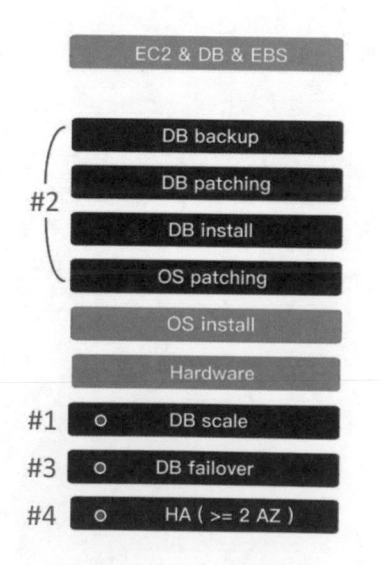

AWS

作者

基礎

VPC
網路

EC2
運算

S3
檔案

RDS
資料庫

IAM
權限

結語

以 RDS 方案創建資料庫 ─「AWS」負責部分

RDS 幾乎把所有的事情都做掉了 (下圖 #1)。首先，可以看到硬體跟作業系統安裝的部分，與左邊的 EC2 方案一樣都會交由 AWS 來做 (下圖 #2)。

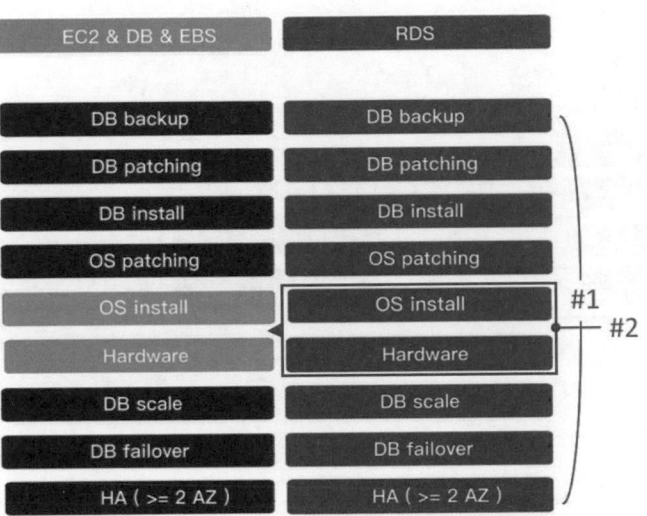

而 AWS 對應到 DB backup 的功能叫做 transaction log(S3) 跟 EBS snapshot (下圖 #1)；DB scale 的功能叫 Read Replica(下圖 #2)；DB failover 的功能叫 Primary/Standby (下圖 #3)；HA 同樣用 Primary/Standby (下圖 #4)。

我們將會在之後的章節細部說明這些功能。

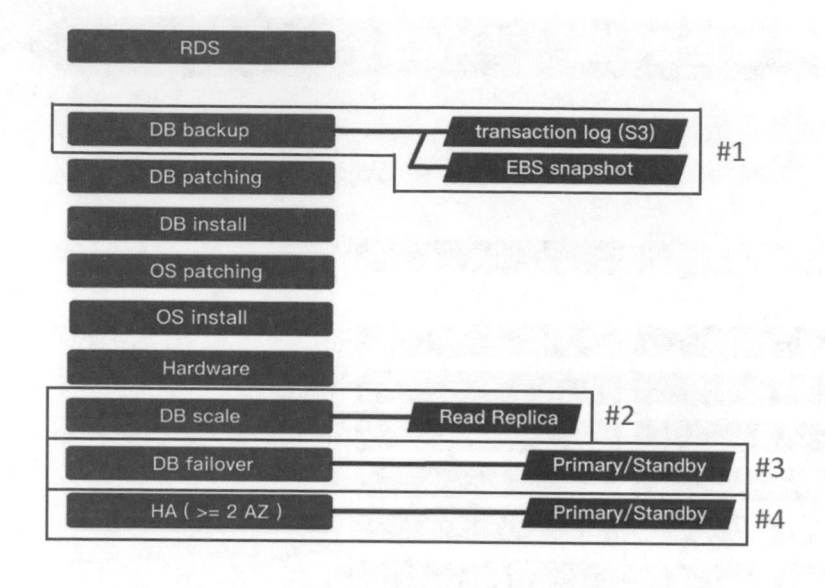

AWS

作者

基礎

VPC
網路

EC2
運算

S3
檔案

RDS
資料庫

IAM
權限

結語

結語

可以看到自己建一個 EC2 並自行在上面建一個 DB software 的方案,交由 AWS 幫忙做的,只有硬體跟作業系統安裝而已(下圖 #1),其他的都得自己做掉。

而 RDS 提供了許多功能,幾乎把使用者所有的事情都做掉了(下圖 #2),我們將會在之後的章節細部說明這些功能。

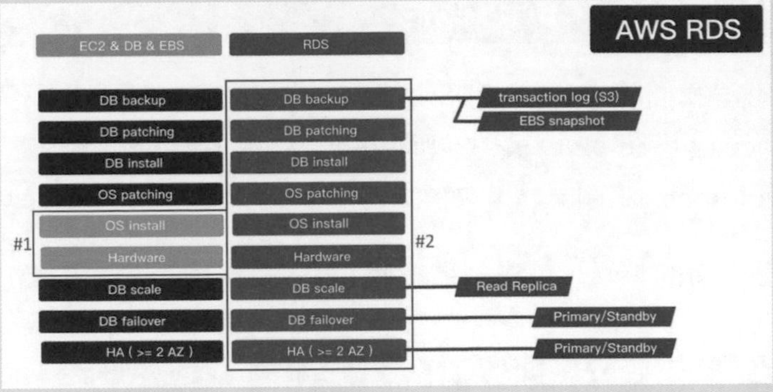

以上,是透過 RDS 與 EC2 方案的比較來介紹 RDS 的部分。

【觀念講解】

RDS 架構

這次要介紹的是 AWS RDS 的基本架構。

RDS instance 的概念

首先，當我們建造一台 RDS instance 的時候（下圖 #1），可以將它看成 EC2 instances（下圖 #2），配上裡面安裝的 DB software（下圖 #3），再配上一些 EPS volumes（下圖 #4），來儲存資料。

而需要備份的時候，就去創造一個 EBS Snapshot 來留下備份（下圖 #5）。

Primary/Standby 與同步備份

通常會把資料庫放在一個 Private Subnet，來提供一個更安全的網路空間，所以在 Availability Zone（下圖 #1）內建立一個 Private Subnet（下圖 #2）。

在 Private Subnet 裡面（下圖 #2），放上 Primary instance（下圖 #3）。而這個 Primary instance 會配上一個 EBS volume（下圖 #4 ））。

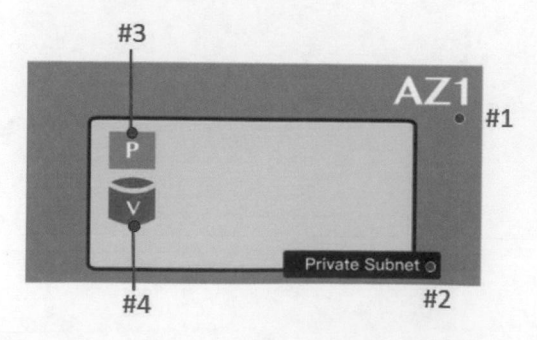

AWS

作者

基礎

VPC
網路

EC2
運算

S3
檔案

RDS
資料庫

IAM
權限

結語

再來，由於 RDS 提供了很好的 High Availability 以及 DB failover，所以我們會在另外一個 AZ（下圖 #1）創造另一個 Private Subnet（下圖 #2），並把 Standby instance（下圖 #3）放上去，而這個 Standby instance（下圖 #3）也會有一個 EBS volume（下圖 #4）。

Primary instance 的 EBS volume 就會完全同步備份（下圖 #5）給 Standby instance（下圖 #3）的 EBS volume（下圖 #4）。

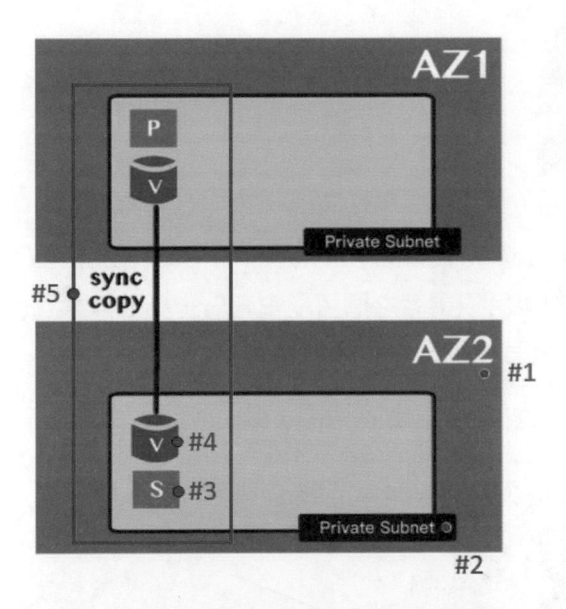

利用 Read replica 分擔 Primary instance 的流量

假設 Primary instance 流量太多的時候，就可以在 Availability Zone（下圖 #1）裡另外建造 Read replica（下圖 #2）。

Read replica（下圖 #2）也會有一個 EBS volume（下圖 #3），而 Read replica 也跟 Primary instance 一樣，可以在另外一個 AZ（下圖 #1）裡建造 Read replica 自己的 standby instance（下圖 #5）並配有 EBS volume（下圖 #6），來進行完全同步的備份（下圖 #7）。

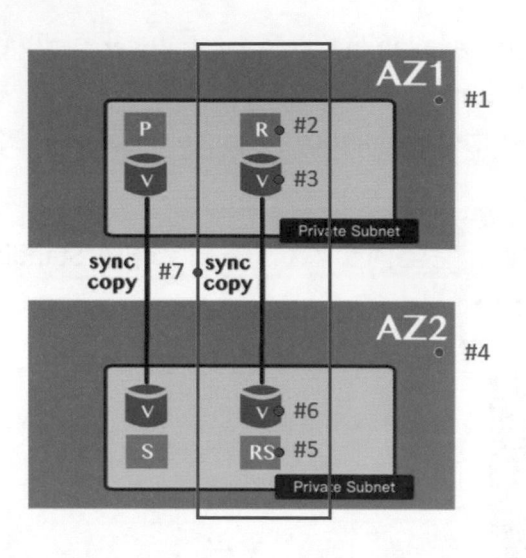

Read replica 的 EBS volume（下圖 #1）會跟 Primary instance 的 EBS volume（下圖 #2）進行非同步的備份（下圖 #3），所以兩者之間可能會有點小小的延遲，但由於進行的只有讀的部分，所以不會有資料寫入衝突的問題。

簡單來說，就是透過 Read replica（下圖 #2）來幫 Primary instance（下圖 #1）分擔了讀取 (Read) 的請求。

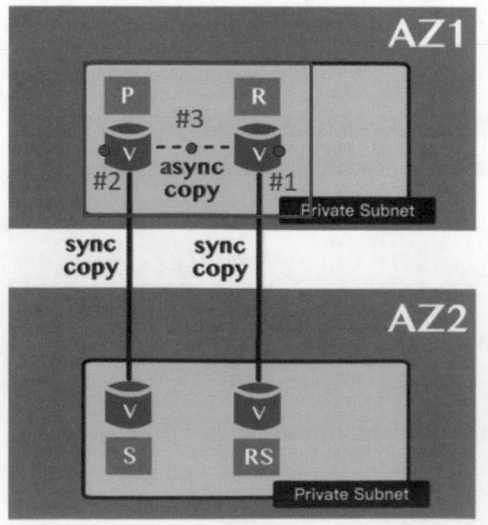

而 Read replica 可以不只建造一台，也可以在 AZ1 再建立另一台 Read replica
（下圖 #1），並且可以選擇不去使用跨 AZ 的 Read replica 的建造，就像是這個
在 AZ1 單獨自己一個的 Read replica（下圖 #1），並且在 AZ2 也可以建造別台
獨立的 Read replica（下圖 #2）。

AWS

作者

基礎

VPC
網路

EC2
運算

S3
檔案

RDS
資料庫

IAM
權限

結語

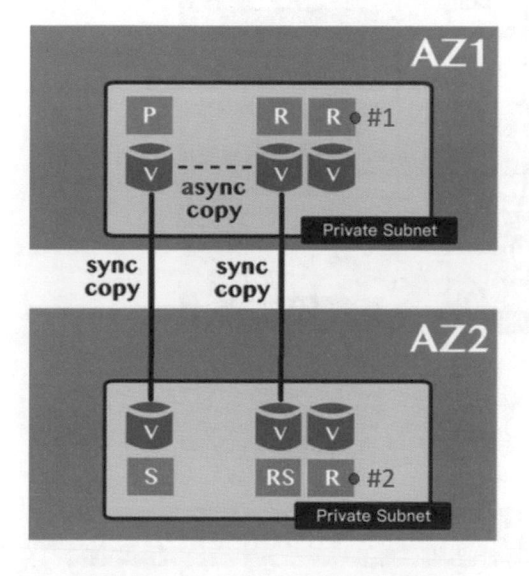

RDS 如何對外開放？

RDS 會提供一個 DNA name（下圖 #2），使用者就可以透過一個在 Public
Subnet 的 EC2 instance（下圖 #1），藉由 DNS name（下圖 #2）來跟我們 RDS
的 instance 溝通，而接觸點就是 Primary instance（下圖 #3）。

要注意的是，流量只會導到 Primary instance（下圖 #3）上，而不會導到
Standby instance（下圖 #4）。

這是因為在一般的情況下，並不會使用到 Standby instance（下圖 #4），只
有在意外發生的時候，Standby instance 才會去接管，變成新的 Primary
instance。

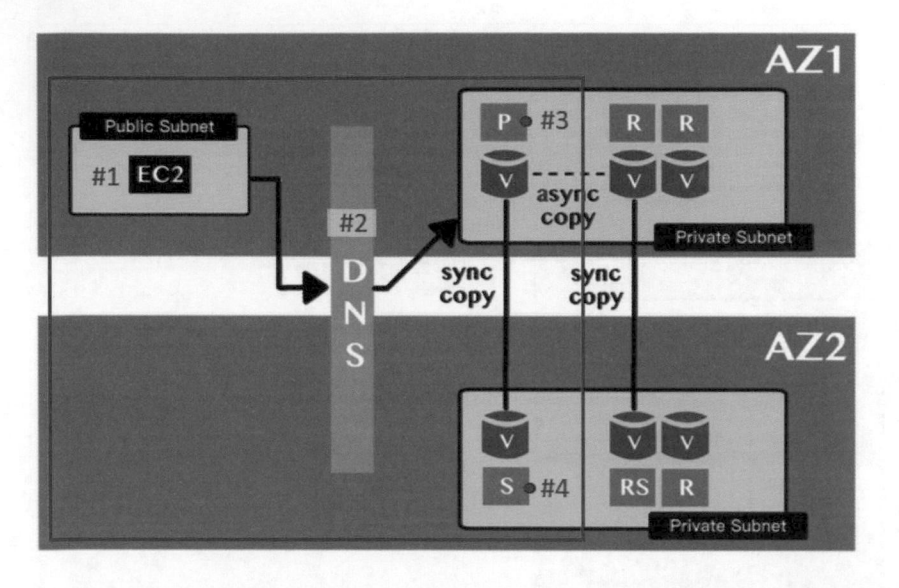

在一般運作的狀況下，以上就是 RDS 所擁有的架構 —— 但是資料庫的資料非常重要，所以還需要有備份的功能。

備份功能—— EBS Snapshot 與 transaction log (on S3)

對 Standby EBS volumes (下圖 #1)，RDS 會定期的去做備份，而這個備份是以天為單位的 (下圖 #2)，可以自己做設定。或者另外想要手動直接創造一個 EBS Snapshot (下圖 #3) 的話也可以。

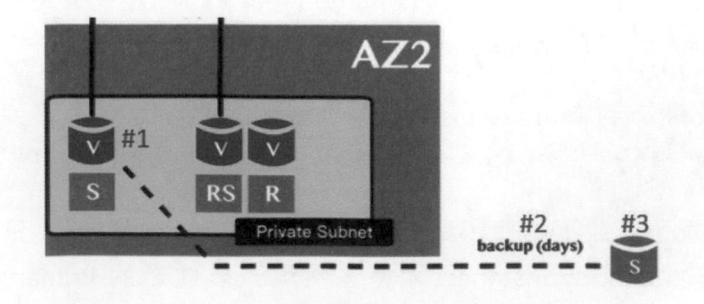

此外，在 Primary EBS volume 這邊（下圖 #1），RDS 會幫使用者進行一個以分鐘為單位的（下圖 #2），也就是更精密備份，即為 transaction log (on S3) 的自動備份（下圖 #3）。

transaction log (on S3) 的功能非常強大（下圖 #3），能夠用以幫助 Primary EBS volume（下圖 #1）倒退到非常精確的時間點（下圖 #2），來保障使用者的資料一致性。

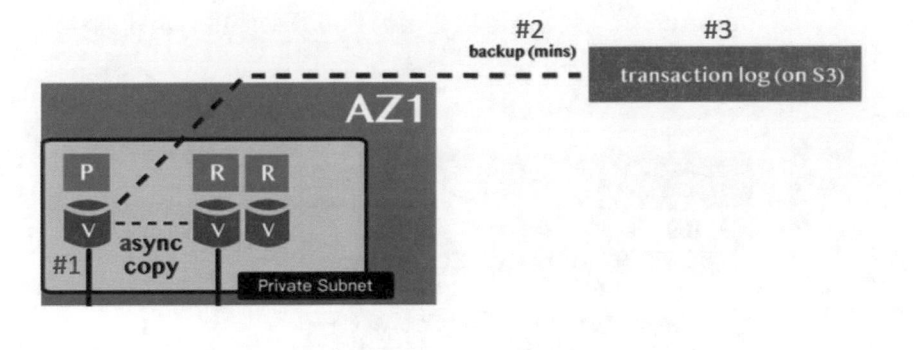

AWS

作者

基礎

VPC
網路

EC2
運算

S3
檔案

RDS
資料庫

IAM
權限

結語

下圖是本文推導出的架構圖。

RDS 其實不是一個太新的概念，RDS 就是把 EC2 跟 EBS 給組合起來，再配上一個 DB software 而已。

但 RDS 提供的 Primary/Standby 的同步備份功能、Read replica 的分擔流量功能、EBS Snapshot 與 transaction log(on S3) 的定期備份功能，仍更能幫助使用者快速的建立起一個資料庫。

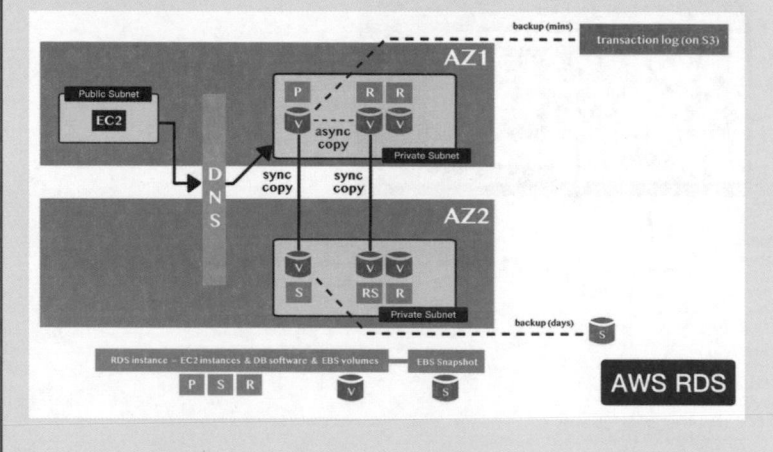

以上，就是針對 AWS RDS 的架構介紹。

AWS

作者

基礎

VPC
網路

EC2
運算

S3
檔案

RDS
資料庫

IAM
權限

結語

實作示範

RDS 架構 建立自己的第一台雲端資料庫 part1

大家好，本章節老師將介紹 RDS 架構的建立，在這一輪的實作中，老師建議大家可以空出一個下午，或者是一個晚上三到四個小時的時間，來做我們 RDS 這一輪的實作演練，因為許多的創建過程一等就是二十幾分鐘，而 RDS 的收費又相對的較高一點，所以我們務必要確保這一輪的演練完之後，要把所有的資源都清乾淨，那我們現在就開始進行我們 RDS 的實作示範。

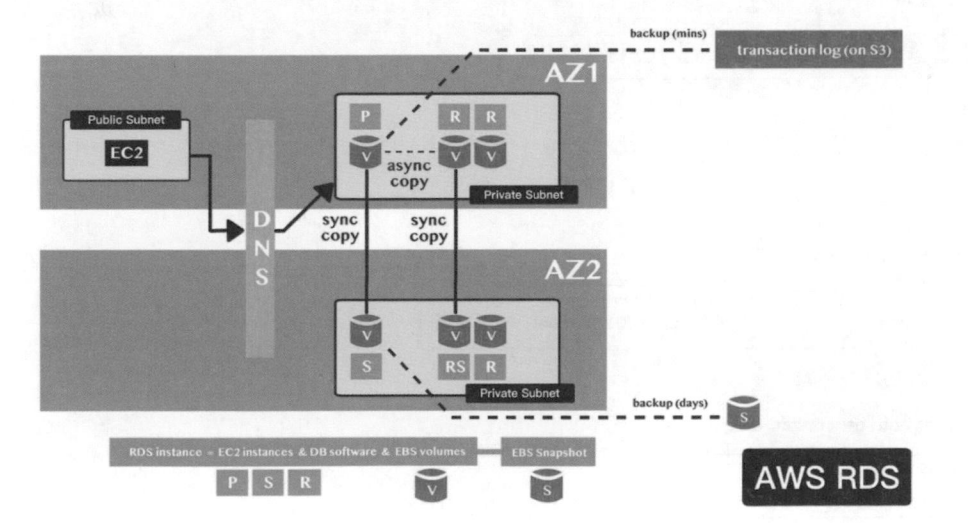

VPC 設定

首先我們要去建立實作的時候需要用到的環境建設，那我們就進到 AWS 頁面，上方搜尋 VPC (下圖 #1)，並點擊進去 (下圖 #2)。

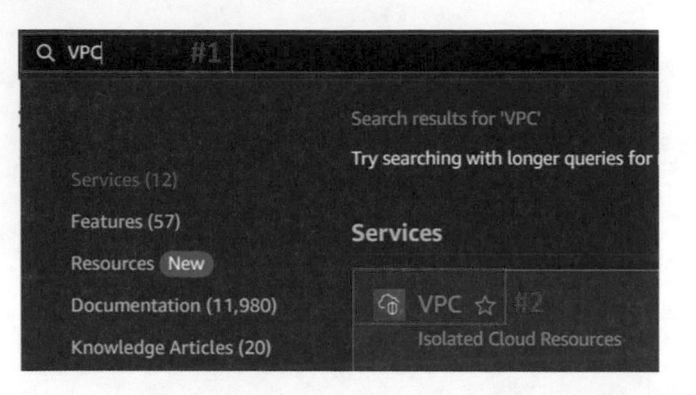

進去之後，我們點擊上方的 Create VPC (下圖 #1)。

進來之後，我們選擇 VPC and more (下圖 #1)，並將名稱設定為 rds-demo (
下圖 #2)。

Resources to create　Info
Create only the VPC resource or the VPC and other networking resources.

○ VPC only　　　　　　　　　⦿ VPC and more　　**#1**

Name tag auto-generation　Info
Enter a value for the Name tag. This value will be used to auto-generate Name
tags for all resources in the VPC.
☑ Auto-generate
rds-demo　　　　　　　　　　　　　**#2**

之後下拉，在這次示範中，我們會需要用到 Private Subnet，所以在 NAT
Gateway 這邊我們選擇 In 1 AZ (下圖 #1)，代表在一個 AZ 之中，創建一台
NAT Gateway 讓我們的 Private Subnet 裡面的 Instance 可以與 Internet 溝通，
好了後點擊 Create VPC (下圖 #2)。

AWS

作者

基礎

VPC
網路

EC2
運算

S3
檔案

RDS
資料庫

IAM
權限

結語

NAT gateways ($) Info
Choose the number of Availability Zones (AZs) in which to create NAT gateways.
Note that there is a charge for each NAT gateway

| None | In 1 AZ #1 | 1 per AZ |

VPC endpoints Info
Endpoints can help reduce NAT gateway charges and improve security by
accessing S3 directly from the VPC. By default, full access policy is used. You can
customize this policy at any time.

| None | S3 Gateway |

DNS options Info
☑ Enable DNS hostnames
☑ Enable DNS resolution

▶ Additional tags

#2

Cancel   Create VPC

稍等約一分鐘之後便會創建完成，那我們就點擊 View VPC (下圖 #1)。

#1
View VPC

好了之後，我們到左上方點擊 Select a VPC，我們將它下拉，選擇我們剛剛所
建立的，rds-demo-vpc (下圖 #1) 打勾。

Filter by VPC:

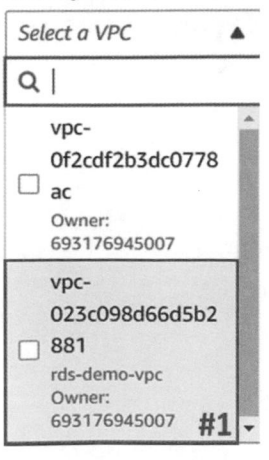

完成之後，我們點擊 Subnet（下圖 #1）。

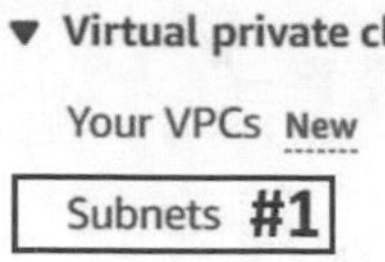

▼ **Virtual private cloud**

　　Your VPCs　**New**

　　╭────────────╮
　　│ Subnets **#1** │
　　╰────────────╯

進來後就可以看到有四個 Subnet 被創建成功，其中會有兩個 Public 兩個 Private，我們這邊特別注意一下，待會我們要使用的是 Private Subnet（下圖 #1），其中一個 RDS Instance 將放在 2 A 這個 AZ 上面，另外一個則將放在 2 B ，它將讓 RDS Instance 可以做出一個 Multi-AZ 的部署讓我們的 RDS Instance 不會因為一個 AZ 毀損就喪失功能。

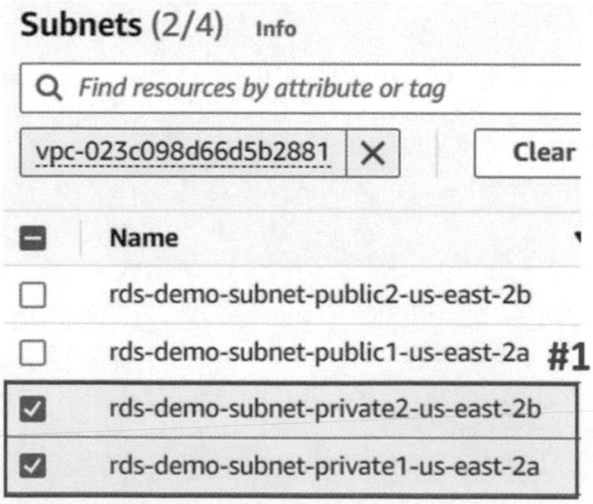

Subnets (2/4)　Info

Q　*Find resources by attribute or tag*

┌──────────────────────┐　　┌──────
│ vpc-023c098d66d5b2881　✕ │　│ Clear
└──────────────────────┘　　└──────

☐	**Name**
☐	rds-demo-subnet-public2-us-east-2b
☐	rds-demo-subnet-public1-us-east-2a **#1**
☑	rds-demo-subnet-private2-us-east-2b
☑	rds-demo-subnet-private1-us-east-2a

完成之後下拉，點擊 Security Group（下圖 #1）。

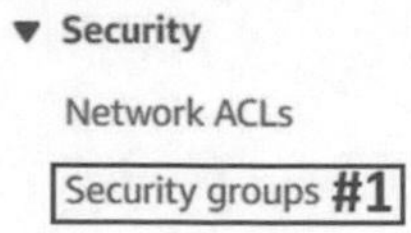

▼ **Security**

　　Network ACLs

　　╭──────────────────╮
　　│ Security groups **#1** │
　　╰──────────────────╯

我們這邊來創建一個新的 Create Security Group（下圖 #1）。

#1

┌──────────────────────────┬───┐　┌──────────────────────┐
│ **Export security groups to CSV** │ ▼ │　│ **Create security group** │
└──────────────────────────┴───┘　└──────────────────────┘

首先，名稱這邊我們設為 rds-demo-sg（下圖 #1），下方 Description 一樣即可（下圖 #2），VPC 這邊要特別注意，選擇我們剛剛所建立的 rds-demo-vpc（下圖 #3）。

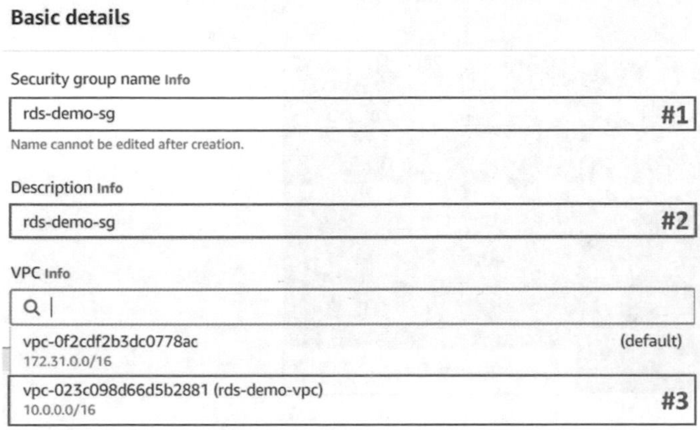

Basic details

Security group name Info

rds-demo-sg	#1

Name cannot be edited after creation.

Description Info

rds-demo-sg	#2

VPC Info

🔍	
vpc-0f2cdf2b3dc0778ac 172.31.0.0/16	(default)
vpc-023c098d66d5b2881 (rds-demo-vpc) 10.0.0.0/16	#3

好了之後，點擊 Add Rule（下圖 #1）。

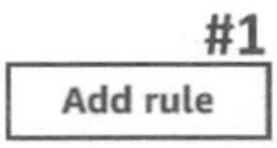

#1

Add rule

接下來在 Type 這邊我們要選擇 MySQL/Aurora（下圖 #1），好了之後，我們要設定允許所有人都可以連線，所以 Source 這邊選擇 0.0.0.0/0（下圖 #2）來簡化我們的實作，在正式環境之中，大家需要根據自己的狀況去允許特定的 IP 範圍，或者是特定的 Security Group 來連接你的 RDS。

Inbound rules Info

Type Info	Protocol Info	Port range Info	Source Info	
MYSQL/Aurora #1▾	TCP	3306	Anywh... ▾ 🔍 #2	
			0.0.0.0/0 ✕	

好了之後，點擊 Create security group（下圖 #1），這樣我們就完成網路部分的創建。

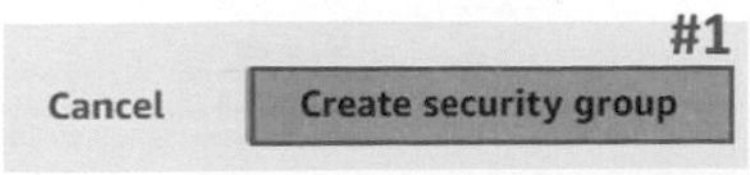

#1

Cancel	**Create security group**

AWS

作者

基礎

VPC
網路

EC2
運算

S3
檔案

RDS
資料庫

IAM
權限

結語

RDS 設定

接下來我們上方搜尋 RDS (下圖 #1)，開啟一個新分頁 (下圖 #2)。

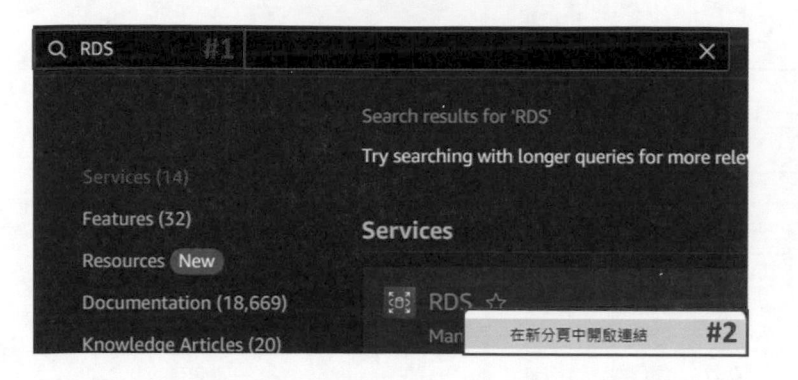

在實際創建 RDS Instance 之前，我們需要先前往 Subnet Groups (下圖 #1)。

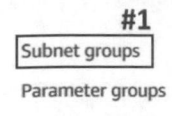

每一個 RDS 的創建都會讓它去分配到兩個 (含兩個以上) 的 Subnets 以此讓它達到 RDS 的 High Availability 這項特性，那我們這邊就開始創建，點擊右方 Create DB subnet group (下圖 #1)。

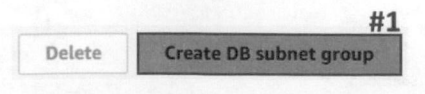

進去之後，一樣需要設定名稱，我們設為 rds-demo-subnetgroup (下圖 #1)，Description 一樣即可 (下圖 #2)，VPC 選擇我們剛剛所創建的 rds-demo-vpc (下圖 #3)。

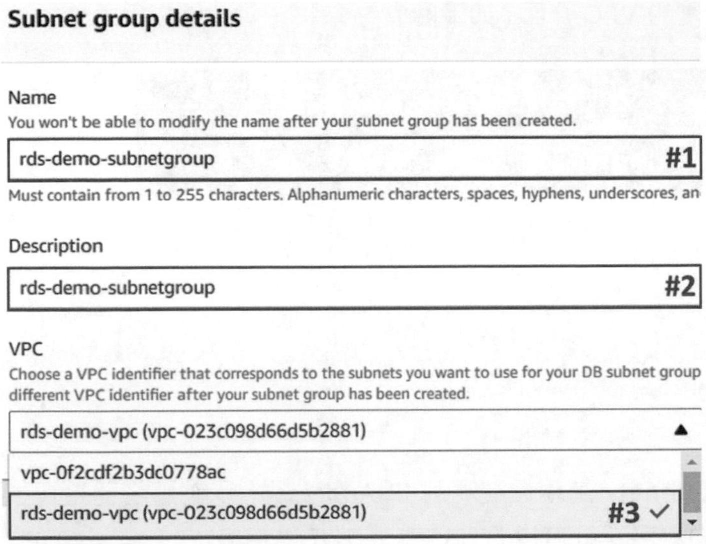

AWS

作者

基礎

VPC
網路

EC2
運算

S3
檔案

RDS
資料庫

IAM
權限

結語

Subnet group details

Name

You won't be able to modify the name after your subnet group has been created.

rds-demo-subnetgroup	#1

Must contain from 1 to 255 characters. Alphanumeric characters, spaces, hyphens, underscores, an

Description

rds-demo-subnetgroup	#2

VPC

Choose a VPC identifier that corresponds to the subnets you want to use for your DB subnet group
different VPC identifier after your subnet group has been created.

rds-demo-vpc (vpc-023c098d66d5b2881)	▲

vpc-0f2cdf2b3dc0778ac	
rds-demo-vpc (vpc-023c098d66d5b2881)	#3 ✓

往下在 Availability Zones 這邊，因為我們兩個 Private Subnet 一個在 2 A 一個在 2 B，因此我們選擇 -2 a、-2 b(下圖 #1)。

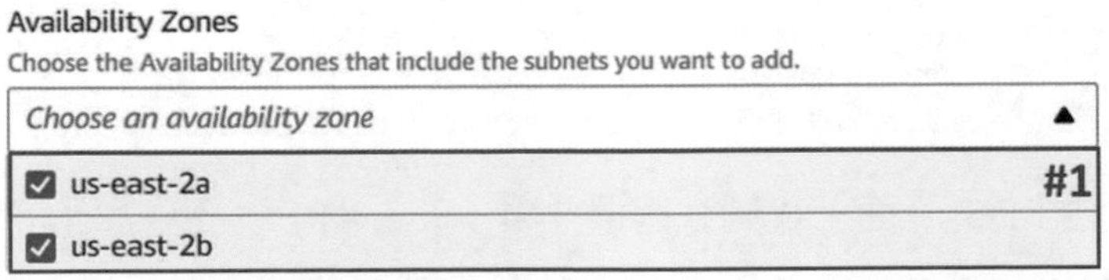

Availability Zones

Choose the Availability Zones that include the subnets you want to add.

Choose an availability zone	▲
☑ us-east-2a	#1
☑ us-east-2b	

下方就可以看到我們剛剛創建的 Subnets 們，大家可以看到這邊有四個 (下圖 #1)，但我們無法很明顯的看出來，哪兩個是 Private Subnets。

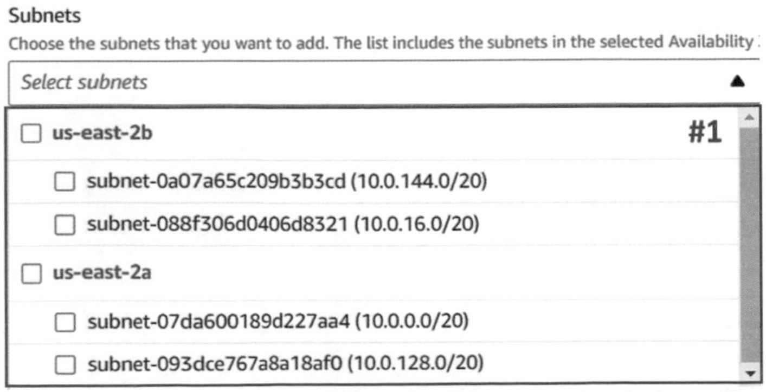

Subnets

Choose the subnets that you want to add. The list includes the subnets in the selected Availability :

Select subnets	▲
☐ us-east-2b	#1
☐ subnet-0a07a65c209b3b3cd (10.0.144.0/20)	
☐ subnet-088f306d0406d8321 (10.0.16.0/20)	
☐ us-east-2a	
☐ subnet-07da600189d227aa4 (10.0.0.0/20)	
☐ subnet-093dce767a8a18af0 (10.0.128.0/20)	

因此我們需要先回到剛剛的 VPC 介面 (如下圖)。

再來點擊 Subnets (下圖 #1)。

▼ **Virtual private cloud**

　Your VPCs **New**

　　Subnets **#1**

我們要看的是 Private Subnets 這兩個在哪個 IP Address ，我們將名稱這邊拉開一點 (下圖 #1)，再向右滑，就可以看到這邊是 128 結尾跟 144 結尾的 IP (下圖 #2) 屬於 Private Subnets。

	Name	Subnet ID ▼	State ▼	VPC ▼	IPv4 CIDR
☐	rds-demo-subnet-public2-us-east-2b	subnet-088f306d0406d8321	⊘ Available	vpc-023c098d66d5b2881 | rds-...	10.0.16.0/20
☐	rds-demo-subnet-public1-us-east-2a	subnet-07da600189d227aa4	⊘ Available	vpc-023c098d66d5b2881 | rds-...	10.0.0.0/20
☑	rds-demo-subnet-private2-us-east-2b	subnet-0a07a65c209b3b3cd	⊘ Available	vpc-023c098d66d5b2881 | rds-...	10.0.144.0/20 #2
☑	rds-demo-subnet-private1-us-east-2a	subnet-093dce767a8a18af0	⊘ Available	vpc-023c098d66d5b2881 | rds-...	10.0.128.0/20

好了之後，我們回到我們 RDS 介面，我們就選擇 144 (下圖 #1) 以及 128 (下圖 #2) 結尾的這兩個 Private Subnets，我們的目的是，把我的 RDS Instance 放在相對安全的 Private Subnets 之中，不允許外界的 Internet ，可以送請求進來直接與它溝通。

Subnets

Choose the subnets that you want to add. The list includes the subnets in the selected Availability

Select subnets ▲
➖ **us-east-2b**　　　　　　　　　　　　　　　#1
☑ subnet-0a07a65c209b3b3cd (10.0.144.0/20)
☐ subnet-088f306d0406d8321 (10.0.16.0/20)
➖ **us-east-2a**
☐ subnet-07da600189d227aa4 (10.0.0.0/20)　#2
☑ subnet-093dce767a8a18af0 (10.0.128.0/20)

好了之後下拉，Create (下圖 #1)。

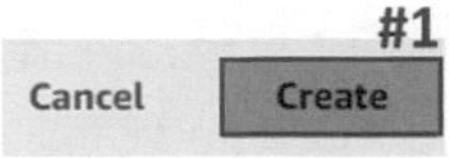

AWS

作者

基礎

VPC
網路

EC2
運算

S3
檔案

RDS
資料庫

IAM
權限

結語

#1

Cancel	Create

完成之後，我們就有一個 Subnet Group 可以供未來使用 (下圖 #1)。

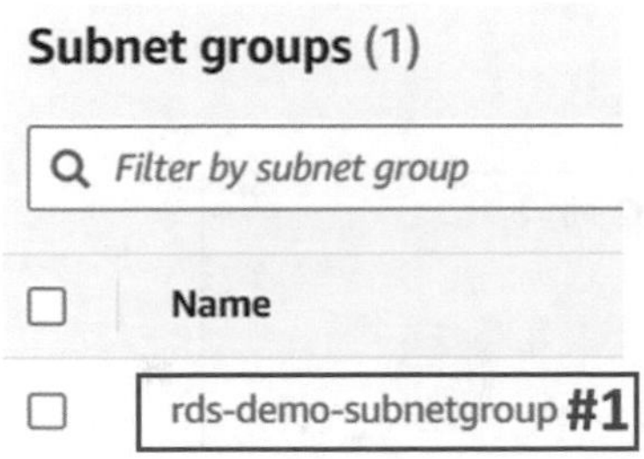

Subnet groups (1)

Q *Filter by subnet group*

☐	**Name**
☐	rds-demo-subnetgroup **#1**

那麼再來我們點擊上方的 Databases (下圖 #1)。

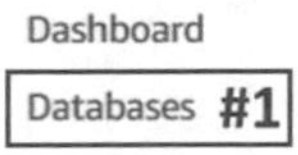

Dashboard

Databases **#1**

創建我們第一台 RDS Instance，點擊 Create Database (下圖 #1)。

#1

Restore from S3	Create database

進去之後，我們選擇 Standard Create (下圖 #1)，可以讓我們進行更多客製化
的選擇。

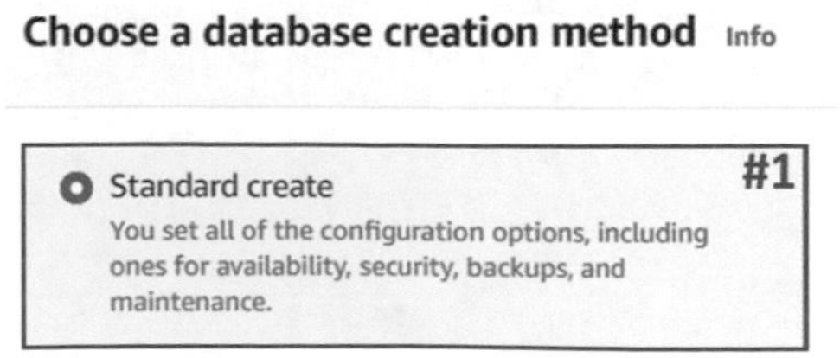

Choose a database creation method Info

⦿ Standard create   **#1**
   You set all of the configuration options, including
   ones for availability, security, backups, and
   maintenance.

之後看到 Engine options 這邊，AWS 提供了很多選項做為你的 DB Engine 使用，比如說 AWS 自己創建的 Aurora 它是以 MySQL 或者以 PostgreSQL 做出來的，在這次的示範之中，我們要利用更通用 MySQL（下圖 #1）這個版本做為我們的使用範例，而下方還有許多 Manila DB、PostgreSQL、Oracle 或者是 Microsoft SQL Server 都可以根據你自己的需求選擇使用。

Engine options

Engine type　Info

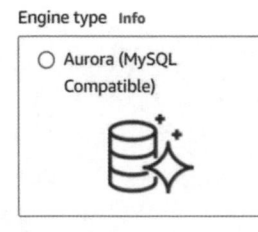
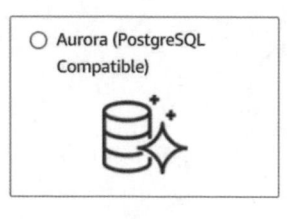

之後我們下拉，Engine 版本我們預設最新的，目前使用的是 8.0.34 這一個 MySQL 版本（下圖 #1）。

Engine Version

MySQL 8.0.34	#1 ▾

完成之後再看到 Template 這邊，在大部分的情況之中我們都會選擇 Production（下圖 #1），如果你是開發使用的話你可以選擇 DevTest，或者也有免費的版本 FreeTile。

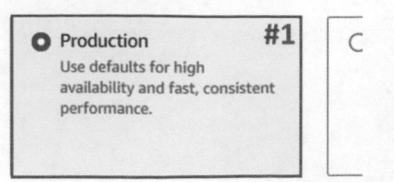

AWS

作者

基礎

VPC
網路

EC2
運算

S3
檔案

RDS
資料庫

IAM
權限

結語

好了之後我們下拉到 Availability and Durability，指的是我們要怎麼樣部署，我們這次的 Demo ，我們要選擇的是 Multi-AZ DB Instance (下圖 #1)，這也是為什麼我們在一開始要創建 Subnet Group ，讓我們的 RDS Instances 可以部署到多個在不同 AZ 的 Subnet 之中，而最省錢但也是最不安全的是最下方的 Single DB Instance。第一個選項則是一個新的選擇，不只幫我們進行 Multi-AZ 的部署還會加上 Root Replica。不過我們這次的 Demo ，會在稍後的單元手動加上 Root Replica 來達到我們練習的目的。所以一樣選擇 Multi-AZ DB Instance (下圖 #1) 即可。

Availability and durability

Deployment options Info
The deployment options below are limite

○ Multi-AZ DB Cluster - *new*
Creates a DB cluster with a primary D
Availability Zone (AZ). Provides high a

● Multi-AZ DB instance #1
Creates a primary DB instance and a s
the standby DB instance doesn't supp

○ Single DB instance
Creates a single DB instance with no s

好了之後，我們下拉 Settings 這邊，給我們的 Database 一個名稱，我們設為 mysql-database-1 (下圖 #1)，管理員使用者名稱我們設為 admin (下圖 #2)。

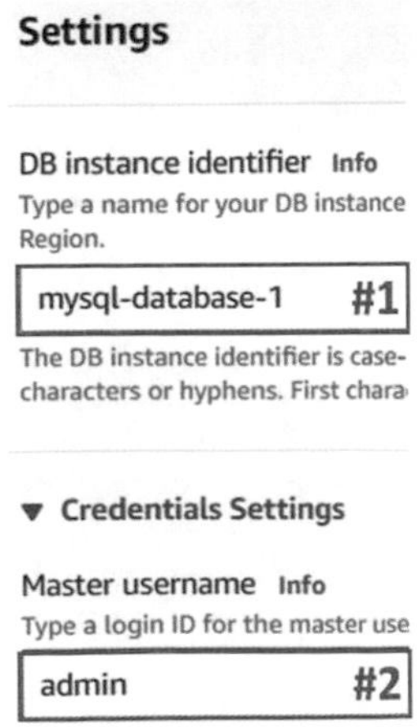

Settings

DB instance identifier Info
Type a name for your DB instance
Region.

| mysql-database-1 | #1 |

The DB instance identifier is case-
characters or hyphens. First chara

▼ Credentials Settings

Master username Info
Type a login ID for the master use

| admin | #2 |

接下來要設定密碼，至少需要八位數。(下圖 #1 #2)。

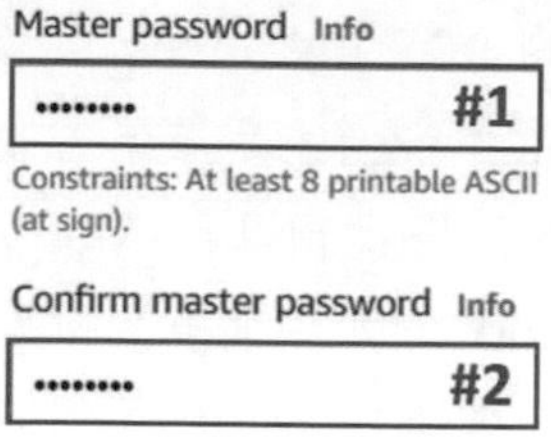

Master password　Info

```
••••••••              #1
```

Constraints: At least 8 printable ASCII
(at sign).

Confirm master password　Info

```
••••••••              #2
```

完成後我們往下拉到 Instance Configuration 這邊，跟我們在 EC2

所學到的觀念一模一樣，你可以去調整你的 RDS Instance 要用到多好的
Instance Type 我們這次使用 Standard classes (下圖 #1) 即可，下面這邊有很
多列表你也可以根據你自己的需求使用，我們目前就使用預設即可 (下圖 #2)。

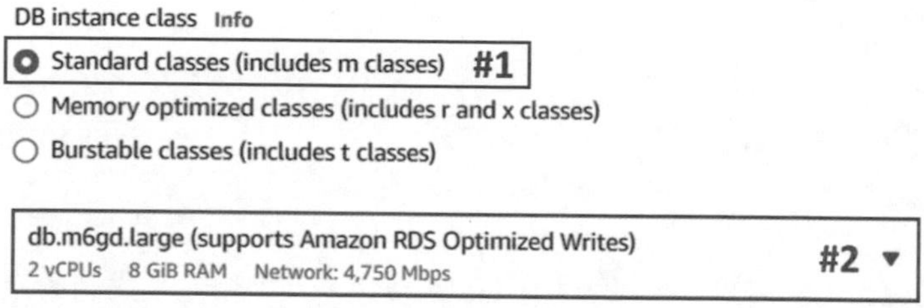

DB instance class　Info

- ⦿ Standard classes (includes m classes)　**#1**
- ○ Memory optimized classes (includes r and x classes)
- ○ Burstable classes (includes t classes)

```
db.m6gd.large (supports Amazon RDS Optimized Writes)
2 vCPUs   8 GiB RAM   Network: 4,750 Mbps          #2 ▼
```

再看到下方 Storage type ，如同我們在觀念講解中所講到的 RDS 並不是一個
新的概念它也就是一個 EC2 配上 EBS 及 DB Engine 的一個組合服務，所以我
們可以根據需求選擇所需要的，比如說我們之前所做過的兩種類別，General
Purpose GP 系列 (下圖 #1)，或者我們這次要選擇的 Provision IOPS SSD 系列
(下圖 #2)，因為資料庫通常會需要去處理頻繁的交易請求所以通常會使用 IO
系列作為他的儲存空間。

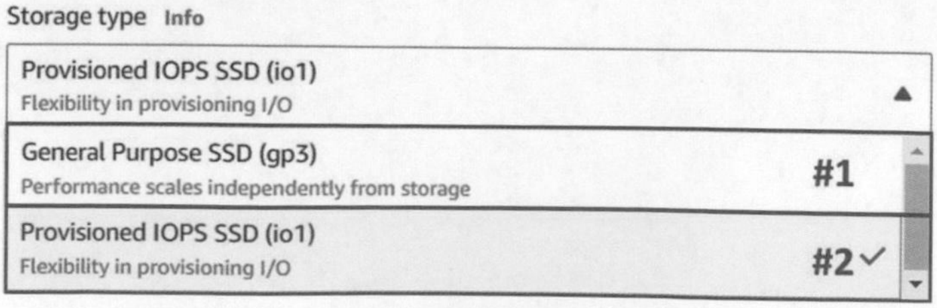

Storage type　Info

Provisioned IOPS SSD (io1) ▲
Flexibility in provisioning I/O
General Purpose SSD (gp3)　　　　　　　　　　　　　**#1**
Performance scales independently from storage
Provisioned IOPS SSD (io1)　　　　　　　　　　　　**#2** ✓
Flexibility in provisioning I/O

之後，我們要設定一開始要附上多少 GB，預設是 400 GB（下圖 #1），下一欄 Provision IOPS 也就是我們處理 IO Input Output 的效率這邊預設給 3000 的值（下圖 #2）。

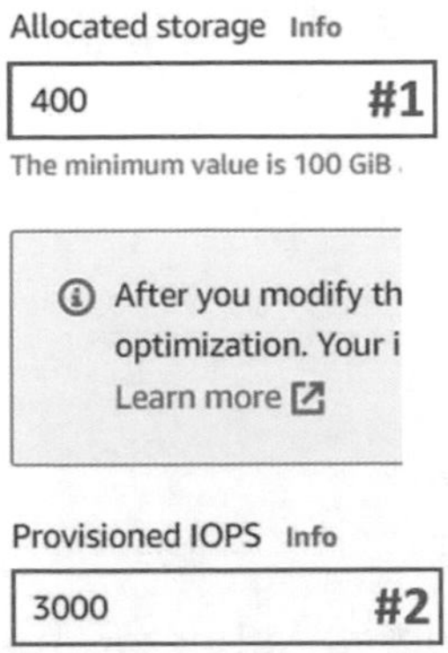

Allocated storage Info

| 400 | #1 |

The minimum value is 100 GiB

(i) After you modify th
    optimization. Your i
    Learn more

Provisioned IOPS Info

| 3000 | #2 |

再來看到下方 Storage Autoscaling 這邊，把這區塊展開。RDS 可以根據你的需求去動態的增加 Storage，非常的實用，因此我們這邊維持預設，我們打勾（下圖 #1），而初始增加的 Storage 只有 400，我們調整為如果有需要的話讓 AWS RDS 幫我們增加到 1000 的 Storage（下圖 #2）。

▼ Storage autoscaling

Storage autoscaling Info
Provides dynamic scaling support for

☑ Enable storage autoscaling #1
Enabling this feature will allow th
exceeded.

Maximum storage threshold Inf
Charges will apply when your databas

| 1000 | #2 |

The minimum value is 440 GiB and th

好了之後，看到下方 Compute resource 的部分，我們這邊選擇 Don't connect to an EC2 compute resource（下圖 #1），讓我們可以在後續做更多客製化的設定。

AWS

作者

基礎

VPC
網路

EC2
運算

S3
檔案

RDS
資料庫

IAM
權限

結語

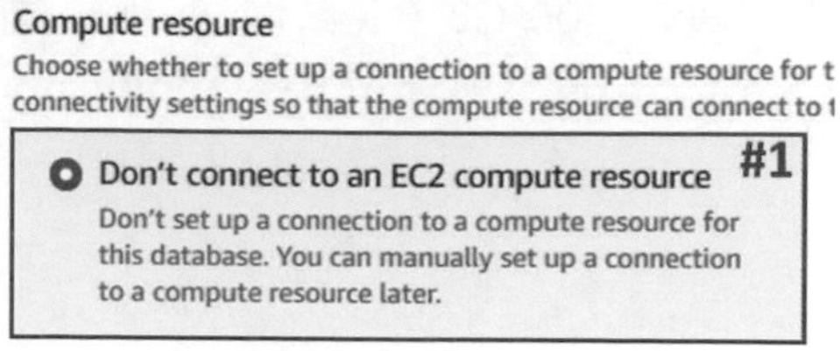

Compute resource

Choose whether to set up a connection to a compute resource for t
connectivity settings so that the compute resource can connect to t

> ● **Don't connect to an EC2 compute resource**   **#1**
> Don't set up a connection to a compute resource for
> this database. You can manually set up a connection
> to a compute resource later.

再來，VPC 這邊選擇我們一開始所創建的 rds-demo-vpc（下圖 #1）。

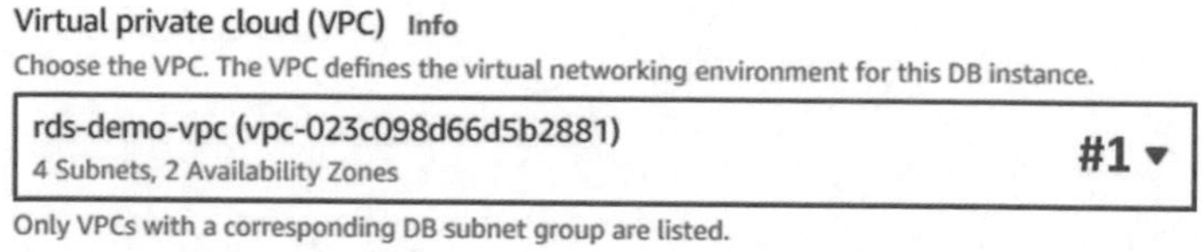

Virtual private cloud (VPC) Info

Choose the VPC. The VPC defines the virtual networking environment for this DB instance.

> **rds-demo-vpc (vpc-023c098d66d5b2881)**   **#1 ▼**
> 4 Subnets, 2 Availability Zones

Only VPCs with a corresponding DB subnet group are listed.

好了之後，DB Subnet Group 選擇我們剛剛所創建的 rds-demo-subnetgroup
（下圖 #1）。

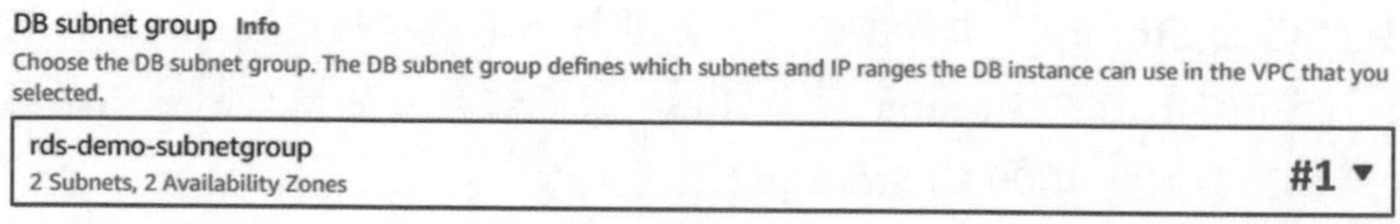

DB subnet group Info

Choose the DB subnet group. The DB subnet group defines which subnets and IP ranges the DB instance can use in the VPC that you
selected.

> **rds-demo-subnetgroup**   **#1 ▼**
> 2 Subnets, 2 Availability Zones

接下來 Public access 這邊我們選擇 No（下圖 #1），讓我們的 DB Instance 是
在一個更安全的 Private Subnet 之中。

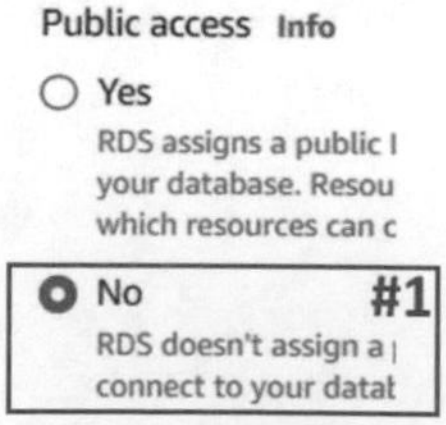

Public access Info

○ **Yes**
RDS assigns a public I
your database. Resou
which resources can c

> ● **No**   **#1**
> RDS doesn't assign a |
> connect to your datal

VPC Security Group 這邊，我們先把 Default 取消勾選（下圖 #2），再來選擇我
們剛剛所創建的 rds-demo-sg（下圖 #1），這樣將允許外界可以透過 3306 這個
port 引到裡面的 MySQL Database。

AWS

作者

基礎

VPC
網路

EC2
運算

S3
檔案

RDS
資料庫

IAM
權限

結語

Existing VPC security groups

Choose one or more options ▲

Q |

☑ rds-demo-sg **#1**

☐ default **#2**

好了之後往下看，看到 Database authentication 這邊，我們這次選擇簡單的
Password Authentication (下圖 #1) 即可。

Database authentication options Info

◉ Password authentication **#1**
  Authenticates using database passwords.

○ Password and IAM database authentication
  Authenticates using the database password and us(
  roles.

○ Password and Kerberos authentication
  Choose a directory in which you want to allow auth
  instance using Kerberos Authentication.

接著往下拉，看到 Monitoring 這邊 (如下圖) 維持預設即可，它可以提供給我
們一些基礎的 RDS Instance 的 Matrix 供我們監測使用。

Monitoring

Performance Insights Info

ⓘ Enabling Performance Insights w
Learn more 🔗

☑ Turn on Performance Insights

Retention period Info

7 days (free tier)

AWS KMS key Info

(default) aws/rds

接下來，我們這邊點擊展開 Additional configuration (下圖 #1)。

往下拉，看到我們的 Backup 備份這邊，我們打勾 Enable Automated Backups
(下圖 #1)，接下來可以去選擇 Backup 備份要保存多久，這邊有 0 到 35 天可
以選擇，我們預設 7 天即可 (下圖 #2)。

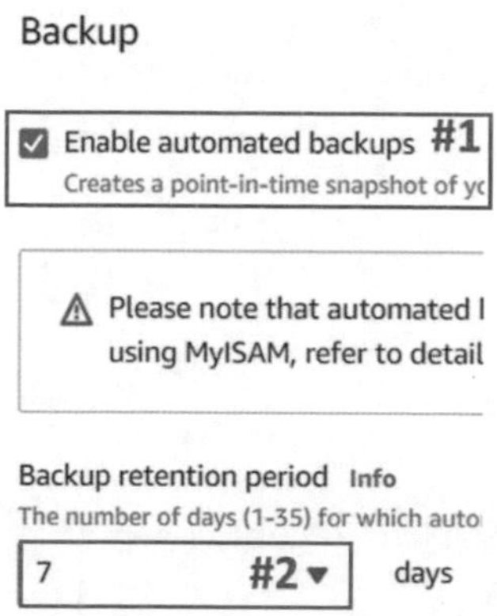

Backup

好了之後，可以選擇 Backup 的時間點，如果你選擇 No Preference 就會交給
RDS 自行決定，如果想要選擇特定的時間點，可以選擇 Choose a window，
通常在正式環境我們都是使用當地凌晨的時間來做，不過我們這次 Demo 選擇
No Preference 即可 (下圖 #1)，大家可以根據自己的需求選擇。

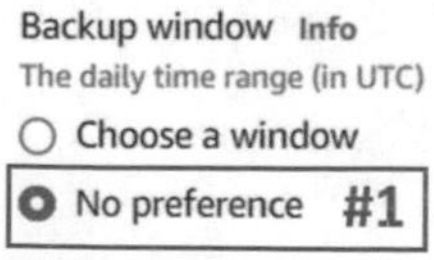

再往下看到 Maintenance window 這邊，如果你的 RDS Instance 需要做一些
系統升級，你可以去選擇它是什麼時間點去做這個升級，你可以選擇 Chooser
Window 指定特定時間，或者是 No Preference 都可以 (下圖 #1)。

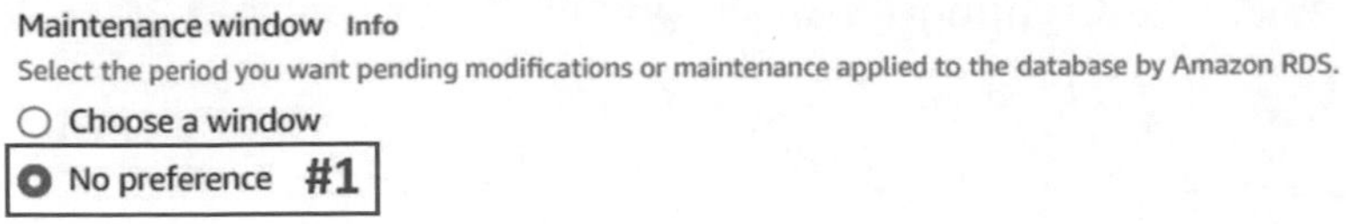

AWS

作者

基礎

VPC
網路

EC2
運算

S3
檔案

RDS
資料庫

IAM
權限

結語

Maintenance window Info

Select the period you want pending modifications or maintenance applied to the database by Amazon RDS.

○ Choose a window

● No preference　**#1**

最後是費用的部分，大家可以看到我們這次所進行的是一個 Production Multi-AG 的部署，代表我們會有不只一台的 Instance 被創建起來，因此這個花費是非常的多的，務必在練習之後馬上關掉避免有額外的支出，好了之後我們點擊 Create Database (下圖 #1)。

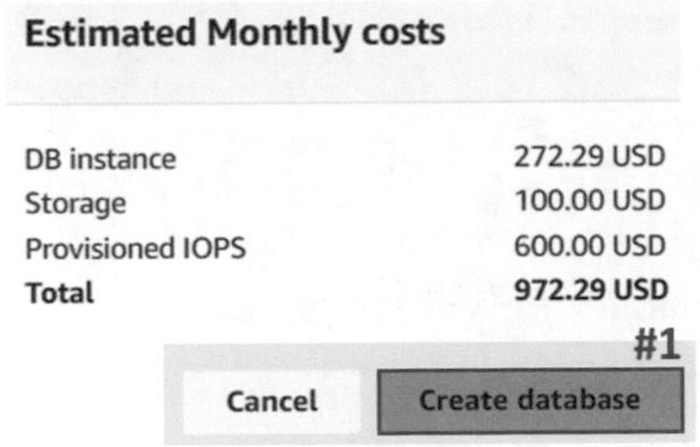

Estimated Monthly costs

DB instance	272.29 USD
Storage	100.00 USD
Provisioned IOPS	600.00 USD
Total	**972.29 USD**

#1

Cancel	Create database

如果跳出下圖選項，我們直接點擊 Close 即可 (下圖 #1)。

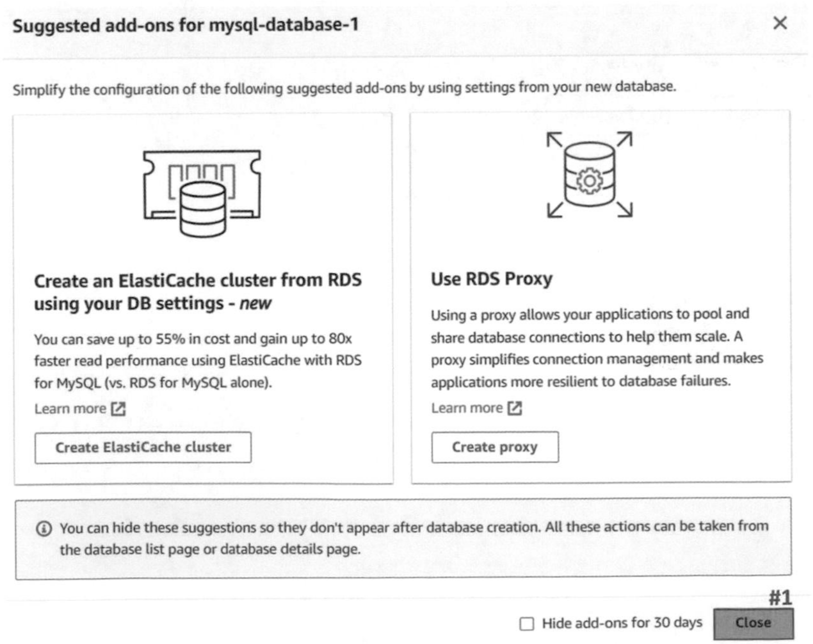

Suggested add-ons for mysql-database-1　　　　　　　　　×

Simplify the configuration of the following suggested add-ons by using settings from your new database.

Create an ElastiCache cluster from RDS using your DB settings - *new*

You can save up to 55% in cost and gain up to 80x faster read performance using ElastiCache with RDS for MySQL (vs. RDS for MySQL alone).

Learn more ↗

Create ElastiCache cluster

Use RDS Proxy

Using a proxy allows your applications to pool and share database connections to help them scale. A proxy simplifies connection management and makes applications more resilient to database failures.

Learn more ↗

Create proxy

ⓘ You can hide these suggestions so they don't appear after database creation. All these actions can be taken from the database list page or database details page.

#1

☐ Hide add-ons for 30 days　　| Close |

好了之後我們會看到狀態在 Creating（下圖 #1），我們這邊就稍等大概 20 分鐘就會創建完成。

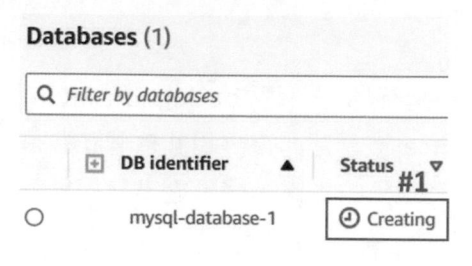

資料確認

大約 20 分鐘後，我們會看到狀態變成 Available，就代表我們的 Database 已經成功啟用（下圖 #1），那我們就點進去看一下（下圖 #2）。

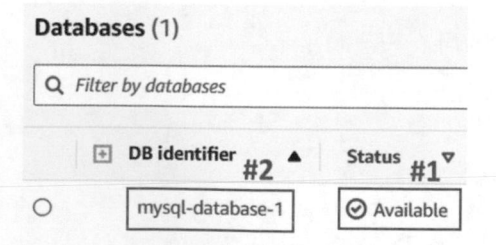

進入後，上方綠色橫幅我們先將它點掉（下圖 #1）。

我們會看到我們的 Primary Instance，而它所在的地區，是 us-west-2 b 這個 AZ（下圖 #1）。

AWS

作者

基礎

VPC
網路

EC2
運算

S3
檔案

RDS
資料庫

IAM
權限

結語

```
Class
db.m6gd.large
```

Region & AZ	
us-east-2b	#1

接著我們看到下方，點擊 Configuration（下圖 #1）。

```
         #1
Configuration
```

再往下拉會看到 Secondary Zone 會設定在另外一個 AZ us-west-2 a（下圖 #2），透過這個方式我們將我們的 Database Instances 部署到不同的 AZ 也就達到他們所謂的 Multi-AZ Deployment 這個部署模式（下圖 #3）。

Multi-AZ	
Yes	#3
Secondary Zone	
us-east-2a	#2

結語

　透過這單元我們已經一步一步成功創建了 Multi-AZ Database 並且使用 MySQL 作為我們的 Database Engine，下個單元我們將來實際示範如何去實際的使用這台 RDS Database，本單元就先到這邊結束，我們下次見！

實作示範

RDS 架構 使用自己的第一台雲端資料庫 part2

大家好，這個章節我們要繼續進行 RDS 的實作演練，那我們就開始吧！

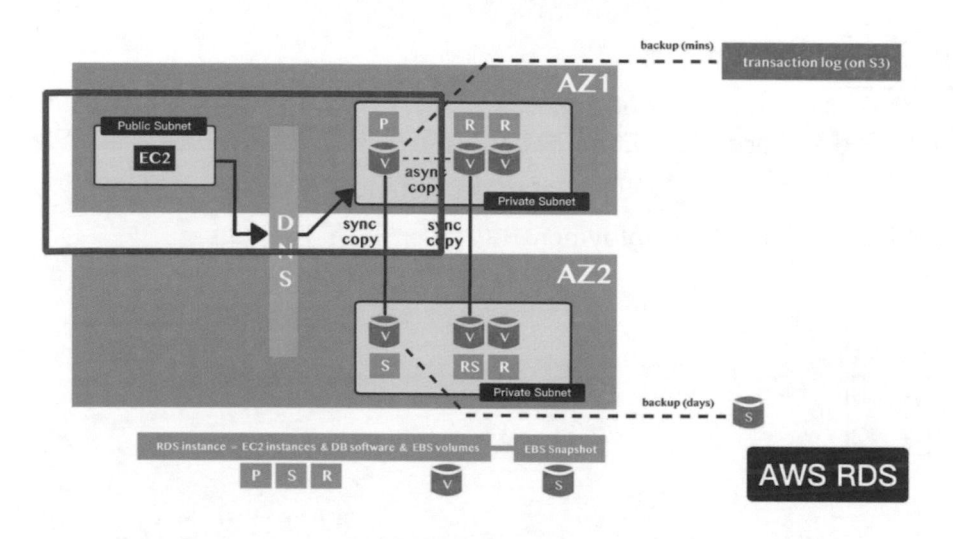

EC2 設定

這次我們要來使用我們的 RDS 資料庫，但首先我們要先去創建一個 Public Subnet 的 EC2 讓我們能連進去我們的資料庫 Instance

那麼首先到我們 AWS console 介面，上方搜尋 EC2（下圖 #1），點擊進去（下圖 #2）。

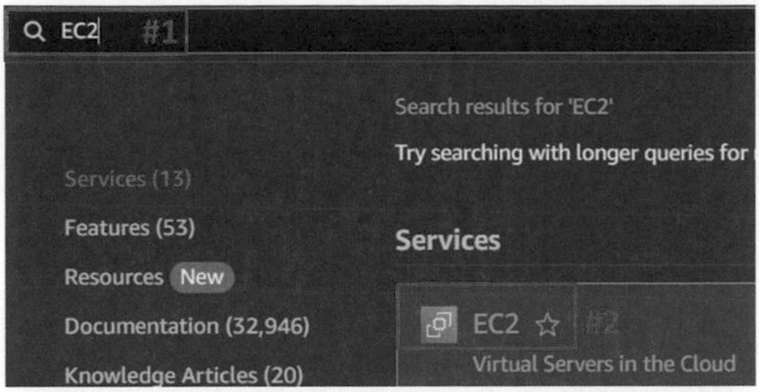

進去之後，我們點擊 Instances (下圖 #1)。

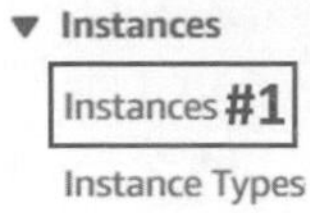

點擊 Launch Instance (下圖 #1)。

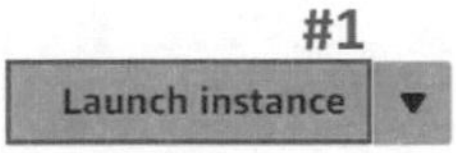

進去之後，我們首先先設定名稱，我們設為 rds-demo-ec2 (下圖 #1)。

完成之後下拉，作業系統 QS 的部分，我們選擇 Amazon Linux (下圖 #1) 預設即可。

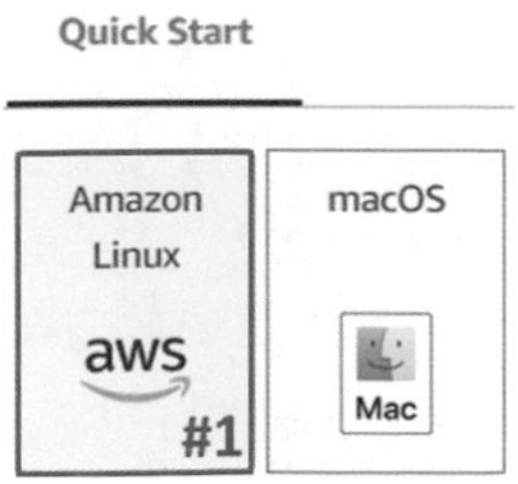

AWS
作者
基礎
VPC
網路
EC2
運算
S3
檔案
RDS
資料庫
IAM
權限
結語

之後再往下 Instance Type 預設即可 (如下圖)。

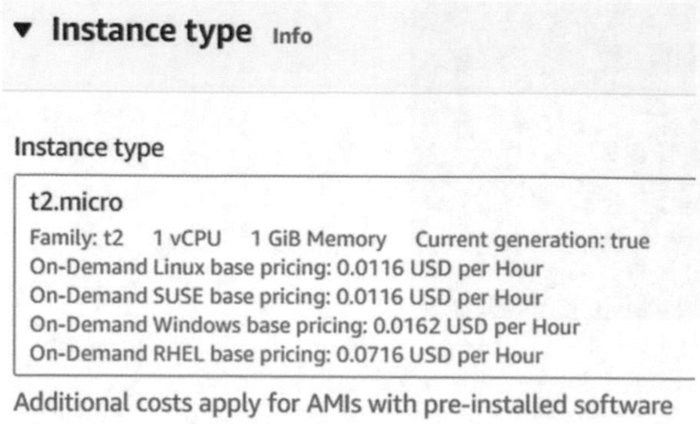

▼ **Instance type**　Info

Instance type

t2.micro
Family: t2　1 vCPU　1 GiB Memory　Current generation: true
On-Demand Linux base pricing: 0.0116 USD per Hour
On-Demand SUSE base pricing: 0.0116 USD per Hour
On-Demand Windows base pricing: 0.0162 USD per Hour
On-Demand RHEL base pricing: 0.0716 USD per Hour

Additional costs apply for AMIs with pre-installed software

Key Pair 這次不需要用到，我們選擇 Processed without a key pair (下圖 #1)。

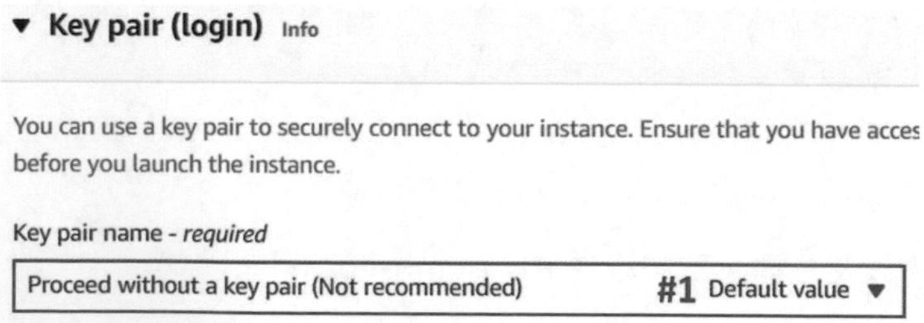

▼ **Key pair (login)**　Info

You can use a key pair to securely connect to your instance. Ensure that you have acces
before you launch the instance.

Key pair name - *required*

Proceed without a key pair (Not recommended)　　　**#1** Default value　▼

Network Settings 這邊非常重要，我們選擇 Edit (下圖 #1)。

　　　　　　　　　　　　　　　　　　　　　　　　　　　　　　#1
▼ **Network settings**　Info　　　　　　　　　　　　　　　Edit

VPC 我們選擇一開始所創建的 rds-demo-vpc (下圖 #1)。

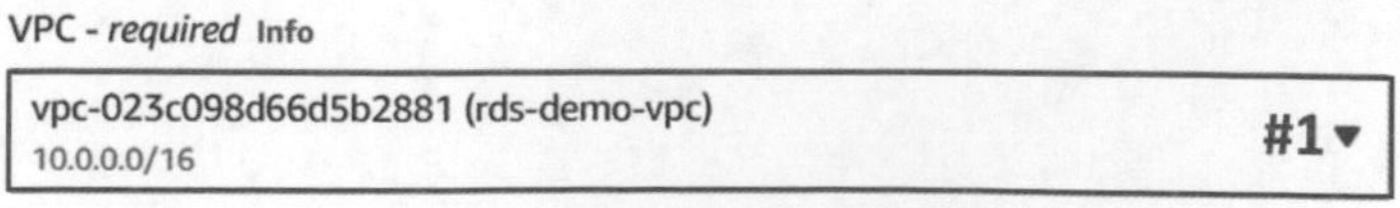

VPC - *required*　Info

vpc-023c098d66d5b2881 (rds-demo-vpc)
10.0.0.0/16　　　　　　　　　　　　　　　　　　　**#1**▼

往下 Subnet 這邊，我們要先使用 public 這個關鍵字過濾一下，一定要放在某
一個 public subnet 之中，這次我們選擇 public1 -us-west-2 a (下圖 #2)。

AWS

作者

基礎

VPC
網路

EC2
運算

S3
檔案

RDS
資料庫

IAM
權限

結語

Subnet Info

subnet-07da600189d227aa4	rds-demo-subnet-public1-us-east-2a
VPC: vpc-023c098d66d5b2881 Owner: 693176945007	
Availability Zone: us-east-2a IP addresses available: 4090 CIDR: 10.0.0.0/20)	▼ #2

接下來 Enable Public IP 這邊，我們選擇 Enable (下圖 #1)。

Auto-assign public IP Info

| Enable | #1 ▼ |

好了後，其他預設即可，我們點擊右方的 Launch Instance (下圖 #1)。

#1

| Launch instance | ▼ |

完成之後，點擊 Instances 頁面 (下圖 #1)。

#1

EC2 > Instances > Launch an instance

那我們就稍等大概一分鐘，等狀態顯示為 Running (下圖 #1)，再勾選我們的
Instance (下圖 #2)，點擊 Connect (下圖 #3)。

Instances (1/1) Info   ↻   Connect

                                                                         #3

Q Find instance by attribute or tag (case-sensitive)

☑	Name	▽	Instance ID	Instance state	▽	Instance type	▽	Status chec
☑ #2	rds-demo-ec2		i-04b06ca66104bc66d	#1 ⊘ Running ⊕⊖		t2.micro		–

再點擊一次 Connect (下圖 #1)。

#1

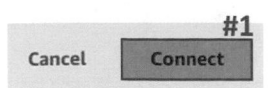

進去之後，我們稍微整理一下畫面，先點選右下的叉叉 (下圖 #1)，再輸入
Clear (下圖 #2)，並按下 Enter 清空目前的畫面。

```
#1                                              #2
 [ec2-user@ip-10-0-13-89 ~]$ clear
```

首先第一步，我們要去安裝的是 MySQL Client 的這個指令，在 Amazon Linux 上面它其實是以 CentOS 為基底所創建出來的，而在較舊的版本之中我們通常是使用 yum 這個指令去安裝，不過現在有一個新的指令，叫做 dnf，所以我們將用這個指令來安裝我們的 MySQL Client，我們打上 sudo dnf install -y 預設允許所有的安裝，最後打上 MariaDB-105 這個套件名稱，就涵蓋了 MySQL Client 的指令，好了之後，Enter。

完整指令：sudo dnf install -y mariadb105（如下圖）。

```
[ec2-user@ip-10-0-13-89 ~]$ sudo dnf ins
tall -y mariadb105
```

完成之後，再輸入 Clear 並按下 Enter（如下圖）。

```
Complete!
[ec2-user@ip-10-0-13-89 ~]$
```

再來打上指令： mysql --version，就可以看到我們的 MySQL Client 成功安裝上去（如下圖）。

```
[ec2-user@ip-10-0-13-89 ~]$ mysql --version
mysql  Ver 15.1 Distrib 10.5.18-MariaDB, for Li
nux (x86_64) using  EditLine wrapper
[ec2-user@ip-10-0-13-89 ~]$
```

完成之後，再輸入 Clear 並按下 Enter（如下圖）。

```
[ec2-user@ip-10-0-13-89 ~]$ clear
```

接著我們要使用這個 MySQL Client 去連線到 RDS Instance，首先打上 mysql -u 放上我們的 username admin，-p 表示等一下我們要用 password 的方式進入，再來 -h（如下圖）這邊需要這別注意，我們這邊要放上的 hostname 簡稱

h 是我們的 RDS Instance 的 endpoint。

完整指令：mysql -u admin -p -h (稍後複製的 endpoint)

```
[ec2-user@ip-10-0-13-89 ~]$ mysql -u admin -p -h
```

所以我們先上方搜尋 RDS (下圖 #1)，開啟一個新分頁 (下圖 #2)。

好了之後連線過去，進去之後點擊到我們的 Databases 頁面 (下圖 #1)。

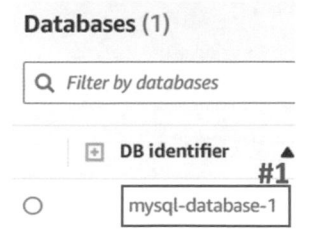

點擊之前我們所創建的 mysql-database-1 (下圖 #1)。

Databases (1)

🔍 *Filter by databases*

	⊞ **DB identifier** ▲
	#1
○	mysql-database-1

進去之後，看到 endpoint 這邊。我們將它複製起來 (下圖 #1)。

AWS

作者

基礎

VPC
網路

EC2
運算

S3
檔案

RDS
資料庫

IAM
權限

結語

Connectivity & security

Endpoint & port

Endpoint

mysql-database-1.cwzcz7iomclb.us-
east-2.rds.amazonaws.com　**#1**

回到我們的 EC2 介面，貼上 (如下圖)，好了之後 Enter。

完整指令：mysql -u admin -p -h (複製的 endpoint)

```
[ec2-user@ip-10-0-13-89 ~]$ mysql -u admin -p -h mysql-d
abase-1.cwzcz7iomclb.us-east-2.rds.amazonaws.com
```

再來輸入你所創建的密碼，之後如果看到類似的畫面 (如下圖)，就代表你成功
進到了這台 RDS Instance。

```
Enter password:
Welcome to the MariaDB monitor.  Commands end with ; or \g.
Your MySQL connection id is 26
Server version: 8.0.34 Source distribution

Copyright (c) 2000, 2018, Oracle, MariaDB Corporation Ab and others.
```

實際運用

好了後我們來實際運用它，首先打上指令：show databases; ，按下 Enter (下
圖 #1)，你會看到這是目前預設所有的 database schema (下圖 #2)。

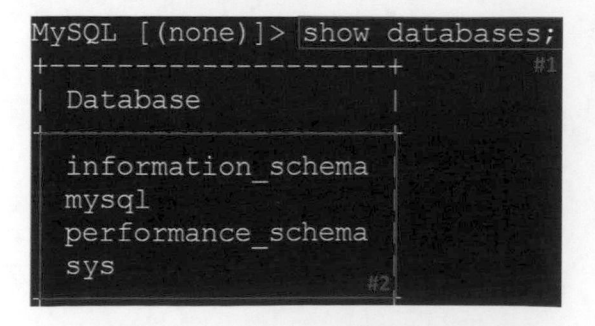

```
MySQL [(none)]> show databases;
+--------------------+          #1
| Database           |
+--------------------+
  information_schema
  mysql
  performance_schema
  sys                      #2
```

我們這邊就來創建一個新的 create database，我們將它設為 mydb001;，再按下 Enter。

完整指令：create database mydb001; (如下圖)。

```
MySQL [(none)]> create database mydb001;
Query OK, 1 row affected (0.010 sec)
```

好了之後點兩下向上，選擇指令：show databases; (下圖 #1) 按下 Enter，就可以看到我們所創建的 mydb001 出現了 (下圖 #2)。

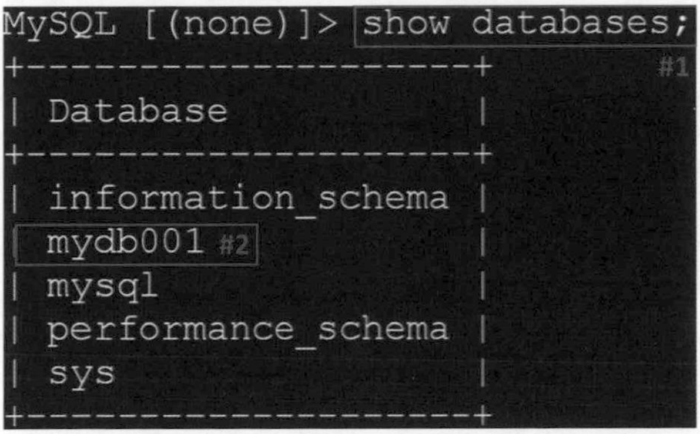

```
MySQL [(none)]> show databases;
+--------------------+                  #1
| Database           |
+--------------------+
| information_schema |
| mydb001  #2        |
| mysql              |
| performance_schema |
| sys                |
+--------------------+
```

完成之後我們打上指令：use mydb001; (下圖 #1)，我們要使用這個剛剛創建的 database schema，按下 Enter，進去之後，再打上指令：show tables; (下圖 #2)，再按下 Enter，會看到目前是空的 (下圖 #2)。

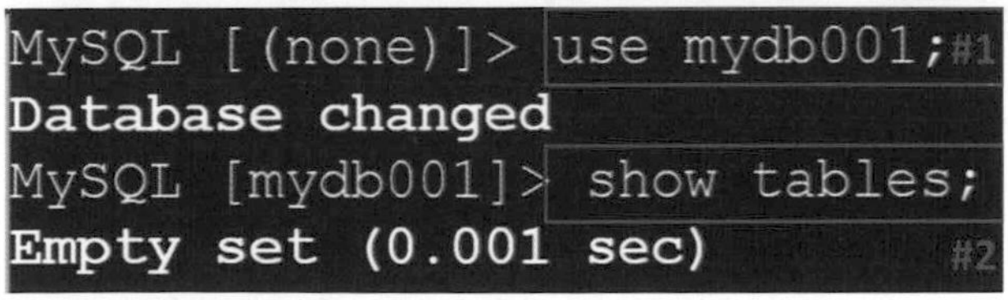

```
MySQL [(none)]> use mydb001; #1
Database changed
MySQL [mydb001]> show tables;
Empty set (0.001 sec)          #2
```

那我們就來創建一個新的 table，我們打上 create table 將名稱設為 mytb001，然後給它一個圓弧的括號 Enter (下圖 #1)。

接下來第一個欄位我們叫它 name，我們要給它的是 varchar 的這個資料形式 255 的儲存空間，逗號 (下圖 #2)。

AWS

作者

基礎

VPC
網路

EC2
運算

S3
檔案

RDS
資料庫

IAM
權限

結語

下一行第二個欄位我們叫它 hobby 一樣給它 varchar 這個形式 255 的儲存空間，完成之後 Enter (下圖 #3)。

最後再給它一個圓形的括弧配上一個分號按下 Enter (下圖 #4)。

這樣就完成 table 的創建了。

完整指令：

```
create table mytb001 (
name varchar(255 ),
hobby varchar(255 )
);
```

```
MySQL [mydb001]> create table mytb001 (        #1
    -> name varchar(255),     #2
    -> hobby varchar(255)     #3
    -> );     #4
Query OK, 0 rows affected (0.043 sec)
```

接下來我們按兩次上，選擇指令：show tables; (下圖 #1)，Enter 後就可以看到我們所創建的 mytb001 (下圖 #2)。

```
MySQL [mydb001]> show tables;
+------------------+     #1
| Tables_in_mydb001 |
+------------------+
| mytb001     #2   |
+------------------+
```

之後我們打上指令：show columns from mytb001; (下圖 #1)，看一下它擁有的欄位們，按下 Enter 後，就會看到我們剛剛所創建的兩個欄位，name and hobby (下圖 #2)。

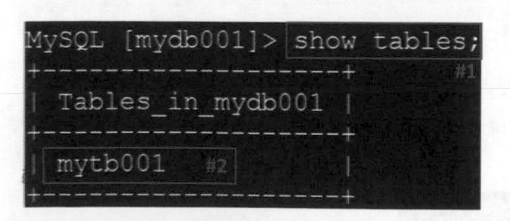

```
                                                          #1
MySQL [mydb001]> show columns from mytb001;
+-------+--------------+------+-----+------
| Field | Type         | Null | Key | Defau
+-------+--------------+------+-----+------
| name  | varchar(255) | YES  |     | NULL
| hobby | varchar(255) | YES  |     | NULL
+-------+--------------+------+-----+------
                              #2
```

接著我們打上指令：select * from mytb001; ，按下 Enter，會看到目前沒有任何的資料在裡面 (如下圖)。

```
MySQL [mydb001]> select * from mytb001;
Empty set (0.001 sec)
```

接下來我們就創建一個新的資料，首先打上 insert into mytb 兩個欄位 name hobby 並且給它一些值，比如說 first tom 喜歡打 volleyball 作為它的興趣愛好，再按下 Enter。(如下圖)

完整指令：insert into mytb001 (name,hobby) values ('first_tom', 'volleybal');

```
MySQL [mydb001]> insert into mytb001 (name,hobby) values ('first_tom','volleyball');
```

好了後按兩次上，選擇指令：select * from mytb001; (下圖 #1)，就會看到這行資料被新增進去了 (下圖 #2)。

```
MySQL [mydb001]> select * from mytb001;           #1
+-----------+------------+
| name      | hobby      |
+-----------+------------+
| first_tom | volleyball |    #2
+-----------+------------+
```

透過這個方式我們就證明了，我們的 RDS instance 已經準備好讓你去使用，然後為了我們之後單元的實作，我們這邊記一下我們目前的操作時間，目前是 20 點 49 分 (如下圖)，老師這邊會刻意的等上十分鐘再來做下一批的資料寫入，讓大家可以更明白的看到它的自動備份機制是怎麼運作的。

```
下午 08:49
2023/8/26
```

那我們就稍等十分鐘，我們再來進行另外一批的資料寫入，老師這邊準備了一些 insert 的指令，時間到後我們就一一輸入 (如下圖)。

AWS
作者
基礎
VPC
網路
EC2
運算
S3
檔案
RDS
資料庫
IAM
權限
結語

範例指令：

insert into mytb001 (name,hobby) values ('second_ted','cricket');

insert into mytb001 (name,hobby) values ('third_lily','chass');

insert into mytb001 (name,hobby) values ('fourth_zoey','cricket');

insert into mytb001 (name,hobby) values ('fifth_marshall','swimming');

```
MySQL [mydb001]> insert into mytb001 (name,hobby) values ('second_ted','cricket');
Query OK, 1 row affected (0.009 sec)

MySQL [mydb001]> insert into mytb001 (name,hobby) values ('third_lily','chass');
Query OK, 1 row affected (0.008 sec)

MySQL [mydb001]> insert into mytb001 (name,hobby) values ('fourth_zoey','cricket');
Query OK, 1 row affected (0.011 sec)

MySQL [mydb001]> insert into mytb001 (name,hobby) values ('fifth_marshall','swimming'
);
Query OK, 1 row affected (0.008 sec)
```

都好了之後，打上指令：select * from mytb001;（下圖 #1）檢查一下，會看到
總共有五行的資料（下圖 #2）。

```
MySQL [mydb001]> select * from mytb001;           #1
+-----------------+-------------+
| name            | hobby       |
+-----------------+-------------+
| first_tom       | volleyball  |
| second_ted      | cricket     |
| third_lily      | chass       |
| fourth_zoey     | cricket     |
| fifth_marshall  | swimming    |
                                           #2
```

並記錄下目前的時間點供之後使用，現在時間為 20 :59（如下圖）。

下午 08:59
2023/8/26

下次我們就會去實作，挑選不同的時間點，去進行備份復原的部分，這邊完成
之後我們這邊就打上 exit 離開（下圖 #1），再輸入 clear 清空畫面（下圖 #2）。

```
MySQL [mydb001]> exit    #1
Bye                                                    #2
[ec2-user@ip-10-0-13-89 ~]$ clear
```

AWS
作者
基礎
VPC
網路
EC2
運算
S3
檔案
RDS
資料庫
IAM
權限
結語

 結語

　　在這個單元我們成功示範了如何去連線到你的 RDS MySQL Database 並且進行任何你需要的 SQL 語法操作，下個單元我們將來看到 RDS 備份的操作，那本單元就先到這邊結束，我們下次見！

實作示範

RDS 架構 資料庫備份 (backup) 建立與使用 Transaction Log

大家好，本章節要介紹資料庫備份 backup 的實作演練，老師會介紹兩種方式，
這次將先為大家介紹 Transaction Log 的操作示範，那我們就開始吧！

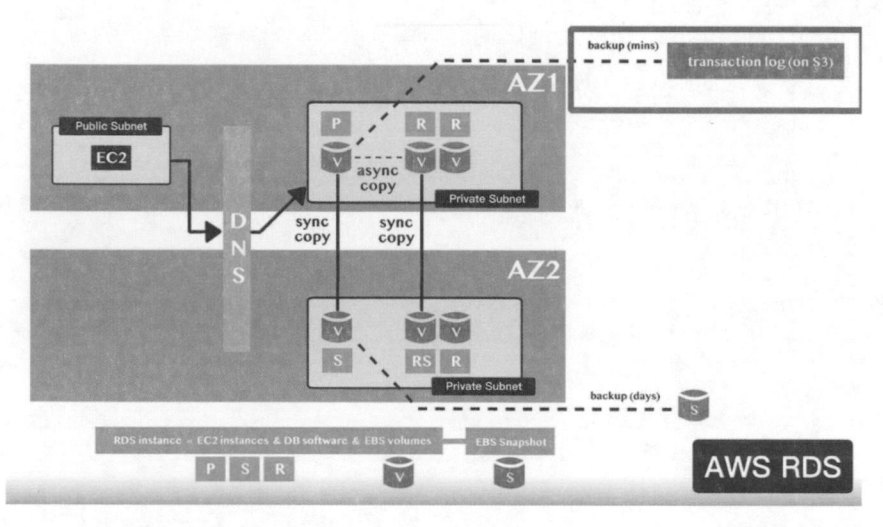

RDS 設定

首先我們上方搜尋 RDS（下圖 #1），點擊進去（下圖 #2）。

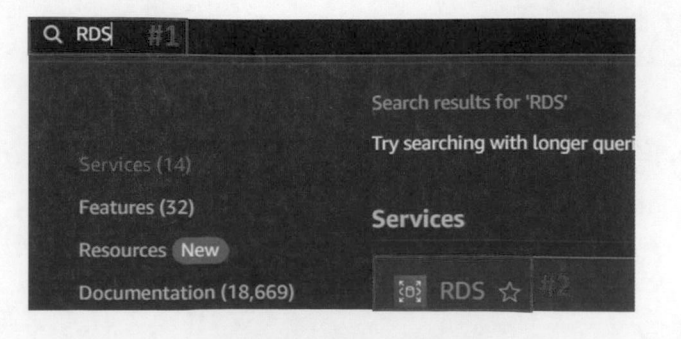

好了之後，點擊 Databases（下圖 #1）。

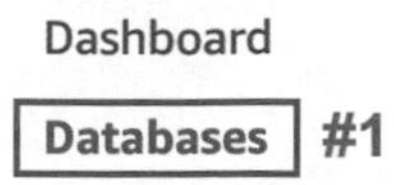

AWS

作者

基礎

VPC
網路

EC2
運算

S3
檔案

RDS
資料庫

IAM
權限

結語

Dashboard

| Databases | #1

接下來選擇 mysql-database-1（下圖 #1），點擊 Actions（下圖 #2），再選擇 Restore to point in time（下圖 #3）。

Databases (1)

                                                                 #2

⚪ Group resources   C | Modify | | Actions ▲ | | Restore from S3 |

Create read replica

| Create database |

            Create Aurora read replica

🔍 *Filter by databases*

            Create Blue/Green Deployment - new

            Promote

| ⊕ | **DB identifier** ▲ | Status | Take snapshot

| ⦿ | #1 | mysql-database-1 | ⊘ Availa... | Restore to point in time   #3

            Migrate snapshot

進去之後，我們就可以選擇所要復原的 Database 要回到的時間，我們這次選擇下方客製化返回的時間點（下圖 #1），讓我們的 Database 回到當時的狀態，首先日期這邊我們選擇 8 月 26 號，時間選擇 20：49（下圖 #2）因為在上個章節中我們是在 20：49 的時候輸入第一筆資料，我們可以預期它現在沒有五筆資料而是只有一筆資料。

Point in time to restore from

○ Latest restorable time
   N/A

| ⦿ Custom date and time | #1
   The date must be before the latest restorable time for the DB instance.

| Date | | Time | | | | #2 |
| 2023/08/26 | ▦ | 20 ▼ | : | 49 ▼ | : | 00 ▼ | UTC+8:00 |

好了之後下拉，繼續設定 Setting 的部分 DB engine 這邊我們一樣選擇 MySQL（下圖 #1），下方設定一個 DB 名稱，我們設為 mysql-database-restore-point-1（下圖 #2）。

Settings

DB engine
Name of the database engine to be used for this inst

| MySQL Community | #1 |

License model
License type associated with the database engine

| general-public-license |

Source DB instance identifier Info
mysql-database-1

DB instance identifier Info
Type a name for your DB instance. The name must b
Region.

| mysql-database-restore-point-1 | #2 |

其他部分我們照預設的方式即可，下拉到底點擊 Restore Point In Time（下圖 #1）。

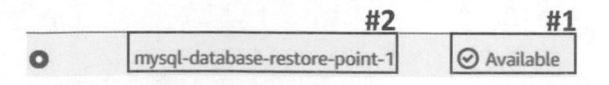

Cancel　　**Restore to point in time**　#1

那我們一樣在這邊稍等大概二十分鐘，我們便可以看到狀態變成 Available（下圖 #1），好了之後我們就點擊進去。

#2 #1

○　　| mysql-database-restore-point-1 |　　⊘ Available

進去後，我們首先看到 Endpoint（下圖 #1）並將它複製起來。

Endpoint & port

Endpoint　　　　　　　　　　　#1
mysql-database-restore-point-
1.cwzcz7iomclb.us-east-2.rds.amazonaws.com

AWS

作者

基礎

VPC
網路

EC2
運算

S3
檔案

RDS
資料庫

IAM
權限

結語

備份驗證

接著上方搜尋 EC2 (下圖 #1) 開啟新分頁過去 (下圖 #2)。

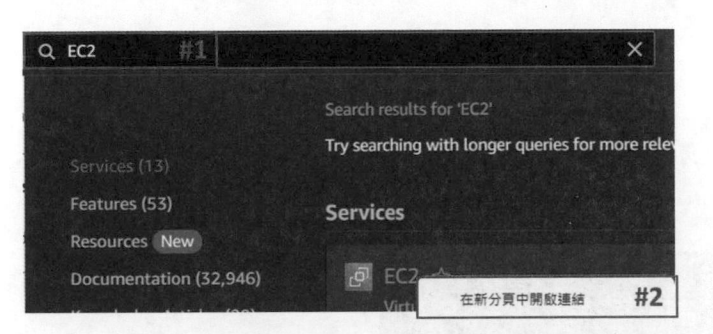

進到 EC2 介面之後點擊 Instances (下圖 #1)。

▼ **Instances**

Instances **#1**

Instance Types

勾選之前創建的 rds-demo-ec2 (下圖 #1)。點擊 Connect (下圖 #2)。

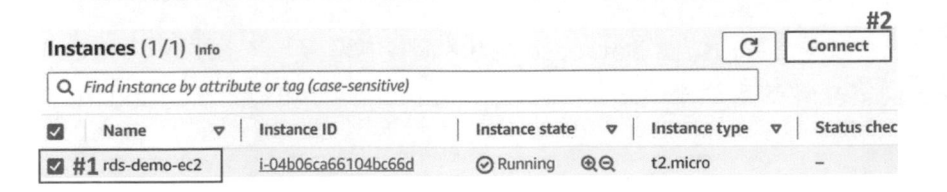

再點擊一次 Connect (下圖 #1)。

#1
Cancel   **Connect**

進去之後，我們稍微整理一下畫面，先點選右下的叉叉 (下圖 #1)，再輸入
Clear (下圖 #2)，並按下 Enter 清空目前的畫面。

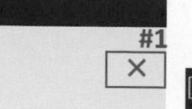

```
[ec2-user@ip-10-0-13-89 ~]$ clear
```

好了之後我們要透過 MySQL 的指令連到我們這台新的 Restore Point 1 Database 於是我們打上 MySQL -U admin 名稱，-P password 密碼登錄，-H 這邊放上我們的 Endpoint 貼上好了之後 Enter。

完整指令：mysql -u admin -p -h mysql-database-restore-point-1 . cwzcz7 iomclb.us-east-2 .rds.amazonaws.com (如下圖)。

```
[ec2-user@ip-10-0-13-89 ~]$ mysql -u
 admin -p -h mysql-database-restore-
point-1.cwzcz7iomclb.us-east-2.rds.a
mazonaws.com
```

接著輸入密碼進去，便會看到登入成功的畫面 (如下圖)。

```
Enter password:
Welcome to the MariaDB monitor.  Commands end with ; or \g.
Your MySQL connection id is 26
Server version: 8.0.34 Source distribution

Copyright (c) 2000, 2018, Oracle, MariaDB Corporation Ab and others.
```

那我們就來檢驗一下目前這個 Database 的狀態是有哪些資料，所以打上指令：show databases; (下圖 #1)，Enter 可以看到我們之前所創建的 mydb001 (下圖 #2)。

```
MySQL [(none)]> show databases;
+--------------------+         #1
| Database           |
+--------------------+
| information_schema |
| mydb001  #2        |
| mysql              |
| performance_schema |
| sys                |
+--------------------+
```

接著我們輸入指令： use mydb001;（下圖 #1），並按下 Enter。

```
MySQL [(none)]> use mydb001;#1
Database changed
```

好了之後再輸入指令： show tables;（下圖 #1），就可以看到我們之前所創建的
mytb001 這個 Table（下圖 #2）。

```
MySQL [mydb001]> show tables;
+--------------------+          #1
| Tables_in_mydb001 |
+--------------------+
| mytb001    #2      |
+--------------------+
```

之後再打上指令： select * from mytb001;（下圖 #1），按下 Enter，會看到在
這邊只有一行資料而不是五行，因為我們在 20 點 49 分的時候所擁有的資料庫
狀態就是只有一筆資料。

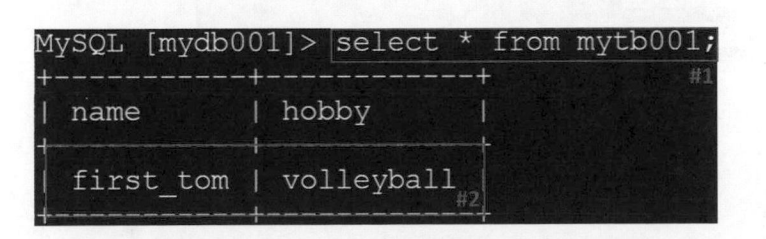

```
MySQL [mydb001]> select * from mytb001;
+-----------+-------------+       #1
| name      | hobby       |
+-----------+-------------+
| first_tom | volleyball  |
+-----------+-------------+ #2
```

　　透過這個方式我們就成功的展示了 Database Restore
Point in Time 的強大功用，它可以幫你恢復到一個非常精確
的 Database 資料庫時間點，那麼下個單元老師將介紹另外
一種備份方式 Snapshot，那麼本單元就先到這邊結束，我們
下個單元再見！

AWS

作者

基礎

VPC
網路

EC2
運算

S3
檔案

RDS
資料庫

IAM
權限

結語

實作示範

RDS 架構 資料庫備份 (backup) 建立與使用 Snapshot

大家好，這個單元老師將介紹另外一種備份方式 Snapshot，並帶著大家實作練習，那我們就開始吧！

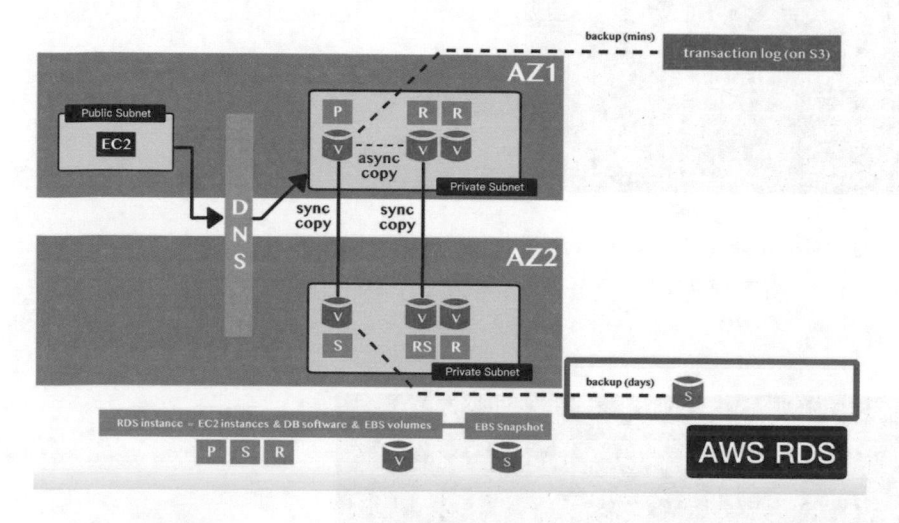

備份設定

首先我們上方搜尋 RDS (下圖 #1)，點擊進去 (下圖 #2)。

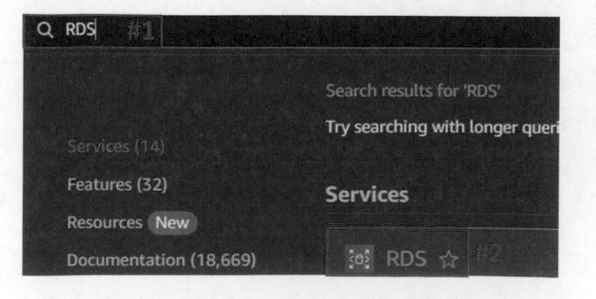

好了之後，點擊左方列表中的 Databases（下圖 #1）。

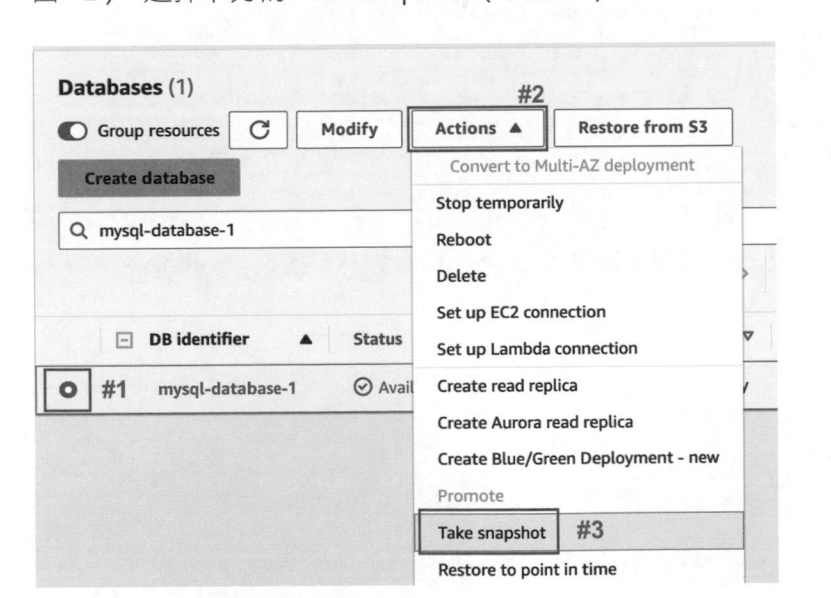

接下來選擇我們的 mysql-database-1（下圖 #1）。進去之後，點擊 Actions（下圖 #2）。選擇下方的 Text Snapshot（下圖 #3）。

接下來我們要幫它設定一個名稱，我們設為 mysql-database-snapshot-1（下圖 #1），好了之後點擊 Teke snapshot（下圖 #2）。

Preferences

To take a DB Snapshot, choose a DB

DB Instance
DB Instance identifier. This is the uni

    mysql-database-1

Snapshot Name
Identifier for the DB Snapshot. #1

    mysql-database-snapshot-1

Cancel   Take snapshot #2

AWS

作者

基礎

VPC
網路

EC2
運算

S3
檔案

RDS
資料庫

IAM
權限

結語

透過這個方式我們就會在 Snapshot 這個頁面（下圖 #1），看到這一個 mysql-database-snapshot-1（下圖 #2），它會幫我們把現在這個 Database 的狀態透過 Snapshot 的方式給儲存下來。

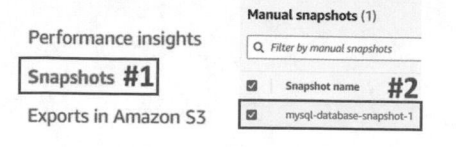

那我們往右方拉，會看到目前的狀態為 Creating（如下圖）。

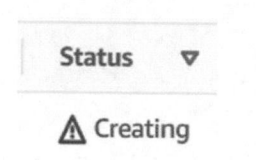

那我們一樣稍等大概二十分鐘，重新整理後就會看到狀態變成 Available（如下圖）。

代表我們這個 Snapshot 已經可以使用，那我們就點擊它 (下圖 #1)。

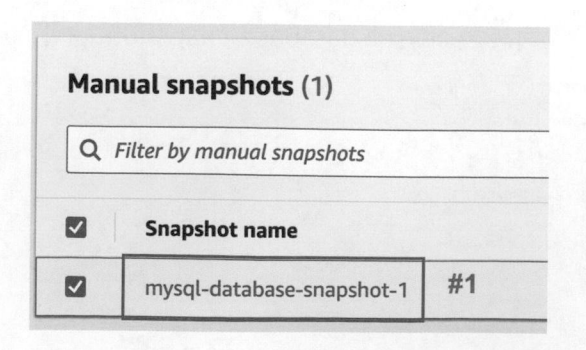

點擊 Actions (下圖 #2)，並選擇 Restore Snapshot (下圖 #3)。

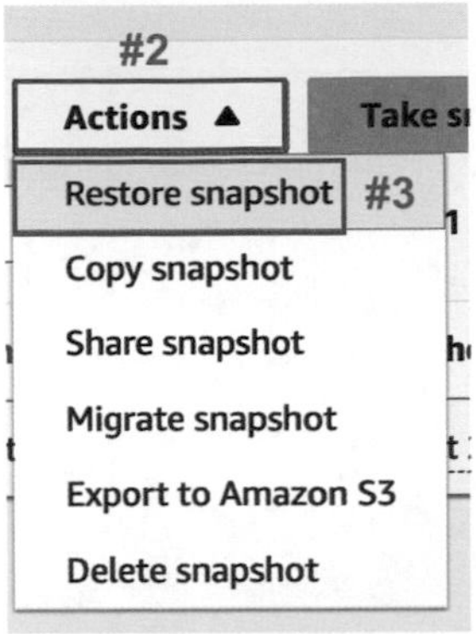

AWS

作者

基礎

VPC
網路

EC2
運算

S3
檔案

RDS
資料庫

IAM
權限

結語

進來之後，許多選項都已經幫我們預設好了，我們下拉設定一個名稱，因為這個 Database 是透過 Snapshot 所復原，所以我們就設定名稱為 my-database-from-snapshot-1（下圖 #1）。

Settings

DB snapshot ID
The identifier for the DB snapshot.
mysql-database-snapshot-1

DB instance identifier   Info
Type a name for your DB instance. The na
Region.   #1

my-database-from-snapshot-1

好了之後下拉。我們看到 Connectivity 這邊，確定一下選擇的是我們創建的 rds-demo-vpc（下圖 #1）。

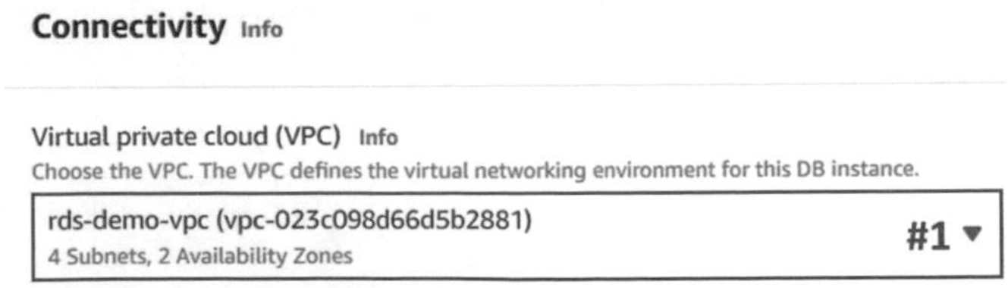

Connectivity Info

Virtual private cloud (VPC)   Info
Choose the VPC. The VPC defines the virtual networking environment for this DB instance.

rds-demo-vpc (vpc-023c098d66d5b2881)   #1 ▼
4 Subnets, 2 Availability Zones

好了之後，看到 security group 這邊，我們把 Default 刪除（下圖 #2），再勾選我們之前所創建的 rds-deom-sg（下圖 #1），這樣就能允許任何的來源，透過 3306 port 連到我們的 MySQL Database。

Existing VPC security groups

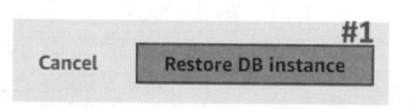

完成之後下拉到底，點擊 Restore DB instance (下圖 #1)。

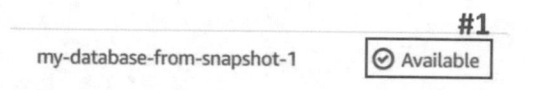

那我們一樣稍等大概二十分鐘，就會看到狀態變成 Available (下圖 #1)，我們就可以點進去確認資訊。

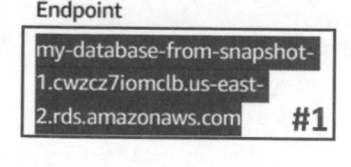

進入後，我們複製它的 Endpoint (下圖 #1)。

Endpoint & port

Endpoint

my-database-from-snapshot-
1.cwzcz7iomclb.us-east-
2.rds.amazonaws.com　　#1

備份驗證

好了之後上方搜尋 EC2 (下圖 #1)，開啟一個新分頁過去 (下圖 #2)。

AWS

作者

基礎

VPC
網路

EC2
運算

S3
檔案

RDS
資料庫

IAM
權限

結語

進到 EC2 介面之後,點擊 Instances 頁面 (下圖 #1)。

▼ Instances

Instances **#1**

Instance Types

勾選之前創建的 rds-demo-ec2 (下圖 #1),點擊 Connect (下圖 #2)。

| #2 |
| Connect |

Instances (1/1) Info ⟳ Connect

🔍 Find instance by attribute or tag (case-sensitive)

☑	Name	▽	Instance ID	Instance state	▽	Instance type	▽	Status chec
☑ #1	rds-demo-ec2		i-04b06ca66104bc66d	⊘ Running ⊕⊖		t2.micro		–

再點擊一次 Connect (下圖 #1)。

#1

Cancel Connect

進去之後,我們稍微整理一下畫面,先點選右下的叉叉 (下圖 #1),再輸入 Clear (下圖 #2),並按下 Enter 清空目前的畫面。

```
[ec2-user@ip-10-0-13-89 ~]$ clear
```

好了之後，我們要使用之前所安裝的 MySQL 指令，進到我們的 Database 之中，這次我們要連線進去的是從 Snapshot 復原出來的 Database。因此我們這邊打上 mysql-u admin 使用者名稱，-p. 使用密碼登入，打上 -h. 並放上我們剛剛所複製的 Endpoint。

完 整 指 令：mysql -u admin -p -h my-database-from-snapshot-1 . cwzcz7 iomclb.us-east-2 .rds.amazonaws.com。(如下圖)，好了之後 Enter。

```
[ec2-user@ip-10-0-13-89 ~]$ mysql -u
 admin -p -h my-database-from-sanpsh
ot-1.cwzcz7iomclb.us-east-2.rds.amaz
onaws.com
```

之後輸入密碼，登入成功後會顯示下圖畫面。

```
Enter password:
Welcome to the MariaDB monitor.  Commands end with ; or \g.
Your MySQL connection id is 26
Server version: 8.0.34 Source distribution

Copyright (c) 2000, 2018, Oracle, MariaDB Corporation Ab and others.
```

進去之後，我們來檢驗一下，目前的資料庫狀態是在哪一個時間點，輸入指令：show databases; (下圖 #1)，可以看到我們的 mydb001 (下圖 #2)。

```
MySQL [(none)]> show databases;
+--------------------+           #1
| Database           |
+--------------------+
| information_schema |
| mydb001 #2         |
| mysql              |
| performance_schema |
| sys                |
+--------------------+
```

那我們就再輸入指令：use mydb001；(下圖 #1)。

AWS

作者

基礎

VPC
網路

EC2
運算

S3
檔案

RDS
資料庫

IAM
權限

結語

```
MySQL [(none)]> use mydb001;#1
Database changed
```

好了之後，再輸入一次指令：show tables;（下圖 #1），會看到我們的 mytb001
（下圖 #2）。

```
MySQL [mydb001]> show tables;
+-------------------+          #1
| Tables_in_mydb001 |
+-------------------+
| mytb001    #2     |
+-------------------+
```

接著輸入指令：select * from mytb001;（下圖 #1），按下 Enter，我們可以看
到五筆資料，因為我們的 Snapshot，是從我們最新的 MySQL Database 中備
份出來的，自然會有最新的五筆資料（下圖 #2）。

```
MySQL [mydb001]> select * from mytb001;
+----------------+------------+   #1
| name           | hobby      |
+----------------+------------+
| first_tom      | volleyball |
| second_ted     | cricket    |
| third_lily     | chass      |
| fourth_zoey    | cricket    |
| fifth_marshall | swimming   |
+----------------+------------+   #2
```

結語　　　這樣我們就驗證了，我們是可以透過 Snapshot 的方式去
記錄資料庫每個時間點的狀態，並且在未來需要的時候將它
復原出來使用，那在下個單元我們將會講到 Failover AWS
RDS，在意外狀況出現的時候它的備援機制是如何運作的，
那麼本單元就到這邊結束，我們下個單元見！

實作示範

RDS 架構 備援機制 (Failover) 建立與使用

大家好，這個單元我們要來演練的是 AWS RDS Failover 的備援機制，那我們就開始吧！

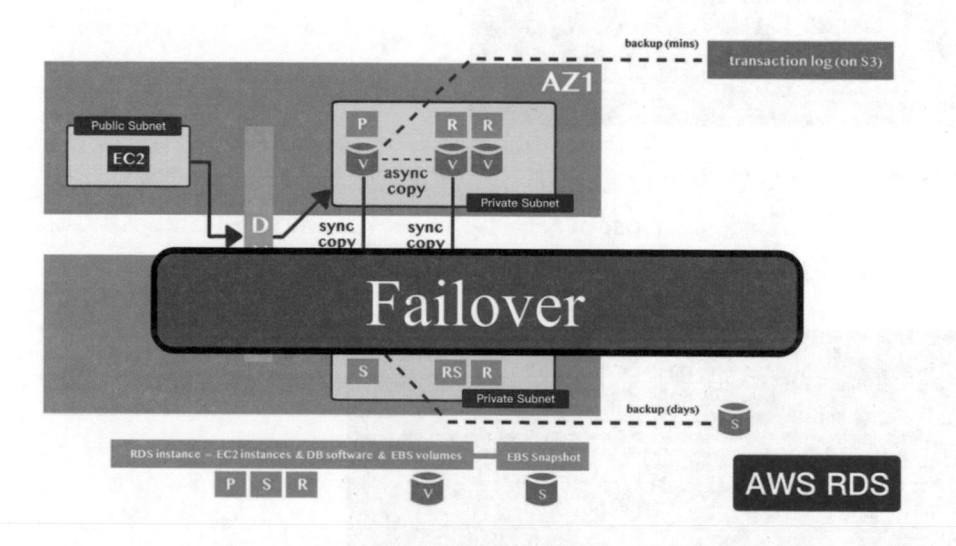

資訊確認

首先到我們的 Console 頁面，上方搜尋 RDS (下圖 #1)，並點進去 (下圖 #2)。

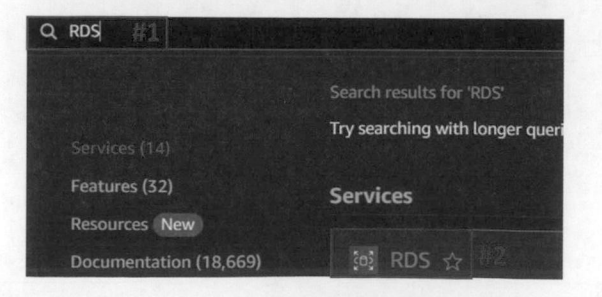

進去之後點擊進入 Databases 頁面 (下圖 #1)。

Dashboard
Databases #1

會看到之前我們創建的 mysql-database-1 點擊進去 (下圖 #1)。

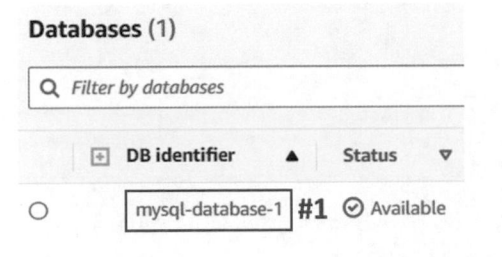

可以看到它目前的 Primary Instance 主要的那一台，目前是在 us-west-2 b 這個 AZ 之中 (下圖 #1)。

Region & AZ
us-east-2b #1

如果我們點擊 Configuration (下圖 #1)，它目前的 Standby 也就是 Secondary Zone 是放在 us-west-2 a (下圖 #2) 這個 AZ 之中，是不一樣的 AZ。

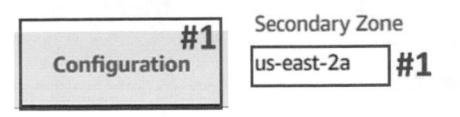

我們現在往上拉，我們來模擬一個情境，假設有一天 2 b 的這個 Primary Instance 出了意外，它會不會交由 Standby Instance，也就是在另外一個 2 a AZ 之中的 Database Instance 來交手呢？

AWS

作者

基礎

VPC
網路

EC2
運算

S3
檔案

RDS
資料庫

IAM
權限

結語

備援測試

我們可以點擊上方的 Actions (下圖 #1) 並選擇 Reboot (下圖 #2)。

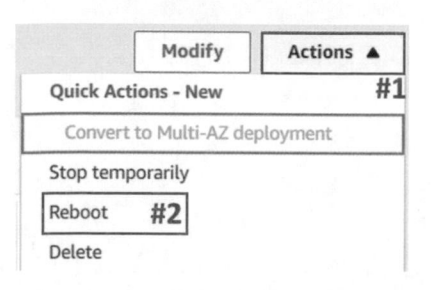

接著勾選 Reboot with Failover 這個選項 (下圖 #1)，它就會將我們的 Instance，從原本的 AZ 換到一個新的上面，那我們這邊就按下 Confirm (下圖 #2)。

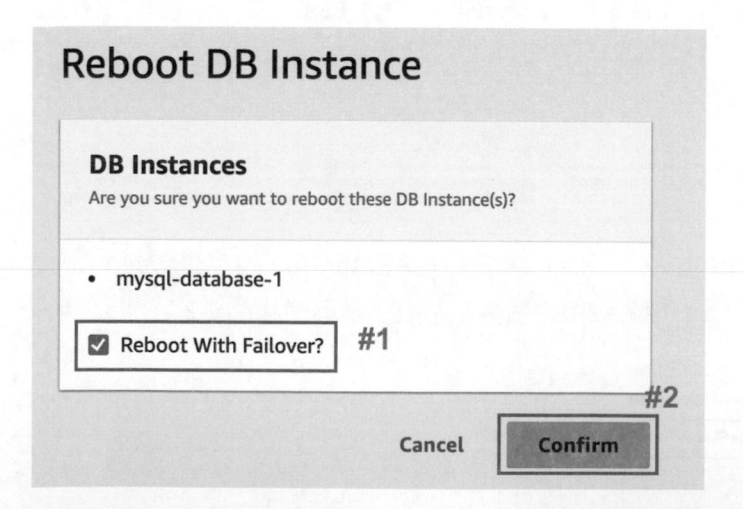

這邊稍等一下，大概過五分鐘之後，我們會看到狀態變成 Available (下圖 #1)，但是你會看到，這個 AZ 好像沒有變動 (下圖 #2)。

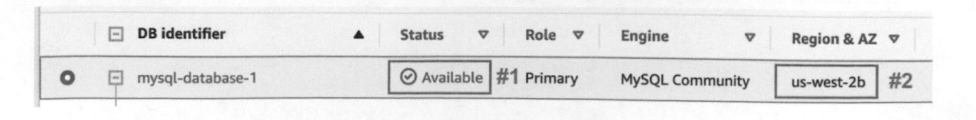

AWS

作者

基礎

VPC
網路

EC2
運算

S3
檔案

RDS
資料庫

IAM
權限

結語

那是因為，雖然底層的 MySQL Instance 可能已經交由另外一個 AZ 進行交手，但是 AWS 官方文件 (如下圖) 上面明確寫出有時候這邊會有一些延遲沒有辦法即時更新，我們可以稍等久一點，就能看到它新的變化，我們就在這邊等個五分鐘看看。

> ① **Note**
> When you force a failover from one Availability Zone to another when you reboot, the Availability Zone change might not be reflected in the AWS Management Console, and in calls to the AWS CLI and RDS API, for several minutes.

時間到後我們可以嘗試重新整理 (下圖 #1)

#1

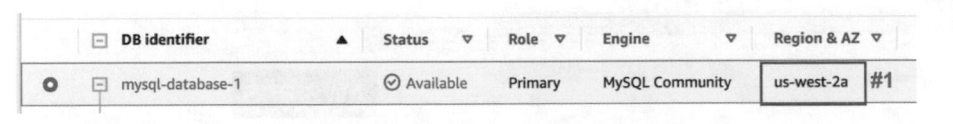

就會看到它的 AZ 這邊，從原本的 2 B 變成 2 A 了 (下圖 #1)。

	DB identifier ▲	Status ▽	Role ▽	Engine ▽	Region & AZ ▽	
⦿	mysql-database-1	⊘ Available	Primary	MySQL Community	us-west-2a	#1

　　我們透過這個方式展示了就算你的 Primary Instance 壞掉，AWS IDS 都可以自動地幫你把所有的流量轉到另外一台 Standby Instance。

　　並且這台 Standby Instance 如果是在另外一個 AZ 的話那麼你所擁有的 High Availability 也更達到了一個 Multi-AZ 的部署模式來幫助你的 Primary Instance 去分擔讀取請求的流量，那本單元就先到這邊結束，我們下個單元見。

實作示範

RDS 架構 流量分擔機制 (Read Replica) 建立與使用

大家好，這個單元我們將來進行 Read Replica 的實作示範來教大家怎麼分擔讀取請求流量，那我們就開始吧！

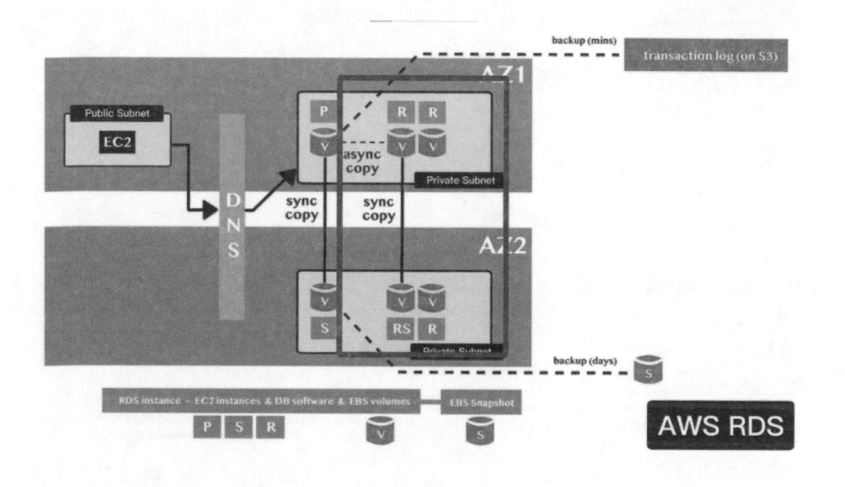

Read Replica 創建

首先我們到 AWS Console 頁面上方搜尋 RDS（下圖 #1），並點擊進去（下圖 #2）。

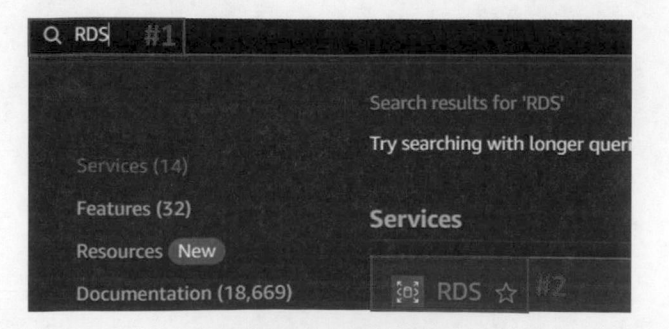

進去之後我們點擊 Databases（下圖 #1）。

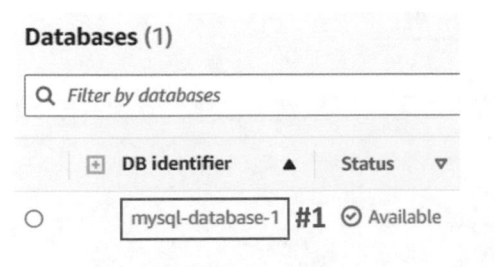

選擇我們所創建的 mysql-database-1（下圖 #1）。

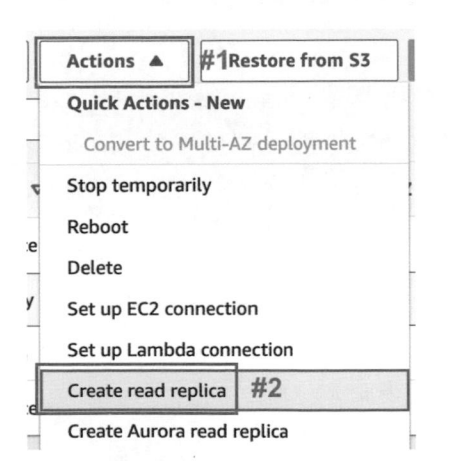

如果在你使用這台 RDS 的時候，發現流量的請求越來越無法負荷，並且大部分的請求是來自讀取的請求的話，那麼就可以利用 AWS RDS 所提供的 Read Replica 這個功能來幫你分擔讀取的請求流量，我們這邊點擊 Actions（下圖 #1）。選擇 Create Read Replica（下圖 #2）。

點擊進去之後，我們要確定我們所選擇的 RDS Instance 是我們所創建的 mysql-database-1（下圖 #1）。然後，幫我們這台 Read Replica 設定一個名稱，我們設為 mysql-database-readreplica-1（下圖 #2）。

AWS

作者

基礎

VPC
網路

EC2
運算

S3
檔案

RDS
資料庫

IAM
權限

結語

Settings

Replica source
Source DB instance identifier

mysql-database-1 Role: Instance	#1 ▾

DB instance identifier

DB instance identifier. This is the unique key that identifies a DB instance. This parameter is stored a¦
example, mydbinstance).

mysql-database-readreplica-1	#2

好了之後下拉，其他欄位我們只要維持預設即可，下拉到底點擊 Create Read
Replica (下圖 #1)。

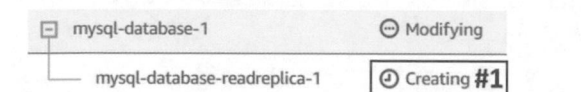

好了之後可以看到，它的狀態目前在 Creating (下圖 #1)。

⊟ mysql-database-1	⊝ Modifying
└─ mysql-database-readreplica-1	⊙ Creating **#1**

那麼我們一樣稍等大約二十分鐘，就會看到我們這一台 mysql-database-
readreplica-1 已經變成 Available 的狀態 (下圖 #1)，那我們就點進去 (下圖
#2)。

#2	#1
mysql-database-readreplica-1	⊘ Available

進來後看到 Endpoint 這邊，把它選擇起來複製 (下圖 #1)。

Endpoint & port

Endpoint

mysql-database-　**#1**
readreplica-
1.cwzcz7iomclb.us-east-
2.rds.amazonaws.com

AWS

作者

基礎

VPC
網路

EC2
運算

S3
檔案

RDS
資料庫

IAM
權限

結語

功能驗證

好了之後，上方搜尋 EC2 (下圖 #1)，開啟一個新分頁點過去 (下圖 #2)。

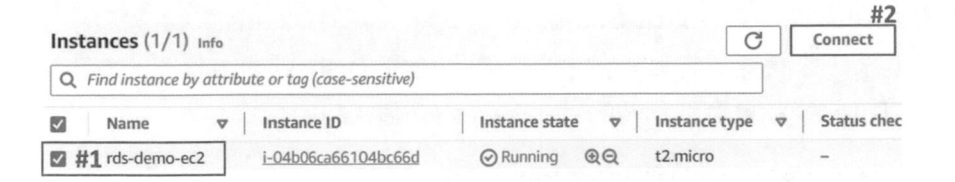

進去之後，我們點擊 Instances (下圖 #1)。

點擊 rds-demo-ec2 (下圖 #1)，再點擊右方 Connect (下圖 #2)。

然後再點擊一次 Connect (下圖 #1)。

進去之後，我們稍微整理一下畫面，先點選右下的叉叉 (下圖 #1)，再輸入 Clear (下圖 #2)，並按下 Enter 清空目前的畫面。

```
[ec2-user@ip-10-0-13-89 ~]$ clear
```
#1　　　　　　　　　　　　　　　　　　　　　　　　#2

好了之後一樣使用 MySQL 這個指令連進去到我們的 Read Replica Database，
-u 放上使用者名稱 admin，-p 密碼登錄，-h 為 hostname。

完 整 指 令：mysql -u admin -p -h mysql-database-readreplica-1.
cwzcz7 iomclb.us-east-2 .rds.amazonaws.com (如下圖)，按下 Enter。

```
[ec2-user@ip-10-0-13-89 ~]$ mysql -u
 admin -p -h mysql-database-restore-
point-1.cwzcz7iomclb.us-east-2.rds.a
mazonaws.com
```

輸入密碼進去後，便會顯示登入成功的資訊 (如下圖)。

```
Enter password:
Welcome to the MariaDB monitor.  Commands end with ; or \g.
Your MySQL connection id is 26
Server version: 8.0.34 Source distribution

Copyright (c) 2000, 2018, Oracle, MariaDB Corporation Ab and others.
```

我們現在所在的 Read Replica Database 是只能去處理 Read 讀取請求的，
所以我們就來快速看一下它目前的狀態，輸入指令： show databases; (下圖
#1)，按下 Enter 後就會看到我們的 databases (下圖 #2)。

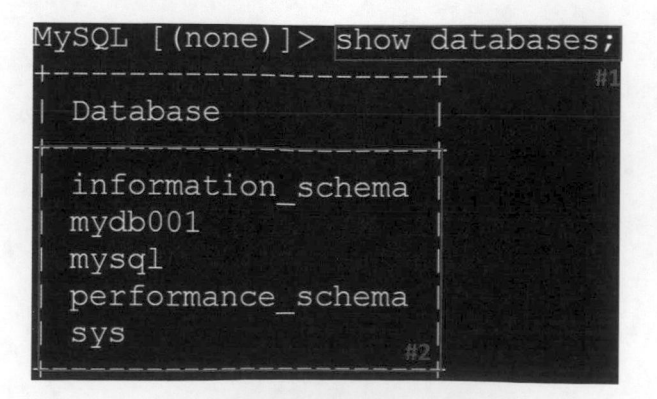

```
MySQL [(none)]> show databases;
+--------------------+
| Database           |      #1
+--------------------+
| information_schema |
| mydb001            |
| mysql              |
| performance_schema |
| sys                |
+--------------------+      #2
```

我們輸入指令：use mydb001;（如下圖），按下 Enter。

```
MySQL [(none)]> use mydb001;#1
Database changed
```

好了之後再輸入指令：show tables;（下圖 #1），按下 Enter，就會看到我們的
mytb001（下圖 #2）。

```
MySQL [mydb001]> show tables;
+-------------------+          #1
| Tables_in_mydb001 |
+-------------------+
| mytb001    #2     |
+-------------------+
```

再來執行 select * from mytb001;（下圖 #1），就會看到我們之前所新增的五行
資料都可以從這邊讀取得到（下圖 #2）。

```
MySQL [mydb001]> select * from mytb001;
+-----------------+------------+          #1
| name            | hobby      |
+-----------------+------------+
| first_tom       | volleyball |
| second_ted      | cricket    |
| third_lily      | chass      |
| fourth_zoey     | cricket    |
| fifth_marshall  | swimming   |
+-----------------+------------+  #2
```

那我們這邊再做一個有趣的示範，既然這是一個只能讀取請求的 Database
Instance，如果我們去做一個寫入的操作會怎麼樣呢？我們這邊就來測試看看，
我們打上 Insert 這個指令隨便新增一個資料進去後，按下 Enter。

完整指令：insert into mytb001 (name,hobby) values ('emily','aws');（如下圖）。

```
MySQL [mydb001]> insert into mytb001 (name,hobby) values ('emily',
'aws');
```

我們會收到一個錯誤訊息顯示 The MYSQL server is running with the Read-
only option 代表它並不能進行任何寫入的操作。

AWS

作者

基礎

VPC
網路

EC2
運算

S3
檔案

RDS
資料庫

IAM
權限

結語

```
ERROR 1290 (HY000): The MySQL server is running with the --read-on
ly option so it cannot execute this statement
```

這也是為什麼這個 database 叫做 Read Replica，它只能幫我們去處理讀取的流量請求，我們將可以透過這個方式幫我們的 Primary Instance 來負擔讀取的請求。

但這邊大家要特別注意到，我們回到我們 RDS 介面 (下圖 #0)，它這邊所使用的 Endpoint，是跟我們 Primary 是不一樣的 (下圖 #1)。

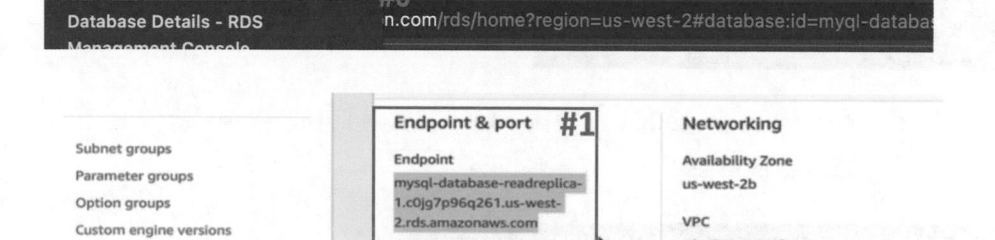

所以在你的應用程式上面需要自己去分開哪一些應用程式只需要用到讀取的功能，那麼就要把它設定去使用 Read Replica 的 Endpoint (上圖 #1)，那如果你有的應用程式是要使用寫入的話，那麼就要改成 Primary Instance 的 Endpoint (下圖 #1)，我們根據自己的專案需求去做相對應的設定即可。

Endpoint & port

Endpoint

```
mysql-database-
1.cwzcz7iomclb.us-east-
2.rds.amazonaws.com #1
```

結語

　　那到這邊我們就完成 RDS Read Replica 的實作示範，我們學會藉由 Read Replica 來分擔我們的讀取請求流量，下個單元我們將來進行資源清理的部分，把我們所建立的各個 RDS Instances 給刪除掉，

　　那本單元就先到這邊結束，我們下次見！

AWS

作者

基礎

VPC
網路

EC2
運算

S3
檔案

RDS
資料庫

IAM
權限

結語

實作示範

RDS 架構　資源清理

大家好，到這個章節我們已經完成 AWS RDS 的實作示範部分，這個單元我們就來把我們先前創建的資源一一清除掉，避免要為這些操作付費。

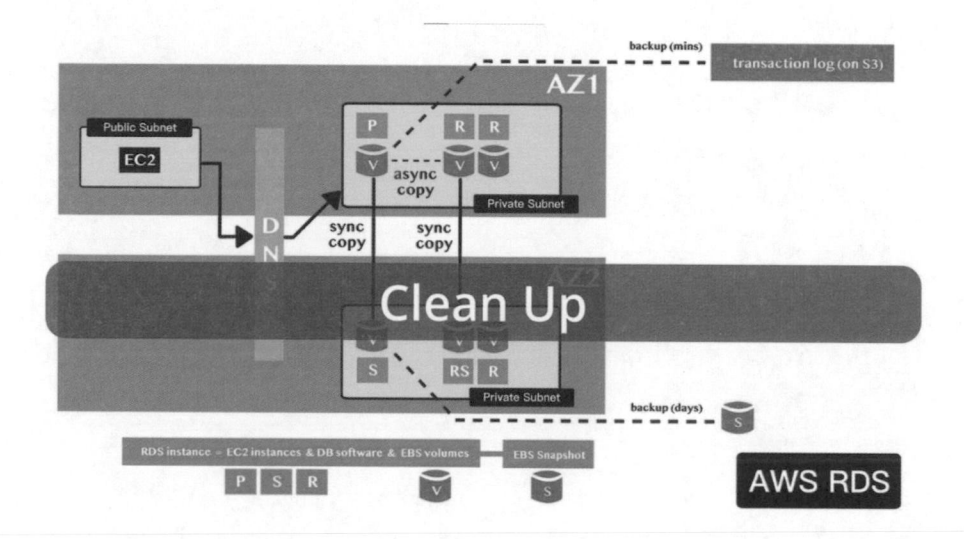

RDS 清理

首先我們到 AWS Console 頁面上方搜尋 RDS (下圖 #1)，並點擊進去 (下圖 #2)。

AWS

作者

基礎

VPC
網路

EC2
運算

S3
檔案

RDS
資料庫

IAM
權限

結語

進去之後我們點擊 Databases (下圖 #1)。

進去之後我們點擊 Databases (下圖 #1)。

我們會看到這邊有四台 Instance，我們要一個一個把它刪除，首先選擇 mysql-database-restore-point-1 (如下圖)。

點擊 Actions (下圖 #1)，再點擊 Delete (下圖 #2)。

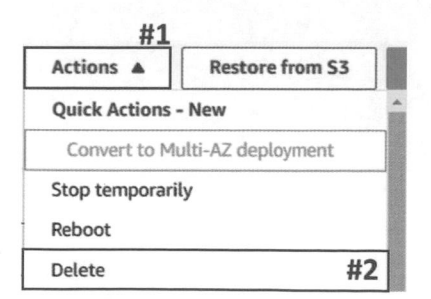

首先將 Create Final Snapshot 選項勾掉 (下圖 #1)，並且把 Retain automated backups 選項勾掉 (下圖 #2)，因為我們不需要創建或保留額外備份 ，並且點選最下方的選項 I acknowledge …(下圖 #3)。

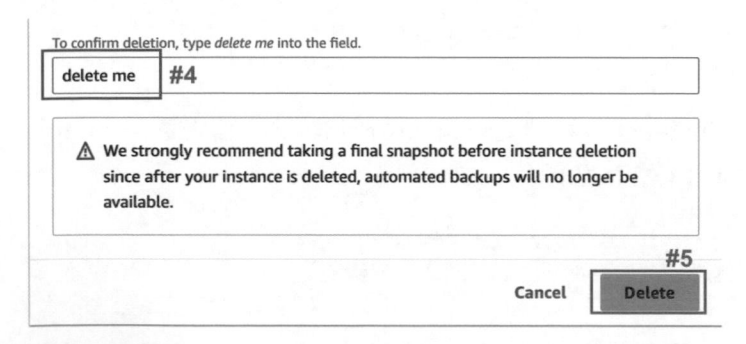

之後輸入 delete me（下圖 #4），最後點擊 Delete（下圖 #5）。

完成之後就讓它繼續執行刪除動作，我們就同步刪除其他 Instances，再來點擊 my-database-from-Snapshot-1（如下圖）。

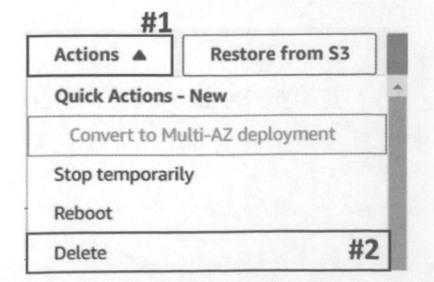

這邊跟之前一樣，首先將 Create Final Snapshot 選項勾掉 (下圖 #1)，並且把 Retain automated backups 選項勾掉 (下圖 #2)，我們不需要創建或保留額外備份，並且勾選選項 I acknowledge …(下圖 #3)。

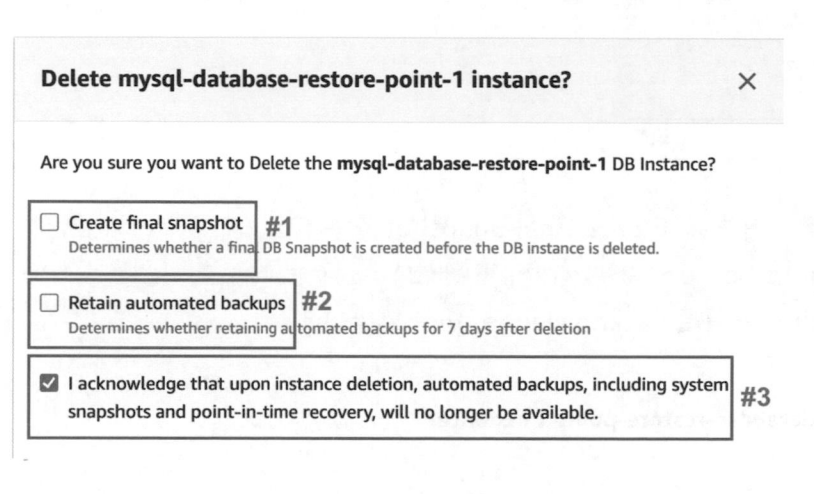

填上 delete me (下圖 #4)，最後點擊 Delete (下圖 #5)。

完成之後就讓它繼續執行刪除動作，我們就同步刪除其他資料，再來點擊 my-database-readreplica-1 (如下圖)。

點擊 Actions (下圖 #1)，再點擊 Delete (下圖 #2)。

AWS
作者
基礎
VPC
網路
EC2
運算
S3
檔案
RDS
資料庫
IAM
權限
結語

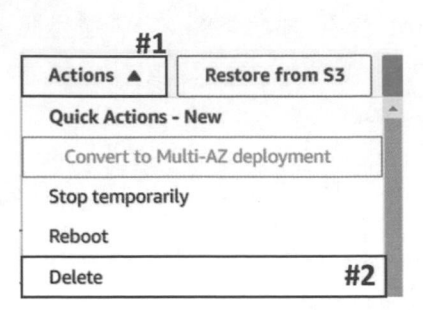

這邊跟之前一樣，首先將 Create Final Snapshot 選項勾掉 (下圖 #1)，並且把 Retain automated backups 選項勾掉 (下圖 #2)，因為我們不需要創建或保留額外備份 ，並且勾選選項 I acknowledge …(下圖 #3)。

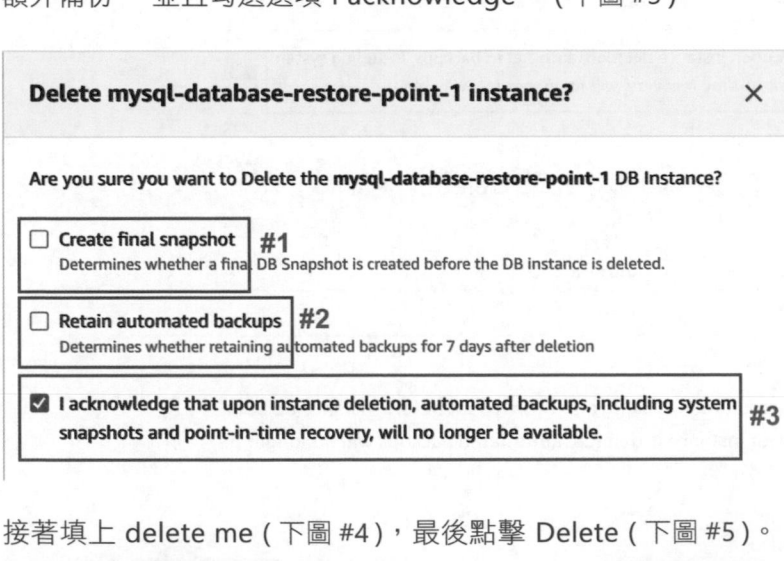

接著填上 delete me (下圖 #4)，最後點擊 Delete (下圖 #5)。

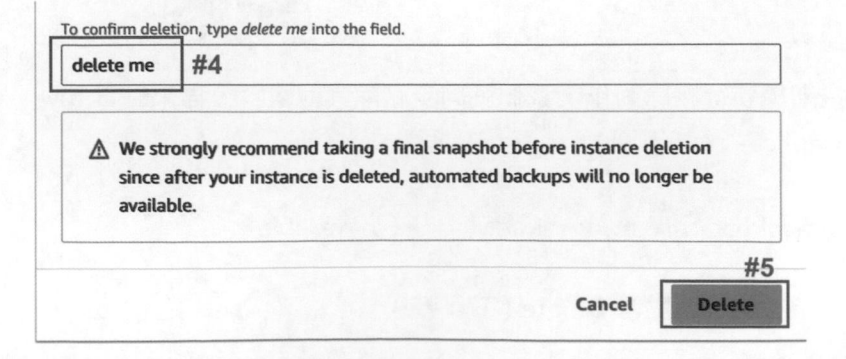

完成之後就讓它繼續執行刪除動作，我們就同步刪除其他 Instances，再來點擊 mysql-database-1 (如下圖)。

AWS

作者

基礎

VPC
網路

EC2
運算

S3
檔案

RDS
資料庫

IAM
權限

結語

◉	⊟	mysql-database-1	⊘ Available

點擊 Actions (下圖 #1)，再點擊 Delete (下圖 #2)。

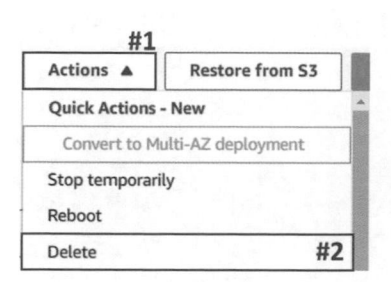

我們會看到這個 MySQL Database 1，因為被 Deletion Protection 的功能保護中，所以我們這邊要先把它關掉，我們先點擊 Close 關閉這個視窗 (下圖 #1)。

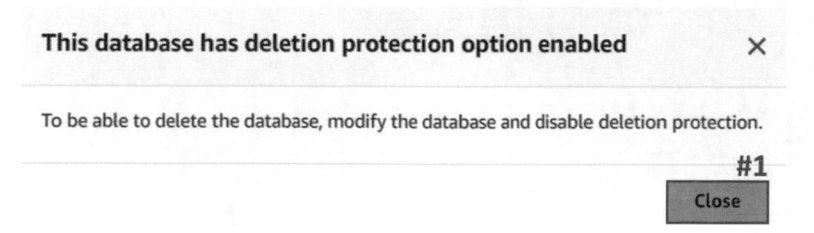

選擇 Modify (下圖 #1)。

好了之後下拉到底，將這個 Deletion Protection 取消勾選 (下圖 #2)，再點擊 Continue (下圖 #3)。

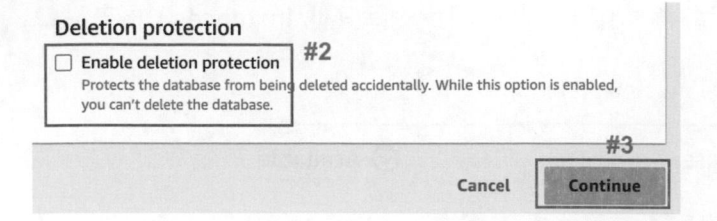

這邊要特別注意，我們要選擇什麼時候去進行這個更新，我們選擇這個 Apply Immediately (下圖 #1) 代表馬上更新，然後我們再點擊 Modify DB instance 執行 (下圖 #2)。

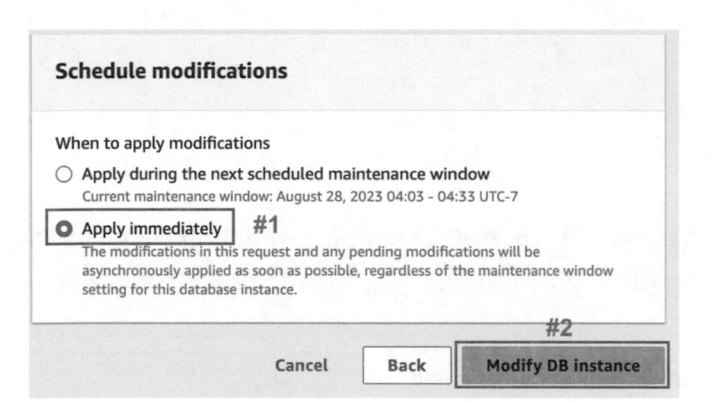

好了之後，我們這邊點擊重新整理 (下圖 #1)。

#1

再點擊我們的 mysql-database-1 (如下圖)。

點擊 Actions (下圖 #1)，再點擊 Delete (下圖 #2)。

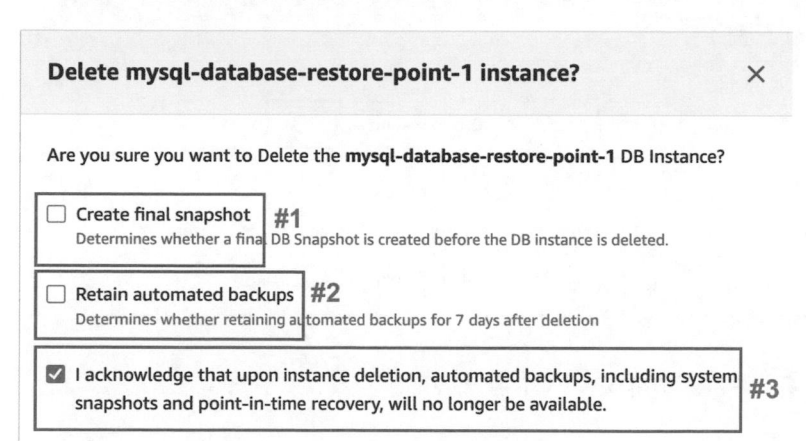

這邊跟之前一樣，首先將 Create Final Snapshot 選項勾掉 (下圖 #1)，並且把 Retain automated backups 選項勾掉 (下圖 #2)，因為我們不需要創建或保留額外備份 ，並且勾選選項 I acknowledge …(下圖 #3)。

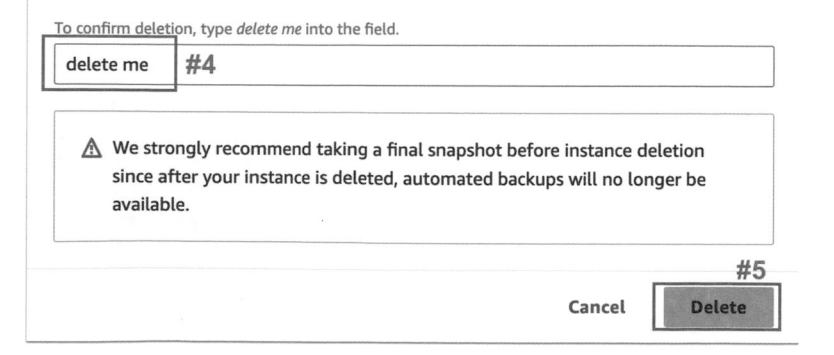

再來填上 delete me (下圖 #4)，最後點擊 Delete (下圖 #5)。

AWS
作者
基礎
VPC
網路
EC2
運算
S3
檔案
RDS
資料庫
IAM
權限
結語

好了之後，我們就四台 Instances 就都在刪除中 (如下圖)，我們就稍等大約二十分鐘。

DB identifier	Status	Role
⊟ mysql-database-1	⊗ Deleting	Primary
└── mysql-database-readreplica-1	⊗ Deleting	Replica
mysql-database-from-snapshot-1	⊗ Deleting	Instance
mysql-database-restore-point-1	⊗ Deleting	Instance

過了二十分鐘之後，我們點擊重新整理 (下圖 #1)，就會看到我們的 Databases 全部刪除成功 (如下圖)。

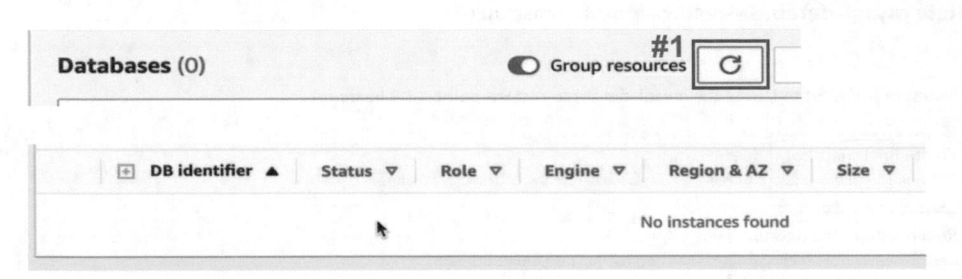

好了之後我們點擊左側的 Snapshot (下圖 #1)。

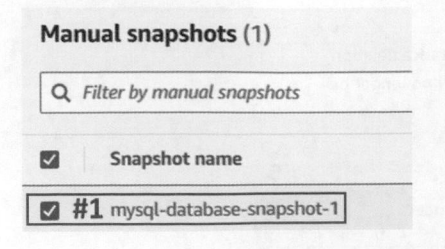

勾選我們之前創建的 Database Snapshot (下圖 #1)。

Manual snapshots (1)

🔍 *Filter by manual snapshots*

☑	Snapshot name
☑	#1 mysql-database-snapshot-1

點擊 Actions（下圖 #1），選擇 Delete Snapshot（下圖 #2）。

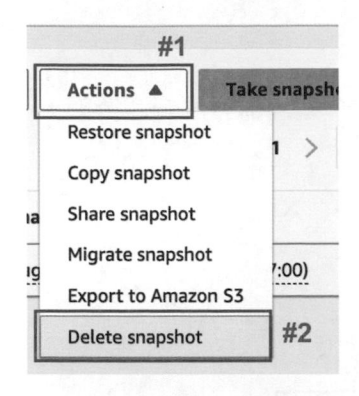

再點擊 Delete（下圖 #1）。

Delete mysql-database-snapshot-1 snapshot?   ✕

Are you sure you want to delete these DB snapshots

- mysql-database-snapshot-1

                                                        #1

                                          Cancel   **Delete**

完成之後點擊到左側的 Subnet Groups（下圖 #1）。

Subnet groups **#1**

Parameter groups

勾選我們一開始所創建的 rds-demo-subnetgroup（下圖 #1），點擊 Delete（下圖 #2）。

Subnet groups (1)

Q *Filter by subnet group*

☑   **Name**

☑ **#1** rds-demo-subnetgroup

AWS

作者

基礎

VPC
網路

EC2
運算

S3
檔案

RDS
資料庫

IAM
權限

結語

再點擊 Delete（下圖 #1），好了之後，我們就完成 RDS 這個部分的資源清理。

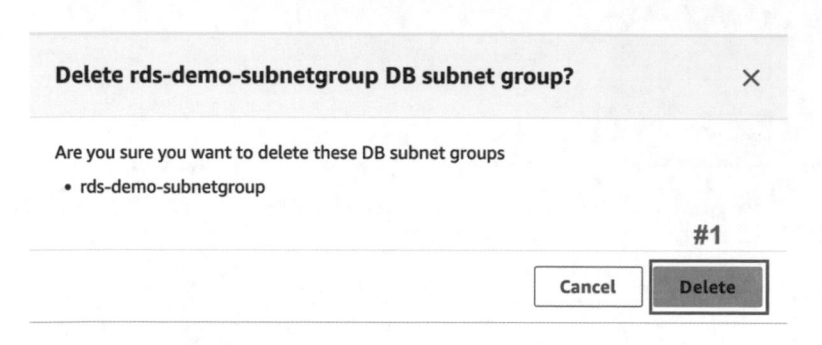

EC2 清理

再來我們要清理 EC2 的資料我們上方搜尋 EC2（下圖 #1），並點擊過去（下圖 #2）。

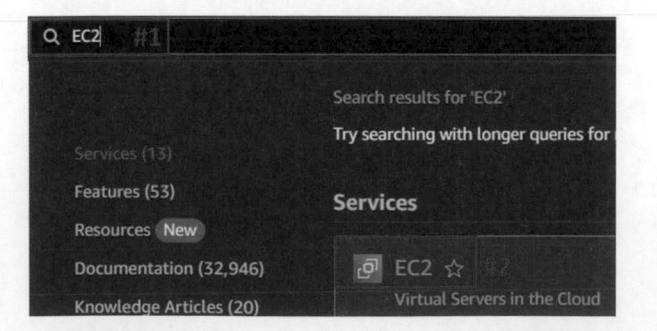

之後點擊 Instances（下圖 #1）。

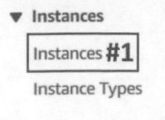

AWS

作者

基礎

VPC
網路

EC2
運算

S3
檔案

RDS
資料庫

IAM
權限

結語

勾選我們所創建的 EC2（下圖 #1）。

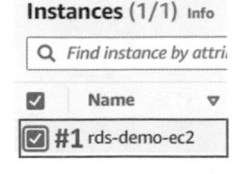

選擇 Instance State（下圖 #1），再選擇 Terminate Instance（下圖 #2）。

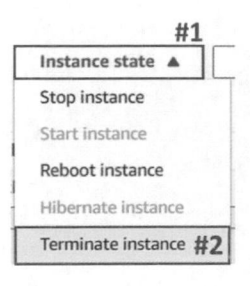

點擊 Terminate（下圖 #1）。

Terminate instance?   ✕

⚠ On an EBS-backed instance, the default action is for the root EBS volume to be deleted when the instance is terminated. Storage on any local drives will be lost.

Are you sure you want to terminate these instances?

Instance ID	Termination protection
📋 i-04b06ca66104bc66d (rds-demo-ec2)	⊘ Disabled

To confirm that you want to terminate the instances, choose the terminate button below. Instances with termination protection enabled will not be terminated. Terminating the instance cannot be undone.

#1
Cancel   **Terminate**

我們一樣稍等大約一分鐘之後，狀態就會變成 Terminated（如下圖），這樣我們就完成了 EC2 Instance 的刪除。

Instance state

⊖ Terminated

VPC 清理

之後我們上方搜尋 VPC（下圖 #1），並點擊進入（下圖 #2）。

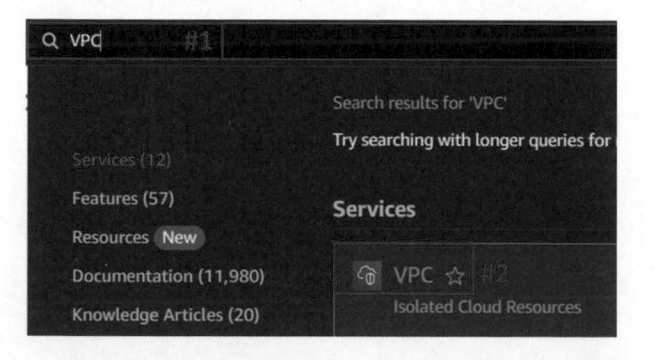

進去之後，首先選擇選擇我們所創建的 rds-demo-vpc（下圖 #1），做一個過濾。

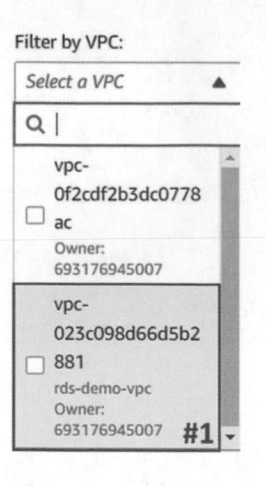

好了之後，選擇 NAT Gateway（下圖 #1）。

勾選我們的 NAT Gateway（下圖 #1）。

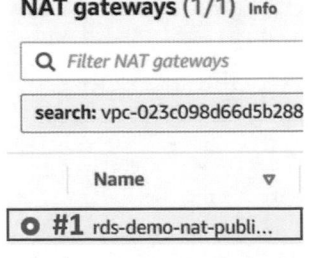

點擊 Actions（下圖 #1），再選擇 Delete NAT Gateway（下圖 #2）。

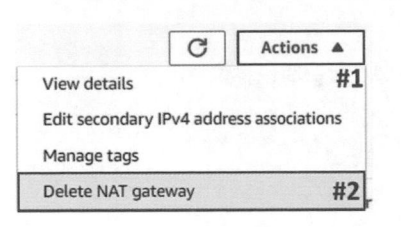

打上 Delete（下圖 #1），選擇 Delete(下圖 #2)。

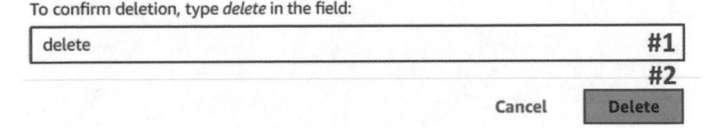

那麼我們一樣這邊要稍等五分鐘之後重新整理，就會看到我們的 NAT Gateway 成功被 Delete（如下圖）。

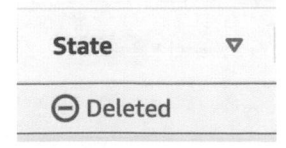

好了之後，我們點擊左側的 Elastic IPs（下圖 #1）。

AWS

作者

基礎

VPC
網路

EC2
運算

S3
檔案

RDS
資料庫

IAM
權限

結語

DHCP option sets

Elastic IPs **#1**

Managed prefix lists

勾選我們在創建整個 VPC 過程中，NAT Gateway 所使用的 EIP (下圖 #1)。

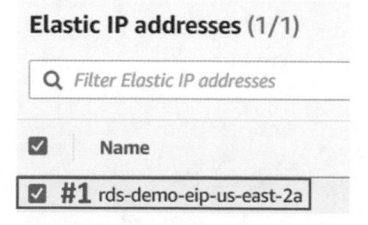

點擊 Actions (下圖 #1)，選擇 Release Elastic IP Address (下圖 #2)。

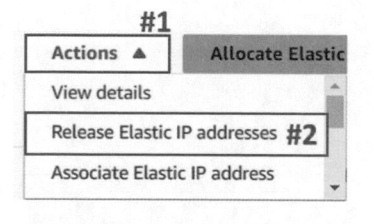

點擊 Release (下圖 #1)。

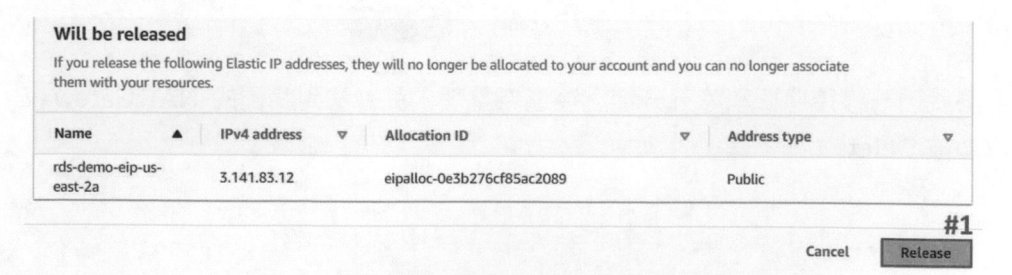

好了之後，我們點擊左側 Your VPCs (下圖 #1)。

▼ Virtual private cloud

Your VPCs New **#1**

點擊我們所創建的 RDS Demo VPC (下圖 #1)。

AWS

作者

基礎

VPC
網路

EC2
運算

S3
檔案

RDS
資料庫

IAM
權限

結語

☑	Name
☑ **#1**	rds-demo-vpc

點擊 Actions (下圖 #1) 選擇 Delete VPC (下圖 #2)。

#1

Actions ▲	Create VPC

Create default VPC

Create flow log

Edit VPC settings

Edit CIDRs

Manage middlebox routes

Manage tags

Delete VPC   **#2**

輸入 delete (下圖 #1),並點擊 Delete (下圖 #2),這樣我們就完成 VPC 服務
的清理了。

To confirm deletion, type *delete* in the field:

delete **#1**	

#2

Cancel   **Delete**

結語

　　到這邊我們就完成全部 AWS RDS 章節的資源清理部分,
而我們 AWS RDS 整個章節也就到這邊結束,之後如果有遇
到需要清除部分資料的情況,都可以再參考此篇教學,那麼
本章節就到這邊結束,我們下次見!

8

AWS IAM 權限管理

【觀念講解】

IAM 架構

今天我們要來介紹 AWS IAM 的架構概念,那我們開始吧!

IAM 裡面有個重要元件叫做 Policy,是用來規範某人使用 AWS 資源的權限,而在 Policy 之下有兩個類別,分別為 Identity-based policy 與 Resouce-based policy,如下圖。

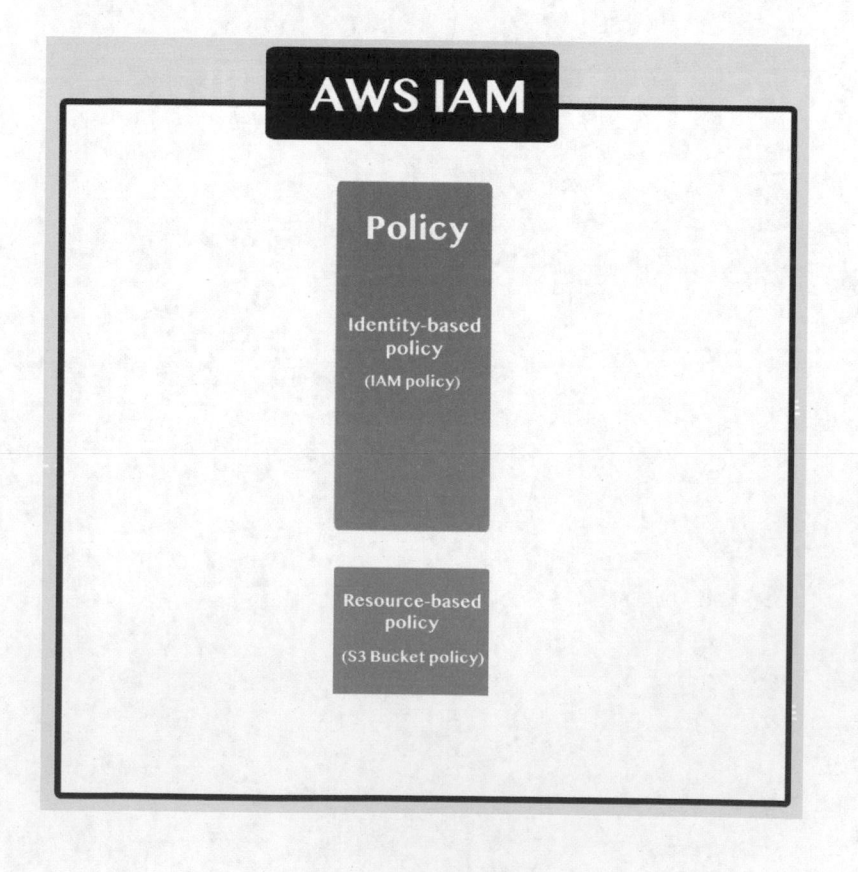

AWS

作者

基礎

VPC
網路

EC2
運算

S3
檔案

RDS
資料庫

IAM
權限

結語

Identity-based policy 介紹

每一個 Identity-based policy 中有多個 Statement ，這邊用 * 符號代表多個 (下圖 #1)，而每一個 Statement 只會歸屬於一個 Policy(下圖 #2)，而 Statement 就是更細部去定義如何去使用特定的 AWS 服務，Statement 之中有三大要素：

1 . Effect，這次要開放 / 阻擋權限。

2 . Action，允許某個服務做什麼動作，譬如說到 S3 Bucket 新增檔案等。

3 . Resource，指名這次的 Statement 要去針對哪一個 AWS Resource，所以每一個 Resource 都會去連接到某一個 AWS Service，譬如說指定某一個 S3 Bucket，或者針對某一台 RDS Instance 等。如下圖。

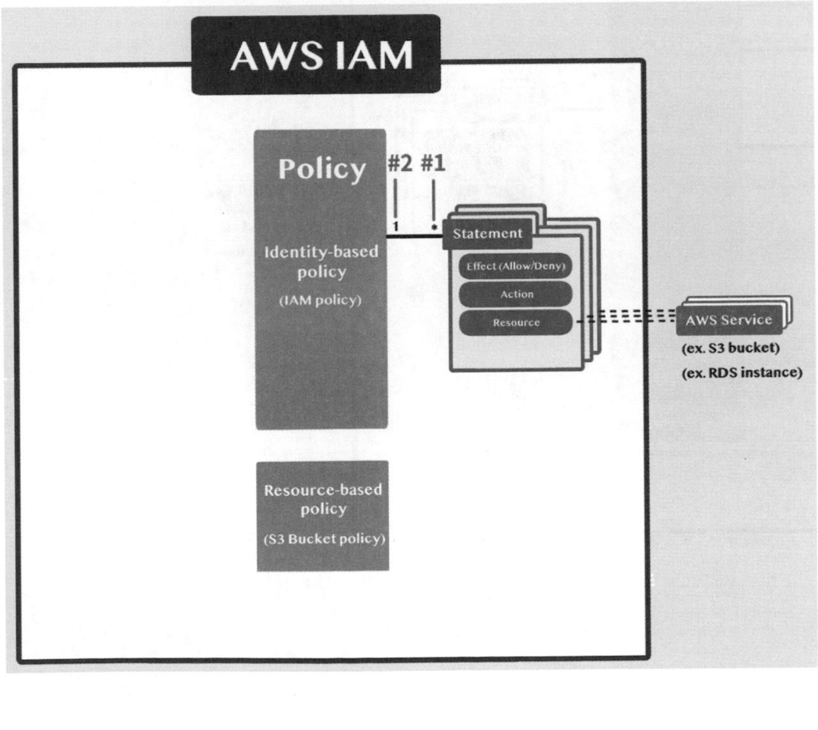

Identity-based policy 要套用給誰呢？

在 IAM 中有一個叫 User 的東西，也就是常見的登錄帳號，每一個 Policy 可以被多個 User 使用，而每一個 User 也可以擁有多個 Policy (下圖中的 * 符號代表多個)。

除了 User 以外，IAM 還提供給我們 Group，每一個 Group 可以涵蓋多個 User，每一個 User 可以同時存在於多個 Group 中。

而 Group 與 Policy 之間的關係也一樣，一個 Policy 可以被多個 Group 使用，Group 也可以同時套用多個 Policy。如下圖。

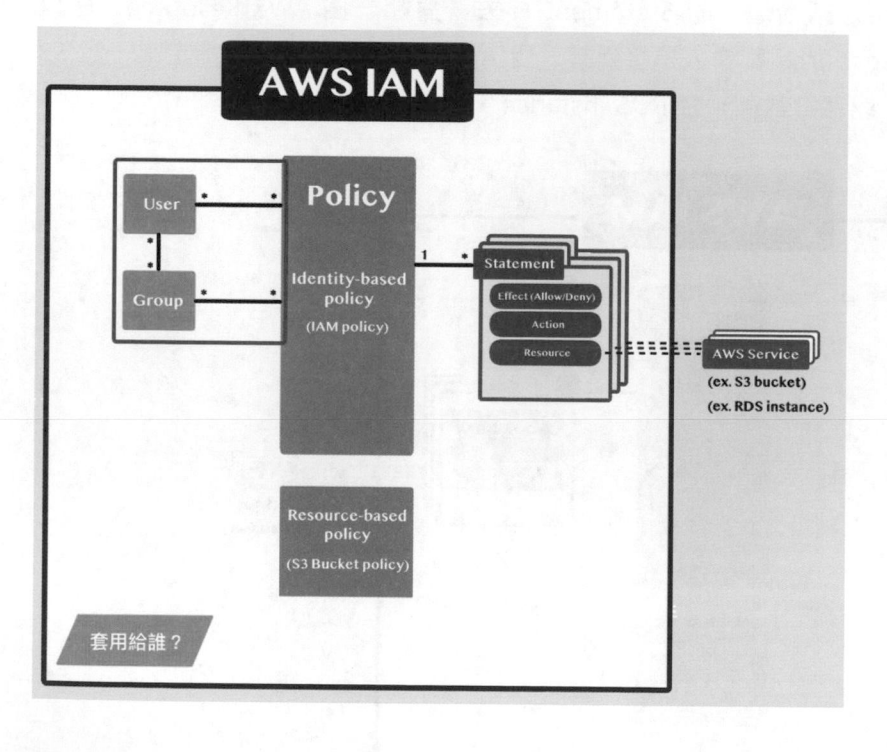

Role 介紹

除了 User 與 Group 之外，IAM 還提供給我們 Role 作使用，一個 Policy 可以同時給多個 Role 使用，一個 Role 也可以套用多個 Policy。

Role 主要目的，就是讓「不是登錄帳號」的其他東西 (譬如説不是 Group/User)，來使用 AWS 的 Service (例如 EC2 Instance)，透過這個方式就可以將 AWS Service 連接到 IAM 服務之中。舉例，當我創造一個 EC2 Instance 時同時創建一個 Role，讓他可以去連接到 S3 Bucket 的權限。如下圖。

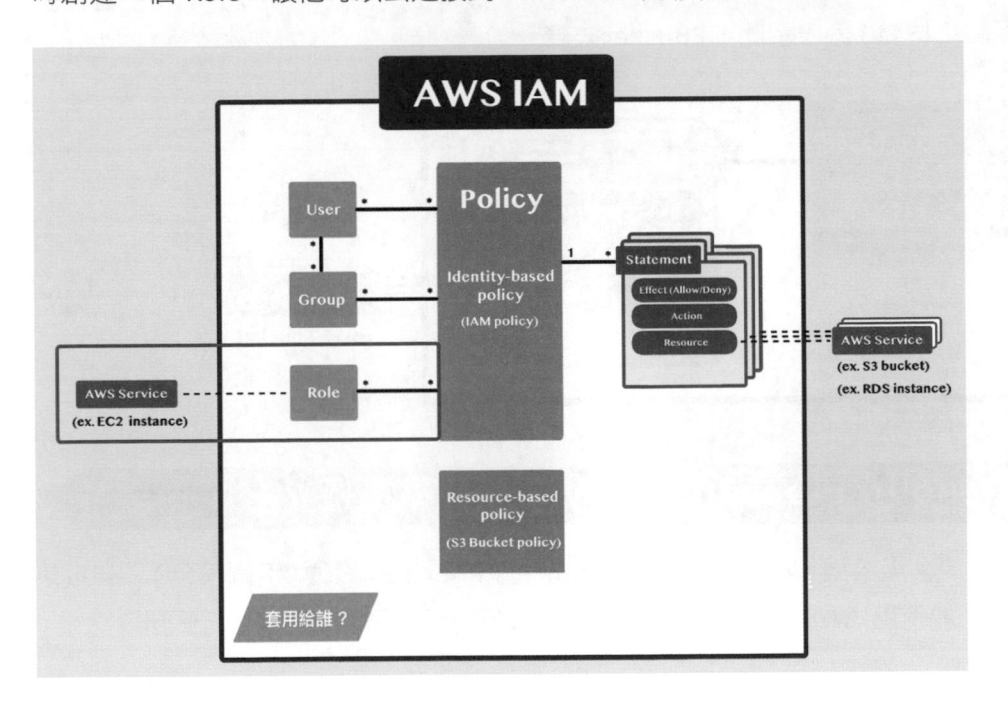

AWS

作者

基礎

VPC
網路

EC2
運算

S3
檔案

RDS
資料庫

IAM
權限

結語

Resource-based policy 介紹

與 Identity-based policy 相同，每一個 Resource-based policy 中有多個 Statement（下圖中的 * 符號代表多個），而每一個 Statement 只會歸屬於一個 Policy（圖中以數字 1 代表此關係）。不過 Statement 中的 Resource（下圖紅框處）與上述介紹有不同的意義，這邊特別寫上 self 來表示。

通常在設定 Resource-based policy 時，通常是去各個服務的介面設定，譬如說在某個 S3 Bucket 的介面下，去設定 Resource-based policy，而 Resource（下圖紅框處）就表示此 S3 Bucket 本身。

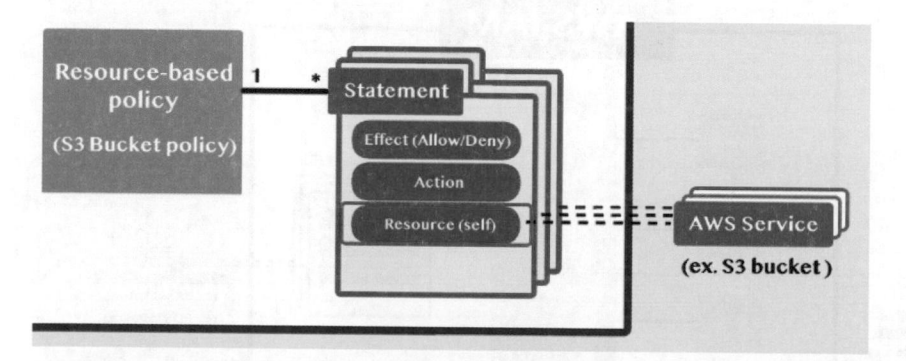

Resource-based policy 要套用給誰呢？

要決定套用給誰，必須使用 Statement 的 Principal 欄位（下圖粉色），若想使 User 能使用 AWS Service，就必須在 Principal 裡進行設定。如下圖。

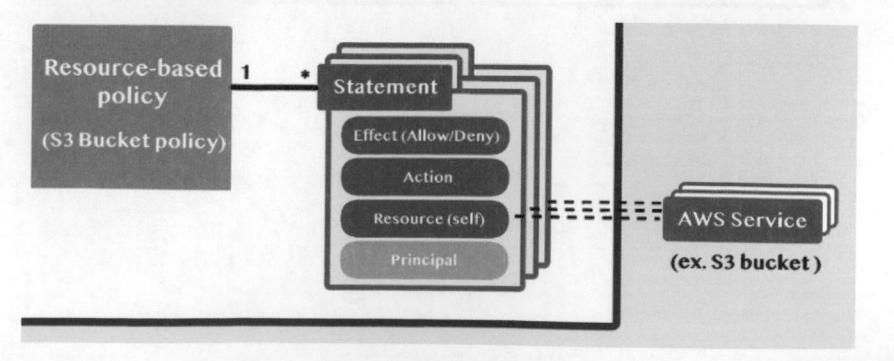

AWS

作者

基礎

VPC
網路

EC2
運算

S3
檔案

RDS
資料庫

IAM
權限

結語

Identity-based policy 與 Resource-based policy 套用差別

Identity-based policy: 可以看到 User、Group 與 Role，他們是在 Policy level，一套用就是整個 Policy 底下的 Statement 一次套用 (下圖 #1)。

Resource-based policy: 而 Principal 則不是，Principal 是在 Statement level，換言之，在每一個 Statement 都要做一次 Principal 的設定 (下圖 #2)。

除此之外 Identity-based policy 有重複使用的概念，設定好一次就可以套用給 User/Group/Role (下圖 #3)。

Resource-based policy 在每一次撰寫時都要到 Service 底下去做設定，跨 Service 之間無法重複使用 (下圖 #4)。

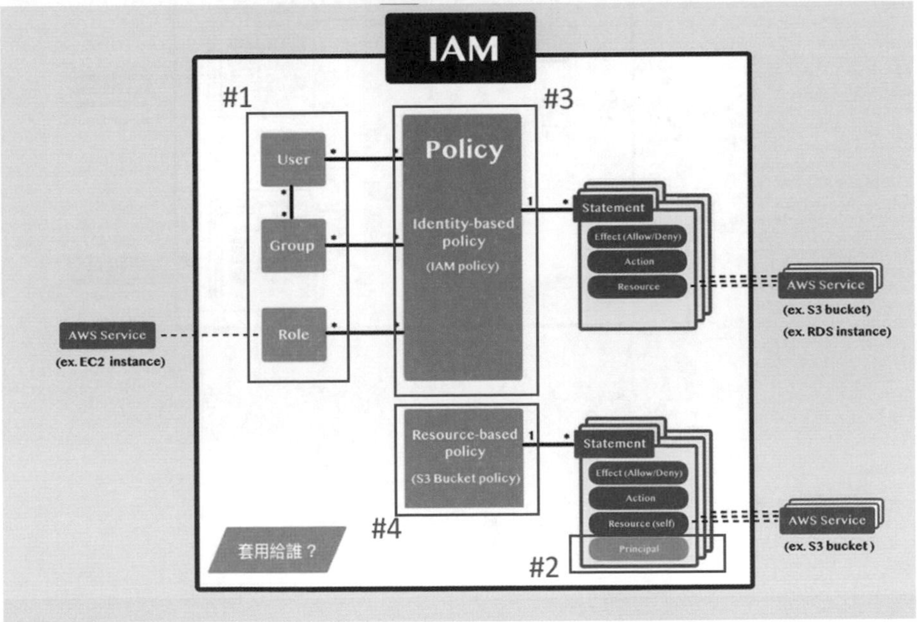

從不同角度看 Policy 的功用：

Identity-based policy 的面向是針對某個人 (User/Group/ Role)。

Resource-based policy 的角度，是站在資源本身看這個世界，就像是守門者，要規範誰可以使用 Service。

整理結果如下圖：

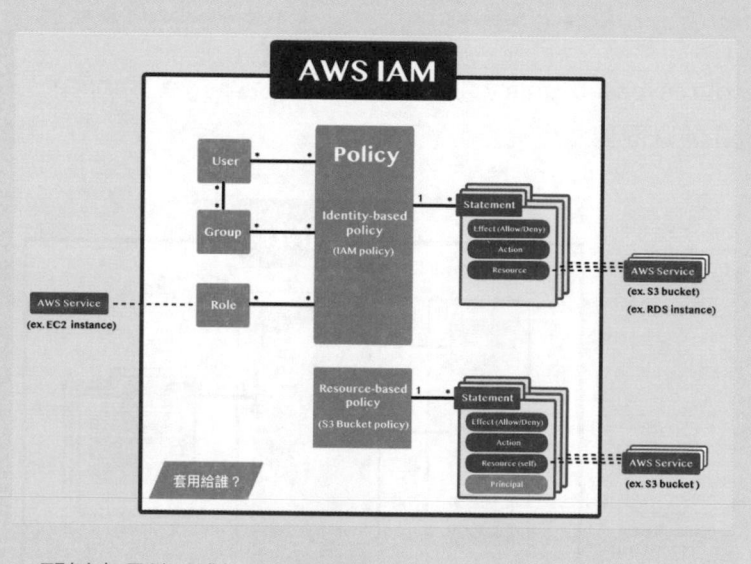

那以上是這次對 IAM 架構的介紹。

AWS

作者

基礎

VPC
網路

EC2
運算

S3
檔案

RDS
資料庫

IAM
權限

結語

實作示範

IAM User 建立與使用 part 1

此篇文章將一步一步帶著大家建立 AWS IAM USER,未來我們就可以使用 IAM USER 作為我們的主要管理員帳號來進行操作。

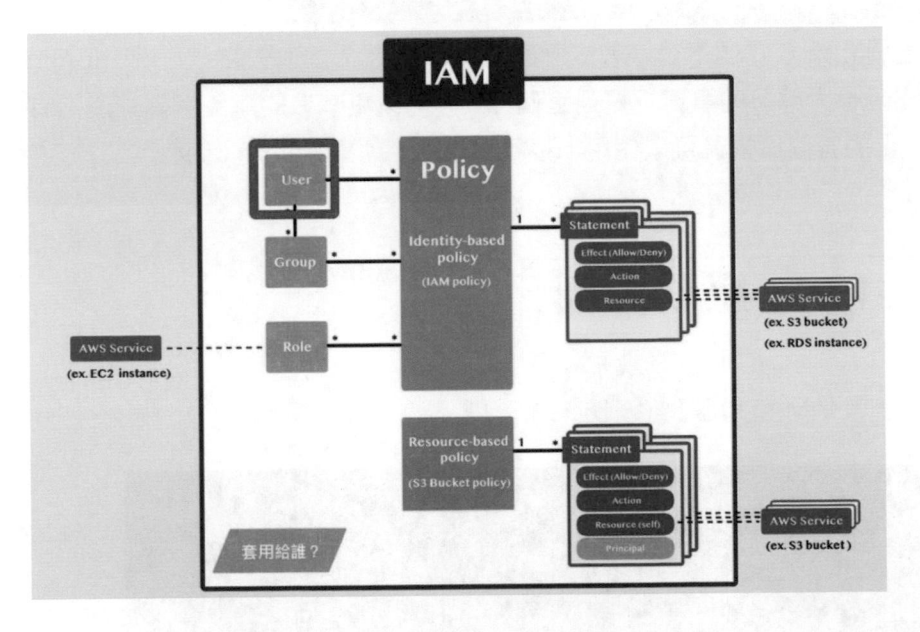

以 Root user 登入

首先我們將選擇以 Root user 的方式進行登錄 (下圖 #1),並輸入當時創建 AWS account 時所使用的 email (下圖 #2),點擊 Next(下圖 #3),並輸入密碼 (下圖 #4),選擇 Sign in(下圖 #5),登入之後我們便可以進到 AWS console 的 頁面。

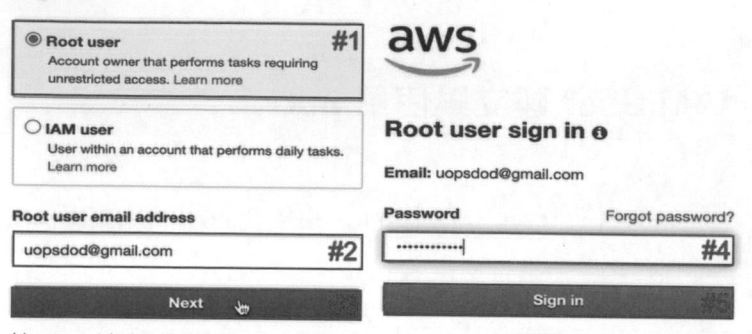

然而，這個登錄方式並不是 AWS 所建議的，它更希望你去創建一個 Admin user 來管理你大部分的事情，透過這個方式，可以更有效的避免密碼外洩，有一個更安全的管理員帳號可以使用，接著我們就來創立 Admin user。

進入 IAM 服務介面

請於上方搜尋 IAM 這項服務 (下圖 #1)，並點擊進入 (下圖 #2)。

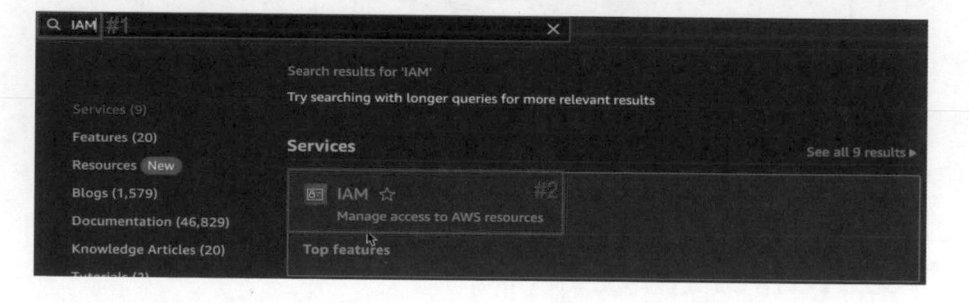

客製化 Alias

進到 IAM 服務介面後，可以看到右方 AWS account 這一區塊，其中有一欄 Account Alias (下圖 #1)，系統會預設一串數字代表你的 AWS account，我們可以創建一個更客製化 Alias，方便以後登錄使用，因此我們點擊 Create。

AWS Account

Account ID
🗐 344458213649

Account Alias
344458213649 **Create** **#1**

Sign-in URL for IAM users in this
account
🗐 https://344458213649.signin.aws.
amazon.com/console

根據自己的需求創建一個 Alias 代號 (下圖 #1)，輸入完成後選擇 Save changes
(下圖 #2)。

Create alias for AWS account 344458213649   **✕**

Preferred alias
uopsdod| **#1**

Must be not more than 63 characters. Valid characters are a-z, 0-9, and - (hyphen).

New sign-in URL
https://uopsdod.signin.aws.amazon.com/console

> ⓘ IAM users will still be able to use the default URL containing the AWS account
>   ID.

                                                                    #2
                              Cancel   **Save changes**

完成後，就會看到你的 Account Alias 已經成功的進行更新 (下圖 #1)。

AWS Account

Account ID
🗐 344458213649

Account Alias
uopsdod **Edit | Delete** **#1**

Sign-in URL for IAM users in this
account
🗐 https://uopsdod.signin.aws.amaz
on.com/console

步驟三： 新增 User

首先點擊左方 Users (下圖 #1)，再點擊右方 Add user (下圖 #2)。

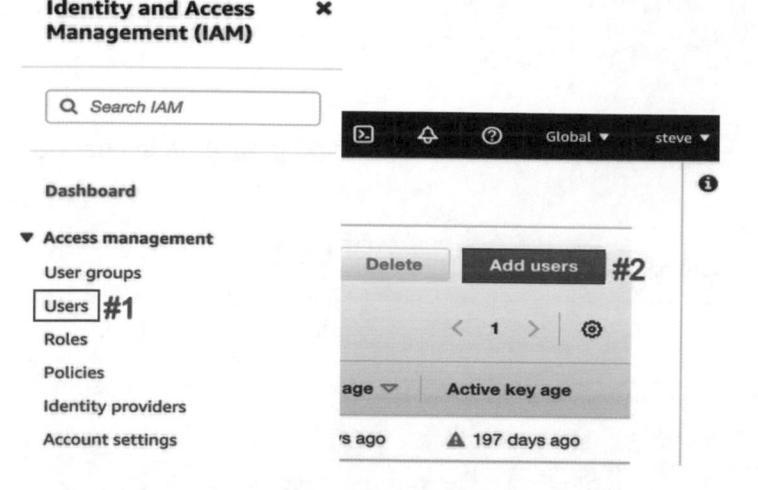

接著輸入要使用的使用者名稱 (下圖 #1)。

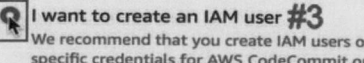

The user name can have up to 64 characters. Valid characters: A-Z, a-z, 0-9, and + = , . @ _ - (hyphen)

並決定是否給它 AWS console 權限 (下圖 #2)，這次我們勾選要。

☑ **Provide user access to the AWS Management Console - *optional* #2**
If you're providing console access to a person, it's a best practice ⬀ to manage their access in IAM Identity Center.

再來我們選擇 I want to create an IAM user (下圖 #3)，都選好之後往下拉。

I want to create an IAM user #3
We recommend that you create IAM users only if you need to enable programmatic access through access keys, service-specific credentials for AWS CodeCommit or Amazon Keyspaces, or a backup credential for emergency account access.

密碼的部分，你可以選擇自動產生或是手動輸入，這次我們示範手動輸入 (下圖 #1)。 大家要注意密碼需符合規範，如 8 個字母以上 …… 等等。

AWS

作者

基礎

VPC
網路

EC2
運算

S3
檔案

RDS
資料庫

IAM
權限

結語

○ **Custom password**
Enter a custom password for the user. **#1**

••••••••••••

- Must be at least 8 characters long
- Must include at least three of the following mix of character types: uppercase letters (A-Z), lowercase letters (a-z), numbers (
(hyphen) = [ ] { } | '

往下我們要決定使用者初次登入後是否需要重新設定密碼 (下圖 #2)，這次示範中我們先不勾選，但在正式環境之中老師建議大家勾選讓使用者重新設定自己的密碼去使用。

☐ **Users must create a new password at next sign-in - Recommended #2**
Users automatically get the IAMUserChangePassword ☑ policy to allow them to change their own password.

都設定完成後我們就右下方點擊 Next (下圖 #3)。

Cancel   **Next** **#3**

再來我們要決定，這個使用者可以擁有什麼樣的權限，此次示範我們將這個使用者定位成一個 Admin 管理員，所以在 Permission Options 這邊請選擇最右邊的 Attach Policies Directory (下圖 #1) 使用現有的 IAM Policy 權限。

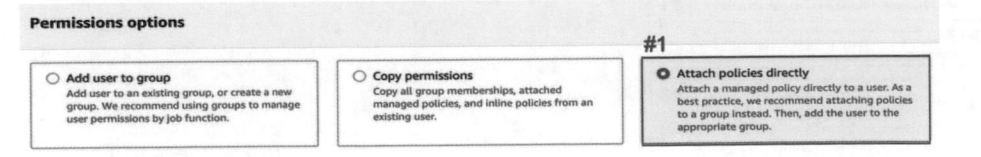

Permissions options

○ **Add user to group**	○ **Copy permissions**	**#1** ● **Attach policies directly**
Add user to an existing group, or create a new group. We recommend using groups to manage user permissions by job function.	Copy all group memberships, attached managed policies, and inline policies from an existing user.	Attach a managed policy directly to a user. As a best practice, we recommend attaching policies to a group instead. Then, add the user to the appropriate group.

接著我們再往下拉來到 Permission Policy，請在搜尋欄位上輸入 Admin (下圖 #1)，之後，我們就會看到 Administrator Access (下圖 #2)，將它打勾後點選最下方的 Next (下圖 #3)。

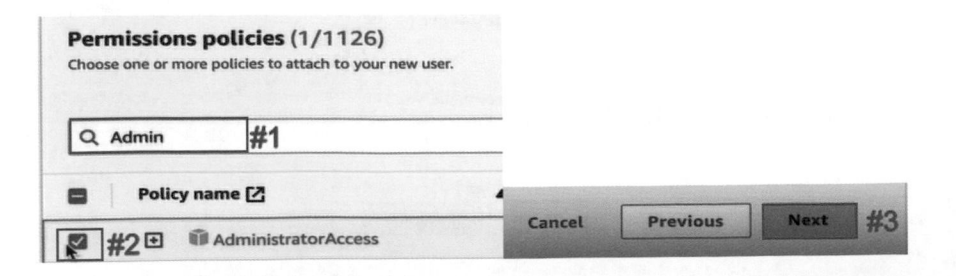

Permissions policies (1/1126)
Choose one or more policies to attach to your new user.

Q Admin   **#1**

☐ **Policy name** ☑

☑ **#2** ⊞ 🗋 AdministratorAccess

Cancel   Previous   Next **#3**

接下來，系統會讓我們再次確認此次設定的資訊，確認沒問題的話，繼續往下拉，點擊 Create User（下圖 #1）。

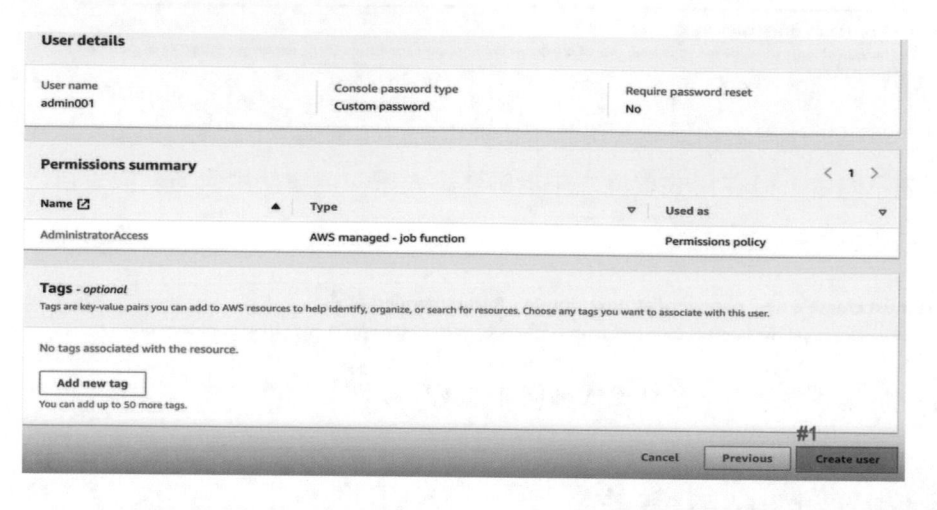

最後，系統會給你看目前的登錄資訊，比如 Sign-in URL（下圖 #1）就是之後可以登錄的路徑，以及剛剛設定的 Username 和 Password（下圖 #2、#3），接著我們點擊 Return to users list（下圖 #4）。

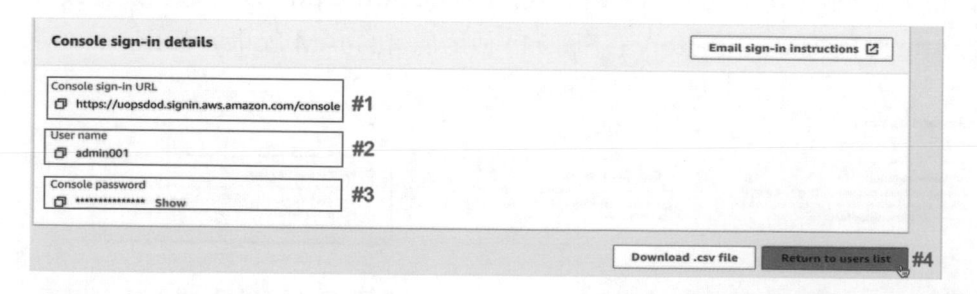

點擊之後，系統會跳出警示訊息提醒你，如果忘記了密碼，將無法成功的登錄這個使用者。我們就點擊 Continue（下圖 #1）即可。

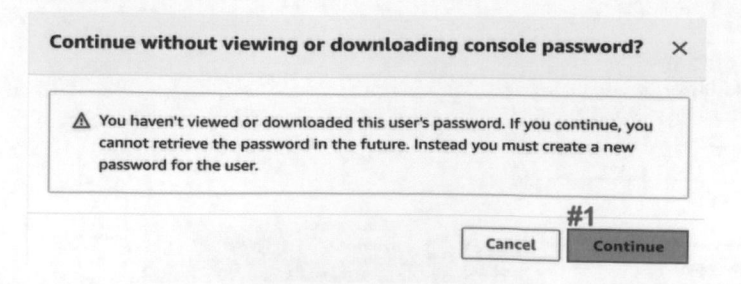

回到 I AM 介面之後，我們可以看到有一個新的使用者 (下圖 #1)，我們就點擊進去確認。

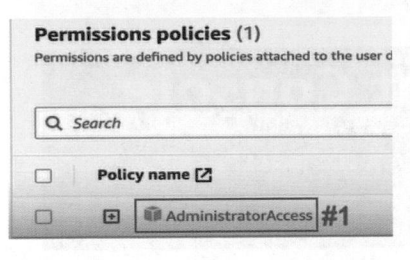

點進去後會看到，在 Permissions 這邊，有一個 Administrator Access 讓這個帳號成為一個具管理權限的使用者 (下圖 #1)。

步驟四：　重新登入

之後我們點擊右上方選單 (下圖 #1)，Sign out 目前這個 Root account (下圖 #2)。

AWS

作者

基礎

VPC
網路

EC2
運算

S3
檔案

RDS
資料庫

IAM
權限

結語

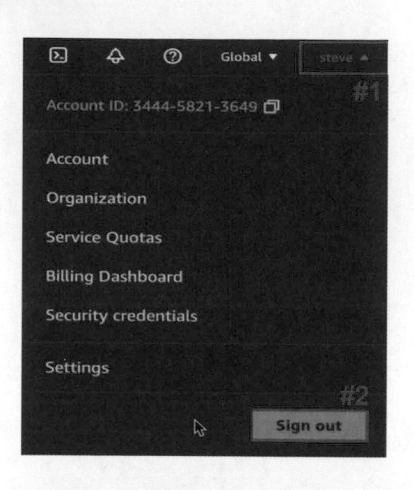

登出之後點擊 Log back in (下圖 #1)。

再來，我們這邊選擇 IAM user 來進行登錄 (下圖 #1)，並輸入你的 Account alias (下圖 #2)，之後點擊 Next(下圖 #3)。

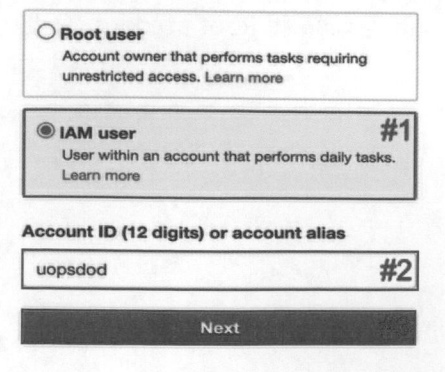

接著輸入你創建的 IAM user 名稱以及密碼 (下圖 #1 #2)，並按下登入 (下圖 #3)。

Sign in as IAM user

Account ID (12 digits) or account alias

uopsdod

IAM user name

admin001   #1

Password

············| #2

☑ Remember this account

Sign in

登錄進去後，就可以在右上角看到現在的使用者是我們新創立的使用者 (下圖 #1)。到這邊我們就完成 Admin IAM User 的建立了。

AWS

作者

基礎

VPC
網路

EC2
運算

S3
檔案

RDS
資料庫

IAM
權限

結語

總結

　　這次我們介紹了 IAM USER 的建立流程，未來老師也建議大家都使用這個 admin001 的帳號去進行任何操作，以避免你的密碼外洩 Root account 被整個拿走，那樣的風險是最大的。

　　下個單元我們就會透過這個 Admin user，去創建更多不同的職責的使用者，那我們下個單元見！

實作示範

IAM User 建立與使用 part 2

大家好，上個單元我們創建了 Admin IAM User，那這個單元我們將藉由 I AM User 去創建更多不同職責的使用者，那我們就開始吧！

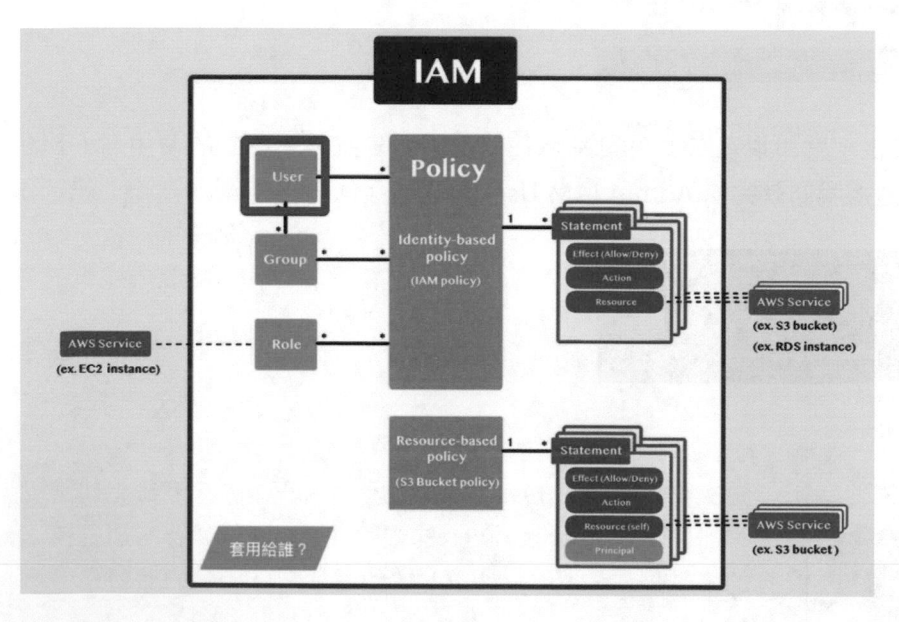

以 Admin user 登入

首先我們先進到登錄介面，我們先使用 admin001（下圖 #1）作為帳號，輸入密碼後點擊 Sign In 登入（下圖 #2）。

Sign in as IAM user

Account ID (12 digits) or account alias

    uopsdod

IAM user name

    admin001   #1

Password

    ••••••••••••

☑ Remember this account

    Sign in

AWS

作者

基礎

VPC
網路

EC2
運算

S3
檔案

RDS
資料庫

IAM
權限

結語

進到 AWS Console 頁面之後，上方搜尋 IAM（下圖 #1），並點擊進去（下圖 #2）。

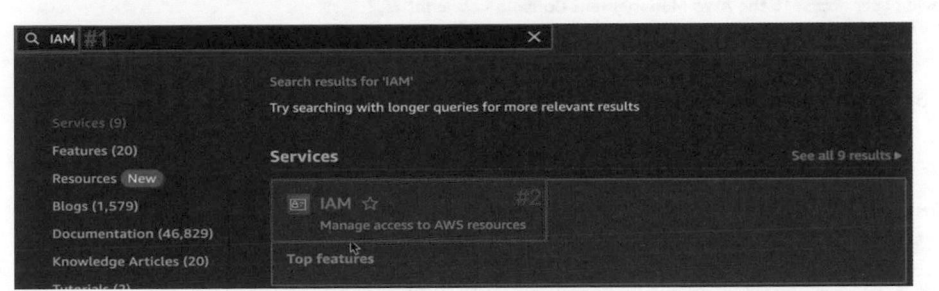

進到 IAM 介面之後，點擊左方的 Users（下圖 #1），再點擊右方的 Add users（下圖 #2）。

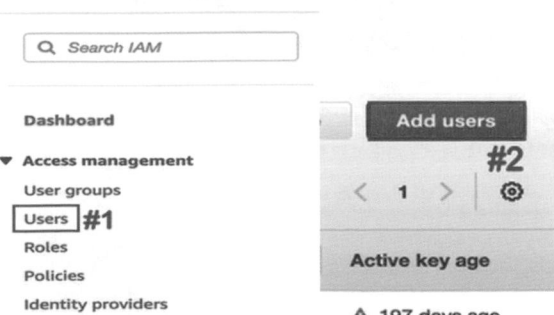

建立 EC2 使用者

再來我們要來創建一個新的 User，這個新的使用者，我們把它定位成可以去使用 EC2 這個服務的開發者，因此我們這邊將名稱設定為 ec2 dev（下圖 #1）。

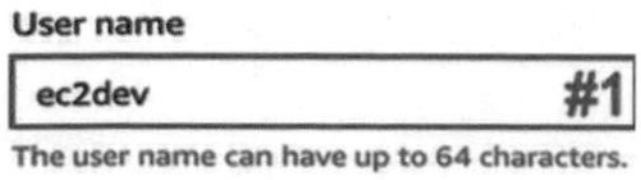

User name

ec2dev #1

The user name can have up to 64 characters.

接著勾選提供 Console 權限（下圖 #2）。

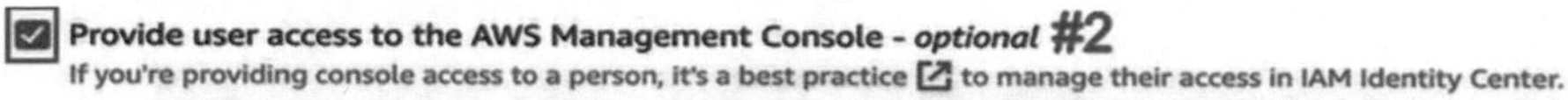

☑ **Provide user access to the AWS Management Console - *optional* #2**

If you're providing console access to a person, it's a best practice ☑ to manage their access in IAM Identity Center.

在 User Type 這邊我們選擇 IAM User（下圖 #3）。

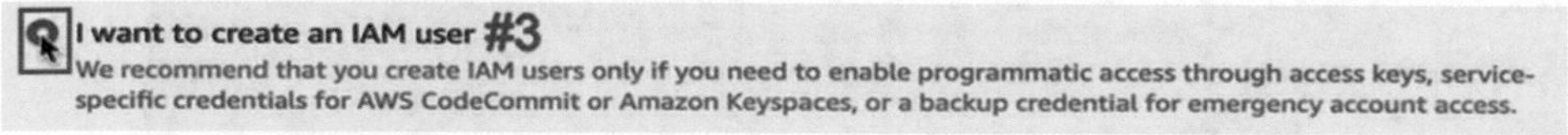

I want to create an IAM user #3

We recommend that you create IAM users only if you need to enable programmatic access through access keys, service-specific credentials for AWS CodeCommit or Amazon Keyspaces, or a backup credential for emergency account access.

接著往下拉，為這個帳號創建一個客製化的密碼（下圖 #1）。

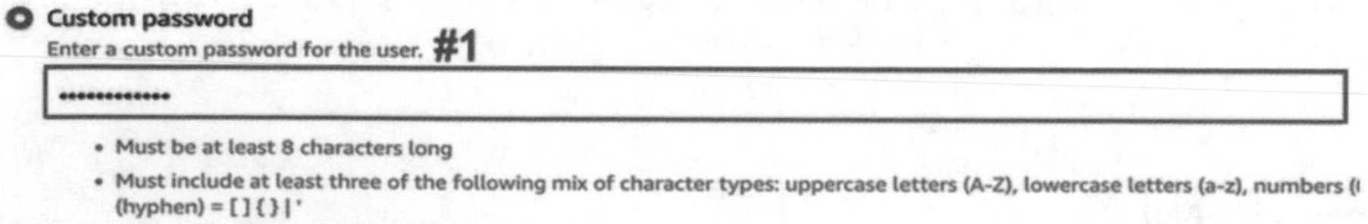

○ **Custom password**

Enter a custom password for the user. #1

••••••••••••

- Must be at least 8 characters long
- Must include at least three of the following mix of character types: uppercase letters (A-Z), lowercase letters (a-z), numbers (((hyphen) = [ ] { } | '

再來取消勾選，讓密碼登入後不用重新設定（下圖 #2）。

☐ **Users must create a new password at next sign-in - Recommended #2**

Users automatically get the IAMUserChangePassword ☑ policy to allow them to change their own password.

都設定好後，點擊右下角的 Next（下圖 #3）。

Cancel　　Next　#3

接下來我們要設定帳號權限的部分，我們選擇 Attach Policies Directly（下圖 #1）。

Permissions options

#1

○ **Add user to group**
Add user to an existing group, or create a new group. We recommend using groups to manage user permissions by job function.

○ **Copy permissions**
Copy all group memberships, attached managed policies, and inline policies from an existing user.

● **Attach policies directly**
Attach a managed policy directly to a user. As a best practice, we recommend attaching policies to a group instead. Then, add the user to the appropriate group.

在 Permission Policy 這邊，我們這邊搜尋 ec2 full（下圖 #1），將 Amazon EC2 Full Access 這個選項打勾（下圖 #2），這樣就會給這個使用者所有需要操作 EC2 所需要的權限。

完成之後，點擊右下角 Next（下圖 #3）。

AWS

作者

基礎

VPC
網路

EC2
運算

S3
檔案

RDS
資料庫

IAM
權限

結語

Cancel　　Previous　　**Next**　#3

接著我們確認一下目前設定的資訊，沒問題的話點擊右下角 Creat user（下圖 #1）。

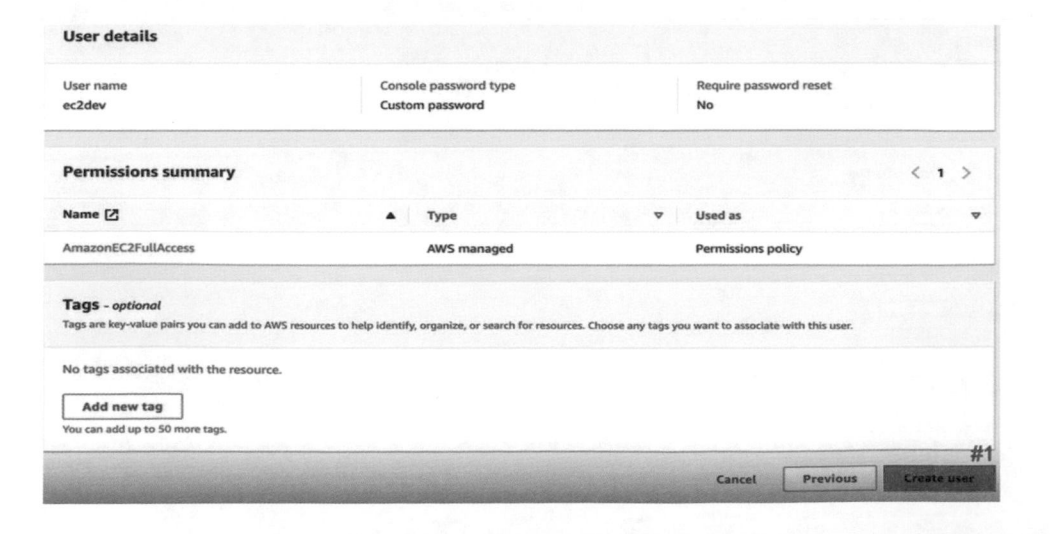

再來可以看到我們的創建登錄資訊，沒有問題的話點擊 Return to Users List (下圖 #1)。

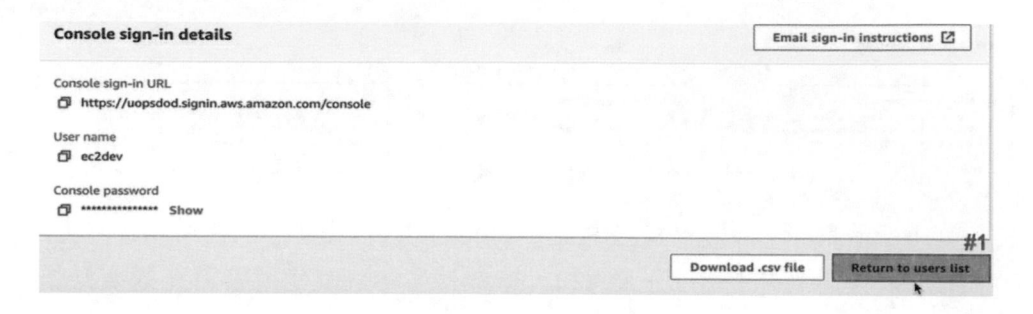

此時系統會跳出警示訊息提醒，如果忘記密碼將無法成功登入使用者，我們就點擊 Continue (下圖 #1)。

好了之後就會看到一個 ec2 dev IAM User 已經創建成功，那我們就點進進去確認 (下圖 #1)。

我們在 Permissions 這區會看到 Amazon EC2 For Access(下圖 #1)。

Permissions policies (1)

Permissions are defined by policies attached to the

Q Search

☐ | **Policy name** [↗]

#1

☐ | ⊞ | 🗊 AmazonEC2FullAccess

確認完之後我們就可以點擊右上方 Admin001 帳號 (下圖 #1)，點擊 Sign Out
(下圖 #2) 登出我們目前的帳號。

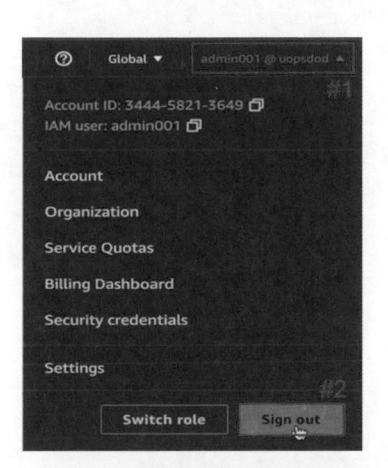

登出之後我們再點擊 Log Back In (下圖 #1)。

AWS Management Console

Everything you need to access and manage the AWS Cloud — in one web interface

Log back in #1

AWS

作者

基礎

VPC
網路

EC2
運算

S3
檔案

RDS
資料庫

IAM
權限

結語

登入測試

到登入畫面之後，這次的 Account Alias 我們維持原樣，IAM User 這邊改成 ec2 dev (下圖 #1)，並輸入密碼 (下圖 #2)，最後按下 Sign In (下圖 #3) 登入。

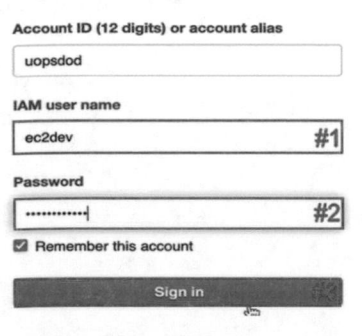

登入進去後便可以看到，右上角有顯示 ec2 dev (下圖 #1) 這個帳號。

接著我們就來看一下這個 ec2 dev 的使用者有什麼樣的權限呢？我們首先上方搜尋 EC2 (下圖 #1)，點擊進去 (下圖 #2)。

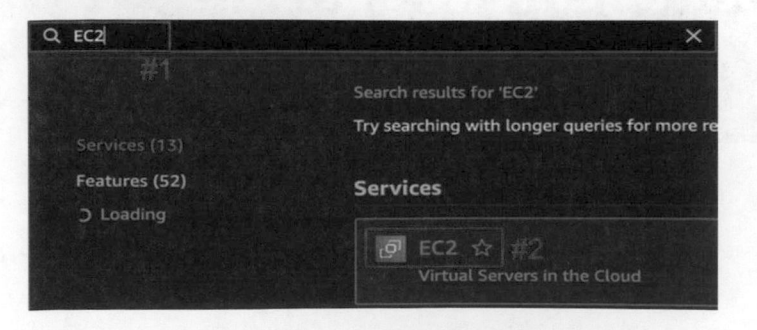

進到 EC2 介面之後，可以看到我們可以去任何的介面都不會有警示符號，比如我們這邊點擊左方的 Instances (下圖 #1)。

AWS

作者

基礎

VPC
網路

EC2
運算

S3
檔案

RDS
資料庫

IAM
權限

結語

EC2 Dashboard

EC2 Global View

Events

▼ **Instances**

Instances #1

我們可以看到所有的畫面都很正常，沒有警示符號。

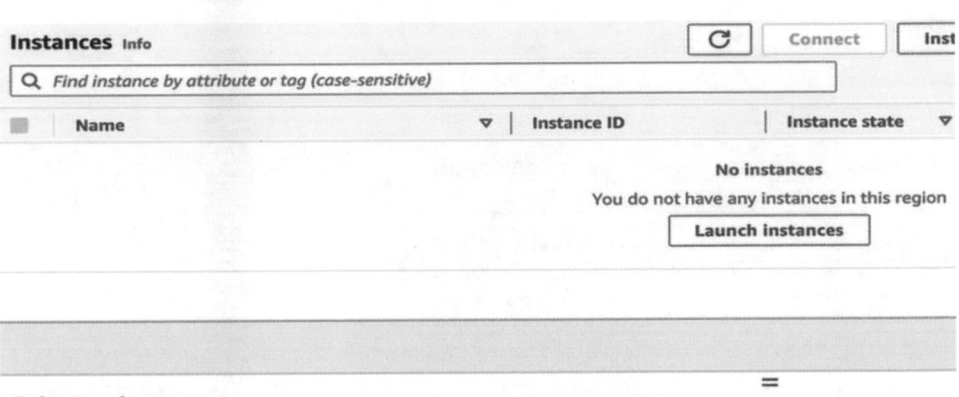

那我們現在來做一個對照組，上方搜尋 S3 這個服務（下圖 #1），點擊進去（下圖 #2）。

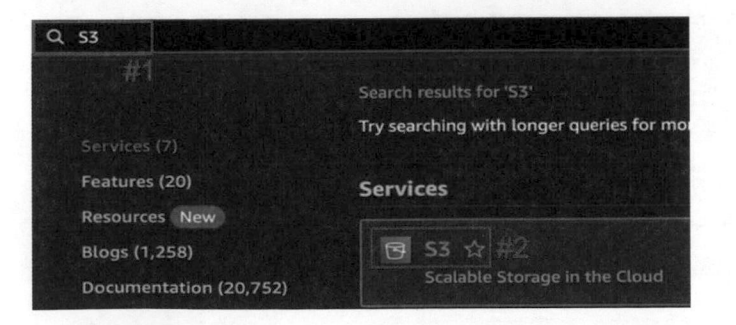

進入之後點擊左方選單（下圖 #1），再來點擊 Buckets（下圖 #2）。

進入後會看到這邊有一個警示符號顯示「你沒有權限去看這些 buckets 的資訊」
(下圖 #3)。

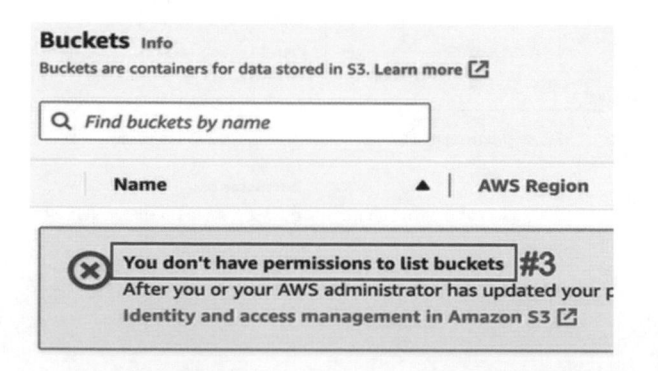

這是因為我們的 ec2 dev 這個使用者只有 EC2 相關的權限,並沒有 S3 的相關
權限,所以這邊才會看到這些警示訊息。

那我們一樣再測試看看第三個服務 I AM,在上方搜尋 I AM (下圖 #1),點擊進
入 (下圖 #2)。

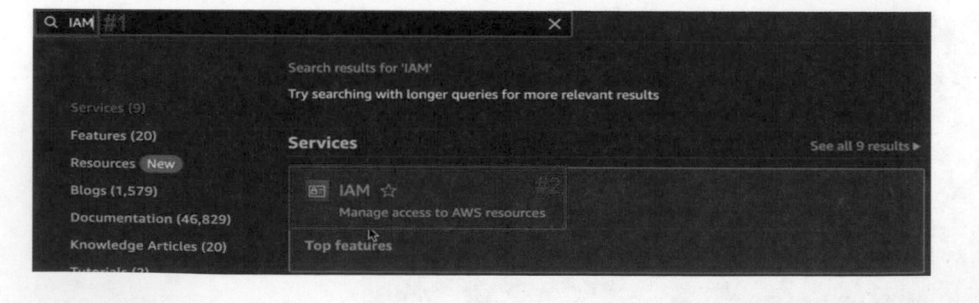

會看到裡面的頁面與我們使用 Account 001 登入的畫面完全不同，有很多 Access Denied 的警示訊息出現 (下圖 #1 #2)，就代表我們這個 ec2 dev 的使用者，並沒有使用 IAM 服務的權限。

AWS

作者

基礎

VPC
網路

EC2
運算

S3
檔案

RDS
資料庫

IAM
權限

結語

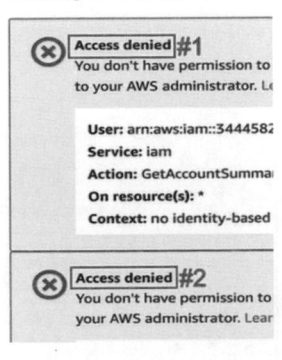

　　到這邊我們成功展示了如何透過更細緻化的管理，去允許或者不允許一個 IAM User 使用特定的 AWS 服務，那下個單元我們將來繼續看到我們該如何使用 IAM Group 來一次管理多個 IAM Users，我們下個單元見！

實作示範

IAM Group 建立與使用

大家好！今天的單元我們將介紹 IAM Group 的使用方式，我們將利用 IAM Group 來一次管理多個 IAM Users，這樣我們就不用每次都重新設定每個帳號的權限了，那我們就開始吧！

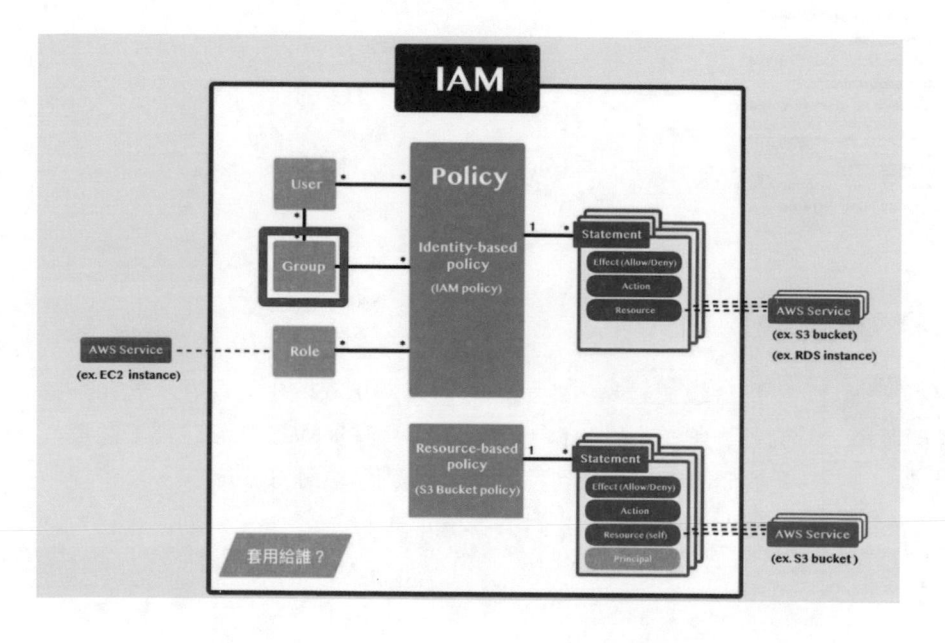

以 Admin user 登入

首先我們要先使用 admin001（下圖 #1）這個使用者進行登入，請輸入密碼（下圖 #2），之後點擊 Sign in（下圖 #3）。

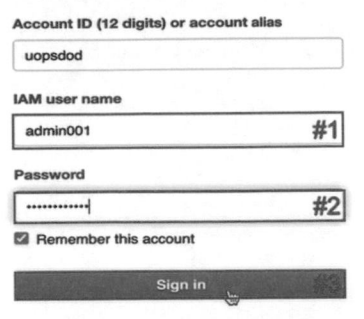

Sign in as IAM user

Account ID (12 digits) or account alias

uopsdod

IAM user name

admin001   #1

Password

••••••••••••   #2

☑ Remember this account

Sign in

AWS

作者

基礎

VPC
網路

EC2
運算

S3
檔案

RDS
資料庫

IAM
權限

結語

創建 User group

登入完成後，我們於上方搜尋 IAM (下圖 #1)，並點擊進去 (下圖 #2)。

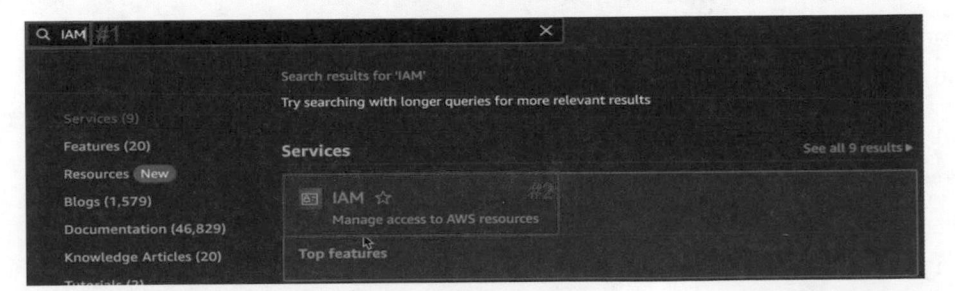

進到 IAM 介面後，我們點擊左方的 Users (下圖 #1)，並點擊右方的 Add Users (下圖 #2)，來創建一個新的使用者。

Identity and Access Management (IAM) ✕

🔍 Search IAM

Dashboard

▼ **Access management**

　　User groups

　　Users #1

　　Roles

　　Policies

　　Identity providers

　　Account settings

Add users

#2

< 1 > | ⚙

Active key age

⚠ 197 days ago

這次的使用者名稱，我們將它設定為 rdsdev（下圖 #1），將這個使用者定義成可以使用 AWS RDS 資料庫服務的使用者。

User name

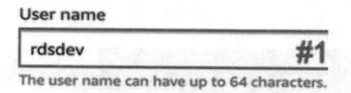

The user name can have up to 64 characters.

接著我們勾選提供 Console（下圖 #2）權限。

☑ **Provide user access to the AWS Management Console** - *optional* #2
If you're providing console access to a person, it's a best practice 🔗 to manage their access in IAM Identity Center.

User Type 這邊選擇 Create an IAM user（下圖 #3）。

🔍 **I want to create an IAM user** #3
We recommend that you create IAM users only if you need to enable programmatic access through access keys, service-specific credentials for AWS CodeCommit or Amazon Keyspaces, or a backup credential for emergency account access.

往下拉，選擇客製化創建一個密碼（下圖 #1）。

◉ **Custom password**
Enter a custom password for the user. #1

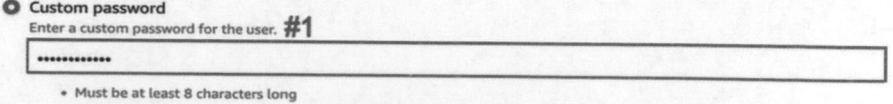

- Must be at least 8 characters long
- Must include at least three of the following mix of character types: uppercase letters (A-Z), lowercase letters (a-z), numbers (0 (hyphen) = [ ] { } | '

下方取消勾選（下圖 #2），讓使用者不須重設新的密碼。

☐ **Users must create a new password at next sign-in - Recommended #2**
   Users automatically get the IAMUserChangePassword ☐ policy to allow them to change their own password.

完成之後，點擊下方 Next（下圖 #3）。

Cancel   **Next** **#3**

接著是權限的部分，我們點擊 Attach Policies Directory（下圖 #1）。

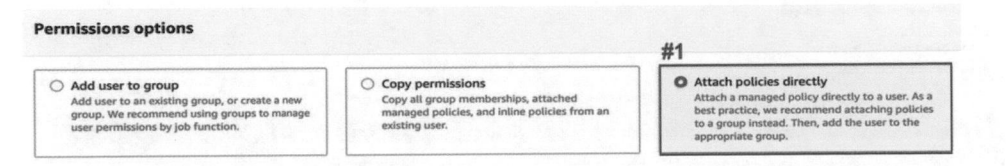

之後下拉 Permission Policies 這邊，我們搜尋 rdsfull（下圖 #1），便會看到 Amazon RDS Full Access（下圖 #2），將它勾選。

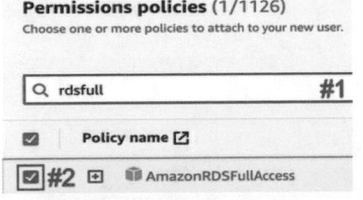

完成之後，點擊 Next（下圖 #3）

Cancel   Previous   **Next** **#3**

接著我們再確認一下目前的創建資訊，沒問題的話，點擊 Create User（下圖 #1）。

AWS
作者
基礎
VPC
網路
EC2
運算
S3
檔案
RDS
資料庫
IAM
權限
結語

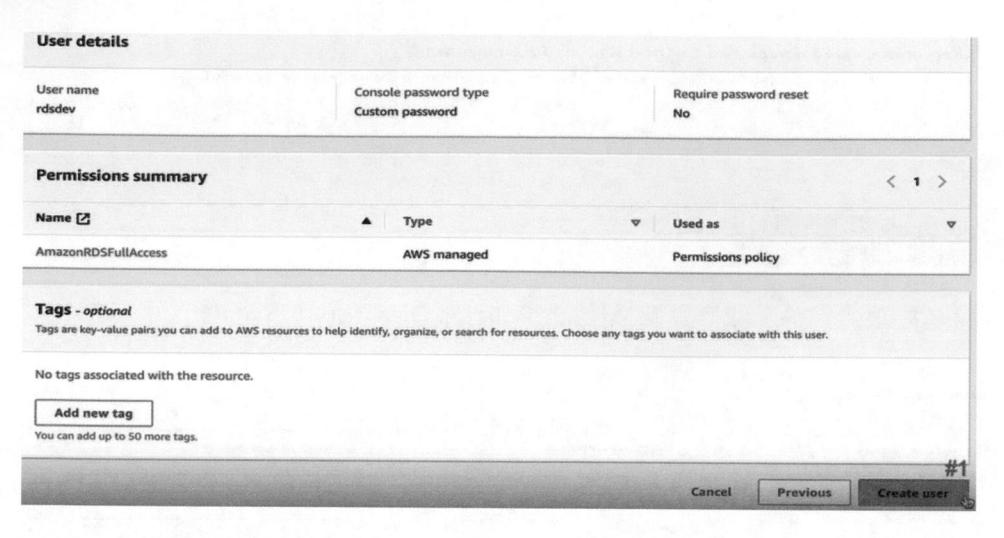

再來我們會看到登入資訊的部分，確認過後，點擊 Return to Users List（下圖 #1）。

這時系統會跳出警示符號，提醒我們要記住這個密碼，我們點擊 Continue（下圖 #1）。

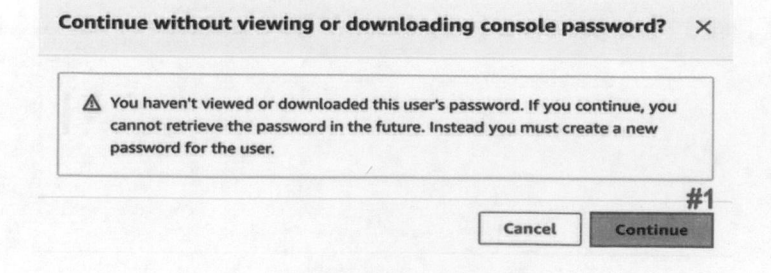

完成之後,就會看到我們的 rdsdev(下圖 #1),這個使用者已經成功創建,我
們點擊進去。

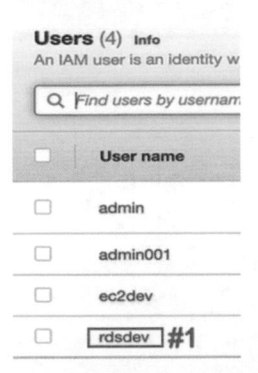

AWS

作者

基礎

VPC
網路

EC2
運算

S3
檔案

RDS
資料庫

IAM
權限

結語

進來後會看到在 Permissions 這邊,有我們的 Amazon RDS Full Access(下圖
#1)。

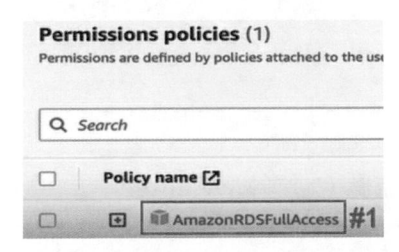

創建 User Groups

接下來我們點擊左方 User Groups(下圖 #1),進去後選擇右方 Create Group(
下圖 #2)。

群組名稱我們將它設為 s3 group ，代表所有在這個 Group 的 IAM User 都可以擁有 S3 的使用權限。

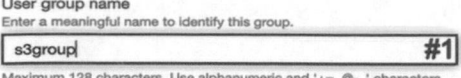

接著往下看，我們將之前所創建的 ec2 dev（下圖 #1）以及 rdsdev（下圖 #2）打勾放到這個 Group 之中，因為這兩個開發者都會使用到 S3 這項服務。

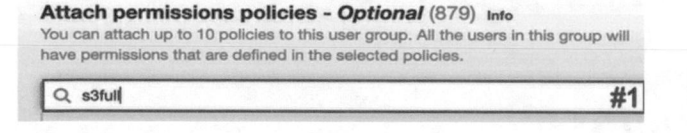

完成後下拉，Permissions 這邊我們搜尋 s3 full（下圖 #1）並點擊 Enter。

接著會看到 Amazon S3 Full Access（下圖 #2），將它勾選。

最後點擊 Create Group（下圖 #3）。

我們便會看到 s3 group 成功創建，我們可以點進去確認 (下圖 #1)。

進去後會看到這邊有兩個使用者 rdsdev and ec2 dev (下圖 #1 #2)。

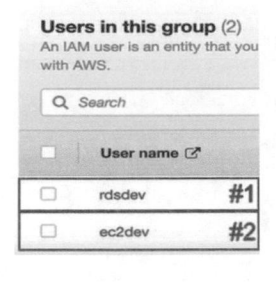

再來點擊 Permissions (下圖 #1)，可以看到這個 Group 所擁有的權限是 Amazon S3 Full Access (下圖 #2)。

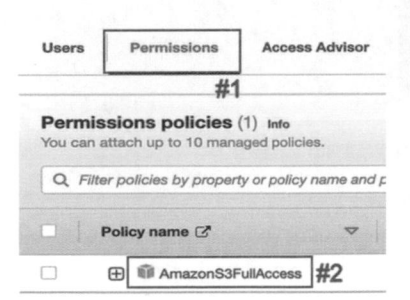

AWS

作者

基礎

VPC
網路

EC2
運算

S3
檔案

RDS
資料庫

IAM
權限

結語

登入測試

都完成之後，我們要登出我們目前的 Admin001 帳號，我們點擊右上 (下圖 #1)，再點擊 Sign Out (下圖 #2)。

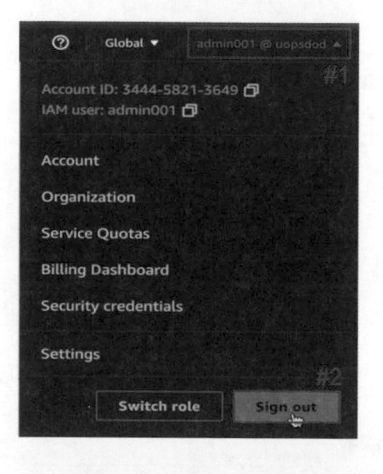

登出之後，點擊 Log Back In (下圖 #1)。

接著我們要登入剛剛所套用的使用者，我們首先輸入使用者名稱 rdsdev (下圖 #1)，輸入密碼 (下圖 #2)，並點擊 Sign In (下圖 #3)。

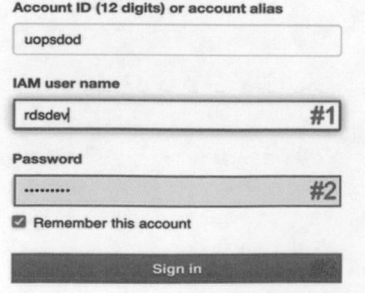

接著我們要來驗證一下目前的 rdsdev 使用者有沒有 S3 的使用權限，我們於上方搜尋 S3 (下圖 #1)，並點擊進入 (下圖 #2)。

進入後我們可以成功看到 S3 的相關畫面 (如下圖)，也代表我們成功的利用了 IAM Group 去賦予這個 Group 之中，所有使用者的 S3 相關權限。

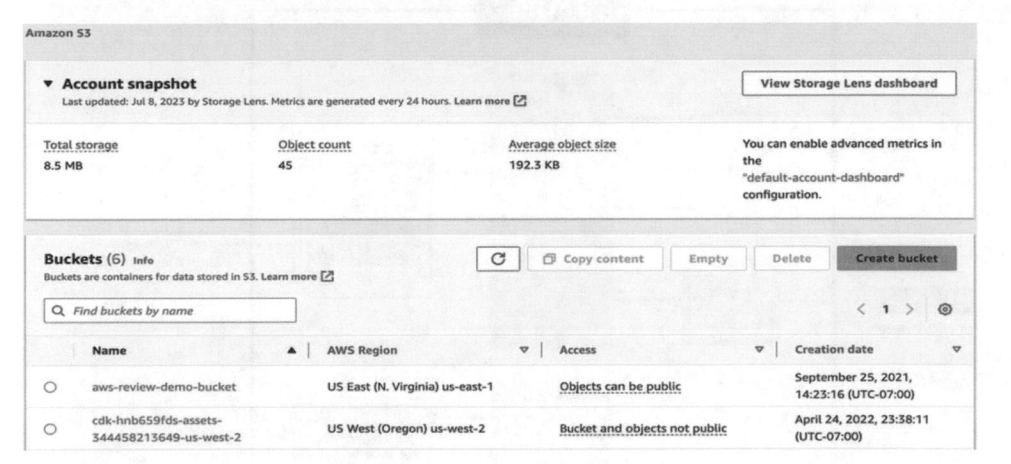

AWS

作者

基礎

VPC
網路

EC2
運算

S3
檔案

RDS
資料庫

IAM
權限

結語

小結

透過 IAM Group 的方式，我們就不用一個一個的將每一個 IAM User 都設定權限，也讓我們在管理上更加便利也更加直觀。下個單元，我們將繼續看到 IAM User 的使用示範，本單元就先到這邊結束，我們下次見！

IAM Role 建立與使用

大家好，在這個單元我們將來看到 IAM Role 的使用方式，IAM Role 讓我們有一個方法將其他的 AWS 服務放進到 IAM 服務的領域之中，我們可以透過這個方式，去擬人化另外一個 AWS 服務並藉此給予相關的權限來進行管理。那我們就開始吧！

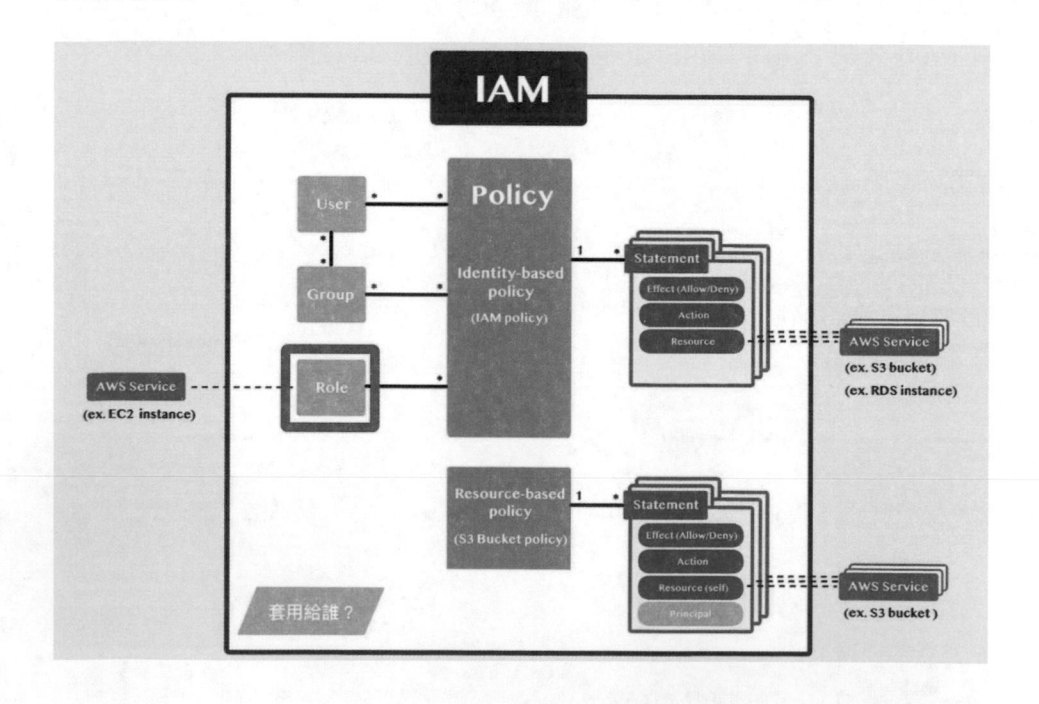

以 Admin user 登入

首先我們要先使用 admin001 (下圖 #1) 這個使用者進行登入，請輸入密碼 (下圖 #2)，之後點擊 Sign in (下圖 #3)。

進去之後，我們於上方搜尋 IAM（下圖 #1），並點擊過去（下圖 #2）。

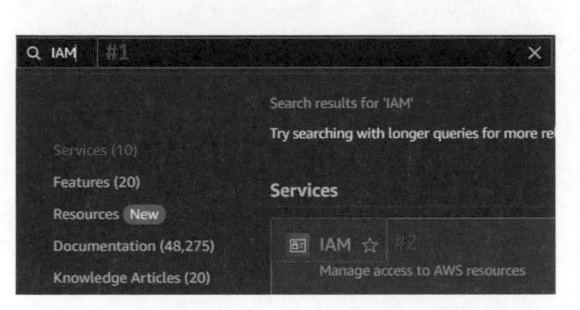

進到 IAM 介面後，點擊左方的 Roles（下圖 #1），再點擊右方的 Create Role（下圖 #2）。

▼ Access management

   User groups

   Users

   | Roles | #1

                                       #2

                  Delete   **Create role**

首先要選擇的是 Trusted Entity Type，這邊我們選擇 AWS Service（下圖 #1）。
因為我們的目標是允許一台 EC2 去使用其他的相關權限。

Select trusted entity ᴵʳ

Trusted entity type

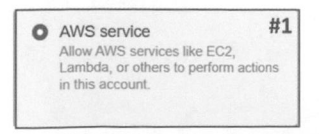

AWS

作者

基礎

VPC
網路

EC2
運算

S3
檔案

RDS
資料庫

IAM
權限

結語

下方我們選擇 EC2 (下圖 #2)，此外你也會看到下方還有許多選擇，比如說 Lambda 或者 AWS 的其他服務，都可以透過這個方式去對他們進行相關的 IAM 權限設定。

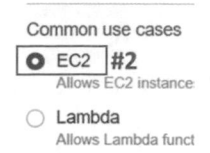

好了之後我們就點擊 Next (下圖 #3)。

再來是 Permissions 這邊我們搜尋 s3 full (下圖 #1)，按下 Enter。

我們便會看到 AmazonS3 FullAccess ，將它打勾 (下圖 #2)，代表我要給這個 EC2 Instance ，S3 服務的權限。

好了之後點擊 Next (下圖紅框處)。

接下來我們要設定一個 Role 名稱，我們設為 ec2 role-s3 fullaccess (下圖 #1)，下方 Description 也一樣即可 (下圖 #2)。

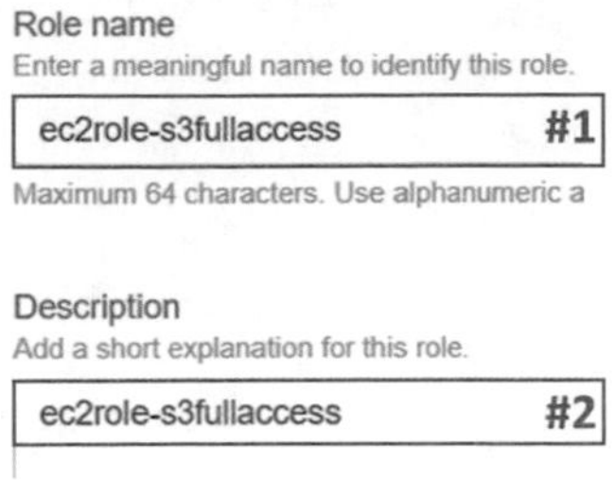

AWS

作者

基礎

VPC
網路

EC2
運算

S3
檔案

RDS
資料庫

IAM
權限

結語

Role name
Enter a meaningful name to identify this role.

ec2role-s3fullaccess   #1

Maximum 64 characters. Use alphanumeric a

Description
Add a short explanation for this role.

ec2role-s3fullaccess   #2

之後下拉，我們會看到 Select Trusted Entities（下圖 #1），這邊是去管理誰可
以去使用這個 IAM Role，這邊的 Principal（下圖 #2），代表我們允許了 ec2 .
Amazon.com（下圖 #3），換句話說，也就是我們允許所有的 EC2 Instances 可
以使用這個 IAM Role。

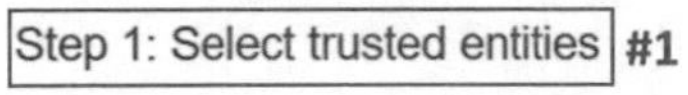

Step 1: Select trusted entities #1

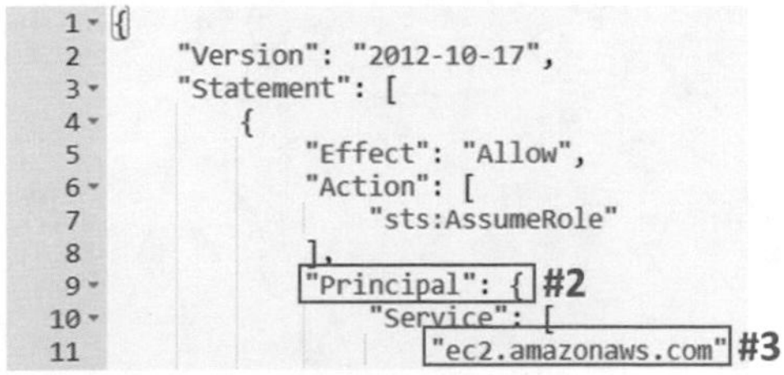

```
1 ▾ {
2         "Version": "2012-10-17",
3 ▾     "Statement": [
4 ▾         {
5               "Effect": "Allow",
6 ▾             "Action": [
7                   "sts:AssumeRole"
8             ],
9 ▾         "Principal": { #2
10 ▾           "Service": [
11                   "ec2.amazonaws.com" #3
```

確認完後往下，一樣確認一下在 Permissions 這邊顯示的是我們加上的
Amazon S3 Full Access（下圖 #1）。

Permissions policy summary

Policy name ↗

AmazonS3FullAccess #1

完成之後點擊 Create Role（下圖 #1）。

                              #1
Cancel   Previous   Create role

接著我們搜尋 ec2 role-s3 fullaccess (下圖 #1)，可以看到它已經創建成功，那我們點進去確認 (下圖 #2)。

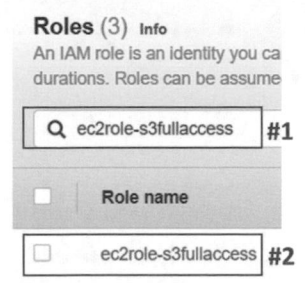

進來後會看到在 Permissions 這邊，已經有顯示 AmazonS3 FullAccess (下圖 #1)。

之後點擊 Trusted relationships (下圖 #1)，可以看到我們已經成功允許 ec2 . amazon.com (下圖 #2) 讓所有 EC2 Instances 可以使用這個 IAM Role。

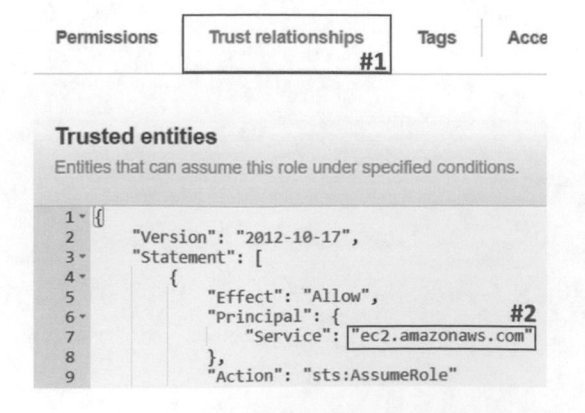

AWS

作者

基礎

VPC
網路

EC2
運算

S3
檔案

RDS
資料庫

IAM
權限

結語

測試環境設定

都完成之後，我們於上方搜尋 VPC (下圖 #1)，並點擊過去 (下圖 #2)。

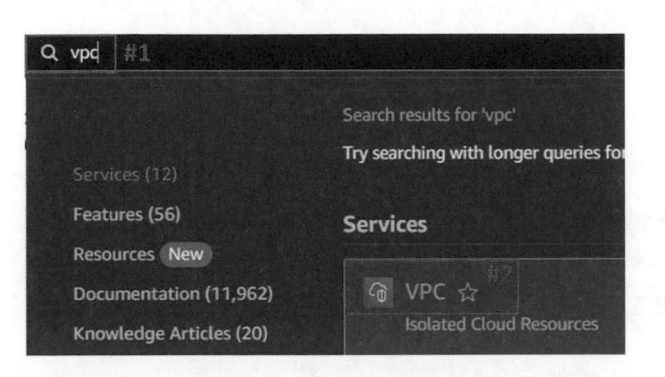

接著我們要來創建一個新的 VPC 讓我們之後的 EC2 可以放在裡面，我們上方
點擊 Create VPC (下圖 #1)。

名稱這邊我們設為 iam-demo (下圖 #1)。

Name tag auto-generation Info
Enter a value for the Name tag. This value will be used to auto-generate Name
tags for all resources in the VPC.

☑ Auto-generate

iam-demo	#1

再往下拉，其他選項照預設即可，我們這次的主要目的是去拿到一個 Public
Subnet (下圖 #2) 即可。

#2
Number of public subnets Info
The number of public subnets to add to your VPC. Use public subnets for web
applications that need to be publicly accessible over the internet.

0	2

那我們就繼續下拉，點擊 Create VPC (下圖 #3)。

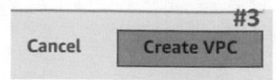

完成之後，選擇 View VPC (下圖 #1)。

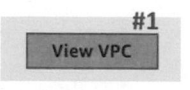

完成後便可以看到我們的 iam-demo-vpc 創建成功 (下圖 #1)。

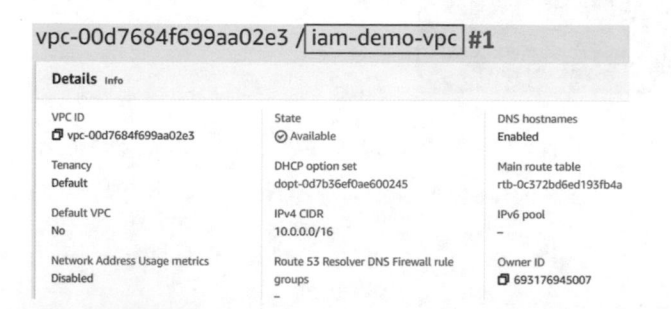

之後我們上方搜尋 EC2 (下圖 #1)，點擊進去 (下圖 #2)。

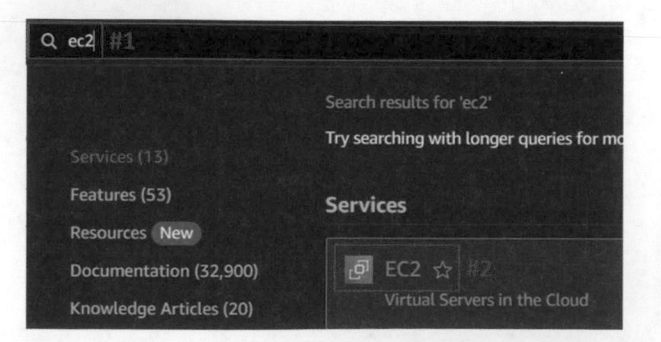

進到 EC2 介面之後，點擊左方的 Instances (下圖 #1)，再點擊 Launch Instance (下圖 #2)。

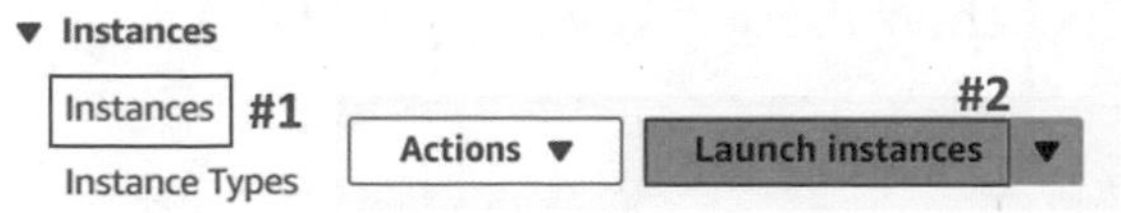

AWS

作者

基礎

VPC
網路

EC2
運算

S3
檔案

RDS
資料庫

IAM
權限

結語

▼ Instances

| Instances | #1

Instance Types

Actions ▼   Launch instances ▼   #2

首先我們將名稱設定為 iam-demo-ec2 (下圖 #1)。

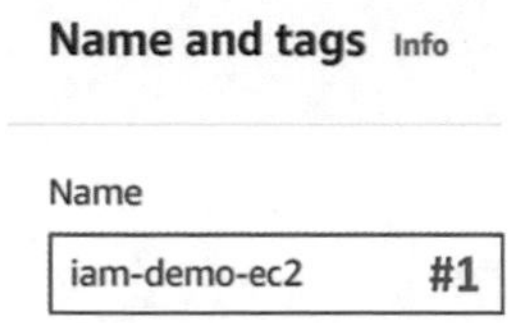

Name and tags Info

Name

| iam-demo-ec2   #1 |

往下在 OS Operating System 作業系統這邊，我們選擇 Amazon Linux (下圖 #2) 預設即可。

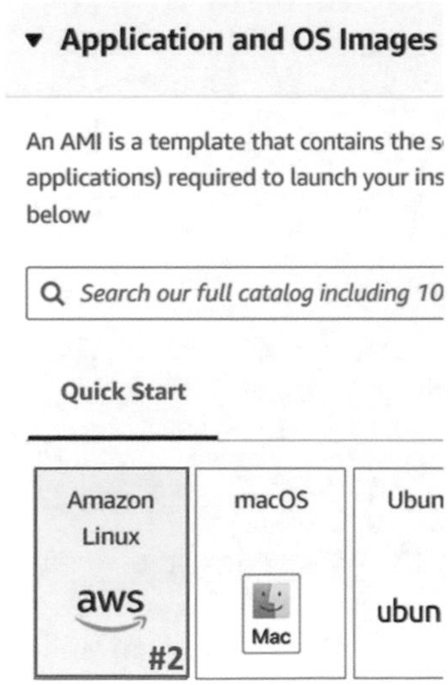

▼ **Application and OS Images**

An AMI is a template that contains the s
applications) required to launch your ins
below

🔍 Search our full catalog including 10

Quick Start

| Amazon Linux   aws   #2 | macOS   Mac | Ubun   ubun |

Instance Type (下圖 #3) 這邊預設即可。

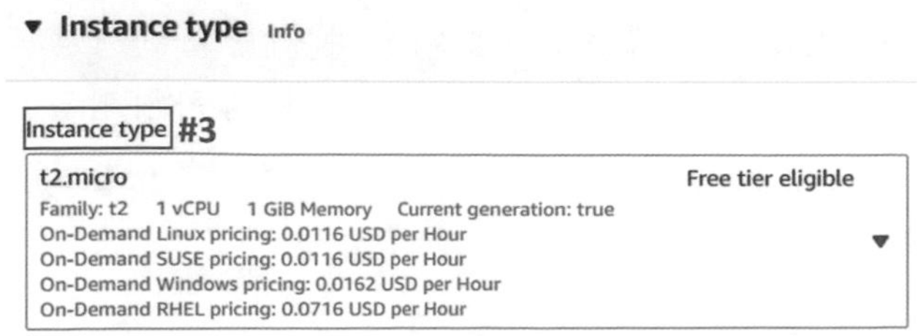

▼ **Instance type** Info

| Instance type | #3

t2.micro   Free tier eligible
Family: t2   1 vCPU   1 GiB Memory   Current generation: true
On-Demand Linux pricing: 0.0116 USD per Hour
On-Demand SUSE pricing: 0.0116 USD per Hour   ▼
On-Demand Windows pricing: 0.0162 USD per Hour
On-Demand RHEL pricing: 0.0716 USD per Hour

Key pair 這邊，我們選擇不需要 Proceed Without a key pair（下圖 #4）。

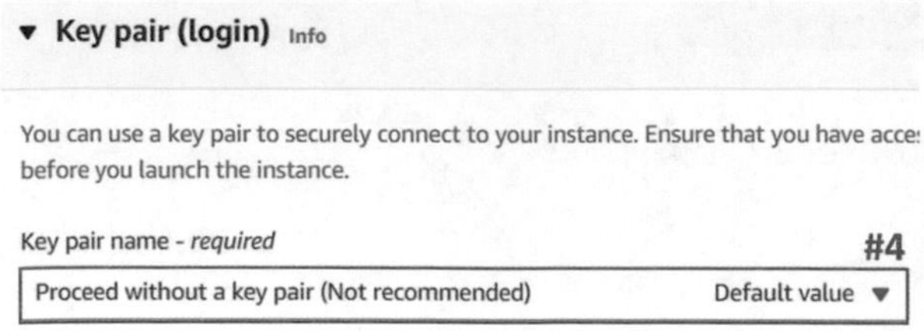

▼ **Key pair (login)**　Info

You can use a key pair to securely connect to your instance. Ensure that you have acce:
before you launch the instance.

Key pair name - *required*　　　　　　　　　　　　　　**#4**

Proceed without a key pair (Not recommended)	Default value ▼

接下來，網路設定這邊點擊 Edit（下圖 #1）。

#1

▼ **Network settings**　Info　　　　　　　　　[Edit]

選擇我們剛剛所創建的，iam-demo-vpc（下圖 #2）。

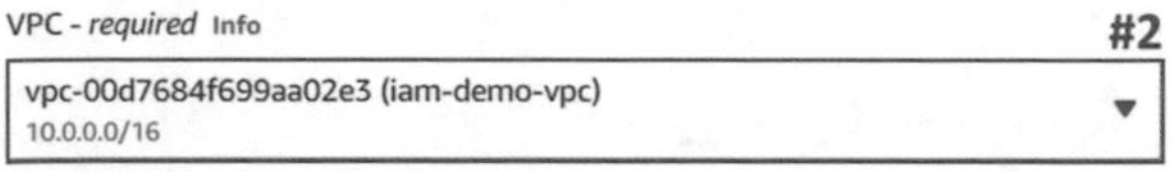

VPC - *required*　Info　　　　　　　　　　　　　　**#2**

vpc-00d7684f699aa02e3 (iam-demo-vpc) 10.0.0.0/16	▼

接下來要選擇 Public Subnet，我們可以打上 public 稍微過濾一下，這次我們
選擇第一個（下圖 #3）。

Subnet Info　　　　　　　　　　　　　　　　　　**#3**

subnet-02522609534d2066b　　　iam-demo-subnet-public2-us-east-2b VPC: vpc-00d7684f699aa02e3　Owner: 693176945007 Availability Zone: us-east-2b　IP addresses available: 4091　CIDR: 10.0.16.0/20)	▼

再來是 Enable Public IP，我們選擇 Enable（下圖 #4）透過這個方式，我們才
可以成功透過 Console 的方式進到我們的 EC2。

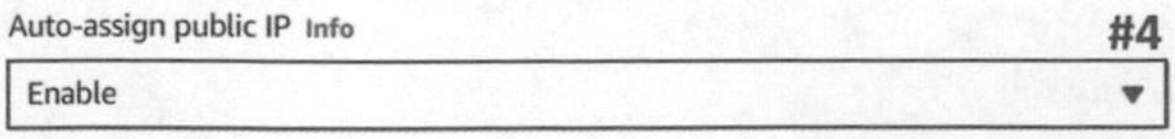

Auto-assign public IP　Info　　　　　　　　　　　**#4**

Enable	▼

接著繼續下拉，展開 Advanced Details 的區塊（下圖 #1），我們會看到這邊其
中有一欄 IAM Instance Profile（下圖 #2），將它點開，並且點擊我們剛剛所創
建的 ec2 role-s3 fullaccess（下圖 #3）這個 IAM Role，透過這個方式，未來這
台 EC2 Instance 就會使用這個 IAM Role 去獲得 S3 的使用權限。

AWS

作者

基礎

VPC
網路

EC2
運算

S3
檔案

RDS
資料庫

IAM
權限

結語

▼ Advanced details Info #1

Purchasing option Info
☐ Request Spot Instances

Domain join directory Info
Select ▼

IAM instance profile Info
Select #2 ▼

IAM instance profile Info

ec2role-s3fullaccess
arn:aws:iam::693176945007:instance-profile/ec2role-s3fullaccess #3 ▼

都完成之後，我們點擊左方的 Launch Instance（下圖 #1）。

#1
Cancel Launch instance

Review commands

指令設定

完成之後，點擊我們的 Instances（下圖 #1）。

EC2 > Instances > Launch an instance

會看到目前的狀態在 Pending（下圖 #1），那我們就稍等大約一分鐘，狀態就會
變成 Running（下圖 #2）。

接著勾選我們的 Instance (下圖 #1)。

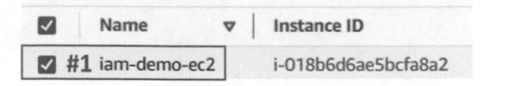

再點擊 Connect (下圖 #2)。

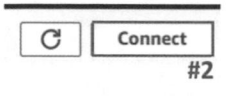

選擇 EC2 Instance Connect (下圖 #1)，選擇 Connect (下圖 #2)。

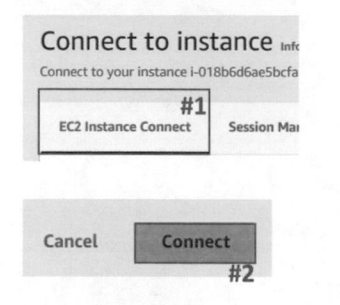

進去之後，我們稍微整理一下畫面，先點選右下的叉叉 (下圖 #1)，再輸入
Clear (下圖 #2)，並按下 Enter 清空目前的畫面。

接著我們就要開始利用 AWS 的相關指令，去進行 S3 的操作，我們首先使用
S3 API 的指令，打上 aws s3 api list-buckets (下圖 #1)，來看一下目前我們
所擁有的 Buckets 有哪些，如果成功我們就可以看到一個清單，代表我們這台
EC2 已經成功拿到了 S3 的相關權限，那我們就 Enter 執行。

AWS

作者

基礎

VPC
網路

EC2
運算

S3
檔案

RDS
資料庫

IAM
權限

結語

```
[ec2-user@ip-10-0-21-22 ~]$ aws s3api list-buckets
```
#1

我們會看到一堆列表 (下圖 #1)，列表的內容不用在意，是老師之前測試所創建的 S3 Buckets。不過這邊就可以成功展示了我們的這台 EC2 是可以成功的使用 S3 這個服務進行互動的，接著我們打上 Clear (下圖 #2) 清空畫面。

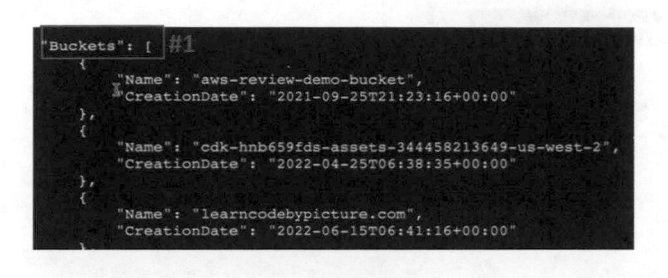

```
[ec2-user@ip-10-0-21-22 ~]$ clear
```
#2

接著我們繼續來看一下其他的指令，我們在 AWS 這列按兩次上，會獲得剛剛的 list buckets 這個指令，然後我們加上一個水管號以及 greb，再放上我們待會要創建的 S3 Bucket 名稱 my-iam-role-demo-bucket0，這邊特別注意，由於 S3 Bucket 名稱不可跟別人重複，所以可以在後面加上一些亂數，比如說這邊的 0。

好了之後，最後執行的完整指令為 aws s3 api list-buckets | grep my-iam-role-demo-bucket0 (如下圖)。

```
aws s3api list-buckets | grep my-iam-role-demo-bucket0
```

因為我們還沒有創建所以會先看到是空的 (如下圖)，是正常的。

```
[ec2-user@ip-10-0-21-22 ~]$
```

那麼我們接著打上 aws s3 api create-bucket (下圖 #1)，我們要來展示我們這台 EC2 Instance 不只有讀取的權限也有創建寫入 S3 的權限。

```
                                                            #1
[ec2-user@ip-10-0-21-22 ~]$ aws s3api create-bucket
```

好了之後加上更多的指令參數 --bucket 並給它取個名稱我們設為 my-iam-
role-demo-bucket0 (下圖 #2)。

```
                                   #2
--bucket my-iam-role-demo-bucket0
```

再來我們要指定它的 Region，我們將它設在 US West 2 (下圖 #3)，再根
據 AWS 文件需求我們還需要放上另外兩樣參數分別是 --create-bucket-
configuration (下圖 #4) 以及 Location Constraint (下圖 #5) 一樣要指定在
=us-west-2 。好了之後，最後執行。此段完整指令為：aws s3 api create-
bucket --bucket my-iam-role-demo-bucket0 --region us-west-2 --create-
bucket-configuration LocationConstraint=us-west-2

```
        #3                    #4                      #5
--region us-west-2 --create-bucket-configuration LocationConstraint=us-west-2
```

注意不同的 AWS 指令有不同的參數需求我們不可能全部記起來，所以只要在
需要的時候去查詢文件，快速了解一下放上相對應的參數即可。

完成之後，一樣點兩下向上，會看到剛剛我們執行的 list-buckets 指令 (下
圖 #1)，我們按下 Enter，就可以看到我們所創建的 Bucket 出現在這邊 (下圖
#2)，也代表我們創建成功。

好了之後，我們先輸入 clear (下圖 #1) 清空畫面。

```
                                    #1
[ec2-user@ip-10-0-21-22 ~]$ clear
```

剛剛我們展示完了，列出以及創建 S3 Bucket 的相關指令。我們接著來看到如何去列出以及創建 S3 Object 的相關指令，那我們首先打上 aws s3 api 這次我們要用的是 list-objects-v2（下圖 #1）好了之後 --Bucket 指定我們的 Bucket 名稱 my-iam-role-demo-bucket0（下圖 #2）再按下 Enter ，完整指令為：aws s3 api list-objects-v2 --bucket my-iam-role-demo-bucket0。我們會看到目前是空的（下圖 #3），因為我們還沒有放任何的 Object 進去。

再來我們來創建一些 dummy file 打上 touch 這個指令並給它一個檔案名稱 test_file_001（下圖 #4），之後 Enter，完成之後，我們本地就會有這個 TestFile001 可以使用，完整指令為：touch test_file_001 .txt。

後面我們打上 aws s3 api 以及指令 put-object（下圖 #5），接著指定我們的 bucket my-iam-role-demo-bucket（下圖 #6），再打上 -- Key 指定我們的 Object 路徑，我們直接放上檔案名稱 test_file_001 即可（下圖 #7），完成後，打上 -- Body 指定我們要上傳的檔案，也就是我們的 test_file_001 這個檔案（下圖 #8），最後按下 Enter，完整指令為：aws s3 api put-object --bucket my-iam-role-demo-bucket0 --key test_file_001 .txt --body test_file_001 .txt 。

完成之後，我們雙擊向上，會看到我們剛剛的 list-objects 指令（下圖 #9），按下 Enter 就會成功看到我們的檔案已經成功上傳上去了（下圖 #10），這樣我們就成功驗證了我們的 EC2 Instance 已經有權限進行 S3 服務圖取以及寫入的相關操作。

AWS
作者
基礎
VPC
網路
EC2
運算
S3
檔案
RDS
資料庫
IAM
權限
結語

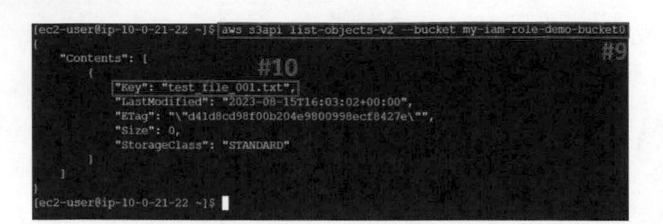

指令驗證

指令設定完成後，我們上方搜尋 S3 (下圖 #1)，右鍵選擇開啟另個新分頁進入 (下圖 #2)。

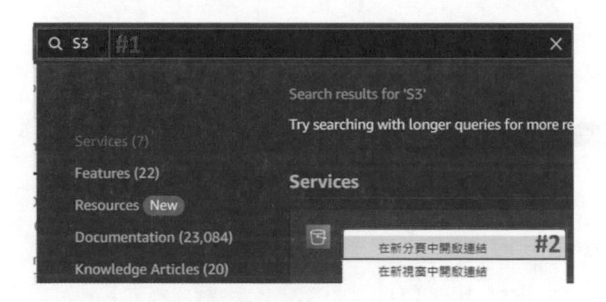

進入後點擊左側 Bucket (下圖 #1)。

Amazon S3

Buckets #1

Access Points

接著搜尋我們剛剛所創建的 my-iam-role-demo-bucket0 (下圖 #2)，並點擊進去 (下圖 #3)。

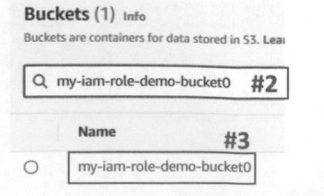

進入後會看到我們剛剛在 EC2 Instance 裡面所上傳的 test_file_001 這個檔案 (下圖 #1)。

最後我們回到 EC2 頁面 (下圖 #1)，點擊我們的 Instances (下圖 #2)。

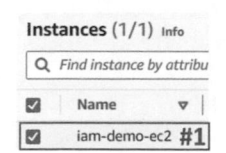

再勾選 iam-demo-ec2 Instance (下圖 #1)。

下拉，看到 IAM Role 這邊，會顯示已成功獲得 ec2 role-s3 fullaccess 權限 (下圖 #2)。

IAM Role   #2
ec2role-s3fullaccess

AWS

作者

基礎

VPC
網路

EC2
運算

S3
檔案

RDS
資料庫

IAM
權限

結語

總結

至此，我們便成功展示了一台 EC2 Instance 是如何透過 My IAM Role 的方式去拿到其他 AWS 服務的權限，比如說我們這次所展示的 S3 服務權限。

那麼下個單元我們將更細部的了解何謂 IAM Policy 以及如何去客製化的建立你所專屬的 IAM Policy 給你的各項服務使用，那本單元就先到這邊結束，我們下次見！

AWS

作者

基礎

VPC
網路

EC2
運算

S3
檔案

RDS
資料庫

IAM
權限

結語

實作示範

IAM Identity-Based Policy 建立與使用

前言

大家好，這個單元我們將介紹 IAM Policy 的細部部分，並且客製化創建一個 Custom Policy 來允許我們的 IAM User 做特定的權限使用，那我們就開始吧！

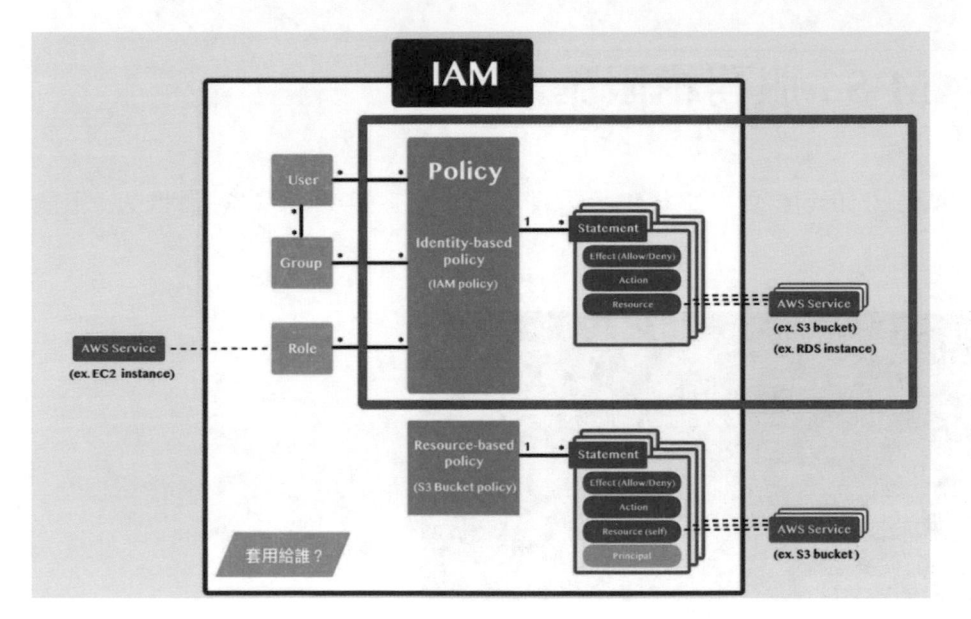

以 Admin user 登入

首先我們要使用 admin001 (下圖 #1) 這個使用者進行登入，請輸入密碼 (下圖 #2)，之後點擊 Sign in (下圖 #3)。

Sign in as IAM user

Account ID (12 digits) or account alias

| uopsdod |

IAM user name

| admin001 | #1 |

Password

| ●●●●●●●●●●● | #2 |

☐ Remember this account

| Sign in | #3 |

IAM S3 服務權限確認

進到 AWS Console 頁面之後，上方搜尋 IAM（下圖 #1），並點擊進去（下圖 #2）。

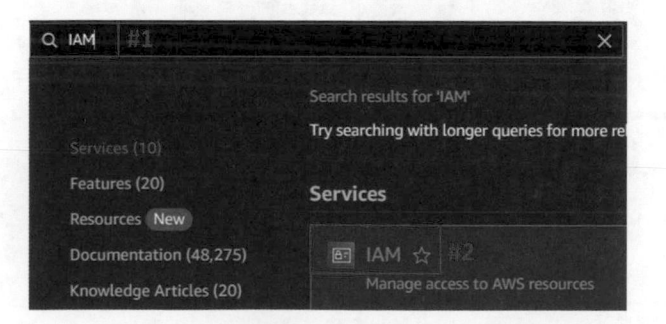

進到 IAM 介面之後，我們點擊左方的 Policies（下圖 #1）。

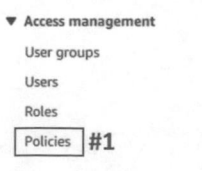

進去之後，我們搜尋 S3 FullAccess（下圖 #1），會看到 Amazon S3 FullAccess 這個 Policy（下圖 #2），我們點擊進去。

AWS

作者

基礎

VPC
網路

EC2
運算

S3
檔案

RDS
資料庫

IAM
權限

結語

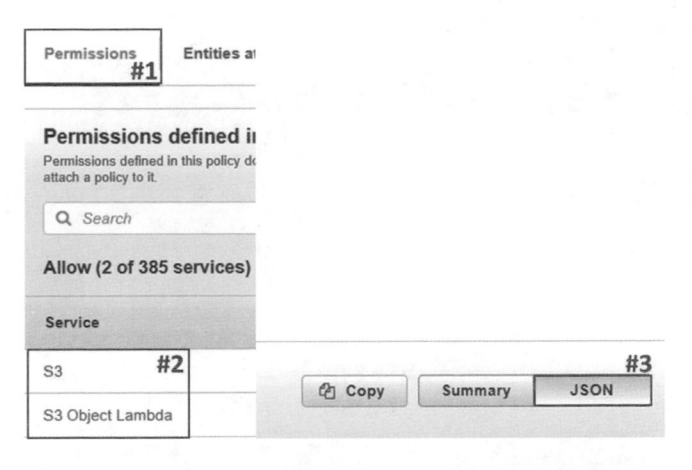

進來之後，看到 Permissions（下圖 #1），我們往下拉可以看到它允許的服務有 S3 的相關服務（下圖 #2），我們這邊把它改成 JSON 的方式來顯示（下圖 #3）便可以看到用 JSON 方式顯示的 IAM Policy 長什麼樣子。

接著我們就來一個一個介紹它的欄位各自是做什麼的，首先我們會看到在每一個 Policy 之中，會有多個 Statement 所以這邊是一個 Array 陣列，在這次的例子之中它只有一個 Statement（下圖 #1）。

而在每個 Statement 之中有很多個欄位，首先是 Effect（下圖 #2），這邊我們只會看到 Allow 或者是 Deny 也就是去允許或者是拒絕某項動作。

Action（下圖 #3）則是我們要操作的實際動作，放上我們要針對哪一個服務做什麼事，比如說這邊的 "s3 :*" 代表我允許它去做對 S3 的任何操作。

Resources（下圖 #4）指的是這些 Action 要針對的對象或資源是誰，我們這邊選擇的是所有資源。整個 Statement 的意思就是「我允許某個特定的使用者去對 S3 上面的所有資源進行這邊所有的操作」。

到這邊就是 Amazon S3 Full Access Policy 所給予的權限，也就是所謂的

Identity Based Policy，因此我們這邊不會看到任何 Principle 欄位，這是因為這個 Policy 最後會被手動選擇套用到某個 IAM User 或者是 IAM Group 上面。

```
1 ▾ {
2       "Version": "2012-10-17",
3 ▾     "Statement": [          #1
4 ▾         {
5               "Effect": "Allow",  #2
6               "Action": [
7                   "s3:*",          #3
8                   "s3-object-lambda:*"
9               ],
10              "Resource": "*"     #4
```

接下來我們再點擊 Policies (下圖 #1)，我們來搜尋第二個 Policy 做講解。

我們搜尋 S3 ReadOnlyAccess (下圖 #1)，找到之後點擊進去 (下圖 #2)。

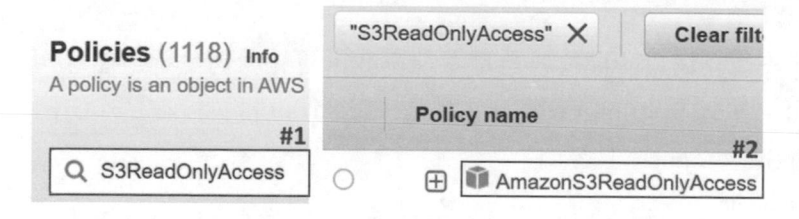

進去之後，我們一樣把它轉成 JSON 格式 (下圖 #3)。

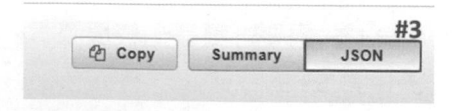

好了之後我們來看，這邊一樣只有一個 Statement (下圖 #1) 它所代表的是「我要去允許對於所有的資源，我可以去操作這些指令」，比如說這邊的 " s3 :Get*" ，代表我允許它去對 S3 的所有東西進行 Get 相關的操作。以及這邊的 "s3 :List*" 代表我允許它去對 S3 的所有東西進行 List 相關的操作，其

他以此類推。透過這個方式我們允許的是一個「讀取」的權限而非「寫入」的權限，因此這個權限才會被命名為 Amazon S3 Read Only Access。

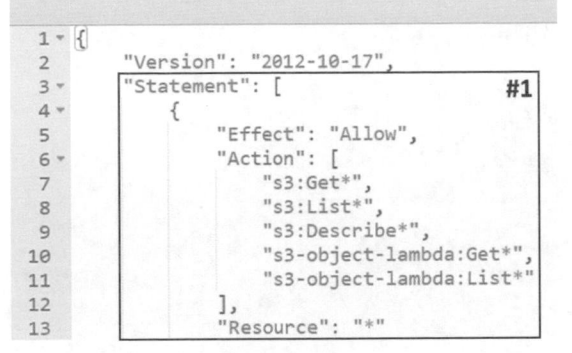

好了之後，我們回到 Policies (下圖 #1)。

▼ **Access management**

　User groups

　Users

　Roles

　Policies #1

我們再找第三個例子來看看，搜尋 AWSDenyAll (下圖 #2)，找到之後點擊進去
(下圖 #3)。

Policies (1118) Info

A policy is an object in AW

"AWSDenyAll" ✕ | Cl

#2 | Policy name | #3

🔍 AWSDenyAll | ○ | ⊞ 📦 AWSDenyAll

之後我們一樣切換成 JSON 模式 (下圖 #1)。

好了後，我們可以看到這個 Policy 一樣只有一個 Statement（下圖 #1）它所代表的意思是「我要去 Deny（拒絕）對於任何的資源進行任何的操作」所以如果你套用到某一個 IAM User 上面就代表你不要讓它做任何的事情，而在 IAM Policy 之中只要你有看到 Deny，它的優先權都會比所有的 Allow 還要高，Deny 一出現就會直接判定這個使用者沒有去對這個資源進行這些操作的權限，所以這個 Policy 被叫做 AWS Deny All。

Permissions defined in this policy Info

Permissions defined in this policy document specify which act
permissions for an IAM identity (user, user group, or role), atta

```
1 ▾ {
2       "Version": "2012-10-17",
3 ▾     "Statement": [          #1
4 ▾         {
5 ▾             "Action": [
6                   "*"
7             ],
8             "Effect": "Deny",
9             "Resource": "*"
```

客製化 Policy 建立

我們再回到 Policies（下圖 #1）這邊，現在我們要來創建一個客製化的 Policy 我們點擊 Create Policy（下圖 #2）。

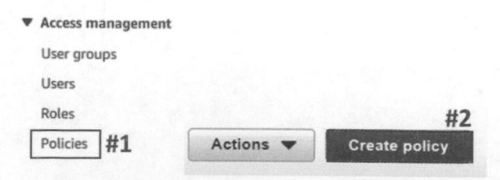

進去後，我們要選擇的是這次要開放的是哪一種 AWS 服務的操作，我們這次示範開放與 S3 相關的權限，所以這邊點擊進去 S3（下圖 #1）。

選擇好之後我們來看哪一些動作是我們要允許的，我們這次允許的是只有讀取的部分，因此我們這邊展開這個 List 選擇所有的 List（下圖 #1），展開 Read 選擇所有的 Read（下圖 #2）。

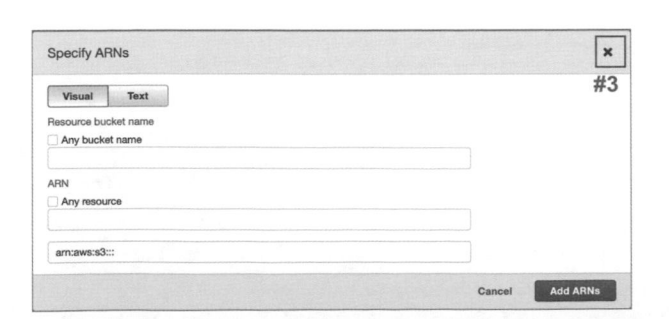

下拉看到 Resource 這邊能選擇 Specific 特定的 bucket 或者對於全部開放，這次我們選擇 Specific（下圖 #1）。

▼ Resources
Specify resource ARNs for these actions.

#1
⦿ Specific ○ All

在 Bucket 這邊，我們點擊 Add ARN（下圖 #2），會看到我們要輸入我們 S3 Bucket 的 ARN 值。我這邊就先按下關閉（下圖 #3）。

bucket ⓘ ⚠ Specified bucket resource ARN for the **GetBucketLocation** and _48 more_ actions.
#2 Add Arn to restrict access.

Specify ARNs	✕
	#3
Visual Text	
Resource bucket name	
☐ Any bucket name	
ARN	
☐ Any resource	
arn:aws:s3:::	
Cancel **Add ARNs**	

AWS
作者
基礎
VPC 網路
EC2 運算
S3 檔案
RDS 資料庫
IAM 權限
結語

為此我們要先上方搜尋 S3 (下圖 #1)，並開啟一個新分頁過去 (下圖 #2)。

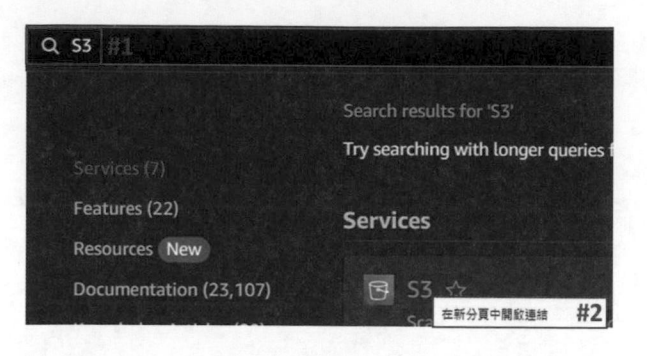

進到 S3 介面之後點擊 Bucket (下圖 #1)。

Amazon S3

Buckets #1

Access Points

搜尋我們之前在 EC2 之中透過指令所創建的 my-iam-role-demo-bucket0 (下圖 #1)，找到後點擊進去 (下圖 #2)。

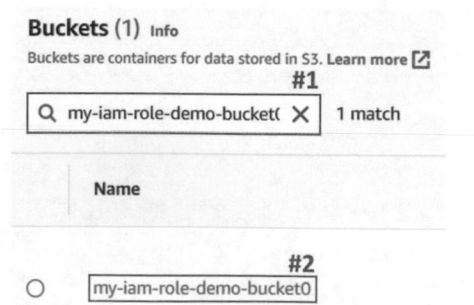

進去後我們點擊到它的 Properties (下圖 #1)，

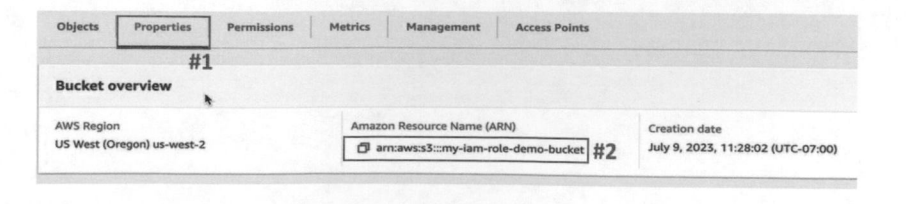

會看到這邊有 ARN（全名為 Amazon Resource Name）的值（上圖 #2），我們將它 Copy 起來（如下圖）。

Bucket overview

AWS Region
US West (Oregon) us-west-2

Amazon Resource Name (ARN)

🗐 arn:aws:s3:::my-iam-role-demo-bucket0

代入客製化 Policy

接著點擊回到 IAM 介面（下圖 #1）。

在 IAM 介面中，展開 Resource，確認選擇的是 Specific（下圖 #1）。

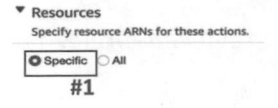

在 Bucket 這邊點擊 Add ARN（下圖 #2）。

好了之後我們直接把它取代掉貼上，其他相對應值就會被自動填上（下圖 #1）。

AWS

作者

基礎

VPC
網路

EC2
運算

S3
檔案

RDS
資料庫

IAM
權限

結語

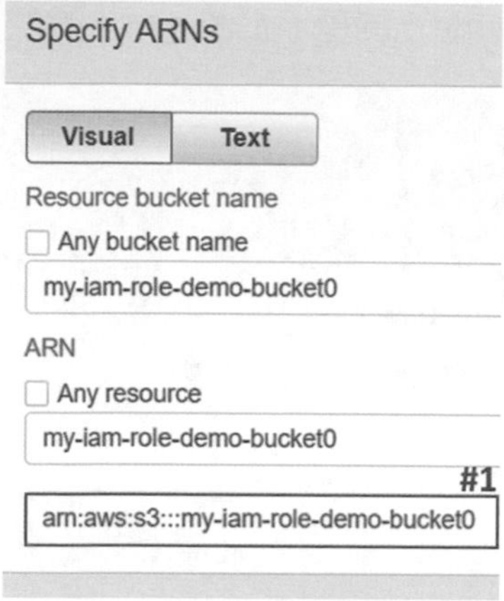

Specify ARNs

| Visual | Text |

Resource bucket name

☐ Any bucket name

my-iam-role-demo-bucket0

ARN

☐ Any resource

my-iam-role-demo-bucket0

#1

arn:aws:s3:::my-iam-role-demo-bucket0

完成的話我們就點擊 Add ARN (下圖 #1)。

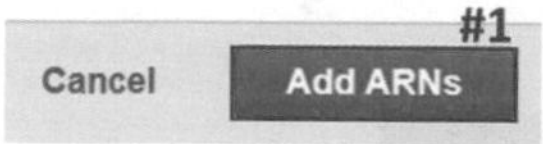

#1

Cancel   **Add ARNs**

往下拉點擊下一步 (下圖 #1)。

#1

Cancel   **Next**

接著我們需要輸入一個 Policy Name 我們輸入 my-bucket-reviewer-policy (下圖 #1)，下方 Description 的部分一樣即可 (下圖 #2)。

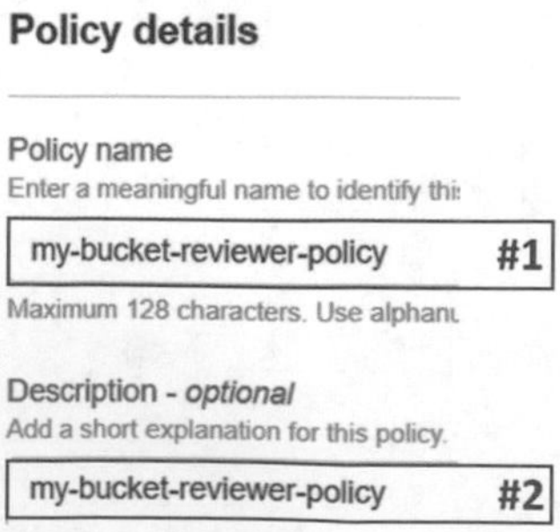

Policy details

Policy name
Enter a meaningful name to identify this

my-bucket-reviewer-policy   #1

Maximum 128 characters. Use alphanu

Description - *optional*
Add a short explanation for this policy.

my-bucket-reviewer-policy   #2

之後下拉，看到 Permission（下圖 #1）這邊，我們允許 S3 這個 Service，並且允許它去進行所有 Delete 跟 List 的操作。

AWS

作者

基礎

VPC
網路

EC2
運算

S3
檔案

RDS
資料庫

IAM
權限

結語

Permissions defined in

Permissions in the policy docur

🔍 Search

Allow (1 of 385 services)

Service

S3 #1

接著我們下拉 Create Policy（下圖 #1）。

#1
Previous   Create policy

完成之後我們搜尋剛剛所創建的 my-bucket-reviewer-policy（下圖 #1），我們的目的就是創建這個 Policy 給一個稍後要創建的 IAM User 使用，它將有權限去針對我的 S3 進行讀取及查看裡面的內容是不是符合要求，那麼我們點擊進去這個 Policy（下圖 #2）細部看一下。

"my-bucket-reviewer-policy" ✕

Policies (1119) Info
A policy is an object in AWS that defines permissions.

🔍 my-bucket-reviewer-policy   #1

Policy name

#2
○ ⊞ my-bucket-reviewer-policy

看到 Permissions（下圖 #1）這邊一樣切換成 JSON（下圖 #2）格式並下拉。

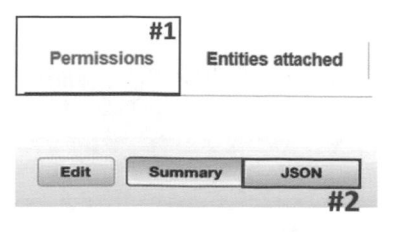

#1
Permissions   **Entities attached**

Edit   Summary   JSON
#2

可以看到我們這次有兩個 Statement，我們可以將其展開來確認內容，第一個它所允許的是一個 Allow (下圖 #1)，允許特定資源去對這個 S3 Bucket 進行以上的操作，大家可以看到都是 Get 或是 List 的相關操作 (下圖 #2)。

Permissions defined in this policy Info

Permissions defined in this policy document specify which actions are allowed or denied. To de...
(user, user group, or role), attach a policy to it.

```
1  {
2      "Version": "2012-10-17",
3      "Statement": [
4          {
5              "Sid": "VisualEditor0",
6              "Effect": "Allow",  #1
7              "Action": [
8                  "s3:GetObjectVersionTagging",
9                  "s3:GetStorageLensConfigurationTagging",
10                 "s3:GetObjectAcl",
11                 "s3:GetBucketObjectLockConfiguration",
12                 "s3:GetIntelligentTieringConfiguration",
13                 "s3:GetObjectVersionAcl",
14                 "s3:GetBucketPolicyStatus",
15                 "s3:GetObjectRetention",
16         #2     "s3:GetBucketWebsite",
17                 "s3:GetJobTagging",
18                 "s3:GetMultiRegionAccessPoint",
19                 "s3:GetObjectAttributes",
20                 "s3:GetObjectLegalHold",
21                 "s3:GetBucketNotification",
22                 "s3:DescribeMultiRegionAccessPointOperation",
23                 "s3:GetReplicationConfiguration",
24                 "s3:ListMultipartUploadParts",
25                 "s3:GetObject",
```

好了之後我們下方展開另外一個 Statement ，可以看到這邊所進行的是 Allow (下圖 #1) 對所有的資源進行 S3 List (下圖 #2) 的操作。

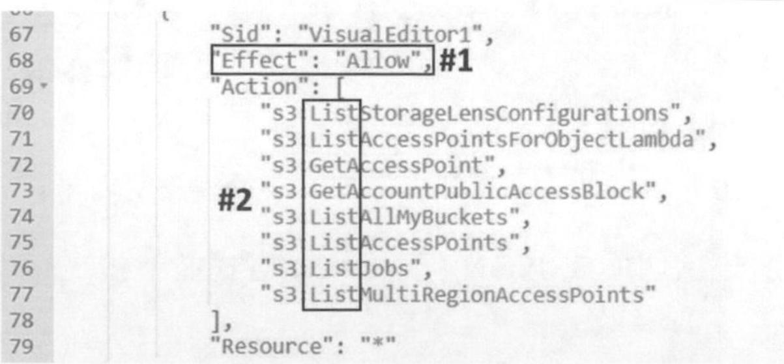

```
67             "Sid": "VisualEditor1",
68             "Effect": "Allow",  #1
69             "Action": [
70                 "s3:ListStorageLensConfigurations",
71                 "s3:ListAccessPointsForObjectLambda",
72                 "s3:GetAccessPoint",
73         #2     "s3:GetAccountPublicAccessBlock",
74                 "s3:ListAllMyBuckets",
75                 "s3:ListAccessPoints",
76                 "s3:ListJobs",
77                 "s3:ListMultiRegionAccessPoints"
78             ],
79             "Resource": "*"
```

那麼這兩項就是我們所客製化創建的 My Bucket Reviewer Policy 所允許的權限。

創建特定權限使用者

AWS

作者

基礎

VPC
網路

EC2
運算

S3
檔案

RDS
資料庫

IAM
權限

結語

權限創建完成之後，我們左邊點擊 Users(下圖 #1)

▼ **Access management**

User groups

Users #1

Roles

再點擊 Create user (下圖 #1)。

#1

C   Delete   **Create user**

我們來創建一個新的使用者，首先將名稱設為 s3 reviewer (下圖 #1)。

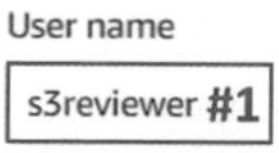

User name

s3reviewer #1

接著勾選提供 Console 權限 (下圖 #2)。

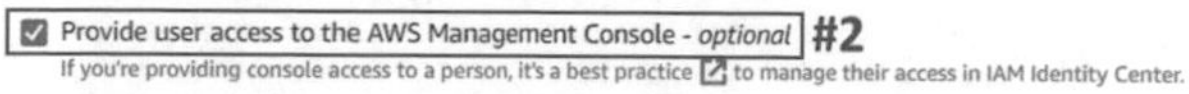

☑ Provide user access to the AWS Management Console - *optional* #2
If you're providing console access to a person, it's a best practice ☑ to manage their access in IAM Identity Center.

在 User Type 這邊我們選擇 IAM User (下圖 #3)。

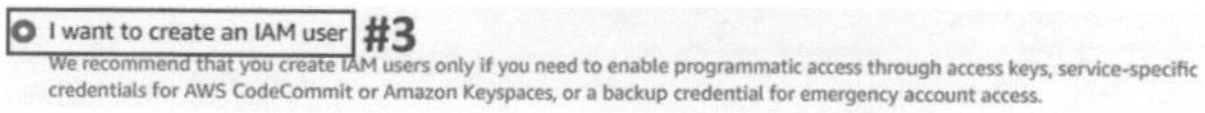

◉ I want to create an IAM user #3
We recommend that you create IAM users only if you need to enable programmatic access through access keys, service-specific credentials for AWS CodeCommit or Amazon Keyspaces, or a backup credential for emergency account access.

接著往下拉，為這個帳號創建一個客製化的密碼 (下圖 #1)。

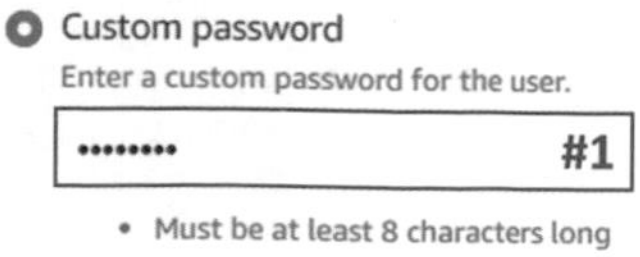

◉ Custom password
Enter a custom password for the user.

•••••••••   #1

• Must be at least 8 characters long

再來取消勾選，讓密碼登入後不用重新設定 (下圖 #2)。

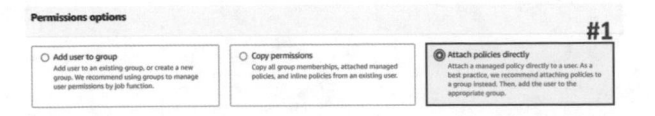

都設定好後，點擊右下角的 Next (下圖 #3)。

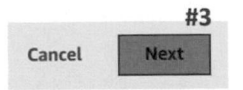

接下來我們要設定帳號權限的部分，我們選擇 Attach Policies Directly (下圖 #1)。

Permissions options

○ **Add user to group** Add user to an existing group, or create a new group. We recommend using groups to manage user permissions by job function.	○ **Copy permissions** Copy all group memberships, attached managed policies, and inline policies from an existing user.	◉ **Attach policies directly** **#1** Attach a managed policy directly to a user. As a best practice, we recommend attaching policies to a group instead. Then, add the user to the appropriate group.

接著搜尋我們剛剛所創建的 my-bucket-reviewer-policy (下圖 #1)，並將它打勾 (下圖 #2)。

Permissions policies (1/1121)

Choose one or more policies to attach to your new user.

	Q my-bucket-reviewer-policy **#1**

☑	**Policy name** 🗗
☑	⊞ my-bucket-reviewer-policy **#2**

點擊 Next (下圖 #3)。

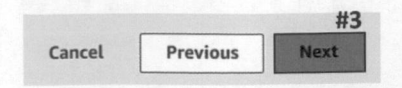

確認資訊沒問題的話，選擇 Create User (下圖 #1)。

再來繼續點擊 Return to User List (下圖 #1)。

好了之後，點擊 Continue (下圖 #1)。

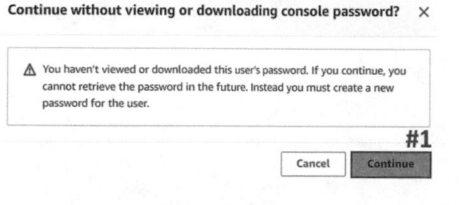

完成之後，我們就會看到 s3 reviewer (下圖 #1) 這個 IAM user 已被創建成功，
我們可以點進去看一下。

可以看到 Permission (下圖 #1) 這邊的確放上了我們自己客製化的 IAM Policy
(下圖 #2)。

AWS

作者

基礎

VPC
網路

EC2
運算

S3
檔案

RDS
資料庫

IAM
權限

結語

驗證使用者權限

那接著我們就要來驗證這個使用者的權限是否如我們所設定，我們點擊右上方選單 (下圖 #1)，再點擊 Sign Out (下圖 #2)。

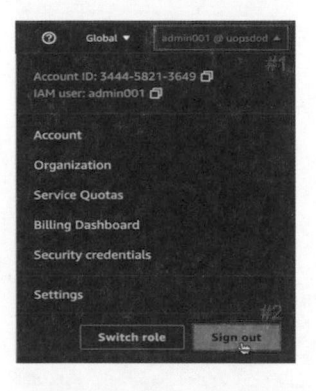

點擊 Log back in (下圖 #1)。

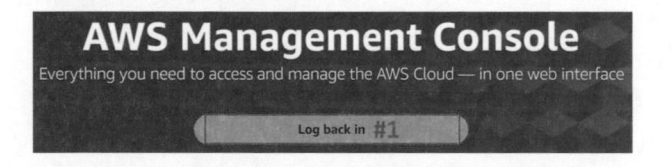

這次要登錄的使用者，我們將它改成 s3 reviewer (下圖 #1)，放上密碼後，點擊 Sign In (下圖 #2)。

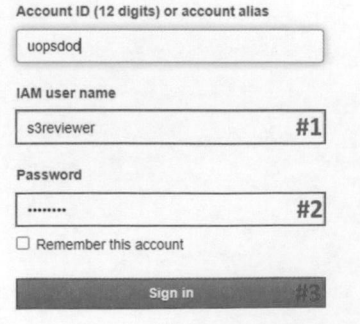

AWS

作者

基礎

VPC
網路

EC2
運算

S3
檔案

RDS
資料庫

IAM
權限

結語

登入後我們就來看看這一個 S3 Reviewer IAM user 有沒有相關的權限，上方這邊搜尋 S3（下圖 #1），點擊進去（下圖 #2）。

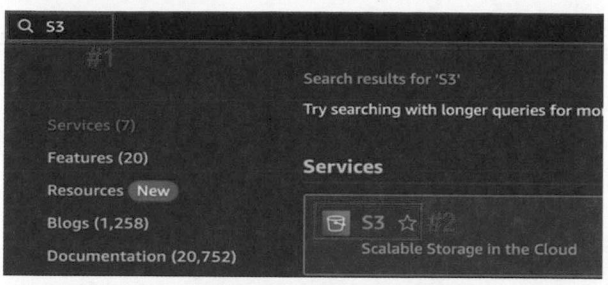

進到 S3 介面之後點擊 Buckets（下圖 #1）。

Amazon S3

#1
Buckets

然後搜尋我們的 Bucket 名稱 my-iam-role-demo-Bucket0（下圖 #1），可以看到這個使用者是可以順利的看到這個資源的，如果再點擊進去一樣可以看到裡面的資源。

Buckets (1) Info

Buckets are containers for data stored in S3. Le...

#1
| Q my-iam-role-demo-Bucket0 ✕ |

Name

#2
○ | my-iam-role-demo-bucket0 |

但是我們只賦予這個使用者讀取的相關權限，並沒有寫入的權限，我們馬上來測試看看，我們這邊點擊 Upload（下圖 #1），再點擊 Add Files（下圖 #2）。

Objects (1)

Objects are the fundamental entities stored in A...
access your objects, you'll need to explicitly gran...

| C | 🗇 Copy S3 URI | 🗇 Co... |

| **Create folder** | 🔼 **Upload** | | #2
Add files | **Add folder** |
#1

任意上傳一個檔案，比如說我這邊選擇上傳 test_file_001（下圖 #1），下拉點擊 Upload（下圖 #2）。

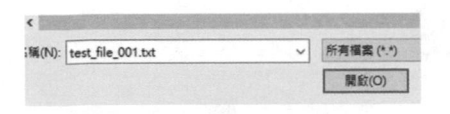

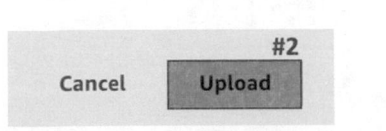

便會看到一個 Upload Failed（如下圖）的錯誤訊息，這是因為我們這一個 S3 Reviewer 並沒有上傳檔案到 S3 的權限，因此這邊會是失敗的，我們就點擊 Close 關掉錯誤訊息即可。

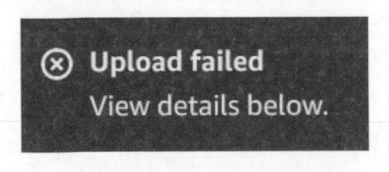

     在這個單元我們成功展示了如何去創建一個客製化的 IAM Policy，並且把這個 IAM Policy 分配給特定的 IAM User 使用，這樣我們就可以去管理特定使用者可以操作那些 AWS 服務。

     下個單元我們將看到 Resource Based IAM Policy 的建立與使用，本單元就先到這邊結束，我們下次見！

AWS

作者

基礎

VPC
網路

EC2
運算

S3
檔案

RDS
資料庫

IAM
權限

結語

實作示範

IAM Resource-Based Policy 建立與使用

大家好，今天我們會介紹 IAM Resource-Based Policy 的建立與使用示範，讓我們可以根據所需要的狀況給予特定的使用者特定權限，那我們就馬上開始吧！

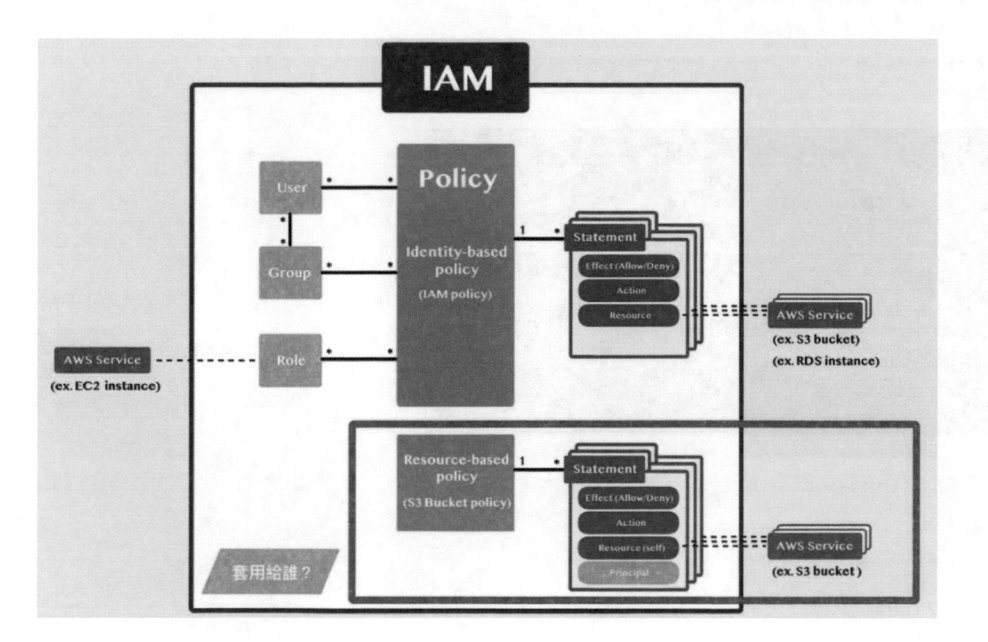

使用者權限確認

首先我們要先使用 admin001（下圖 #1）使用者進行登入，請輸入密碼（下圖 #2），之後點擊 Sign in（下圖 #3）。

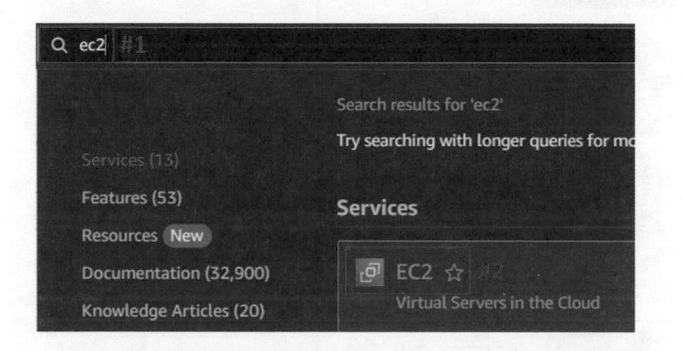

進去之後我們首先上方搜尋 EC2 (下圖 #1)，並點擊進去 (下圖 #2)。

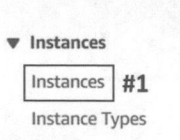

進到 EC2 介面之後，點擊左方 Instances (下圖 #1)。

▼ Instances

| Instances | #1

Instance Types

勾選我們之前所建立的 iam-demo-ec2 (下圖 #1)。

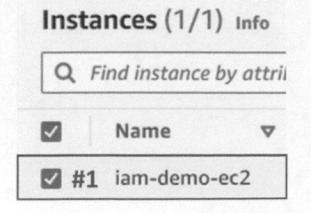

好了之後點擊 Connect (下圖 #1)。

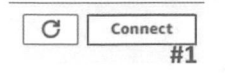

然後再點擊一次 Connect (下圖 #1)。

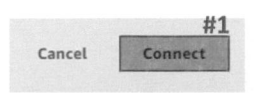

進去之後我們整理一下畫面，首先輸入 Clear 清空畫面 (下圖 #1)。

```
[ec2-user@ip-10-0-7-104 ~]$ clear #1
```

我們打上 aws s3 api list-buckets，然後加上一個水管號並且配上 grep 這個指令去搜尋我們的 bucket name。完整指令：aws s3 api list-buckets | grep my-iam-role-demo-bucket0 (下圖 #1)。

之後我們按下 Enter 就可以成功順利地看到這個 bucket 確實存在於這個列表之中 (下圖 #2)。

```
[ec2-user@ip-10-0-21-22 ~]$ aws s3api list-buckets | grep my-iam-role-demo-bucket0
        "Name": "my-iam-role-demo-bucket0", #2                               #1
[ec2-user@ip-10-0-21-22 ~]$
```

而我們之所以可以拿到這個 list-bucket 的權限，是因為我們當下這台 EC2 instance 擁有 IAM Role 允許它去進行 S3 的相關操作，它是透過 Identity-Based Policy 的方式去拿到的。

接下來我們來展示，如果我們在 S3 Resource Bucket Policy 那邊，阻止這個權限的話，我們 EC2 是否還可以拿到同樣的指令結果，那麼我們就來操作看看。

AWS

作者

基礎

VPC
網路

EC2
運算

S3
檔案

RDS
資料庫

IAM
權限

結語

Policy 設定

我們上方搜尋 S3 (下圖 #1)，開啟一個新分頁點擊過去 (下圖 #2)。

好了之後點擊 buckets (下圖 #1)。

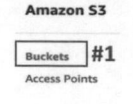

搜尋 my-iam-role-demo-bucket0 (下圖 #1)，找到之後點擊進去 (下圖 #2)。

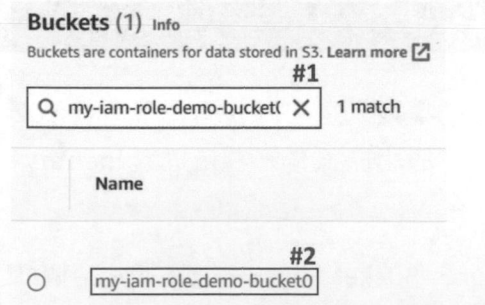

進去之後，先看到 Permissions 這邊 (下圖 #1)。

Permissions #1

往下拉，我們會看到 Bucket Policy 這邊目前是空的 (下圖 #1)，我們就點擊
Edit (下圖 #2)。

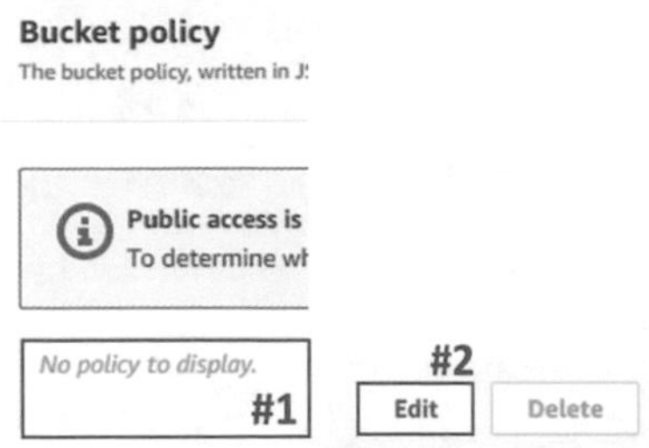

Bucket policy
The bucket policy, written in J!

ⓘ Public access is
To determine wh

No policy to display.
#1   #2
     Edit   Delete

我們可以在 AWS 文件上找到許多範例，大家就可以根據自己的需求找到適合
的再進行適當修改即可，老師這邊準備了一個模板 (下圖)，我們這次就會根據
這個模板進行一步步的修改。

```json
{
    "Version": "2012-10-17",
    "Id": "S3PolicyId1",
    "Statement": [
        {
            "Sid": "Block Source IP",
            "Effect": "Deny",
            "Principal": "*",
            "Action": "s3:*",
            "Resource": [
                "arn:aws:s3:::Your-bucket-name",
                "arn:aws:s3:::Your-bucket-name/*"
            ],
            "Condition": {
                "IpAddress": {
                    "aws:SourceIp": [
                        "XXX.XXX.XXX.XXX/32"
                    ]
                }
            }
        }
    ]
}
```

AWS

作者

基礎

VPC
網路

EC2
運算

S3
檔案

RDS
資料庫

IAM
權限

結語

這次的模板中這邊老師只創建了一個 Statement，我們就來一個一個看各自的欄位要怎麼設定，首先，SID 就是它的名稱，我們這邊設為 Block Source IP（下圖 #1），讓我們好理解這個 Statement 的用途。

Principal（下圖 #2）這邊，我們設定為針對所有人 "*"。Effect（下圖 #3）這邊我們要設定的是一個 Deny 的動作。要特別注意的是，我們這次所做的是一個 Resource Based Policy 因此本身是一個支援，我要去指定我要去阻擋誰，所以我這邊要阻擋的是所有的人。接著，Action（下圖 #4）這邊寫著 "s3 :*" 就代表我們要去阻擋所有 S3 的相關操作。

最後 Resource 自然是指自己本身，因此我們這邊要輸入 my-iam-role-demo-bucket0 這個名稱，並在下一行重複並加上斜線及米字號，代表它底下的所有 object（下圖 #5）。

完整指令： "arn:aws:s3 :::my-iam-role-demo-bucket0"，
　　　　　　 "arn:aws:s3 :::my-iam-role-demo-bucket0 /*"

```
"Sid": "Block Source IP", #1
"Effect": "Deny", #2
"Principal": "*", #3
"Action": "s3:*", #4
"Resource": [
    "arn:aws:s3:::my-iam-role-demo-bucket0", #5
    "arn:aws:s3:::my-iam-role-demo-bucket0/*"
],
```

接下來是 Condition 的段落（下圖 #1），透過這個語法，我們可以去限定這個 deny 只套用到更特定的情境之下，我們這邊要根據我們的來源 IP address 的 AWS source IP 來進行阻擋，因此我們要放上的是我們 EC2 的 public IP address。

```
"Condition": { #1
    "IpAddress": {
        "aws:SourceIp": [
            "XXX.XXX.XXX.XXX/32"
        ]
    }
}
```

為此我們要先回到我們的 EC2 介面 (下圖紅框處)。

再來點擊 Instances (下圖 #1)。

勾選我們的 EC2 (下圖 #1)。

將下方的 Public IPv4 address (下圖 #1) 複製起來。

再回到我們的 S3 介面 (下圖紅框處)。

將原先的 IP address 取代掉 (下圖 #1)，這樣就會更限縮的讓我們的 S3 bucket
對於來源請求是這個 IP address 進行一個 deny 的動作拒絕任何人來做任何事
情。

AWS
作者
基礎
VPC
網路
EC2
運算
S3
檔案
RDS
資料庫
IAM
權限
結語

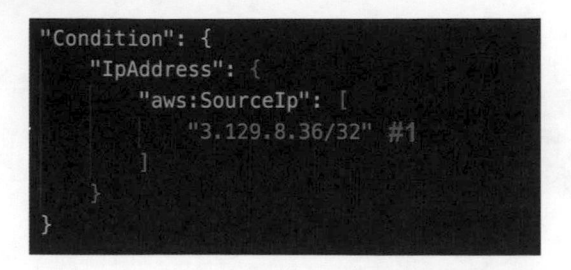

好了之後下拉，選擇 Save changes（下圖 #1）這樣就完成我們 S3 bucket 的設定。

設定驗證

最後我們就來驗證一下，回到 EC2 Terminal 裡面。

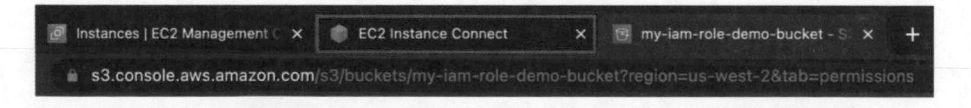

按上拿到跟剛剛相同的查詢指令 aws s3 api list-objects-v2 --bucket my-iam-role-demo-bucket0（下圖 #1），並按下 Enter 。可以看到這次我們就不會拿到結果了，反而會拿到一個 error message 告訴我們，我們的 access 被 denied 所以沒有權限進行這個操作（下圖 #2）。

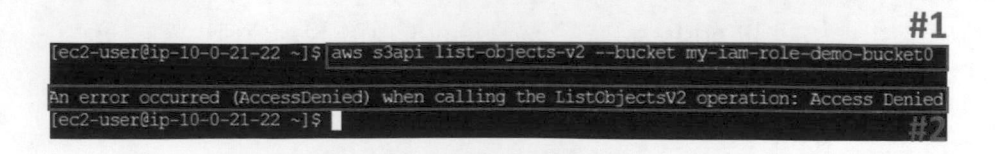

結論

到這邊我們就成功展示了，就算你的 EC2 instance 透過 IAM rule 的方式拿到 S3 權限，只要在你的 S3 bucket 這邊的 bucket policy 有了一個 deny 的設定，你也是無法進行這個 bucket 的相關操作的。

因此我們就可以根據所需要的狀況，要不使用 identity based policy 的方式設定，給予特定的使用者特定權限，或者用資源本身的角度來看這個世界，來規範誰可以使用這個 bucket 誰又不行，兩個可以互相使用也可以分開使用，都可以根據自身的狀況來進行彈性設定。

這兩種方式組合起來是個非常好用的權限管理方式，那本單元就先到這邊結束，下個單元我們就要來進行我們本章節的資源清理部分，我們下次見！

AWS
作者
基礎
VPC
網路
EC2
運算
S3
檔案
RDS
資料庫
IAM
權限
結語

實作示範

IAM 清理資源

大家好，這個單元我們將來進行 IAM 的資源清理，老師會分別講解如何刪除先前所創建的資料，那我們就開始吧！

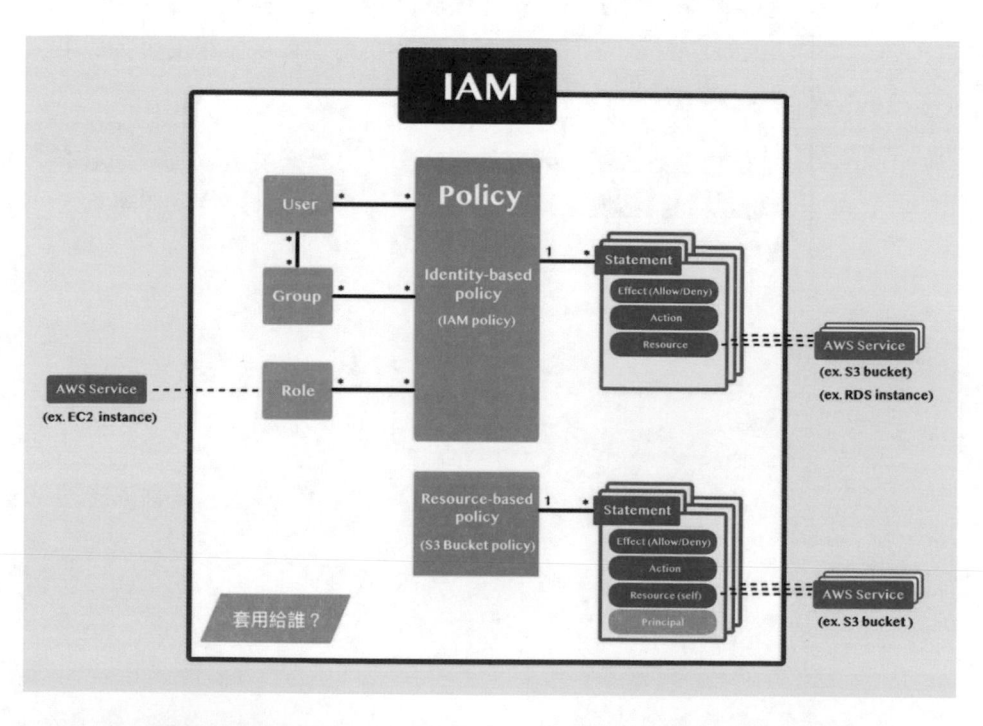

以 Admin user 登入

首先我們要先使用 admin001 (下圖 #1) 使用者進行登入，請輸入密碼 (下圖 #2)，之後點擊 Sign in (下圖 #3)。

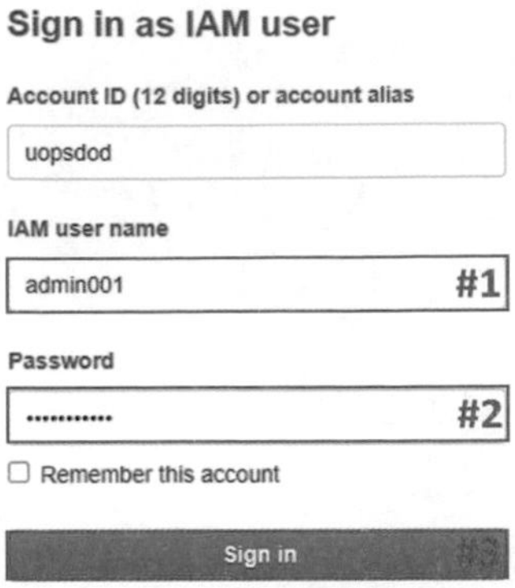

AWS

作者

基礎

VPC
網路

EC2
運算

S3
檔案

RDS
資料庫

IAM
權限

結語

Sign in as IAM user

Account ID (12 digits) or account alias

uopsdod

IAM user name

admin001   #1

Password

••••••••••   #2

☐ Remember this account

Sign in   #3

EC2 清理

首先我們上方搜尋 EC2 (下圖 #1)，點擊進去 (下圖 #2)。

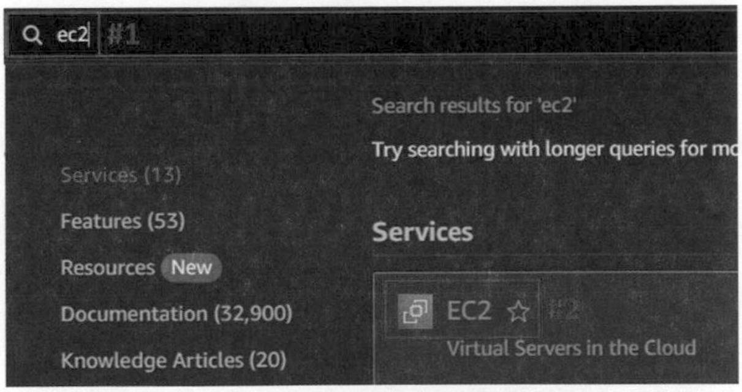

進到 EC2 介面之後，點擊左方 Instances (下圖 #1)。

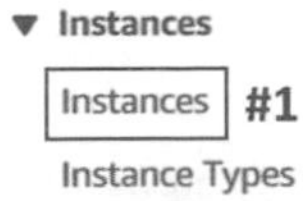

▼ Instances

Instances #1

Instance Types

勾選我們之前創建的 iam-demo-ec2 (下圖 #1)。

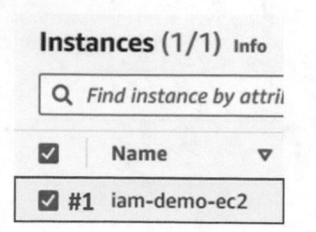

點擊 Instance State（下圖 #1），選擇 Terminate Instance（下圖 #2）。

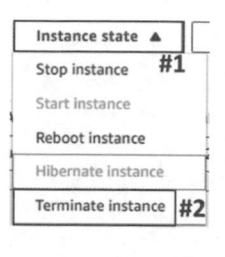

再選擇 Terminate（下圖 #1）。

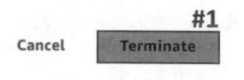

那我們就稍等大約一分鐘後，狀態就會變成 Terminated（下圖 #1），這樣 EC2 部分的清理就完成了。

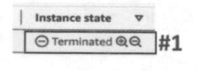

S3 清理

再來我們要進行 S3 服務的清理，我們上方搜尋 S3（下圖 #1），並點擊進去（下圖 #2）。

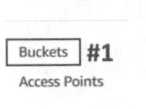

進到 S3 介面之後，點擊 bucket（下圖 #1）。

Amazon S3

| Buckets | #1 |

Access Points

搜尋我們之前創建的 my-iam-role-demo-bucket0（下圖 #1），找到之後勾選（下圖 #2）。

Buckets (1) Info

Buckets are containers for data stored in S3. Le...

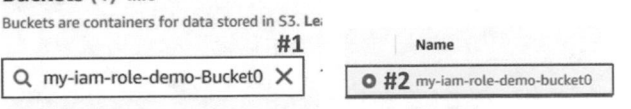

選擇 Empty（下圖 #1），把所有的檔案先清空。

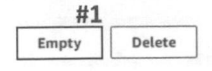

好了之後，打上 permanently delete（下圖 #1），再點擊 Empty（下圖 #2）。

To confirm deletion, type *permanently delete* in the text input field.

| permanently delete | #1 |

#2

Cancel | Empty |

AWS

作者

基礎

VPC
網路

EC2
運算

S3
檔案

RDS
資料庫

IAM
權限

結語

完成之後，點擊 Exit（下圖 #1）。

接著再選擇一次我們的 my-iam-role-demo-bucket0（下圖 #1）。

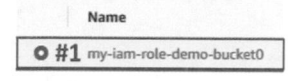

選擇 Delete（下圖 #1）。

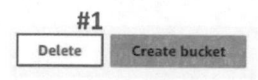

打上我們的 Bucket Name my-iam-role-demo-bucket0（下圖 #1），再點擊 Delete bucket（下圖 #2），這樣就完成我們 S3 部分的清理了。

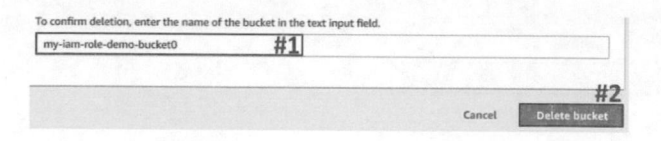

VPC 清理

接著我們來清理 VPC 的部分，上方搜尋 VPC（下圖 #1），點擊進去（下圖 #2）。

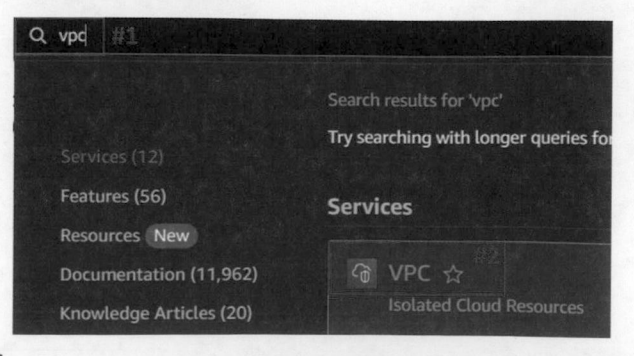

進到 VPC 介面之後，點擊 Your VPCs（下圖 #1）。

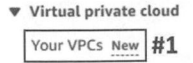

選擇我們所建立的 iam-demo-vpc（下圖 #1）。

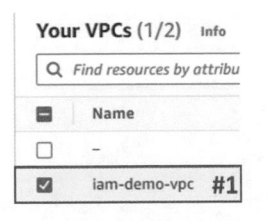

點擊 Actions（下圖 #1），選擇 Delete VPC（下圖 #2）。

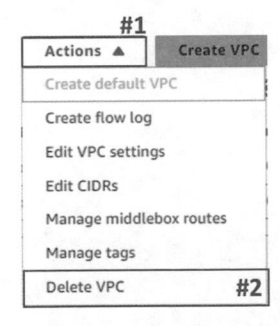

打上 Delete（下圖 #1），再點擊 Delete（下圖 #2）完成之後，這樣也就完成 VPC 部分的清理。

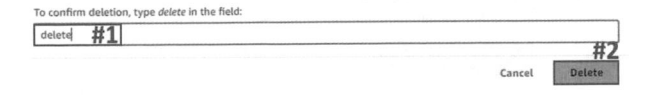

AWS

作者

基礎

VPC
網路

EC2
運算

S3
檔案

RDS
資料庫

IAM
權限

結語

IAM 資料清理

最後輪到 IAM 的部分，我們上方搜尋 IAM（下圖 #1），並點擊進入（下圖 #2）。

進到 IAM 介面之後，首先點擊我們的 User groups（下圖 #1）。

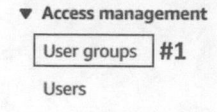

選擇我們之前所創建的 s3 group（下圖 #1），點擊 Delete（下圖 #2）。

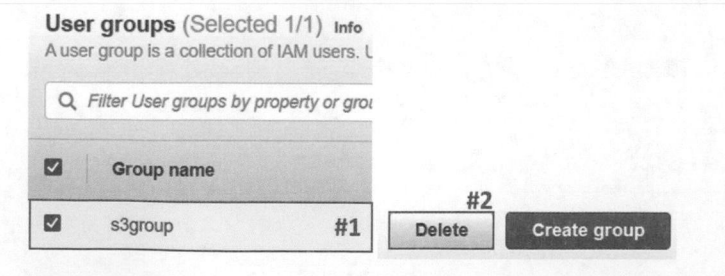

打上 s3 group（下圖 #1）後，點擊 Delete（下圖 #2）。

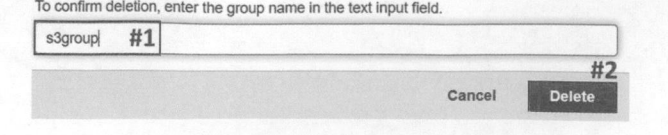

再來點擊 Users (下圖 #1)。

AWS

作者

基礎

VPC
網路

EC2
運算

S3
檔案

RDS
資料庫

IAM
權限

結語

▼ Access management

User groups

Users   #1

這邊可以看到有之前所創建的所有 User ，大家可以根據自己的需求，進行刪除
或保留，老師這邊建議可以刪除以下三個使用者 (下圖 #2)，保留你的 Admin
使用者登錄方式，於是我們勾選 ec2 dev、rdsdev、s3 reviewer。

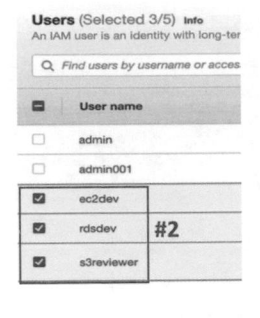

好了之後，我們點擊 Delete (下圖 #1)，輸入 Delete (下圖 #2)，再點擊
Delete user (下圖 #3)。

#1

C   Delete   Create user

To confirm deletion,

delete   #2

#3

Cancel   Delete user

完成之後，我們再點擊左方的 Rules (下圖 #1)。

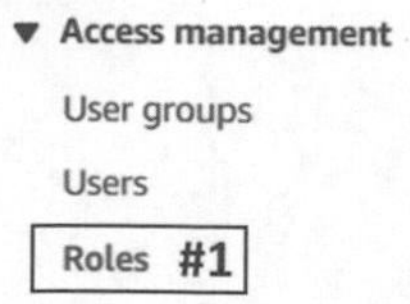

▼ Access management

　　User groups

　　Users

　　| Roles #1 |

搜尋所創建過的 ec2 role-s3 fullaccess（下圖 #1），將它勾選（下圖 #2），再點擊 Delete（下圖 #3）。

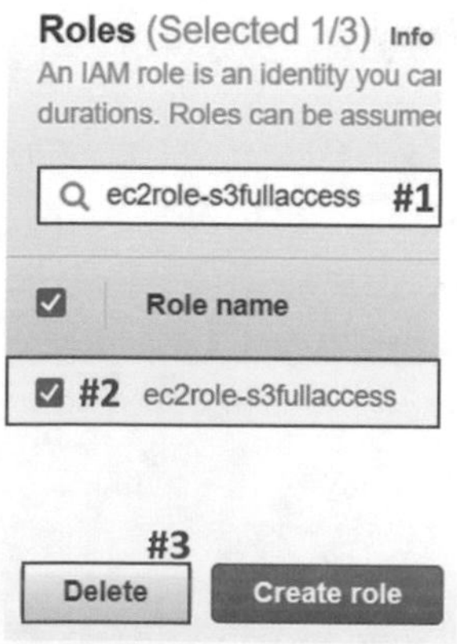

Roles (Selected 1/3) Info
An IAM role is an identity you ca
durations. Roles can be assumer

| 🔍 ec2role-s3fullaccess **#1** |

| ☑ | **Role name** |

| ☑ **#2** | ec2role-s3fullaccess |

#3
| Delete | | Create role |

打上 ec2 role-s3 fullaccess(下圖 #1)，再點擊 Delete（下圖 #2），這樣 Rule 的部分也刪除完成了。

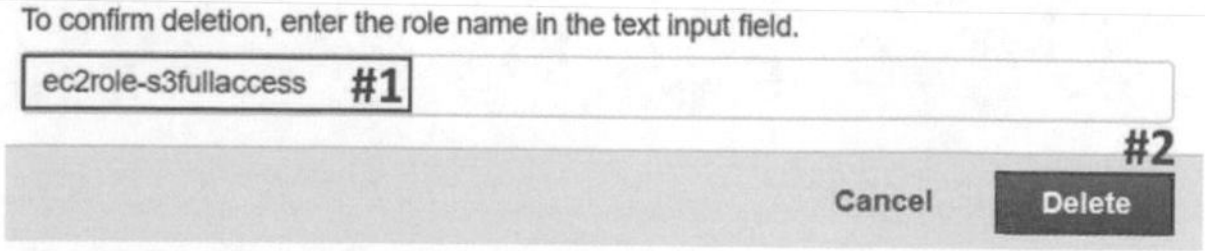

To confirm deletion, enter the role name in the text input field.

| ec2role-s3fullaccess **#1** |

#2
Cancel | **Delete**

最後點擊 Policies（下圖 #1）。

▼ Access management

　　User groups

　　Users

　　Roles

　　| Policies #1 |

搜尋之前所創建過的 my-bucket-reviewer-policy（下圖 #1），並勾選（下圖

#2)。

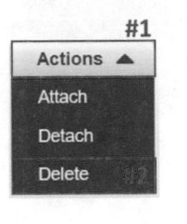

選擇 Actions（下圖 #1），再選擇 Delete（下圖 #2）。

好了之後，打上 my-bucket-reviewer-policy（下圖 #1），按下 Delete（下圖 #2），這樣就完成 Policy 的部分刪除。

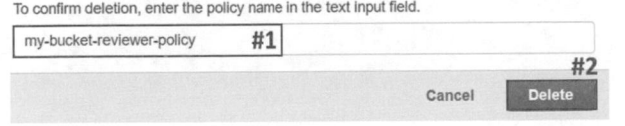

AWS

作者

基礎

VPC
網路

EC2
運算

S3
檔案

RDS
資料庫

IAM
權限

結語

小結　　跟著以上的步驟就可以完成我們 IAM 這個章節的全部資源清理，之後如果有遇到需要清除部分資料的情況，都可以再參考此篇教學，那麼本章節就到這邊結束，我們下次見！

老師的話 & What's Next?

老師的話

恭喜大家完成這本書的學習，相信到這邊大家已經對 AWS 有了深入的認識，能確實掌握五大基礎服務，並運作在實務工作上。

但這仍是一個開頭而已，因為如同開頭所說，AWS 涵蓋的服務最為完整，還有許多進階且實用的服務，如 Lambda、CloudWatch、Cloud Front 等，還等著大家繼續鑽研。因此，這邊老師放上後續學習資源，幫助大家繼續 AWS 學習規劃。

「用圖片高效學程式」教學品牌

老師長期經營的教學品牌，擅長將複雜的概念，轉換為簡單易懂的圖解動畫。大家可到下方臉書專頁與 Youtube QR Code 獲取最新教學資源，老師會陸續放上最新的學習資源，還會涵蓋 AWS 以外主題，比如 GCP、Azure 等相關教學文章與影片，歡迎有興趣的人加入！

用圖片高效學程式

AWS

作者

基礎

VPC
網路

EC2
運算

S3
檔案

RDS
資料庫

IAM
權限

結語

「Cloud Taiwan - GCP x AWS x Azure」社團版主

此外，鑑於近年來多雲架構的興起，比較各雲端平台相似產品，成為工程師必備技術能力之一，因此老師創建了此雲端社團，上面有著許多厲害的資深工程師，有問題都可放上去跟大家一同討論。同時，也有許多雲端職缺機會，歡迎大家緊密追蹤並把握機會。

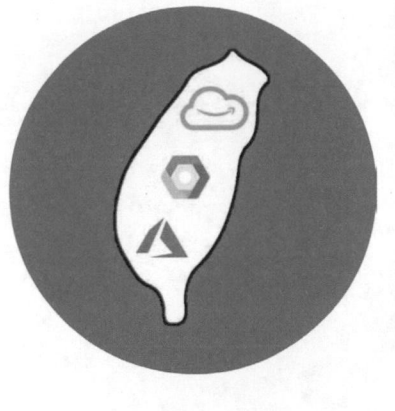

Note